Geschichte der Appendizitis

Beiträge zur Wissenschafts- und Medizingeschichte

Marburger Schriftenreihe

Herausgegeben von Irmtraut Sahmland

Band 7

Mali Kallenberger

Geschichte der Appendizitis

Von der Entdeckung des Organs
bis hin zur minimalinvasiven
Appendektomie

Bibliografische Information der Deutschen Nationalbibliothek
Die Deutsche Nationalbibliothek verzeichnet diese Publikation
in der Deutschen Nationalbibliografie; detaillierte bibliografische
Daten sind im Internet über http://dnb.d-nb.de abrufbar.

Mit freundlicher Unterstützung des Fördervereins Emil von Behring e.V., Marburg.

ISSN 2198-0152
ISBN 978-3-631-78767-0 (Print)
E-ISBN 978-3-631-79063-2 (E-Book)
E-ISBN 978-3-631-79064-9 (E-Book)
E-ISBN 978-3-631-79065-6 (E-Book)
DOI 10.3726/b15651

© Peter Lang GmbH
Internationaler Verlag der Wissenschaften
Berlin 2019
Alle Rechte vorbehalten.

Peter Lang – Berlin · Bern · Bruxelles · New York ·
Oxford · Warszawa · Wien

Das Werk einschließlich aller seiner Teile ist urheberrechtlich
geschützt. Jede Verwertung außerhalb der engen Grenzen des
Urheberrechtsgesetzes ist ohne Zustimmung des Verlages
unzulässig und strafbar. Das gilt insbesondere für
Vervielfältigungen, Übersetzungen, Mikroverfilmungen und die
Einspeicherung und Verarbeitung in elektronischen Systemen.

Diese Publikation wurde begutachtet.

www.peterlang.com

Ich lerne sehen. Ich weiß nicht, woran es liegt, es geht alles tiefer in mich ein und bleibt nicht an der Stelle stehen, wo es sonst immer zu Ende war.
Ich habe ein Inneres, von dem ich nicht wußte.
Alles geht jetzt dort hin. Ich weiß nicht, was dort geschieht.

Rainer Maria Rilke, Paris 1908/09.
Aus: Aufzeichnungen des Malte Laurids Brigge

Meinen Eltern gewidmet in großer Dankbarkeit und Liebe

Inhaltsverzeichnis

Einleitung 11

Abstract 17

1 **Allgemeines zur Appendix vermiformis** 21
    1.1 Anatomie und Histologie 21
    1.2 Lagevariationen 24
    1.3 Evolutions- und Funktionstheorien 28

2 **Allgemeines zur Appendizitis** 39
    2.1 Epidemiologie 39
    2.2 Ätiologie 41
    2.3 Histologische Pathogenese 45
    2.4 Symptome 48
    2.5 Diagnostik 51
    2.6 Differenzialdiagnosen 57
    2.7 Komplikationen 58
    2.8 Chronische Appendizitis als Sonderbetrachtung 60

3 **Zur Geschichte der Entdeckung der Appendix vermiformis – Von der Hochkultur der alten Ägypter bis in das 17. Jahrhundert** 63
    3.1 Anatomische Kenntnisse der Hochkulturen im 3. Jahrtausend v. Chr. 63
    3.2 Weiterentwicklung der anatomischen Kenntnisse in der griechischen und römischen Kultur 72
    3.3 Die „erneute Entdeckung" der Appendix vermiformis und die Diskussion um die geeignete Nomenklatur des Organs 83

4 Zur Geschichte erster klinischer Beobachtungen von Bauchraumerkrankungen und Laparotomieversuchen im 16. und 17. Jahrhundert 97

    4.1 Leichenpredigten – Eine Gattung der Personalschriften als Quelle für erste Hinweise auf das Krankheitsbild „Appendizitis" 107

5 Das 18. Jahrhundert: Von der terminologischen Vereinheitlichung, über die Erweiterung anatomischer und funktioneller Erkenntnisse bis hin zu ersten Appendektomien und Therapievorschlägen 121

6 Zur Geschichte der Entdeckung der „akuten Appendizitis" als Krankheitsbild und der Beginn der konservativen und operativen Therapie im 19. Jahrhundert 139

    6.1 Klinische Fälle zur Darstellung der konservativen Therapieanfänge und die Entstehung von Ätiologie- und Pathogenesetheorien 144

    6.2 Die „akute Appendizitis" als chirurgisches Krankheitsbild – Einführung der operativen Therapie und Diskussion um den geeigneten Operationszeitpunkt 185

    6.3 Entwicklung der Operationstechnik zur Appendektomie 219

        6.3.1 Die Bauchhöhleneröffnung 219

            6.3.1.1 Die Längsschnitte 222

            6.3.1.2 Schrägschnitte 225

            6.3.1.3 Mediane Laparotomie 229

        6.3.2 Das intraabdominelle Vorgehen und der Bauchhöhlenverschluss 233

            6.3.2.1 Vorgehen bei einer akuten Appendizitis ohne Begleitperitonitis 233

            6.3.2.2 Vorgehen bei einer akuten Appendizitis mit Begleitperitonitis 237

7 Zur Geschichte der Etablierung der konventionell-offenen Technik im 20. Jahrhundert ... 245

7.1 Die klinische Praxis – Auswertung von Krankenakten und Sektionsprotokollen der Universitätsmedizin Marburg ... 245

7.1.1 Fallzahlen der Chirurgischen Klinik in den Jahren 1913–1918 ... 247
7.1.2 Epidemiologische Betrachtungen ... 250
7.1.3 Auswertungen zu den Klinikeinweisungen ... 256
7.1.4 Betrachtung angewendeter Operationstechniken in der Chirurgischen Klinik ... 259
7.1.5 Analyse des postoperativen Verlaufes und Korrelation mit Sektionsprotokollen im Todesfall ... 262
7.1.6 Statistische Angaben zur Krankenhausverweildauer ... 277
7.1.7 Zusammenfassung der Analysen ... 279

8 Von der konventionell-offenen zur laparoskopischen Appendektomie ... 283

8.1 Voraussetzungen für laparoskopische Eingriffe ... 287
8.2 Die erste laparoskopische Appendektomie durch Semm am 12.09.1980 ... 301
8.3 Die Etablierung der Laparoskopie in der Chirurgie ... 331

9 Aktuelle Operationsstandards und ein kurzer Ausblick in die Zukunft ... 333

10 Zusammenfassung ... 351

Abbildungsverzeichnis ... 357

Tabellenverzeichnis ... 363

Abkürzungsverzeichnis ... 365

Literaturverzeichnis ... 369

Danksagung ... 387

Einleitung

Fragestellung und Zielsetzung

Die akute Appendizitis gilt in der heutigen Zeit als die häufigste operationsbedürftige Erkrankung des Bauchraumes[1] und darüber hinaus auch als die Hauptursache des akuten Abdomens.[2] Bedingt durch ihren rapid-progredienten Verlauf und durch die vielfach verschleierte/atypische Symptomatik, die ein verspätetes Einleiten von Therapiemaßnahmen verursachen kann, gilt die akute Appendizitis zudem auch als die Erkrankung mit der häufigsten Indikation für einen Notfalleingriff.[3] Ob als Elektiv-, Dringlichkeits- oder Notfalloperation: Die Wahrscheinlichkeit, im Laufe des Lebens appendektomiert zu werden ist hoch, sie liegt für Frauen bei 23% und für Männer bei 12%.[4] Seit Anfang des 20. Jahrhunderts ist die Appendektomie als Therapiemaßnahme bei akuter Appendizitis eine der am meisten durchgeführten operativen Eingriffe, sodass sie mittlerweile zur Routine gezählt wird. Jedoch weit weniger bekannt ist die Tatsache, dass die Existenz des Wurmfortsatzes erst am Ende des 15. Jahrhunderts durch Leonardo da Vinci erkannt wurde und das Krankheitsbild einer entzündeten Appendix vermiformis noch viel später erst im 19. Jahrhundert unter den Medizinern

---

1 Vgl. Berchtold, Rudolf/Bruch, Hans-Peter/Trentz, Ottmar (Hg.): Chirurgie. München ⁶2008, S. 843.
2 Vgl. Schumpelick, Volker/Bleese, Niels/Mommsen, Ulrich: Kurzlehrbuch Chirurgie. Stuttgart ⁸2010, S. 332.
3 Vgl. Pickhardt, Perry J./Arluk, Glen M.: Atlas der gastrointestinalen Bildgebung. Gegenüberstellung: Radiologie – Endoskopie. München 2009, S. 297. Das Risiko, im Laufe des Lebens an einer akuten Appendizitis zu erkranken, liegt dabei für Frauen bei 7% und für Männer bei 9% (vgl. Kap. 2.1). Auffallend ist hierbei, dass die Prozentzahlen für die Wahrscheinlichkeit, eine Appendektomie zu bekommen, höher sind als das Risiko an einer akuten Appendizitis zu erkranken. Der Grund hierfür mag sein, dass in die Appendektomien durchaus auch Fälle miteinbezogen werden, in denen die Appendix vermiformis ohne die Diagnose einer akuten Appendizitis entfernt wurde (z. B. Morbus Crohn-Manifestation am Wurmfortsatz, Tumore der Appendix vermiformis, („prophylaktische") Appendektomien bei rechtsseitigen Unterbauchschmerzen trotz intraoperativem blandem Appendixbefund).
4 Vgl. Langner, C./Gabbert, H. E.: Appendix. In: Böcker, Werner/Denk, Helmut/Heintz, Philipp U. et al.: Pathologie. München ⁵2012, S. 590.

etabliert war.[5] Vor diesem Hintergrund wird im Rahmen dieses Dissertationsprojektes untersucht und dargestellt, wie sich der Weg hin bis zur Entdeckung der Appendix vermiformis und der Etablierung des Krankheitsbildes im klinischen Alltag gestaltete und welche Gründe diesen Weg zu einem langwierigen machten. Dem folgend wird besonders hervorgehoben, wie sich über mehrere Jahrhunderte die operativen Techniken entwickelt und weiterentwickelt haben, welche Hindernisse und Schwierigkeiten sich dabei ergaben, welche Intentionen dahintersteckten, welche derzeitigen Operationstechniken zur Verfügung stehen und welche Innovationen zukünftig von Relevanz sein könnten. Aus heutiger Sicht – sicherlich bedingt durch die sehr niedrige Letalitäts-/Mortalitätsrate aufgrund des hohen Diagnostik- und Operationsstandards – kann behauptet werden, dass die Therapie der komplikationslosen Wurmfortsatzentzündung von vielen als unspektakulärer Routineeingriff gesehen wird. Dass dahinter jedoch eine Erkrankung steckt, die über Jahrhunderte viele Menschenleben gekostet hat, lange fälschlich eingeschätzt und unterschätzt wurde, ist vielen nicht bewusst. Auch dass es insgesamt ca. vier Jahrhunderte dauerte, bis die Operationstechniken auf dem Stand waren, der heute eine meist komplikationslose Routine ermöglicht, fordert zu genauem Hinsehen auf. Das Dissertationsprojekt versucht diese historischen Zusammenhänge und Entwicklungen bis hin zu den gegenwärtigen Standards aufzuarbeiten und darzustellen.

Forschungsstand

Der bisherige Forschungsstand zum Thema dieser Arbeit wird im Wesentlichen durch drei Arbeiten repräsentiert, die sich genauer mit den historischen Entwicklungen der Appendizitis und der Appendektomie beschäftigen.[6] Die Arbeit des amerikanischen Chirurgen John B. Deaver (1855–1931), bisher nur in

---

5   Vgl. Sachs, Michael: Geschichte der operativen Chirurgie, Bd. 1: Historische Entwicklung chirurgischer Operationen. Heidelberg 2002, S. 179.
6   Literaturangaben zu den genannten Quellen:
    Sachs, Michael: Geschichte der operativen Chirurgie. Heidelberg 2002;
    Sachs, Michael: Erfahrungen und Handeln in der Geschichte der Chirurgie, dargestellt am Beispiel der sog. Blinddarmoperation (Appendektomie), S. 239–250. In: Labisch, Alfons/Paul, Norbert: Historizität. Erfahrungen und Handeln – Geschichte und Medizin (Sudhoffs Archiv. Zeitschrift für Wissenschaftsgeschichte, Heft 54). Stuttgart 2004 (Franz Steiner Verlag);
    Deaver, John B.: Appendicitis; its history, anatomy, clinical aetiology, pathology, symptomatology, diagnosis, prognosis, treatment, technique of operation, complications and sequels. Philadelphia ³1905; Sprengel, Otto: Appendicitis. Stuttgart 1906.

englischer Originalfassung vorhanden und aus dem Jahr 1905 stammend, konnte in den Darstellungen und Untersuchungen der Entwicklung lediglich bis hin zur konventionellen operativen Laparotomie bei Appendizitis gelangen. Gleiches gilt für die Monographie des deutschen Chirurgen Otto SPRENGEL (1852–1915), die 1906 erschien und ebenfalls das Krankheitsbild „Appendizitis" beleuchtet: Mit seinem Werk zeigte er allerdings nicht nur die historische Entwicklung des Krankheitsbildes, sondern stellte auch eine erste sehr umfangreiche Analyse der zeitgenössischen Operationsmethoden und Operationszeitpunkte dar, die er gleichzeitig kritisch bewertete, um schließlich eine eigene Position in der großen Debatte des damals am meisten diskutierten Krankheitsbildes einzunehmen. Neuere Operationstechniken sind zu jenem Zeitpunkt unbekannt. Die jüngste Darstellung des deutschen Chirurgen Michael SACHS (geb. 1960) aus dem Jahr 2002, der u. a. die Erkenntnisse DEAVERs und SPRENGELs aufgreift, bezieht auch die nachfolgenden minimalinvasiven Operationstechniken mit ein und endet schließlich mit der laparoskopischen Appendektomietechnik, sodass auch er die neueren/neusten Techniken (TransUmbilicale Laparoscopic once-trocar Appendectomy (TULAA), mini-Laparoskopische Appendektomie (mLA), Natural Orifice Transluminal Endoscopic Surgery (NOTES), da Vinci ®), die in den letzten 10–15 Jahren entwickelt wurden, noch nicht berücksichtigen konnte. Auch die Frage, warum es so lange gedauert hat, bis der Wurmfortsatz entdeckt, dessen Entzündlichkeit erkannt und die Entfernung der Appendix als kurativer Therapieansatz etabliert war, wird von allen hier genannten Autoren nicht oder nur sehr sporadisch beleuchtet. Umso lohnenswerter scheint der Versuch zu sein, sich im Rahmen dieser Arbeit mit einer möglichst umfassenden und kausalen Darstellung zu beschäftigen, die eine Zusammenschau der historischen Ereignisse und neusten Erkenntnisse schafft. So sollen beispielsweise auch zwei neuere Forschungsarbeiten[7] zur Funktions- und Evolutionstheorie der Appendix vermiformis mit berücksichtigt werden, wobei es sich um fundierte Erkenntnisse handelt, die so bisher noch nicht in den gängigen Lehrbüchern zu finden sind.

---

7 Gemeint sind die Studien von Smith, H. F./Fisher, R. E/Everett, M. L. et al.: Comparative anatomy and phylogenetic distribution of the mammalian cecal appendix. In: Journal of Evolutionary Biology 2009; 22 (10): 1984–1999. Und Randal Bollinger, R./Barbas, A. S./Parker, W. et al.: Biofilms in the large bowel suggest an apparent function of the human vermiform appendix. In: Journal of Theoretical Biology 2007; 249 (4): 826–831.

Gliederung, Methodik und Quellenarten

Der Aufbau der Arbeit orientiert sich an dem zeitlichen Verlauf durch die Geschichte der Appendix vermiformis und der operativen Appendektomie. Dem vorgeschaltet wird ein Abschnitt über die allgemeinen Fakten bezüglich des Wurmfortsatzes und des ihm zugehörigen Krankheitsbildes. Auf Basis der aktuellen Fachliteratur und veröffentlichten Studien bietet er eine umfassende Zusammenschau aller neuesten Erkenntnisse und eine Darstellung des heutigen Wissensstandes über das Krankheitsbild „akute Appendizitis" sowie über das Organ selbst. Als zentraler Abschnitt schließt sich eine chronologische Darstellung der Entwicklung der (operativen) Therapie bei Appendizitis an, die jedes einzelne Jahrhundert bis hin zu dem heutigen Standpunkt beleuchtet. Auch die Hintergründe, warum es sich bei dem Wurmfortsatz und der Appendizitis so lange um unbekanntes Terrain gehandelt hat, sollen aufgezeigt werden. Hierfür werden ältere Schriften und Werke bis zurück in das 15./16. Jahrhundert ausgewertet, um den historischen Verlauf fundiert darstellen zu können. Um jenseits der Ebene des fachlichen Erkenntnisstandes auch die Dimension der Patientengeschichte mit erfassen zu können, werden zudem ausgewählte Leichenpredigten aus dem 17. Jahrhundert herangezogen, die über ein Intensivauswertungsschema der Forschungsstelle für Personalschriften der Philipps-Universität Marburg zugänglich sind. Sie werden daraufhin befragt, ob hier möglicherweise appendizitische Krankheitsverläufe hinter der Beschreibung durch damalige Ärzte erkannt bzw. vermutet werden können – in einer Zeit, in der man von diesem Krankheitsbild noch nichts wusste. Des Weiteren soll auf Marburger Pathologieakten von Obduktionen im Zusammenhang mit Appendektomien aus den Jahren 1913–1918 zurückgegriffen werden sowie auch auf Patientenakten der Chirurgischen Klinik der Universität Marburg, die aus der ersten Hälfte des 20. Jahrhunderts erhalten geblieben sind, die den Stand der operativen Therapie und deren mögliche Komplikationen in der Zeit des 1./2. Weltkrieges erkennen lassen. Vereinzelt sind Fallkorrelationen zwischen klinischen Patientenakten und Sektionsberichten möglich. Abschließend verdeutlichen Zeitzeugenberichte zweier ehemaliger Ärzte im Rahmen der Oral History die Erweiterung der konservativen Laparotomie zu minimalinvasiven laparoskopischen Eingriffen bei Appendizitis. Die Zeitzeugen sind der ehemalige Chefarzt der Gynäkologie und Geburtshilfe am Hans-Susemihl-Krankenhaus in Emden, Dr. med. Wolfgang Drüner sowie die Gynäkologin Frau Prof. Dr. med. Liselotte Mettler. Herr Dr. med. Drüner hatte die operative Laparoskopietechnik von ihrem Begründer Prof. Dr. med. Kurt Semm erlernt und als einer der Ersten in Deutschland angewendet, Frau Prof. Dr. med. Mettler hat an der Universitätsklinik Kiel ihre Weiterbildung zur Gynäkologin unter SEMM gemacht und zusammen mit ihm am 12. September 1980 die weltweit erste laparoskopische Appendektomie durchgeführt. Zudem ist eine Untermauerung dieser Ereignisse mit einem Gedächtnisprotokoll eines typischen Appendektomie-Operationsberichtes durch Frau Prof. Dr. med. METTLER sowie mit einer originalen Videoaufnahme von einer der ersten laparoskopischen Appendektomien Semms möglich. Abschließend sollen im Rahmen dieser Dissertation mittels gegenwärtig aktueller Studien die neuesten Operationsmethoden für Appendektomien aufgezeigt (TULAA, mLA, NOTES, da Vinci®) und Vergleiche zu älteren Methoden gezogen werden.

Abstract

Research Topic and Objective

Acute appendicitis is considered in the present day as the most frequent abdominal ailment[8] with operational need and as the main cause of the acute abdomen.[9] Due to its rapid progression and its frequently veiled/atypical symptoms, which can lead to a belated commencement of therapeutic measures, acute appendicitis is regarded as the ailment with the highest indication frequency for an emergency operation.[10] Whether as elective, urgent or emergency operation, the probability of having an appendectomy in the course of one's life is high, lying in the case of women by 23% and by men by 12%.[11] Since the beginning of the 20th century appendectomy as therapeutic procedure in the case of acute appendicitis has been one of the most common surgical interventions and as such is nowadays understood as a routine procedure. However it is far less known that the existence of the appendix vermiformis was not perceived until the end of the 15th century when it was discovered by Leonardo da Vinci and that the recognition of the inflamed appendix vermiformis syndrome did not establish itself among physicians until much later in the 19th century.[12]

In the light of the above facts it was the aim of this research project to examine the nature of the path that led to the discovery of the appendix vermiformis and

---

8   See Berchtold, Rudolf/Bruch, Hans-Peter/Trentz, Ottmar (Hg.): Chirurgie. München ⁶2008, p. 843.
9   See Schumpelick, Volker/Bleese, Niels/Mommsen, Ulrich: Kurzlehrbuch Chirurgie. Stuttgart ⁸2010, p. 332.
10 See Pickhardt, Perry J./Arluk, Glen M.: Atlas der gastrointestinalen Bildgebung. Gegenüberstellung: Radiologie – Endoskopie. München 2009, p. 297.
11 See Langner, C./Gabbert, H. E.: Appendix. In: Böcker, Werner/Denk, Helmut/Heintz, Philipp U. et al.: Pathologie. München ⁵2012, p. 590. The risk of developing acute appendicitis during life is 7% for women and 9% for men (See chapter 2.1). It is striking that the percentage for the probability of having an appendectomy is higher than the risk of developing acute appendicitis. The reason for this may be that appendectomies also involve cases in which the appendix vermiformis has been removed without the diagnosis of acute appendicitis (for example Morbus Crohn – Manifestation on the appendix, tumors on the appendix, ("prophylactic") appendectomies in right-side pelvic pain despite intraoperative findings of the appendix).
12 See Sachs, Michael: Geschichte der operativen Chirurgie, Bd. 1: Historische Entwicklung chirurgischer Operationen. Heidelberg 2002, p. 179.

to the establishment of the recognition of the appendix vermiformis inflammation syndrome in daily medical life, to determine the reasons for the protracted time lapses involved and to portray the findings. The way in which the operation techniques were developed and refined over a number of centuries, the difficulties and obstacles encountered on the way, the intentions involved, current operation techniques and the innovations that could be of future relevance will be highlighted. Seen from the present-day perspective – certainly on account of the very low lethality/mortality rate owing to high diagnostic and operation standards – it is possible to say that the treatment of the uncomplicated appendicitis is considered by many as unspectacular routine intervention whereby there is a general lack of awareness of the fact that the ailment itself is one that has cost many human lives over the centuries and was misjudged and underestimated for a long time. It is also noteworthy that it has taken four centuries to develop interventional techniques that render an uncomplicated routine. This dissertation seeks to delve into the historic contexts and developments leading to the present-day standards.

Research Status

The previous research status on this topic will be represented in this dissertation primarily by three academic treatises that deal with historic developments on knowledge concerning appendicitis and appendectomy.[13] The work of the American surgeon John B. DEAVER (1855–1931) from the year 1905 – until now only available in the original English version – affords portrayals and research into the developments up until the conventional operative laparotomy in the case of appendicitis. The same applies to the monography of the German surgeon Otto SPRENGEL (1852–1915), published in 1906, that also illuminates the topic "appendicitis". With this treatise Sprengel not only depicts the historical developments with respect to the knowledge on the ailment, but also provides a first, very extensive analysis of the operation methods and operation times common in his day and a critical evaluation of them and also finally takes his own stance in the great debate of that period. More modern operation techniques were not known at that time. The most up-to-date representation made by the German surgeon Michael SACHS (born 1960), published in 2002, who among other things picks up

---

13 References to the sources mentioned: Sachs, Michael: Geschichte der operativen Chirurgie. Heidelberg 2002; Deaver, John B.: Appendicitis; its history, anatomy, clinical aetiology, pathology, symptomatology, diagnosis, prognosis, treatment, technique of operation, complications and sequels. Philadelphia ³1905; Sprengel, Otto: Appendicitis. Stuttgart 1906.

the understandings of DEAVER and SPRENGEL, also embraces the then ensuing minimally invasive operation techniques and ends dealing with the laparoscopic appendectomy techniques. He, too, was thus not in a position to incorporate the more/most modern techniques (TransUmbilicale Laparoscopic once-trocar Appendectomy (TULAA), mini-Laparoscopic Appendectomy (mLA), Natural Orifice Transluminal Endoscopic Surgery (NOTES), da Vinci®), that have been developed in the last ten to fifteen years. Also the questions why it took so long to discover the appendix and its inflammability and for the removal of the appendix to establish itself as recognized curative measure are either only elucidated sporadically or not at all by all these authors. All the more worthwhile does the attempt here then seem to present the historical developments and causalities as exhaustively as possible whilst illuminating at the same time in addition the latest discoveries on the topic. For this reason two more recent treatises on the functional and evolutional theory[14] with respect to the appendix vermiformis will be featured here. These discoveries are scientifically founded, but as yet have not found their way into current medical textbooks.

Structure, Methodology, Source Types

The structure of the dissertation orientates itself along the chronological time axis through the history of medical occupation with the appendix vermiformis and interventional appendectomy. This section is preceded by one containing facts about the appendix vermiformis itself and the corresponding ailment syndrome. On the basis of the literature on the subject this section provides a comprehensive overview of all the latest discoveries and an overview of present-day knowledge on the syndrome "acute appendicitis" and of the appendix vermiformis itself. The core section of the dissertation then follows. It consists of a chronological presentation of the development of the (interventional) therapy in the case of appendicitis through each individual century up to the present day. The causalities which led to the appendix vermiformis itself and appendicitis remaining unknown territory for so long are illuminated. To this purpose old manuscripts and other papers dating back to the 15th and 16th century were consulted and evaluated in order to mirror the history on a founded and sound basis. In order to take into account the

---

14 This refers to the studies of Smith, H. F./Fisher, R. E/Everett, M. L. et al.: Comparative anatomy and phylogenetic distribution of the mammalian cecal appendix. In: Journal of Evolutionary Biology 2009; 22 (10): 1984–1999. And Randal Bollinger, R./Barbas, A. S./Parker, W. et al.: Biofilms in the large bowel suggest an apparent function of the human vermiform appendix. In: Journal of Theoretical Biology 2007; 249 (4): 826–831.

dimension of the patients' life history above and beyond the medical knowledge of the times on the ailment, selected funeral sermons from the 17th century were studied. These are accessible via an intensive evaluation scheme of the Research Department for Personal Documents, University of Marburg. They were asked whether cases of appendicitis and its progress could be recognized resp. suspected on the basis of the descriptions given by the physicians of the age – at a time when no-one was aware of the existence of this ailment. Marburger pathology files on autopsies in connection with appendectomies in the period 1913–1918 and still existing patients' files from the surgical clinic of the University of Marburg from the first half of the 20th century were resorted to in order to obtain possible information on the status of interventional therapy and possible complications thereby encountered at the time of the 1st and 2nd World Wars. Case correlations between clinical patients' files and section reports are also remarked upon in this part of the dissertation. Towards the conclusion of this part of the dissertation the contemporary witness reports of two former physicians in the framework of oral history illuminate the development of the conservative laparotomy to minimally invasive laparoscopic interventions in the case of appendicitis. The contemporary witnesses are the former Head Physician of the Dept. of Gynaecology and Obstetrics at the Hans-Susemihl Hospital in Emden, Dr. med. Wolfgang DRÜNER, and the gynaecologist, Prof. Dr. med. Liselotte METTLER. Dr. med. Drüner learned the interventional laparoscopic technique from its founder, Prof. Dr. Med. Kurt SEMM, and was one of the first to implement the technique in Germany. Prof. Dr. med. METTLER did her professional training at the University Clinic in Kiel under SEMM and carried out the worldwide very first laparoscopic appendectomy on 12th September 1980 together with Mr SEMM. A substantiation of these events is possible both in the form of a verbatim protocol of a typical appendectomy operation report by Prof. Dr. med. METTLER and in the form of an original video recording of one of the first laparoscopic appendectomies performed by Mr SEMM. Finally this dissertation will describe the latest operation methods in the case of appendectomy (TULAA, mLA, NOTES, da Vinci®) on the basis of current studies and compare them with older methods.

1 Allgemeines zur Appendix vermiformis

1.1 Anatomie und Histologie

Die Appendix vermiformis befindet sich als wurmförmiger Anhang des Caecum etwa 2–3 cm unterhalb der Valvula ileocaecalis[1] an der posteromedialen Seitenfläche desselben, ist vollständig intraperitoneal gelegen und frei beweglich. Sie besitzt ein kleines, eigenes Mesenterium (Mesoappendix), das sich an das des Dünndarms anschließt und in dem die versorgenden Gefäße verlaufen (Arteria (A.). und Vena (V.) appendicularis).[2] Die Länge der Appendix ist hoch variabel, sie liegt im Mittel bei ca. 7–8 cm und hat als Grenzwerte ca. 0,5 cm bzw. 35 cm.[3] Der oben beschriebene Ursprung am Caecum ist im Gegensatz zu der räumlichen Lage im Abdomen nahezu konstant.[4] Am Ostium der Appendix vermiformis liegt eine klappenartige Schleimhautfalte (Gerlach-Klappe), die die Appendix zum Caecum hin verschließt.[5] Im Bereich des Ursprungs am Blinddarm laufen die drei Taenien des Colon (Taenia libera, mesocolica, omentalis) zusammen und bilden eine relativ geschlossene Längsmuskelschicht. Eine Besonderheit hierbei ist, dass sich die Taenien beim Zusammenlaufen überkreuzen, was bei Dehnung des Caecum und der dadurch entstehenden Zugwirkung der Taenien zum Verschluss der Appendix führt.[6] Im Gegensatz zum recht dehnfähigen Caecum ist eine funktionelle Lumen- und Volumenveränderung

---

1 Vgl. Langner, C./Gabbert, H. E.: Appendix. In: Böcker, Werner/Denk, Helmut/Heintz, Philipp U. et al.: Pathologie. München ⁵2012, S. 589.
2 Vgl. Bommas-Ebert, Ulrike/Teubner, Philipp/Voß, Rainer: Kurzlehrbuch Anatomie und Embryologie. Stuttgart ³2011, S. 276.
3 Vgl. Langner/Gabbert, Appendix, 2012, S. 589.
4 Vgl. Bommas-Ebert/Teubner/Voß, Kurzlehrbuch, 2011, S. 276.
5 Vgl. Krams, Matthias/Frahm, Sven Olaf/Kellner, Udo et al.: Kurzlehrbuch Pathologie. Stuttgart ²2013, S. 264.
6 Vgl. Helsmoortel, Jérôme/Hirth, Thomas/Wührl, Peter: Lehrbuch der viszeralen Osteopathie (Peritoneale Organe). Stuttgart 2002, S. 289. Diese Begebenheit wird als mögliche Ursache für die Entstehung einer akuten Appendizitis diskutiert: Eine Passagestörung im Caecum/Colon und ein daraus resultierender Aufstau der Faeces führen zum Verschluss der Appendix und dadurch zu einer Voraussetzung für den Beginn der Pathogenesemechanismen (vgl. ebd., S. 290). Hingewiesen wird hier auch die Abbildung 19.8 auf der Seite 289 in dem hier genannten Lehrbuch, die den Faserverlauf der Taenien am Ostium der Appendix darstellt.

der Appendix nicht oder nur sehr gering vorhanden.[7] Der Lymphabfluss der Appendix vermiformis geht über die Noduli (Nll.) lymphatici colici dextri bzw. medii, die sympathische Innervation über postganglionäre Äste des Ganglions mesentericum superius (Plexus mesentericus superior) und die parasympathische über den Truncus vagalis (Nervus (N.). vagus).[8]

Histologisch weist die Appendix vermiformis den typischen Schichtaufbau eines intraperitonealen Darmrohrs auf (Abb. 1):

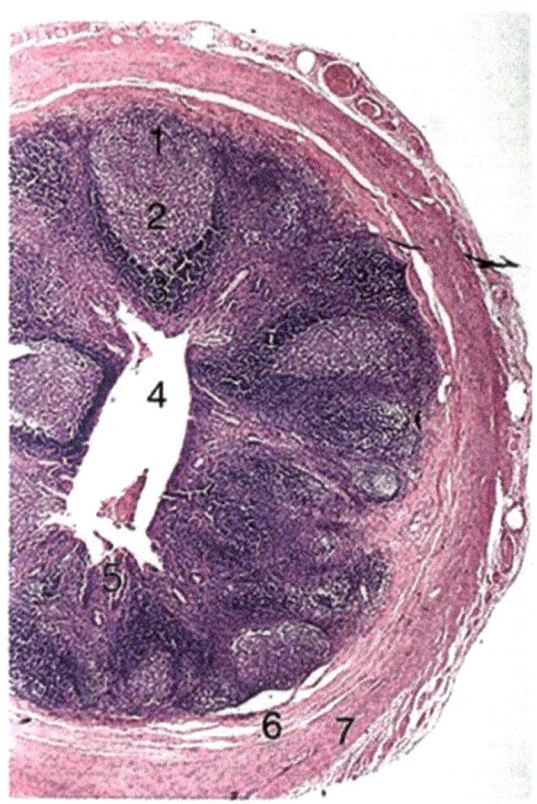

Abb. 1: Histologische Darstellung der Appendix vermiformis 1–3 Lymphfollikel; 4 Lumen; 5 Krypten; 6 Submucosa; 7 Muscularis (Humanpräparat in Hämatoxilin-Eosin-Färbung, HE). (Quelle: Welsch, 2010, S. 330)

---

7   Vgl. Helsmoortel/Hirth/Wührl, Lehrbuch, 2002, S. 290.
8   Vgl. Schünke, Michael/Schulte, Erik/Schumacher, Udo et al.: Prometheus LernAtlas der Anatomie – Innere Organe. Stuttgart ²2009, S. 273–277.

Die erste Schicht (vom Lumen aus gesehen) ist die Tunica mucosa, bestehend aus der Lamina epithelialis (mit hochprismatischen, resorbierenden, mikrovillibesetzten Enterozyten; Becherzellen; M-Zellen[9]), der Lamina propria (lockeres, kollagenes Bindegewebe; kleine Blutgefäße; mobile lymphatische Zellen) und der Lamina muscularis mucosae (zweischichtige, glatte Muskulatur aus innerer Ring- und äußerer Längsmuskelschicht), die für die Motilität und Konturveränderung der Mucosa verantwortlich ist. Als zweite Schicht folgt die Tela submucosa, die ebenfalls aus lockerem, kollagenem Bindegewebe, kleineren und mittelgroßen Blut- und Lymphgefäßen und dem Plexus submucosus (Meissner-Plexus) besteht, wobei letzterer ein ganglienzellhaltiges – zum enterischen Nervensystem gehörendes – Nervenfasergeflecht ist und die Motorik der Lamina muscularis mucosae und die Blutgefäße steuert.[10] Die folgende dritte Schicht ist die Tunica muscularis, eine dickere, zweischichtige glatte Muskelschicht, ebenfalls aus innerer Ring- und äußerer Längsmuskelschicht. Zwischen diesen beiden Schichten befindet sich der Plexus myentericus (Auerbach-Plexus). Er steuert die Motilität der Tunica muscularis und damit die Peristaltik.[11] Als Letztes schließt sich die Tela subserosa (lockeres, kollagenes Bindegewebe mit vielen kleinen Blut- und Lymphgefäßen) und die Tunica serosa an. Letztere besteht aus flachem bis kubischem, mikrovillitragendem Mesothel, das als organeigenes, viszerales Epithel mit dem parietalen Mesothel der Mesenterien in Verbindung steht und an der Bildung der Peritonealflüssigkeit beteiligt ist.[12]

Das Auffaltungsmuster der Mucosa der Appendix gleicht dem des Colon und weist lediglich tiefe, tubuläre Krypten bis hinunter zur Lamina muscularis mucosae auf und keine Zotten, wie sie im Dünndarm zu finden sind. Die resorbierenden Enterozyten sind sichtbar reich an Mitochondrien und sorgen – zusammen mit den Becherzellen mittels ihrer apikal gelegenen, sekretorischen Muzin-Granula für eine kontinuierliche Schleimproduktion und -sekretion in das Lumen. In der Tunica mucosa befindet sich zahlreiches lymphatisches Gewebe in Form von Lymphfollikeln und parafollikulärem Gewebe, wobei die

---

9 Vgl. Welsch, Ulrich: Lehrbuch Histologie. München ³2010, S. 329.
10 Die Aktivität des Plexus submucosus wird übergeordnet von Sympathikus und Parasympathikus geregelt.
11 Auch dieser Plexus gehört zum enterischen Nervensystem und wird übergeordnet vom vegetativen Nervensystem reguliert.
12 Vgl. ebd., S. 309f. Eine schematische Darstellung des Wandaufbaus der Appendix ist zu finden in: Schünke, Michael/Schulte, Erik/Schumacher, Udo et al.: Prometheus LernAtlas der Anatomie – Innere Organe. Stuttgart ²2009 (Georg Thieme Verlag), S. 229, Abb. F.

Krypten-Struktur der Mucosa über diesem Bereich aufgehoben und ein Domepithel zu finden ist. Auch die Lamina muscularis mucosae kann dort zum Teil verdrängt sein oder gänzlich fehlen.[13]

1.2 Lagevariationen

Die typische Lage des Caecum/der Appendix ist die im rechten Unterbauch, wobei man auch von einer Projektion in den rechten unteren Quadranten (RUQ) der vorderen Rumpfwand spricht (Abb. 2).

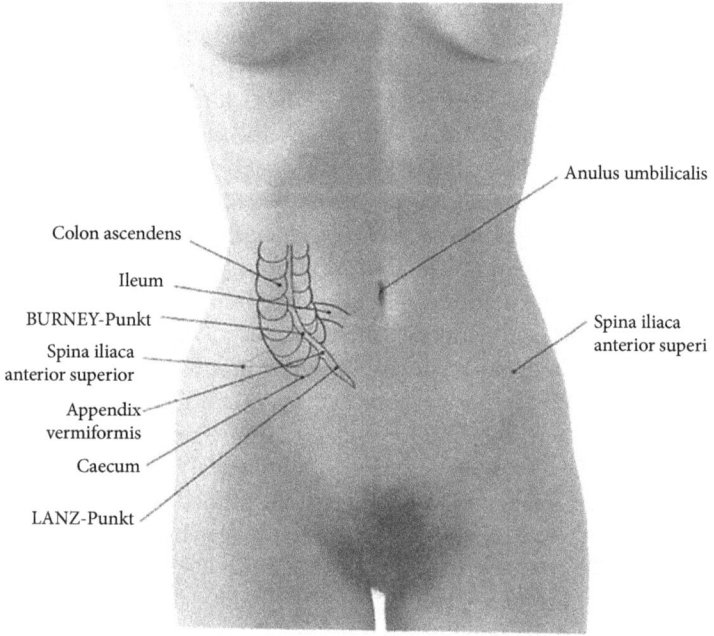

Abb. 2: *Projektion der Lage des Caecum und der Appendix auf die vordere Rumpfwand. (Quelle: Paulsen/Waschke, 2010, S. 6)*

Diese Lage kann sowohl physiologisch und reversibel – wie beispielsweise die Verschiebung in den rechten Oberbauch bei einer fortgeschrittenen Schwangerschaft (2./3. Trimenon), bedingt durch das Wachstum des Ungeborenen im Uterus[14] – als

---

13 Vgl. ebd., S. 328ff.
14 Vgl. Isenmann, Rainer/Gebhardt, Hinnerk/Dürig, Michael: Appendix. In: Henne-Bruns, Doris/Barth, Eberhard: Chirurgie (292 Tabellen). Stuttgart [4]2012, S. 357.

auch pathologisch[15] und irreversibel von der normalen Lage abweichen. Neben den minimalen Lageabweichungen des Caecum/der Appendix im rechten Unterbauch, die dazu führen, dass beide eher im kleinen Becken, zum Bauchnabel hin oder in das seitliche große Becken verschoben werden, findet man jedoch auch gravierendere Abweichungen wie beispielsweise Verlagerungen in den rechten Oberbauch oder sogar in die linken Quadranten (vgl. Abb. 3 und 4).

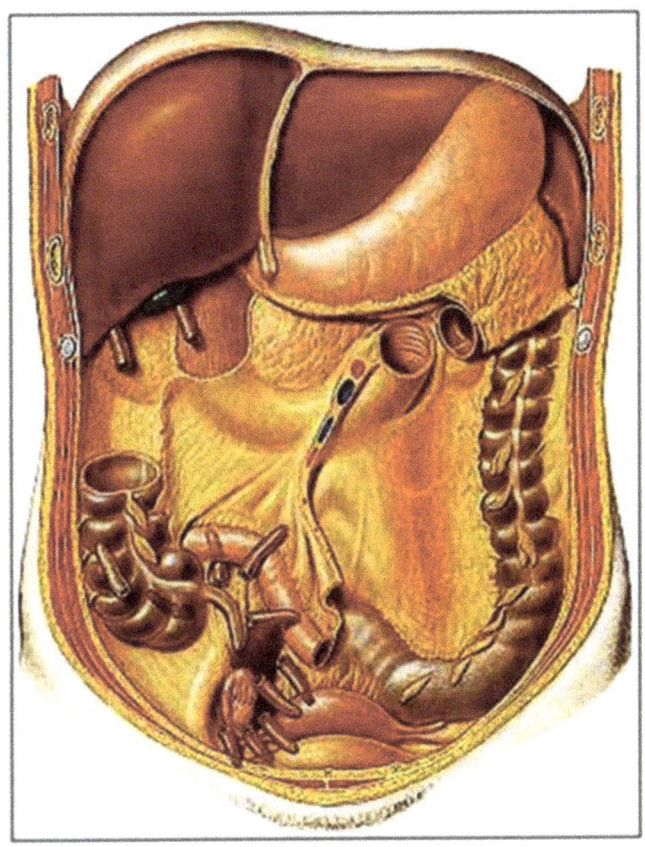

Abb. 3: Lagevarianten der Appendix in Bezug auf das Abdomen (ventrale Ansicht). (Quelle: Paulsen/Waschke, 2010, S. 6)

---

15 „Pathologisch" ist hier nicht im Sinne von „krankhaft" gemeint, da die meisten Lagevarianten nicht automatisch zu einer Erkrankung führen, sondern asymptomatisch auftreten. Gemeint ist hier eher sinngemäß „von der Norm abweichend".

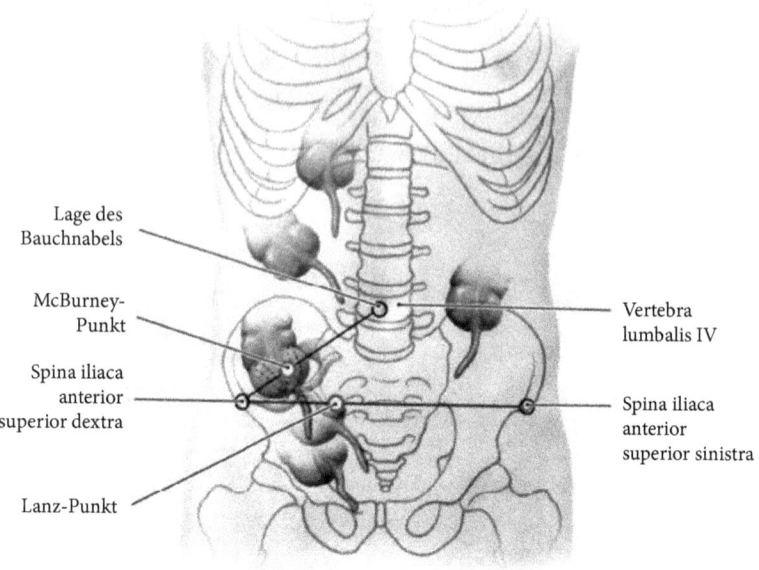

Abb. 4: Lagevarianten des Caecum. (Quelle: Schünke/Schulte/Schumacher et al., 2009, S. 229)

Ursächlich für diese maximalen Verschiebungen sind embryonale Entwicklungsfehler. Der Dickdarm entwickelt sich aus den Anteilen des unteren Mitteldarms des embryonalen, primitiven Darmkanals. Aufgrund des Platzmangels, bedingt durch das massive Längenwachstum von Dünn- und Dickdarm im heranreifenden Embryo, kommt es ab der 6. Entwicklungswoche zu dem sog. „physiologischen Nabelbruch", bei dem der Darm kurzzeitig als „Nabelschleife" über den Ductus omphaloentericus in den Dottersack ausgelagert wird. Dort ist er weiterem Längenwachstum unterworfen sowie einer „Darmdrehung" um 90° gegen den Uhrzeigersinn, bis er ca. in der 10. Entwicklungswoche wieder in das embryonale Abdomen rückverlagert wird, um schließlich weitere 90° gegen den Uhrzeigersinn gedreht zu werden.[16] Kommt es in diesem beschriebenen Prozess

---

16 Insgesamt findet eine Drehung von 270° statt (die ersten 90° erfolgen noch vor dem physiologischen Nabelbruch im embryonalen Abdomen (vgl. Helsmoortel/Hirth/Wührl, Lehrbuch, 2002, S. 267). Nach vollendeter Drehung und Reposition in die Bauchhöhle kommt das Caecum zunächst im rechten Oberbauch zu liegen. Erst mit der folgenden Ausbildung des endgültigen Colon ascendens vollzieht sich der

zu Malrotationen, verändert sich demnach auch die endgültige Lage der Appendix.[17] Auch der seltene Situs inversus, bei dem es in der Embryonalentwicklung zu der spiegelverkehrten Anlage aller Organe im Körper kommt, kann eine unerwartete Verlagerung – nicht nur der Appendix – in die linke Körperhälfte bedingen.[18] Die Appendix selbst, unabhängig von der Lage des Caecum, kann darüber hinaus ebenfalls unterschiedliche Lagepositionen einnehmen (Abb. 5), wobei die retrocaecale Lage mit ca. 65% und die in das kleine Becken absteigende Appendix mit ca. 30% am häufigsten zu finden sind.[19]

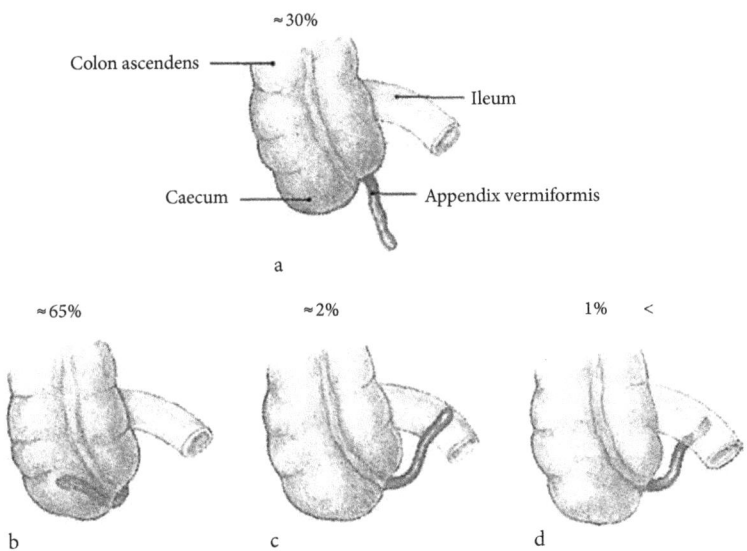

Abb. 5: *Lagevariationen der Appendix vermiformis in Bezug auf das Caecum a absteigend ins kleine Becken; b retrocaecal; c präileal; d retroileal. (Quelle: Paulsen/Waschke, 2010, S. 6)*

Descensus caeci in den rechten Unterbauch (im Bereich der Fossa iliaca dextra), und der typische Colonrahmen entsteht (vgl. Graumann, Walther/Sasse, Dieter (Hg.): CompactLehrbuch Anatomie, Bd. 3, Innere Organsysteme). Stuttgart 2004, S. 91). Vgl. hierzu auch eine schematische Übersichtszeichnung in: Schünke/Schulte/Schumacher et al., Prometheus (Innere Organe), 2009, S. 36, Abb. A.
17 Vgl. Schünke/Schulte/Schumacher, Prometheus (Innere Organe), 2009, S. 39.
18 Vgl. Schumpelick, Volker/Bleese, Niels/Mommsen, Ulrich: Kurzlehrbuch Chirurgie (187 Tabellen). Stuttgart 8·2010, S. 334.
19 Vgl. Paulsen, Friedrich/Waschke, Jens: Sobotta Atlas der Anatomie des Menschen, Bd. 2. München 23·2010, S. 6.

1.3 Evolutions- und Funktionstheorien

Nachdem lange Zeit die Appendix vermiformis als ein evolutionäres Rudiment betrachtet und ihr demnach – bedingt durch das fehlende Wissen über ihre wirkliche Funktion – nur eine nebensächliche Aufgabe zugesprochen wurde (so etwa die Fermentation pflanzlichen Materials), zeigen neuere Studien eine deutliche Abwendung von diesen scheinbar überholten Theorien.

Der britische Naturforscher Charles Robert DARWIN (1809–1882) äußerte sich als Erster zu der Regression des Caecum und der Entstehung der Appendix vermiformis. Er beschrieb das Caecum als *„eine blind endigende Abzweigung oder ein Divertikel des Darmes, der bei vielen pflanzenfressenden Säugetieren außerordentlich lang ist."*[20] Seinen damaligen Theorien zufolge, die auf das 19. Jh. zu datieren sind, habe sich das Caecum infolge von nahrungsbedingten Veränderungen (weniger pflanzliches Material, mehr Fleischverzehr) bei verschiedenen Tierarten verkürzt und es sei lediglich der Wurmfortsatz als eine Art Rudiment zurückgeblieben.[21] Darüber hinaus betonte er, dass der Wurmfortsatz neben seinem fehlenden Nutzen sogar den Tod verursachen könne, *„wenn nämlich kleine harte Körper, wie z. B. Samenkörner, in den Kanal [das Lumen der Appendix vermiformis – Anm. M. K.] eindringen und eine Entzündung verursachen."*[22] Auch nach DARWIN hielten noch viele andere Autoren (u. a. WIEDERSHEIM, GEGENBAUR[23]) an der Auffassung fest, die Ursache des Verkürzungs- und Verkümmerungsprozesses des Caecum sei die Ernährungsumstellung *„vom pflanzenfressenden Dasein zum Panphagen oder Carnivoren"*[24], und dadurch habe sich der apikale Anteil des Caecum reduziert und in den Wurmfortsatz differenziert.

M. J. LORIN-EPSTEIN, Assistent der chirurgischen Klinik des Kiewer Medizinischen Institutes, wies jedoch in seiner Arbeit (1932) nach, dass alleine die Ernährungsumstellung nicht ausreiche, um die tatsächliche Ursache der morphologischen Veränderungen des Caecum zu beschreiben.[25] Der Wurmfortsatz (und darüber hinaus auch die Ileocaecalklappe) sei lediglich bei Menschen

---

20 Darwin, Charles: Die Abstammung des Menschen, Bd. 2. Stuttgart ⁵2002, S. 22.
21 Vgl. ebd., S. 22f.
22 Ebd., S. 23.
23 Robert Ernst Eduard Wiedersheim (dt. Arzt und vergleichender Anatom; 1848–1923); Carl Gegenbaur (dt. Arzt, vergleichender Anatom, Wirbel- und Evolutionsmorphologe; 1826–1903).
24 Lorin-Epstein, M. J.: Evolution und Bedeutung des Wurmfortsatzes und der Valvula ileocoecalis im Zusammenhang mit der Aufrichtung des Rumpfes. In: Zeitschrift für Anatomie und Entwicklungsgeschichte, Bd. 97. Berlin 1932, S. 76.
25 Vgl. ebd., S. 76.

und höheren Primaten (Anthropoiden) zu finden, entgegen der damaligen Behauptung vieler Morphologen (CUVIER, OWEN u. a.[26]), dass Anhänge am Blinddarm auch bei anderen Tierarten wie Hasen (Lepus, Lagomys), Beuteltieren (Phascolomys Wombat, Phalangista), Gürteltieren (Chlamydophorus) und einigen Halbaffen (Loris, Lemus, Stenops) vorhanden seien. Der Grund für seine divergente Meinung ist die Annahme, dass die Appendix bei diesen Tieren ein *„reduzierter drüsiger Anhang"*[27] am Caecum sei und fälschlich für eine wie bei dem Menschen vorhandene Appendix vermiformis gehalten werde.[28] Bezogen auf die evolutionstheoretische Entwicklung der Appendix vermiformis kam LORIN-EPSTEIN durch seine experimentellen und anatomischen Untersuchungen[29] zu dem Schluss, dass *„dem Prozeß der Halbaufrichtung des Körpers bei den Anthropoiden und dem völlig aufrechten Gang des Menschen"*[30] große Bedeutung zugeschrieben werden müsse, da er maßgeblich an der Reduktion des Caecum und der Bildung des Anhangs beteiligt gewesen sei. So beschrieb er weiterhin, dass von ihm untersuchte Haustiere und Halbaffen im Vergleich zu den Menschen und Anthropoiden zum einen ein längeres und breiteres Caecum mit einer distaleren Lage (häufig in der oberen Hälfte der Bauchhöhle) aufwiesen, zum anderen die Mündung des Ileums in das Caecum in dorso-ventraler Richtung deutlich mehr kranial gelegen sei und einen rechten Winkel bilde. Bedingt durch den Aufrichtungsprozess des Rumpfes, der in der Evolution allmählich stattgefunden hat, sei es zur Senkung des proximalen Colon und zur Verlagerung der Mündung des Ileums in das Caecum nach kaudal gekommen, sodass auch der Mündungswinkel zunehmend spitzer geworden sei.[31] Ausschlaggebend dafür sei neben dem Gesetz der Schwerkraft auch die Veränderung der räumlichen Verhältnisse im Rumpfbereich gewesen, da durch die Bipedie die Bauchhöhle *„in ventro-dorsaler*

---

26 Jean-Léopold-Nicholas Frédéric Cuvier (franz. Naturforscher und Paläontologe; 1769–1832); Richard Owen (brit. Zoologe, Paläontologe und vergleichender Anatom; 1804–1892).
27 Lorin-Epstein, Evolution, 1932, S. 69.
28 Vgl. ebd., S. 68ff. Anzumerken sei hier, dass LORIN-EPSTEIN – belegt durch seine eigenen Untersuchungen – ein Fehlen des Wurmfortsatzes bei einer ganzen Reihe von Affenarten festgestellt hat (darunter sowohl breit- als auch schmalnasigen Affen); vgl. hierzu ebd., S. 70.
29 Die Untersuchungen nahm LORIN-EPSTEIN an über 300 Leichen Erwachsener, 100 Leichen von Kindern, Neugeborenen und Feten, an zehn Affen, zwei Orang-Utans, einem Schimpansen und vielen Haustieren vor (vgl. ebd., S. 69).
30 Ebd., S. 69.
31 Vgl. ebd., S. 69–74.

*Richtung"*³² eingeschränkter sei als bei Lebewesen im vierbeinigen Gang.³³ Zudem stellte LORIN-EPSTEIN die These auf, dass sich das Caecum des Menschen *„im Zustand der phylogenetischen Regression befindet"*³⁴ und sich seit jeher ein Prozess der Verkürzung vollziehe, wodurch die Appendixbildung stattgefunden habe. Als wichtig erschienen ihm darüber hinaus ebenfalls der Prozess der Verengung des apikalen Caecumanteils und der Prozess der Krümmung desselben. So sei also in der stammesgeschichtlichen Entwicklungsreihe des Menschen in steigender Intensität zu verzeichnen, dass sich, bedingt durch den Krümmungsprozess, die entstehende Mündung des Wurmfortsatzes immer mehr der Ileummündung annäherte.³⁵ Die Verengung der Caecumspitze habe schließlich zur Bildung der Appendix vermiformis geführt, wobei ein weiterer wichtiger Prozess die Bildung des Übergangs vom Caecum in den Wurmfortsatz ermöglicht habe. Das Zusammenlaufen aller drei Taenien des Dickdarmes an der Mündungsstelle des Fortsatzes habe dabei zu einer Art *„Trichterverengung"* geführt.³⁶

Auch bezüglich der Frage nach der Funktion des Wurmfortsatzes vertrat LORIN-EPSTEIN eine andere Meinung als viele der ihm vorangegangenen Autoren. So machte er deutlich, warum nach HYRTL, GEGENBAUR, ZUCKERKANDL und METSCHNIKOFF³⁷ die Appendix vermiformis kein rudimentäres Organ sein könne: Er betonte, dass ein Organ, das in dem langen Prozess der Evolution bei allen Anthropoiden und dem Menschen kontinuierlich erhalten geblieben sei und zudem ein gut ausgeprägtes Blut- und Lymphgefäßsystem besitze sowie von reichlich nervaler Versorgung zeuge, so unbedeutend nicht sein könne. Darüber hinaus merkte er an, dass auch die Tatsache eines sehr seltenen, vollständigen Fehlens des Wurmfortsatzes bei dem Menschen oder den Anthropoiden davon zeuge, dass anscheinend eine Unentbehrlichkeit dieses Organes vorliege, auch wenn *„die Straflosigkeit seiner operativen Entfernung"*³⁸ zunächst anderes vermuten lasse.³⁹

---

32 Ebd., S. 77.
33 Vgl. ebd., S. 73ff.
34 Ebd., S. 75. Der hier zitierte Textausschnitt ist im Original selbst kursiv hervorgehoben.
35 Vgl. ebd., S. 79–85.
36 Vgl. ebd., S. 81ff. Zitat ebd. S. 82.
37 Vgl. ebd., S. 95. Josef Hyrtl (österr. Anatom; 1810–1894); Emil Zuckerkandl (österr.-ungar. Anthropologe und Anatom; 1849–1910); Ilja Iljitsch Metschnikow (russ. Zoologe und Immunologe; 1845–1916).
38 Lorin-Epstein, Evolution, 1932, S. 97.
39 Vgl. ebd., S. 95f.

Nach LORIN-EPSTEIN wiesen auch andere Autoren (BERRY, ELLENBERGER, OPPEL u. a.[40]) dem Wurmfortsatz verschiedene Funktionen zu wie z. B. cytoblastische (zellbildende), adenoide (drüsenähnliche) und Antikörper produzierende Eigenschaften. Sowohl einige dieser als auch andere Theorien sah er jedoch als zweifelhaft an, so auch Vermutungen, dass es sich bei dem Wurmfortsatz um ein Organ handele, welches Verdauungsenzyme produziere, Schleim absondere, Bakterien aus dem Blut über das lymphatische Gewebe ausscheide, ein Sekret bilde, welches das Wachstum der Darmbakterien (Escherichia coli) unterstütze und eine hämatopoetische oder endokrine Rolle spiele.[41] Vielmehr vertrat LORIN-EPSTEIN (wie auch BERRY[42]) den Standpunkt, dass es sich bei der Appendix vermiformis um ein lymphatisches Organ handele, dessen Hauptfunktion in der bakteriellen und toxischen Abwehr liege. Diese zugeschriebene Funktion fand eine weite Verbreitung unter den Wissenschaftlern seiner Zeit und wird noch bis in die Gegenwart als gültig angesehen.

Durch fortschrittliche histologische Untersuchungen ist heute ein recht gutes Verständnis der Funktion des lymphatischen und parafollikulären Gewebes des Wurmfortsatzes möglich und sie bestätigen die Ungültigkeit der Theorien, die der Hypothese LORIN-EPSTEIN's vorangegangen sind. Dieses darmassoziierte lymphatische Gewebe der Appendix (auch: Gut Associated Lymphoid Tissue, GALT) zählt zu den mucosa-assoziierten lymphatischen Geweben (auch: Mucosa Associated Lymphoid Tissue, MALT), was bedeutet, dass es sich unter der Mucosa Lymphfollikel und parafollikuläres Gewebe befindet und somit das Oberflächenepithel eine für die Immunabwehr funktionelle Rolle spielt.[43] In dem über den Lymphfollikeln gelegenen Domepithel befinden sich sog. „M-Zellen", die sich aus den Stammzellen der Schleimhautkrypten differenzieren. Diese Zellen weisen basolateral weite Taschen auf, in denen Makrophagen, Lymphozyten und interdigitierende dendritische Zellen (IDC) gelegen sind. Deren Aufgabe ist es,

---

40 Richard James Arthur Berry (brit. Anatom; 1867–1962); Wilhelm Ellenberger (dt. Veterinäranatom und -physiologe; 1848–1929); Carl Albert Oppel (dt. Paläontologe; 1831–1865).
41 Vgl. Lorin-Epstein, Evolution, 1932, S. 95–98.
42 Richard James Arthur Berry (brit. Anatom und Chirurg; 1867–1962). Vgl. hierzu die Arbeit von Berry, Richard J. A.: The true caecal apex, or the vermiform appendix: its minute and comparative anatomy. In: Journal of Anatomy and Physiology 1900; 35 (Pt 1): 83–100.
43 Vgl. Welsch, Lehrbuch, 2010, S. 237 und S. 247–252. Die Struktur des lymphatischen Gewebes der Appendix vermiformis ist ähnlich den Peyer-Plaques des terminalen Ileums.

über ihren apikalen Zellpol, der zum Appendixlumen hin gelegen ist, Antigene abzufangen und mittels Transzytose in Form von speziellen Vesikeln in die basolateralen Taschen zu transportieren (vgl. hierzu Abb. 6). Dort werden diese durch antigenpräsentierende Zellen (IDC, T-Zellen) aufgenommen und T- und B-Zellen werden aktiviert, um gleich danach in die Lymphfollikel und den parafollikulären Bereich in der Submucosa zu wandern. Die Lymphfollikel sind charakterisiert als Ansammlung von reifen und naiven B-Zellen, fibroblastischen Retikulumzellen und follikulären dendritischen Zellen (B-Zell-Zone), die parafollikuläre Zone als Ansammlung von T-Zellen (T-Zell-Zone).[44] Kommt es also zu Antigenkontakt der M-Zellen, wird eine immunologische Kaskade ausgelöst, die schließlich dazu führt, dass sich die Lymphfollikel aus dem Primärstadium in das Sekundärstadium differenzieren und die B-Zellen zu reifen Plasmazellen aktiviert werden. Diese siedeln sich danach in der Schleimhaut der Appendix vermiformis (und auch in der anderer Organe) an, um Antikörper vom Typ A (Immunglobulin A, IgA) zu produzieren und für eine Schleimhautimmunität zu sorgen.[45]

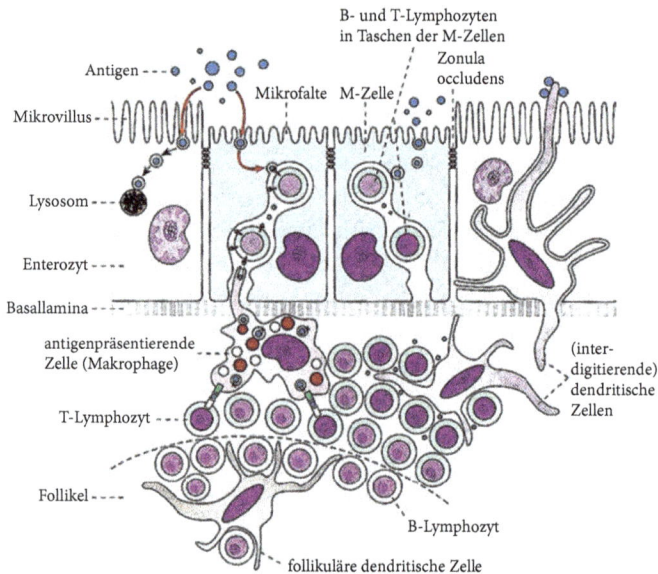

Abb. 6: *Schematische Darstellung der Funktionsweise des Domepithels. (Quelle: Welsch, Lehrbuch Histologie, 2010, S. 252)*

---

44 Vgl. ebd., S. 245f.
45 Vgl. ebd., S. 251f.

Neben diesem etablierten Wissen um die immunologische Aufgabe des Wurmfortsatzes eröffnen neuere Forschungen bezüglich der Evolution und Funktion des Anhanges einen neuen Blickwinkel. Eine von Wissenschaftlern der University of Arizona College of Medicine-Phoenix und Arizona State University veröffentlichte Studie (SMITH et al.), die sich mit dem Vergleich der Anatomie und der phylogenetischen Verteilung der Appendix vermiformis bei Säugetieren beschäftigt, spricht sich neben der erneut aufgegriffenen Kritik an der darwinschen Theorie darüber hinaus auch gegen die Darstellung des Wurmfortsatzes als Synapomorphie[46] aller Anthropoiden aus. Sie weisen ihm einen gänzlich neuen Funktionsansatz zu, der die immunologische Komponente erweitert. Mittels kladistischer Analysen[47] konnte gezeigt werden, dass sich die Appendix vermiformis mindestens zweimal unabhängig voneinander entwickelt haben muss: einmal bei den Diprotodontia und ebenso einmal bei den Euarchontoglires.[48] Durch vergleichende anatomische Untersuchungen war es möglich, drei morphologisch verschiedene Typen von Wurmfortsätzen sowie wurmfortsatzähnliche Strukturen bei Spezies, die keinen „echten" Wurmfortsatz besitzen, nachzuweisen (vgl. hierzu die zeichnerische Darstellung in Abb. 7[49] und den **Exkurs in *Anm. 50*)**. Zusammen mit der Kladistik und den ebenfalls daraus resultierenden Erkenntnissen, dass der Wurmfortsatz in der Evolution seit mehr

---

46 Unter Synapomorphie versteht man den übereinstimmenden, gleichwertigen Besitz eines Merkmales (hier: eines Organs) bei zwei oder mehreren nächstverwandten Gruppen von Lebewesen (vgl. Purves, William K./Sadava, David/Orians, Gordon H. et al.: Biologie. München [7]2006, S. 600).
47 Kladistik ist eine Methode der biologischen Systematik im Bereich der Evolutionsbiologie, die in den 1950er Jahren erstmals von dem deutschen Zoologen Emil Hans Willi HENNING (1913–1976) beschrieben wurde und das Erstellen von Verwandtschaftshypothesen in Form eines Kladogrammes ermöglicht (vgl. Palmer, Douglas/Barrett, Peter/ Holtmann, Michael: Evolution. Die Entwicklung des Lebens. Hildesheim 2009, S. 13).
48 Diprotodontia sind Lebewesen der Säugetierreihe, die zu einer Ordnung der Unterklasse von Beuteltieren gehören. Dazu zählen z. B. Kängurus, Wombats, Koalas, Gleit- und Kletterbeutler (vgl. Wehner, Rüdiger/Gehring, Walter J.: Zoologie. Stuttgart [25]2013, S. 694). Euarchontoglires stellen eine Überordnung innerhalb der Unterklasse der höheren Säugetiere dar, zu denen neben Nagetieren auch Hasenartige, Riesengleiter, Primaten und Spitzhörnchen gehören (vgl. Westheide, Wilfried: Spezielle Zoologie, Teil 2: Wirbel- und Schädeltiere. Heidelberg [2]2010, S. 512).
49 Zum Verständnis der Abbildungen der unterschiedlichen Appendices sei an dieser Stelle hinzugefügt, dass die räumlichen Verhältnisse immer dieselben sind: Im oberen Bereich der Zeichnung liegt das Caecum mit seinem Anhang oder einer Anhang ähnlichen Struktur; zum unteren Bereich hin gerichtet ist das proximale Colon; zur linken Seite hin gelegen das distale Ende des Dünndarmes.

als ca. 80 Millionen Jahren enthalten sein muss, führte dies zu einer völligen Neubewertung der Wurmfortsatzevolution.[50]

---

50 Vgl. Smith, H. F/Fisher, R. E./Everett, M. L. et al.: Comparative anatomy and phylogenetic distribution of the mammalian cecal appendix. In: Journal of Evolutionary Biology, 2009; 22 (10): 1984–1999; S. 1984f. Im Rahmen eines kurzen Exkurses sollen an dieser Stelle die Ergebnisse und Erkenntnisse aus den anatomischen Untersuchungen und der Kladistik dargestellt werden: Die Zeichnungen (a)-(d) der Abb. 7 stellen die erste Variante eines echten Anhangs am Caecum dar, wobei (a) den Wurmfortsatz des Menschen (*Homo sapiens*), (b) den des Borneo-Orang-Utans (*Pongo pygmaeus*, Menschenaffenart), (c) den des Weißfuß-Wieselmakis (*Lepilemur leucopus*, Primatenart) und (d) den des Südlichen Haarnasenwombats (*Lasiorhinus latifrons*, Beutelsäugergattung) abbildet. Hier wird ersichtlich, dass sich der erste Typus eines echten Wurmfortsatzes durch einen deutlich sichtbaren Kalibersprung bzw. eine Verjüngung am apikalen Caecum mit einem Übergang in eine schmale, deutliche Spitze auszeichnet. Diese Definition trifft nach genauen anatomischen Studien auch auf den Südlichen Haarnasenwombat zu, auch wenn – wie in der Zeichnung (d) zu sehen – das Caecum in dieser Spezies kaum vorhanden ist. Die Zeichnungen (e), (f), (h) und (i) zeigen die zweite, echte Appendixvariation, wobei hier das (e) Wildkaninchen (*Oryctolagus cuniculus*, Hasengattung), der (f) Bodenkuskus (*Phalanger gymnotis*, Beutelsäugergattung), der (h) Fuchskusu (*Trichosurus vulpecula* Beutelsäugergattung) und der (i) Kap-Strandgräber (*Bathyergus suillus*, Nagetiergattung) genannt werden. Hier definiert sich der Typus durch einen fast 3–5 Mal längeren Wurmfortsatz mit deutlich größerem Lumendurchmesser sowie durch einen nur wenig ausgeprägten Kalibersprung am Übergang vom Caecum zur Appendix (als Referenzwert gelten hier die Maße des menschlichen Wurmfortsatzes: Länge 0,5–35 cm (vgl. Langner/Gabbert, Appendix, 2012, S. 589), luminaler Durchmesser 1–3 mm (vgl. Smith/Fisher/Everett, Comparative anatomy, 2009, S. 1984). Die Zeichnungen (g), (j)-(l) zeigen den dritten und letzten Typus eines echten Wurmfortsatzes bei dem (g) Lord-Derby-Dornschwanzhörnchen (*Anomalurus derbianus*, Nagetiergattung), (j) dem Quastenstachler (*Atherurus africanus*, Stachelschweingattung), dem (k) Kanadischen Biber (*Castor canadensis*, Bibergattung) und der (l) Wiesenwühlmaus (*Microtus pennsylvanicus*, Nagetiergattung). Das wesentliche Merkmal dieses Typus ist die im Vergleich zum menschlichen Wurmfortsatz geringe Länge von ca. 15 mm (Durchmesser ca. 4 mm) und das verhältnismäßig groß- und lang angelegte Caecum. Zuletzt werden die Zeichnungen (m)-(o) dargestellt, wobei es sich hier um die wurmfortsatzähnlichen Strukturen des (m) Koalas (*Phascolarctos cinereus*, Beutelsäugergattung), des (n) Schnabeltieres (*Ornithorhynchus anatinus*, Kloakentier) und des (o) Kurzschnabel-Ameisenigels (*Tachyglossus aculeatus*, Kloakentier) handelt. Die Appendix vermiformis des Koalas ist in keiner Weise durch einen Kalibersprung oder eine sichtbare Struktur von dem sehr langgezogenen Caecum strukturell zu unterscheiden. Eine morphologische Besonderheit stellen die Kloakentiere als eierlegende Säugetiere dar, bei denen nicht geklärt ist, ob es sich bei der Appendix ähnlichen Struktur um einen echten Wurmfortsatz bei gänzlich

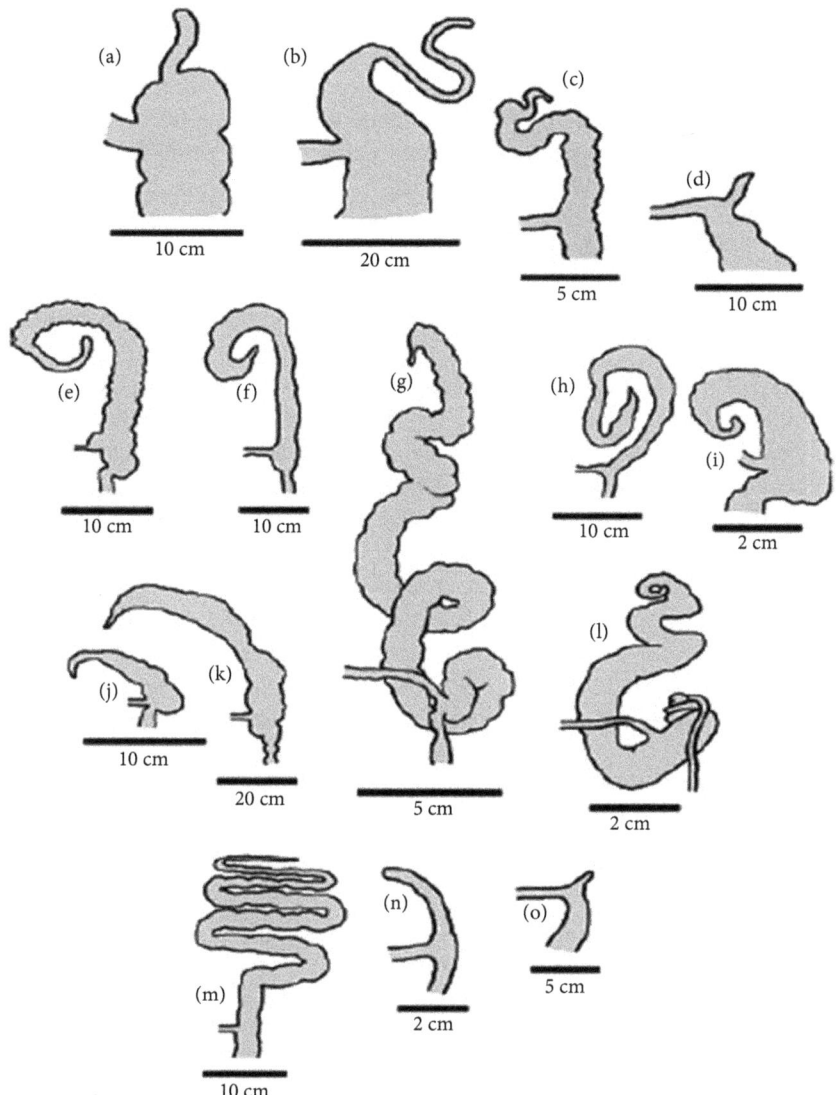

Abb. 7: Die Appendix oder appendixähnliche Strukturen bei verschiedenen Säugetieren. (Quelle: Smith/Fisher/Everett et al., 2009, S. 1989)

---

fehlendem Caecum handelt oder ob sie dem Caecum gleichgesetzt werden kann (vgl. Smith/Fisher/Everett, Comparative anatomy, 2009, S. 1988–1991).

Neben den vergleichenden anatomischen Studien beschäftigten sich die oben angeführten Wissenschaftler auch mit genauen histologischen Untersuchungen des Wurmfortsatzes beim Menschen.[51] Neuesten Erkenntnissen nach wird dem Wurmfortsatz die Funktion einer gut adaptierten Herberge für symbiotische Darmbakterien zugeschrieben, die in der Lage sind, die Darmflora nach einer schweren gastrointestinalen Infektion wieder zu rekolonisieren. Diese schnelle Wiederherstellung der Darmflora ist immer dann entscheidend und von großer Bedeutung für das Überleben in Gebieten, in denen, bedingt durch mangelnde Hygiene und fehlende medizinische Versorgung sowie fehlende Trinkwasserreinheit, gastrointestinale Infektionen gehäuft auftreten und zu lebensbedrohlichen Umständen führen.

Diesen Erkenntnissen gingen zahlreiche Untersuchungen voraus, die zunächst noch zu einem genaueren Verständnis über die immunologische Aufgabe des Wurmfortsatzes führen sollten: Bei Tieren, denen der aus lymphatischem Gewebe bestehende Wurmfortsatz fehle – so beschrieben in den Studien von BERRY (1900)[52] und MALLA (2003)[53] – weise das terminale Ende des Caecum als „Ersatz" einen Reichtum an lymphatischem Gewebe sowie eine analoge Funktion auf.[54] Diese Entdeckung erlaubte bereits die Hypothese, dass eine allgemeine immunologische Funktion am Beginn des Dickdarmes bzw. am Übergang vom Dünn- zum Dickdarm wichtig sein könnte. Schließlich wurden dann 2003/2004 genauere Untersuchungen zur Rolle des Immunsystems und des lymphatischen Gewebes im Darmgewebe vorgenommen.[55] Mit

---

51 Vgl. hierzu Bollinger, R. R./Barbas, A. S./Bush, E. L. et al.: Biofilms in the large bowel suggest an apparent function of the human vermiform appendix. In: Journal of Theoretical Biology 2007; 249 (4): 826–831.
52 Vgl. Berry, The true caecal apex, 1900, S. 83–100.
53 Vgl. hierzu die Arbeit von Malla, B. K.: A study of „Vermiform Appendix" – a caecal appendage in common laboratory mammals. In: Kathmandu University Medical Journal (KUMJ) 2003; 1 (4): 272–275.
54 Vgl. Smith/Fisher/Everett, Comparative anatomy, 2009, S. 1984. Eine solche Verdichtung von lymphatischem Gewebe am terminalen Caecum wurde sowohl bei den wurmfortsatzlosen Vögeln wie der Felsentaube (*Columba livia*), der Mähnengans (*Bernicla jubata*) und dem Sunda-Marabu (Leptoptilos *javanicus*) als auch bei einigen Carnivoren wie der Hauskatze (*Felis domesticus*) und dem Haushund (*Canis lupus familiaris*) entdeckt (vgl. ebd.).
55 Vgl. Bollinger R. R./Everett, M. L./Palestrant, D et al.: Human secretory immunoglobulin A may contribute to biofilm formation in the gut. In: Immunology 2003; 109 (4); 580–587. Vgl. ebenfalls Everett M. L./Palestrant, D./Miller S. E. et al.: Immune exclusion and immune inclusion: a new model of host-bacterial interactions in the gut. In: Clinical

der Studie von BOLLINGER et al. konnte die Unterstützung des Wachstums und der Ansiedlung von symbiotischen Darmbakterien in organisierten, mikrobiellen Gemeinschaften durch das Immunsystem gezeigt werden: Die immunologischen Effektormoleküle Mukin und sekretorisches IgA vermitteln eine sog. Biofilmbildung[56] im Darm in vitro und in vivo.[57] Anhand der Untersuchung von zahlreichen Appendix- und Darmpräparaten durch die Wissenschaftler der University of Arizona College of Medicine-Phoenix und Arizona State University konnte das Wachsen von polysaccharidreichen Biofilmen in der Schleimschicht, die unmittelbar an die Mikrovilli des Darmepithels angrenzt, belegt werden. Ebenso zeigten diese Untersuchungen, dass sich diese Biofilme in einem Zustand kontinuierlicher Auflösung und Regeneration befinden. Sie unterstützen nicht nur das Überleben von Darmbakterien, sondern helfen gleichzeitig auch bei der Entfernung von Pathogenen. Darüber hinaus zeigten die Untersuchungen, dass die Appendix vermiformis am dichtesten mit Biofilmen besiedelt ist, der weitere Dickdarm von proximal nach distal abnehmend starkes Biofilmvorkommen aufweist (Abb. 8).

Dieses begründeten die Wissenschaftler damit, dass der Wurmfortsatz durch das enge Lumen und seine günstige Position am unteren Ende des Caecum ein vor dem Fäkalstrom gut geschütztes Organ darstellt und damit optimale Bedingungen für die Biofilmbildung ausweist.[58]

---

and Applied. Immunology Reviews 2004; 4 (5): 321–332. Vgl. auch Sonnenburg J. L./ Angenent, L.T./Gordon, J. I.: Getting a grip on things: how do communities of bacterial symbionts become established in our intestine? In: Nature Immunology 2004; 5: 569–573.

56 Unter Biofilmen werden Gemeinschaften von Mikroorganismen (Bakterien, Pilze) verstanden, die in einer Schleimmatrix aus Exopolysacchariden und Proteinen eingebettet und bevorzugt an Grenzflächen bzw. Oberflächen angesiedelt sind (vgl. Sauermost, Rolf/Freudig, Doris (Hg.): Lexikon der Biologie, Bd. 2. Heidelberg 1999, S. 408f.).
57 Vgl. Smith/Fisher/Everett, Comparative anatomy, 2009, S. 1984.
58 Vgl. Bollinger/Barbas/Bush, Biofilms, 2007, S. 827–829.

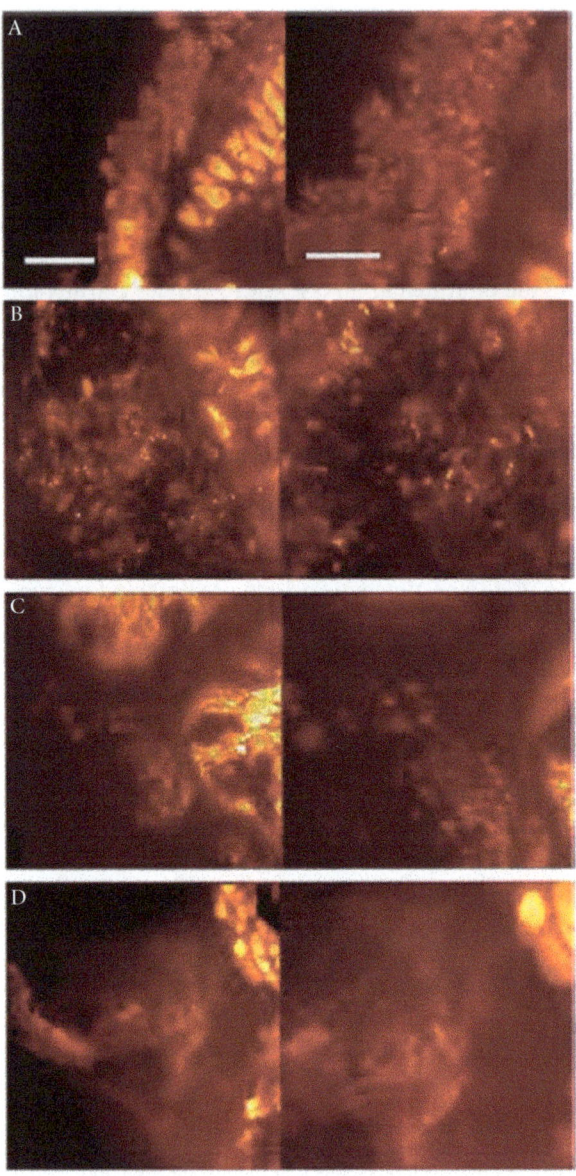

Abb. 8: Biofilmdichte in der Appendix vermiformis (A), dem Caecum (B), dem Colon transversum (C) und dem Colon descendens (D) des Menschen (Färbung: Acridinorange). (Quelle: Bollinger/Barbas/Bush et al., 2007, S. 828)

2 Allgemeines zur Appendizitis

2.1 Epidemiologie

Die akute Appendizitis gilt mit einem prozentualen Anteil von über 50% als die häufigste operationsbedürftige Erkrankung des Bauchraumes.[1] Bedingt durch ihren rapid-progredienten Verlauf und durch die in vielen Fällen verschleierte bzw. atypische Symptomatik, die ein verspätetes Einleiten von Therapiemaßnahmen verursachen kann, gilt sie darüber hinaus auch als die Erkrankung mit der häufigsten Indikation für einen Notfalleingriff.[2]

Die Inzidenz, an einer akuten Appendizitis zu erkranken, liegt für die Bevölkerungen in industriellen westlichen Ländern (Europa, Nordamerika) in etwa bei 10%[3], sodass ca. 100/100.000 Einwohner pro Jahr betroffen sind, wobei in den letzten Jahren eine Abnahme der Inzidenz zu verzeichnen ist.[4] Das kumulierte Lebenszeitrisiko liegt etwa bei 7%.[5] Interessant erscheint es, dass außerhalb Europas und Nordamerikas geringere Inzidenzen verzeichnet sind, sodass die akute Appendizitis – jedoch derzeit noch ohne hinreichende wissenschaftliche Belege – als Erkrankung der westlichen Welt angesehen wird. BOLLINGER et al. weisen darauf hin, dass das ausgereifte medizinische und hygienische System der westlichen Welt möglicherweise zu einem unterstimulierten und in der Folge dann überaktiven Immunsystem führt, das vermehrt Allergien, Autoimmunerkrankungen

---

1   Vgl. Schumpelick/Bleese/Mommsen, Kurzlehrbuch, 2010, S. 332. Die akute Appendizitis gilt darüber hinaus auch als die häufigste Ursache des akuten Abdomens (vgl. Berchtold, Rudolf/Bruch, Hans-Peter/Trentz, Ottmar (Hg.): Chirurgie. München [6]2008, S. 843).

2   Vgl. Pickhardt, Perry J./Arluk, Glen M.: Atlas der gastrointestinalen Bildgebung. Gegenüberstellung: Radiologie – Endoskopie. München 2009, S. 297. Etwa 1/3 der Patienten mit einer akuten Appendizitis zeigen untypische klinische Zeichen. Eine häufig erschwerte Diagnostik mit resultierender verspäteter Intervention führt zudem dazu, dass die akute Appendizitis eine der zahlreichsten Gründe für juristische Konflikte mit Notfallpatienten ist (vgl. Adamek, Henning E./Lauenstein, Thomas C.: MRT in der Gastroenterologie (MRT und bildgebende Differenzialdiagnose). Stuttgart 2010, S. 168).

3   Vgl. Köppen, Hartmut: Gastroenterologie für die Praxis. Stuttgart 2010, S. 65.

4   Vgl. Schumpelick/Bleese/Mommsen, Kurzlehrbuch, 2010, S. 332.

5   Vgl. Pickhardt/Arluk, Atlas, 2009, S. 294. Separat betrachtet liegt das geschlechterspezifische Risiko, im Laufe des Lebens an einer akuten Appendizitis zu erkranken, für Frauen bei 7% und für Männer bei 9% (vgl. Langner/Gabbert, Appendix, 2012, S. 590).

und Entzündungen bedingen kann.[6] Nach OHMANN et al. gelten neben der ethnischen Zugehörigkeit auch das Alter und das Geschlecht als Risikofaktoren für eine akute Appendizitis.[7]

Der größte Anteil der betroffenen Patienten[8] erkrankt in den ersten drei Lebensdekaden[9], wobei der Häufigkeitsgipfel des Manifestationsalters zwischen dem 10. und 20. Lebensjahr liegt.[10] Frühkindliche Appendizitis oder Appendizitis im höheren Alter ist eher selten, dennoch kann jedes Alter von der Erkrankung betroffen sein. Separat betrachtet liegt der Altersgipfel bei dem männlichen Geschlecht zwischen dem 10. und 14., bei dem weiblichen zwischen dem 15. und 19. Lebensjahr.[11] Die Inzidenz nimmt im Allgemeinen ab dem 30. Lebensjahr ab und korreliert damit mit der einsetzenden Atrophie (bzw. senilen Involution) der appendikulären Lymphfollikel.[12] Im Durchschnitt sind etwa 1/3 mehr Männer als Frauen betroffen.[13]

Die Letalität einer komplikationslosen akuten Appendizitis liegt unter 1%[14], die Mortalität unter 0,1%[15]. Bei ca. 20% aller Fälle kommt es zu der Komplikation einer Perforation der Appendix, wobei hier die Mortalität mit ca. 5%[16]

---

6 Vgl. Bollinger/Barbas/Bush, Biofilms, 2007, S. 830.
7 Vgl. Hierzu die Studie von Ohmann, C./Franke, C./Kraemer, M. et al.: Status report on epidemiology of acute appendicitis. In: Der Chirurg 2002; 73 (8): 769–76. Festgestellt wurden höhere Inzidenzen bei Weißen und Hispanoamerikanern und geringere bei Schwarzen und Asiaten. Diesbezüglich wurden die unterschiedlichen Lebensweisen und Ernährungsgewohnheiten betrachtet: In den industriellen westlichen Ländern ist die Ernährung ballaststoffärmer, was zu erhöhten Obstipationsraten und somit zu einem erhöhten Appendizitisrisiko führen kann. Möglicherweise wird dies als eine Ursache für die höhere Inzidenzrate gesehen (vgl. ebd.).
8 Aus Gründen der besseren Lesbarkeit wird in dieser Dissertation die Sprachform des generischen Maskulinums angewendet. Es wird an dieser Stelle ausdrücklich darauf hingewiesen, dass die ausschließliche Verwendung der männlichen Form geschlechtsunabhängig verstanden werden soll. Dies soll keinesfalls eine Geschlechterdiskriminierung oder Verletzung des Gleichheitsgrundsatzes zum Ausdruck bringen.
9 Vgl. Isenmann/Gebhardt/Dürig, Appendix, 2012, S. 352.
10 Vgl. Köppen, Gastroenterologie, 2010, S. 65.
11 Vgl. Langner/Gabbert, Appendix, 2012, S. 589.
12 Vgl. Berchtold/Bruch/Trentz, Chirurgie, 2008, S. 843.
13 Vgl. Langner/Gabbert, Appendix, 2012, S. 590. Das Verhältnis Männer: Frauen 1,3–1,6: 1 wird angegeben bei: Köppen, Gastroenterologie, 2010, S. 65.
14 Vgl. Langner/Gabbert, Appendix, 2012, S. 590.
15 Vgl. Pickhardt/Arluk, Atlas, 2009, S. 294.
16 Vgl. ebd.

deutlich höher ist, die Letalität liegt hier bei etwa 0,3%[17]. Das Risiko, eine Perforation im Laufe der akuten Appendizitis zu erleiden, ist bei jungen Patienten mit 40–55% und älteren Patienten mit 55–70% deutlich erhöht.[18] Ursächlich hierfür kann in beiden Altersgruppen die erschwerte Diagnosefindung durch unklare oder atypische Symptome sein, auf die später in dem Kap. 2.4. noch genauer eingegangen wird.[19]

Die Wahrscheinlichkeit, im Laufe des Lebens appendektomiert zu werden, liegt für Frauen bei 23%, für Männer bei 12%[20], wobei in den letzten Jahren ein Rückgang der Appendektomierate zu verzeichnen ist, was möglicherweise auf die frühzeitigere und präzisere Indikationsstellung sowie auf die verbesserte Diagnostik zurückzuführen ist.[21]

2.2 Ätiologie

Die häufigste Ursache für die Entstehung einer akuten Appendizitis ist in 60% der Fälle der Verschluss des Appendixlumens, wobei zu 35% Koprolithen als Obstruktionsursache zu verzeichnen sind, seltener hingegen Tumore, Fremdkörper oder Parasiten.[22] Auch Vernarbungen, nichtneoplastische Polypen[23],

---

17 Vgl. Berchtold/Bruch/Trentz, Chirurgie, 2008, S. 843. In der hier verwendeten Quelle wird die Letalität mit 3‰ angeben (entspricht 0,3%). An gleicher Stelle wird angemerkt, dass vor 50 Jahren die Letalität bei perforierter Appendix noch bei 50% lag.
18 Vgl. Langner/Gabbert, Appendix, 2012, S. 590. Im Rahmen der Dissertation von Dominique SÜLBERG wurde in einer prospektiven Studie ein Patientenkollektiv von 403 Patienten mit einer erfolgten Appendektomie bei der Verdachtsdiagnose einer akuten Appendizitis über einen Zeitraum von 29 Monaten ausgewertet. Bei den über 60-jährigen Patienten wurde in 35,6% der Fälle eine Perforation gefunden. Damit liegt die Perforationsrate signifikant höher als in anderen Altersgruppen (vgl. Sülberg, Dominique: Die Altersappendizitis – Der CRP-Wert als Entscheidungshilfe. Eine prospektive Aufarbeitung aller Fälle mit akuter Appendizitis. Diss., Ruhr-Universität Bochum 2008, S. 62).
19 Vgl. hierzu die Quellenverweise in Kap. 2.4.
20 Hierzu sei auf die Anm. 4 des Abstracts (dt. Version) verwiesen.
21 Vgl. Langner/Gabbert, Appendix, 2012, S. 590. 8–20% der operierten Patienten wiesen dabei ein histologisch unauffälliges Appendixpräparat auf (vgl. Adamek/Lauenstein, MRT, 2010, S. 168).
22 Vgl. Isenmann/Gebhardt/Dürig, Appendix, 2012, S. 352f.
23 Vgl. Langner/Gabbert, Appendix, 2012, S. 590.

lymphatische Hyperplasien[24], Kompressionen von außen[25], Abknickungen, Caecalblähungen oder Caecumtumore[26] können in einzelnen Fällen kausal sein. Der Verschluss der Organlichtung bei gleichzeitig anhaltender Schleimsekretion der Mukosa führt zu einer intraluminalen Druckerhöhung (geringe Dehnfähigkeit der fibromuskulären Appendixwand), die eine venöse Abflussstörung und eine lokale Hypoxie verursacht. Folgend treten Permeabilitätserhöhungen, Nekrosen und Ulzerationen der Appendixwand auf, sodass diese zunehmend von Bakterien infiltriert werden kann und es zu einer sekundären, enterogenen, bakteriell-eitrigen Infektion kommt. Mit fortschreitendem Entzündungsstadium kommt es durch Mikrothromben in den intraluminalen Gefäßen zu einer Verstärkung der Ischämie sowie zu einer Schwellung, bis schließlich nach ca. 24–36 Stunden das gangränöse Stadium erreicht ist und die Perforation eintreten kann.[27] Bei den infektionsauslösenden Bakterien handelt es sich um normale Kommensalen der körpereigenen (Darm-)Flora wie Escherichia coli, Bacteroides fragilis[28] oder Enterokokken[29].

Bei der parasitären Entzündung ist zu beachten, dass die Parasiten nicht primär die entzündliche Reaktion verursachen, wie dies z. B. bei Bakterien der Fall ist. Oft ist es eher eine Simulation der Symptome, indem die Parasiten selbst oder die von ihnen gelegten Wurmeier das Appendixlumen verlegen und diese Obliteration schließlich zur Symptomatik führt.[30] In 3–4% der Appendektomiepräparate von Kindern zwischen 7–11 Jahren[31] und nach YABANOĞLU et al. in 1,4%

---

24 Vgl. Melle, U/Rosien, P/Layer, P. et al.: Appendizitis. In: Praktische Gastroenterologie. München ⁴2011, S. 169.
25 Vgl. Montali, Ida/von Flüe, Markus: Die akute Appendizitis heute (Neue Aspekte einer altbekannten Krankheit). In: Schweizerisches Medizin-Forum (SMF) Basel 2008; 8 (24): 451–455; S. 451.
26 Vgl. Schumpelick/Bleese/Mommsen, Kurzlehrbuch, 2010, S. 332.
27 Vgl. Isenmann/Gebhardt/Dürig, Appendix, 2012, S. 352.
28 Vgl. Langner/Gabbert, Appendix, 2012, S. 590.
29 Vgl. Berchtold/Bruch/Trentz, Chirurgie, 2008, S. 843.
30 Vgl. Langner/Gabbert, Appendix, 2012, S. 590. Im Verlauf kann jedoch auch diese Obliteration (analog zur Obliteration durch Koprolithen) durch die Stase mit folgender Bakterieninfltration der Appendixwand zu einer Entzündung der Appendix vermiformis führen.
31 Vgl. ebd.

in denen von Erwachsenen[32] ist diese Situation zu finden. Zu den typischen Parasiten zählen Oxyuren und Askariden.[33]

In etwa 1/3 der Appendizitiserkrankungen ist keine Obstruktion des Lumens als Ursache zu verzeichnen.[34] In diesen Fällen kann eine Gefäßverengung bzw. ein Gefäßverschluss der A. appendicularis aufgrund der terminalen Blutversorgungssituation durch fehlende Gefäßarkaden ebenfalls ischämische Wanddestruktionen verursachen.[35]

Ebenso können auch lokale oder systemische Infektionen (bakteriell/viral) durch eine hämatogene Streuung von pathogenen Keimen und Einwanderung in das appendikuläre Lymphgewebe kausal sein, was reaktiv zu einer Lymphgewebshyperplasie und einem Zuschwellen des Appendixlumens führen kann. Zu den typischen Erregern zählen hierbei Coxackie-, Adeno-, Masern-, Cytomegalie-Viren und das Bakterium Yersinia enterocolitica.[36] Zu den typischen bakteriell-/viralbedingten Allgemeininfektionen (mit möglicher hämatogener Streuung) können Angina, Grippe, Scharlach, Varizellen, Masern, Pneumonien und Enteritiden gezählt werden.[37] In einer Studie von ALDER et al., die auf der Datenbank der National Hospital Discharge Survey (NHDS) basiert und sämtliche Appendizitis-Fälle und verschiedene Viruserkrankungen in amerikanischen Krankenhäusern von 1970 bis 2006 analysiert, wurde zudem die Korrelation zwischen Influenza- oder Rotavirusinfektion und dem Auftreten einer Appendizitis geprüft. Das Ergebnis zeigte einen Inzidenzabfall für nicht-perforierte

---

32 Vgl. Yabanoğlu, Hakan/Aytaç, Hüseyin Özgür/Türk, Emin et al.: Parasitic infections of the appendix as a cause of appendectomy in adult patients. In: Turkiye Parazitoloji Dergisi 2014; 38 (1): 12–16; S. 12. Die hier angegebene Prozentzahl basiert auf einer retrospektiven Studie zu der Analyse von 1159 appendektomierten erwachsenen Patienten (1999–2012). Von den Patienten mit positivem Parasitennachweis waren 88,2% von Enterobius vermicularis und 11,8% von Entamoeba histolytica befallen.
33 Vgl. Willital, Günter H./Holzgreve, Alfred: Definitive chirurgische Erstversorgung. Berlin ⁶2006, S. 200. Zu Oxyuren: Enterobius vermicularis (Madenwurm), synonym verwendet; zu den Fadenwürmern gehörend; Infektionsweg: orale Wurmeiaufnahme. Zu Askariden: Ascaris lumbricoides (Spulwurm), synonym verwendet; zu den Fadenwürmern gehörend; Infektionsweg: fäkal-orale Wurmeieraufnahme (vgl. Groß, Uwe: Kurzlehrbuch medizinische Mikrobiologie und Infektiologie. Stuttgart ³2013, S. 163).
34 Vgl. Melle/Rosien/Layer, Appendizitis, 2011, S. 169.
35 Vgl. Langner/Gabbert, Appendix, 2012, S. 590.
36 Vgl. hierzu die Studie von Alder, Adam C./Fomby, Thomas B./Woodward, Wayne A. et al.: Association of viral infection and appendicitis. In: Archives of Surgery 2010; 145 (1): 63–71.
37 Vgl. Willital/Holzgreve, Definitive chirurgische Erstversorgung, 2006, S. 199.

Appendizitiden in den Jahren 1970–1995 und einen langsamen Wiederanstieg der Inzidenz von 1995–2006. Ähnlich verhält es sich mit der Inzidenz für Influenzainfektionen. Eine solche Korrelation zwischen den Inzidenzen von perforierten Appendizitiden und Influenzainfektionen sowie zwischen perforierten/nicht-perforierten Appendizitiden und Rotavirusinfektionen konnte nicht belegt werden. Dass eine Influenzainfektion tatsächlich ursächlich für eine Blinddarmentzündung ist, scheint jedoch unwahrscheinlich, da die Influenzainzidenz bevorzugt in Wintermonaten ansteigt, die Inzidenz der Appendizitiden jedoch eher in den Sommermonaten. Vermutet wird jedoch, dass eine Influenzainfektion möglicherweise zu Veränderungen führt, welche die Entstehung einer Blinddarmentzündung begünstigen können. Ebenso könnten bestimmte Umweltfaktoren, die eine Influenzainfektion fördern, auch eine Entzündung der Appendix vermiformis erleichtern.[38]

Als weitere mögliche Ursachen werden allergische und immunologische Reaktionen diskutiert (Immunkomplexe, T-Zell-vermittelter Allergietyp IV), genauso auch die Einnahme bestimmter Medikamente wie nichtsteroidaler Antirheumatika (NSAR).[39] Ebenfalls können verschiedene andere, seltenere Erkrankungen der Appendix vermiformis appendizitisähnliche Symptome oder im Verlauf sogar eine echte akute Entzündung hervorrufen. Hierzu zählt zum einen die Appendixdivertikulose (genauer: Appendix-Pseudodivertikulose), bei der sich Schleimhautherniationen in der Appendixwand bilden, die bis in die Tunica mucosa oder serosa reichen und Ausgangspunkt für eine bakteriell verursachte Divertikulitis sein können. Zum anderen kann es im Rahmen einer pelvinen Endometriose zu einer Mitbeteiligung der Appendix kommen, wobei der direkte Zusammenhang zwischen der Endometriose und der Entstehung einer Appendizitis noch umstritten ist. Eine Mitbeteiligung der Appendizitis bei Patienten mit Morbus Crohn ist in 25–70% der Fälle zu verzeichnen, ein isolierter Morbus Crohn der Appendix vermiformis oder eine Erstmanifestation der Crohn-Erkrankung durch eine akute Appendizitis ist jedoch selten. Auch eine Tumorentstehung in der Appendix vermiformis kann eine akute Appendizitis auslösen, immer dann, wenn der Tumor durch eine proximale, basisnahe Lage eine Lumenverlegung verursacht.[40] Primäre Tumore oder Metastasen sind hier jedoch sehr selten und werden meist nur als Zufallsbefund im Rahmen einer Appendektomie identifiziert. Mit 50–77% sind maligne neuroendokrine Tumore (NET, früher: Karzinoid) am

---

38 Vgl. Alder/Fomby/Woodward, Association, S. 63–71.
39 Vgl. Langner/Gabbert, Appendix, 2012, S. 590.
40 Vgl. Gerharz, C. D./Gabbert, H. E.: Pathomorphologische Aspekte der akuten Appendizitis. In: Der Chirurg 1997; 68: 6–11; S. 8f.

häufigsten vertreten, allerdings bevorzugt in der Appendixspitze. In 0,1–0,2% der Appendektomiepräparate finden sich Zystadenokarzinome vom muzinösen Typ. Andere, noch seltenere Karzinome der Appendix können maligne Lymphome, Kaposi-Sarkome oder Laiomyosarkome sein. Zu den häufigsten präkanzerösen Tumoren gehören die sessil-serratierten Adenome. Sowohl das muzinöse Adenokarzinom als auch das sessil-serratierte Adenom können durch Lumenverlegung der Appendix das Krankheitsbild der Mukozele mit Appendizitissymptomatik hervorrufen. Dieses kennzeichnet 0,2–0,3% der Appendektomiepräparate. Der Pathomechanismus hierbei unterscheidet sich zum Teil von dem der akuten Appendizitis. In beiden Fällen ist eine Obstruktion der Lichtung zu finden, die bei anhaltender Schleimproduktion zu einem Aufstau führt. Die Entstehung einer Mukozele bedarf jedoch einer Schleimproduktion über das normale Maß hinaus, wie es etwa bei muzinösen Adenokarzinomen und sessil-serratierten Adenomen der Fall sein kann. Das Resultat ist eine stark aufgetriebene Appendix, wobei die gefürchtete Komplikation die Perforation mit folgender Entstehung eines Pseudomyxoma peritonei ist.[41]

Als letzte hier angemerkte Ursache sei die neurogene Appendicopathie genannt, die sich nicht nur als chronisch-rezidivierende Appendizitis manifestieren kann, sondern auch als akutes Krankheitsbild.[42] Es handelt sich hierbei um eine neuromartige Proliferation von nervalen Strukturen in der Appendixwand, die in 10–20% der Appendektomiepräparate zu finden ist. Trotz vorangegangener appendizitisähnlicher Symptomatik erscheint in 53–60% dieser Fälle jedoch makroskopisch eine blande Appendix.[43]

2.3 Histologische Pathogenese

Sowohl makro- als auch mikroskopisch zeigt das Krankheitsbild der akuten Appendizitis einen phasenhaften Verlauf, wobei die einzelnen Entzündungsstadien meist einen fließenden Übergang aufweisen, manchmal jedoch auch gleichzeitig nebeneinander auftreten können. Insgesamt lassen sich fünf unterscheiden, in denen makroskopische und histopathologische Veränderungen korrelieren. Die erste makro- und mikroskopische Auffälligkeit zu Beginn der akuten Appendizitis ist der sog. Primäraffekt (Abb. 9a).

---

41 Vgl. Langner/Gabbert, Appendix, 2012, S. 592f.
42 Vgl. Gerharz/Gabbert, Pathomorphologische Aspekte, 1997, S. 10.
43 Vgl. Langner/Gabbert, Appendix, 2012, S. 591.

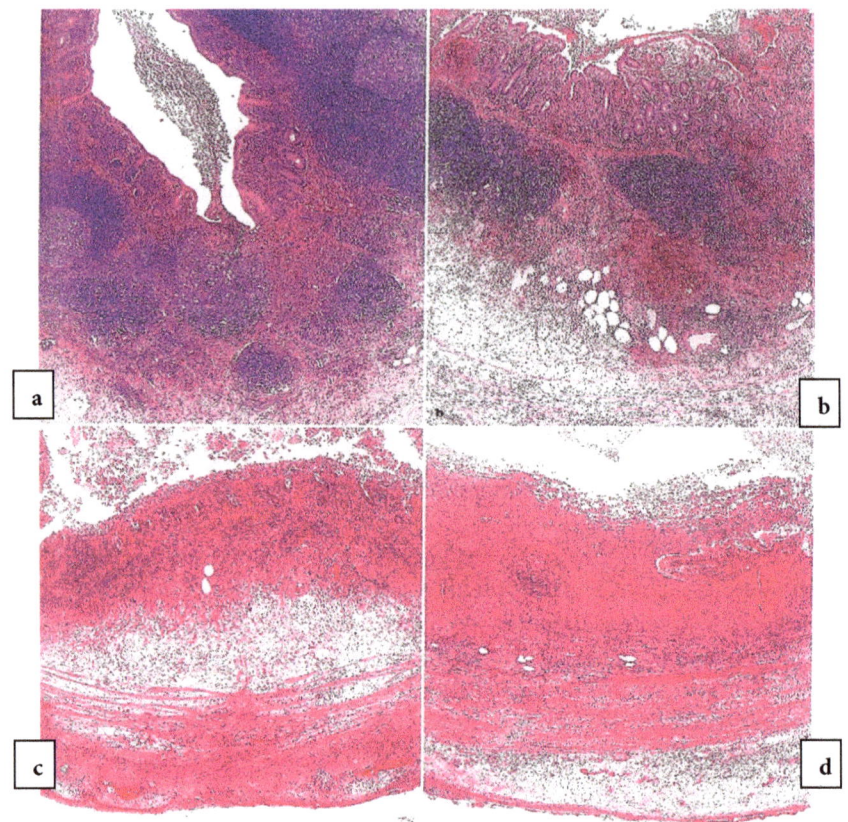

Abb. 9: Stadien der akuten Appendizitis a Primäraffekt; b phlegmonöse Appendizitis mit transmuraler Entzündung und Wandödem; c phlegmonöse Appendizitis mit Periappendizitis und Erosion; d ulzerophlegmonöse Appendizitis mit Periappendizitis (HE). (Quelle: Langner/Gabbert, 2008, S. 739)

Histologisch findet sich hier eine keilförmige Infiltration der Schleimhaut durch Granulozyten mit beginnenden Erosionszeichen und mikroskopisch sichtbarer Fibrinexsudation. Makroskopisch zeichnet sich dieses erste Stadium durch eine verstärkte Gefäßzeichnung in der Tunica serosa aus (Abb. 10a), die zum Teil bereits mit einer Schwellung der Appendix vermiformis assoziiert sein kann. Im Stadium des Primäraffektes mit nur leichten Veränderungen der Appendix kann es durchaus diffizil sein, histopathologisch eine gesicherte Diagnose zu stellen. Auch klinisch kann dieses Stadium noch stumm verlaufen.

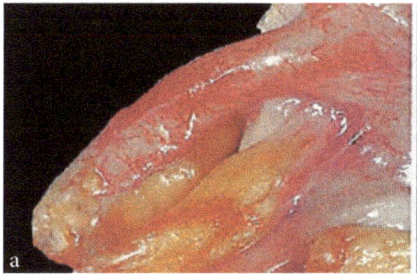 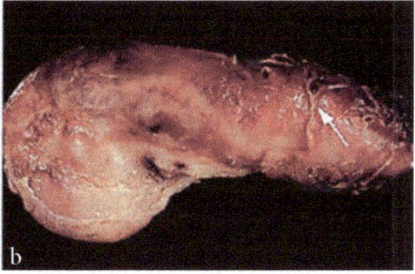

Abb. 10: Stadien der akuten Appendizitis a Frühes Stadium mit verstärkter Gefäßinjektion b Späteres Stadium mit fibrinöser Peritonitis und deutlicher Auftreibung (Pfeil: strangförmige Fibrinablagerung). (Quelle: Gerharz/Gabbert, 1997, S. 7)

Mit zunehmendem Fortschreiten geht der Primäraffekt in das phlegmonöse Stadium (Abb. 9b und 9c) über, wobei sich das granulozytäre Infiltrat der Mukosa über alle Wandschichten ausbreitet. Zu diesem Zeitpunkt fällt makroskopisch erstmals eine Fibrinexsudation an der serösen Oberfläche der Appendix vermiformis auf, die sich im weiteren Verlauf zu einem flächenhaften Fibrinbelag ausweiten kann und häufig von einer zunehmenden Schwellung begleitet wird (Abb. 10b).

Histopathologisch folgt der Übergang in das ulzerophlegmonöse Stadium (Abb. 9d), in dem es zu der Entwicklung von Schleimhautulzerationen kommt, während das makroskopische Erscheinungsbild weitgehend unverändert bleibt.

Als viertes Stadium schließt sich das abszedierende an, in dem man in nahezu allen Wandschichten Abszesse findet, die unter Umständen auch zu kleineren Einbrüchen in der Serosa führen können, sodass eine Ausweitung des Entzündungsprozesses in die Umgebung möglich ist (Periappendizitis). Makroskopisch zeigen sich in diesem Stadium Abszessherde und Blutungen sowie eine sich auf das Mesenteriolum und das angrenzende Peritoneum ausdehnende Entzündungsreaktion. Im Lumen der Appendix vermiformis ist dann häufig ein Gemisch aus Eiter, Blut, Schleim und eingedickter Faeces zu finden.

Als letztes Stadium kann die gangränöse Appendizitis beschrieben werden, die durch breite nekrotische Zonen in der Appendixwand charakterisiert ist, welche durch Fäulnisbakterien sekundär besiedelt werden. Die dadurch zunehmend brüchiger werdende Organwand neigt zu Perforationen, sodass es im Folgenden zu einer eitrig-kotigen Peritonitis kommen kann. Makroskopisch liegt in diesem Stadium eine schwarz-rot bis grau-grünlich verfärbte Appendix vor.[44]

---

44 Vgl. Langner/Gabbert, Appendix, 2012, S. 591 und Gerharz/Gabbert, Pathomorphologische Aspekte, 1997, S. 6–8. Die oben dargestellte Einteilung und Benennung der

2.4 Symptome

Vorausgehend ist zu bemerken, dass durch die große Lagevariation der Appendix vermiformis und der atypischen Appendizitiden nicht von einer immer gleichen Symptomsystematik ausgegangen werden kann.[45] Genauso kann die Diagnostik im Rahmen einer Verdachtsappendizitis durch atypische Lagevarianten erschwert werden.[46] Im Folgenden soll zunächst der im Verhältnis am häufigsten vorkommende Symptomkomplex systematisch dargestellt werden.

Die im Rahmen der Untersuchung initial stattfindende Anamnese weist bereits klassische, von den Patienten erläuterte Symptomatiken auf. Als erstes klinisches Zeichen – gleichzeitig auch als Leitsymptom geltend – fällt zunächst ein noch uncharakteristischer, diffuser Abdominalschmerz auf, der anfänglich entweder in der epigastrischen oder in der periumbilikalen Bauchregion lokalisiert ist.[47] Dieser plötzlich einsetzende, als kolikartig, diffus und dumpf charakterisierte Schmerz wird als viszeraler Schmerz bezeichnet und entsteht durch die entzündliche Reizung des viszeralen Peritoneums. Die Patienten zeigen häufig motorische Unruhe, vegetative Reaktionen und Schonhaltungen.[48] Innerhalb von ca. vier Stunden kommt es zur Wanderung des Schmerzes in den rechten Unterbauch (Voraussetzung ist eine typische Appendixlage) und wird zunehmend als verstärkter, gut zu lokalisierender Dauerschmerz wahrgenommen.[49] Ursächlich hierfür ist der Übergang des viszeralen Schmerzes in einen somatischen, der durch die entzündliche Ausweitung auf das Peritoneum parietale entsteht. Dieser Schmerz wird als scharf, kontinuierlich und brennend wahrgenommen[50], der durch körperliche Bewegung verstärkt wird[51] und mit starker, zunächst noch lokalisierter Abwehrspannung der Bauchdecke einhergeht (lokale Peritonitis)[52]. Häufig wird der rechtsseitige Unterbauchschmerz von Inappetenz, Übelkeit mit

---

Stadien ist die derzeit am weitesten verbreitete. Andere Autoren gehen dazu über, den Primäraffekt als katarrhalisches Stadium zu bezeichnen und die sich anschließenden Stadien als das seropurulente Stadium zusammenzufassen (vgl. Schumpelick/Bleese/Mommsen, Kurzlehrbuch, 2010, S. 333).

45 Vgl. Melle/Rosien/Layer, Appendizitis, 2011, S. 170.
46 Vgl. Köppen, Gastroenterologie, 2010, S. 65.
47 Vgl. Langner/Gabbert, Appendix, 2012, S. 591.
48 Vgl. Pschyrembel, Willibald (Hg.): Pschyrembel. Klinisches Wörterbuch 2012. Berlin/Boston [263]2011, S. 46.
49 Vgl. Köppen, Gastroenterologie, 2010, S. 65.
50 Vgl. Pschyrembel, Klinisches Wörterbuch, 2011, S. 46.
51 Vgl. Melle/Rosien/Layer, Appendizitis, 2011, S. 169.
52 Vgl. Langner/Gabbert, Appendix, 2012, S. 686.

Erbrechen und Obstipation begleitet, wobei Letztere in seltenen Fällen auch in eine Diarrhoe umschlagen kann. Beim Mann kann es darüber hinaus zu testikulären Schmerzen oder zum Hodenhochstand kommen.[53] Auch ein subfebriler Temperaturanstieg (auf ca. 38°C) und eine Leukozytose[54] können auftreten. Kommt es im Verlauf zu einer Perforation der Appendix oder liegt diese bereits bei Erstvorstellung des Patienten vor, ist in den meisten Fällen eine kurzzeitige Abnahme der Schmerzintensität mit folgender, rasch progredienter Steigerung und Ausbreitung des Schmerzes über die gesamte Bauchregion richtungsweisend, die durch die Entstehung einer diffusen, eitrig-kotigen Peritonitis bedingt wird. Die zuvor noch auf den rechten Unterbauch beschränkte, lokale Abwehrspannung stellt sich nun über der gesamten Bauchregion dar, lebensbedrohliche Komplikationen wie ein septisch-toxischer Schock können einsetzen.[55]

Weniger charakteristisch gestaltet sich die Symptomatik bei den atypischen Appendizitiden. Bei einigen Lagevarianten (retrocaecal, subhepatisch, retroileal) kann die Angabe über die Schmerzwanderung aus dem Epigastrium oder der Periumbilikalregion in den rechten Unterbauch fehlen oder es kommt zu einer Verschiebung des Schmerzzentrums in einen anderen abdominalen Quadranten.[56] Bei einer retrocaecalen oder retroilealen Lage kann man zusätzlich zu den oben genannten Symptomen noch eine durch die entzündliche Reizung des rechten Ureters hervorgerufene Dysurie mit pathologischem Urinstatus finden[57] sowie einen durch die räumliche Lage zum M. ileopsoas bedingten positiven Psoasschmerz, Gehbeschwerden, ein positives Stehr'sches Zeichen und eine gebeugte Körperhaltung.[58] Bei der „Beckenappendizitis" findet man eine Schmerzverlagerung aus dem Epigastrium oder der periumbilikalen Region in das kleine Becken, wobei hier jedoch häufig sogar eher linksseitige Schmerzen angegeben

---

53 Vgl. Isenmann/Gebhardt/Dürig, Appendix, 2012, S. 353. Ursächlich für die testikulären Schmerzen ist die neuronale Konvergenz der Nozizeptoren von Appendix und Hoden auf das 10. Thorakalsegment (vgl. ebd.).
54 Vgl. Köppen, Gastroenterologie, 2010, S. 65f.
55 Vgl. Schumpelick/Bleese/Mommsen, Kurzlehrbuch, 2010, S. 333.
56 Vgl. Isenmann/Gebhardt/Dürig, Appendix, 2012, S. 357. Zu den durch Malrotation verursachten Lagevarianten vgl. Kap. 1.2. Hingewiesen sei an dieser Stelle noch auf die Möglichkeit, dass eine überlange, retrocaecal gelegenene Appendix ebenfalls zu Schmerzen im rechten Oberbauch führen kann trotz einer physiologischen Lage des Caecum (vgl. Melle/Rosien/Layer, Appendizitis, 2011, S. 170).
57 Vgl. Melle/Rosien/Layer, Appendizitis, 2011, S. 170.
58 Vgl. Willital/Holzgreve, Definitive chirurgische Erstversorgung, 2006, S. 198. Genaueres zu den einzelnen diagnostischen Zeichen folgt im Kap. 2.5.

werden.[59] Typisch sind Miktionsbeschwerden, Tenesmen und Diarrhoe sowie fehlende abdominelle Abwehrspannung und Druckschmerzhaftigkeit.[60]

Abweichend sind die Symptomatiken sowohl bei Kindern als auch bei älteren Patienten („Altersappendizitis").[61] Durch die meist erst verzögerte Konsultation des Arztes und die sehr viel milder ausgeprägte Symptomatik[62] kommt es nicht selten zu einer Verschleppung der Symptome, sodass es nicht verwunderlich ist, dass eine Studie zur Altersappendizitis eine für über 60 Jahre alte Patienten signifikant erhöhte Gesamtkomplikationsrate (28,9% gegenüber 3,6% bei <60 Jahren) sowie deutlich häufigere Perforations- (35,6% gegenüber 7%) und Peritonitisraten (42,2% gegenüber 9,5%) ergab.[63] Als Charakteristika für die akute Appendizitis bei älteren Menschen sind hier ein schleichender Verlauf mit geringer Allgemeinreaktion, häufige Indolenz und fehlende Abwehrspannung durch den Spannungsverlust des Gewebes und die Atrophie der Bauchmuskulatur angegeben.[64] Bei Kindern liegt die Schwierigkeit zum einen in der korrekten Deutung der Symptome (viele kindliche Infektionen haben häufig ähnliche Symptomatiken) und zum anderen in der Unfähigkeit des Kindes, den Schmerz explizit zu lokalisieren. Häufige Anzeichen sind hierbei ein abgeschwächter, rechtsseitiger Bauchhautreflex, ein in Rückenlage gebeugtes rechtes Hüftgelenk, eine verminderte Bauchatmung (mit kompensatorisch vermehrter Brustatmung)[65] und die Drachter-Trias aus Erbrechen, Fieber und Leukozytose.[66] Die Appendizitis bei einer fortgeschrittenen Schwangerschaft (2./3. Trimenon) weist ebenfalls atypische Symptome auf. Durch das physiologische Verlagern der Appendix aus dem rechten Unterbauch in den rechten Oberbauch (vgl. hierzu Kap. 1.2.) wird abweichend auch hier der Maximalschmerz angegeben. Auch die physiologische Schwangerschaftsleukozytose erschwert die Symptomerkennung und Diagnostik.

In dem Zustand einer Immunsuppression (durch Zytostatika, Kortikosteroide, NSAR etc.) können sämtliche Symptome wie Schmerzen, Fieber und

---

59 Vgl. Isenmann/Gebhardt/Dürig, Appendix, 2012, S. 357.
60 Vgl. Willital/Holzgreve, Definitive chirurgische Erstversorgung, 2006, S. 198.
61 Vgl. Schumpelick/Bleese/Mommsen, Kurzlehrbuch, 2010, S. 333.
62 Vgl. Melle/Rosien/Layer, Appendizitis, 2011, S. 170.
63 Vgl. hierzu die Studie von Sülberg, D./Chromik, A. M./Kersting, S. et al.: Altersappendizitis. In: Der Chirurg 2009; 80 (7): 608–614.
64 Vgl. Schumpelick/Bleese/Mommsen, Kurzlehrbuch, 2010, S. 333.
65 Vgl. Isenmann/Gebhardt/Dürig, Appendix, 2012, S. 357.
66 Vgl. Schumpelick/Bleese/Mommsen, Kurzlehrbuch, 2010, S. 333.

Leukozytose fehlen bzw. verschleiert werden, sodass es hierbei nicht selten zu Komplikationen und verzögerten Therapieeinleitungen kommt.[67]

2.5 Diagnostik

Nach der klassischen Anamnese, in der systematisch die im vorherigen Kapitel dargestellten, richtungsweisenden Symptome herausgearbeitet werden, schließt sich die klinische, körperliche Untersuchung an. Bei der Inspektion kann eine möglicherweise etwas belegte, später auch trockene Zunge auffallen.[68] Bis auf eine eventuell durch die Schmerzen bedingte Einnahme einer gebeugten Körperhaltung[69] sind jedoch äußerlich keine charakteristischen Anzeichen für eine Appendizitis zu sehen. Die nachgeschaltete Auskultation des Abdomens dient der Beurteilung der Darmgeräusche. Hierbei ist es möglich, dass anfänglich eine belebte Darmperistaltik durch eine begleitende Enteritis auffällt, die im Verlauf jedoch auch – als Zeichen einer beginnenden Obstipation – abgeschwächter auftreten kann. Zum Ausschluss einer Perforation der Appendix mit nachfolgendem paralytischen Ileus ist immer auch auf ein vollständiges Fehlen der Darmgeräusche zu achten („Grabesstille").[70] Bei der Palpation des Abdomens, die im linken oberen Quadranten schmerzfern begonnen wird, können neben einer rechtsseitig lokalisierten Abwehrspannung verschiedene Druckpunkte und Tests für die Diagnostik des Leitsymptoms (rechtsseitiger Unterbauchschmerz) abgetastet und durchgeführt werden, die im Folgenden kurz in einer Tabelle (Tab. 1) dargestellt werden sollen.

Bei einer anschließenden digital-rektalen Untersuchung kann sowohl beim Mann als auch bei der Frau ein Druckschmerz rechts neben der Ampulle auffallen (bei Lage der Appendix im kleinen Becken und/oder Vorkommen von Entzündungsflüssigkeit bzw. Abszessen ebendort), speziell bei der Frau kann nach ventral ein tastbarer Abszess im Douglas-Raum mit Druckschmerz deutlich werden.[71] Als letzter Diagnoseparameter bei der klinischen Untersuchung gilt im Bezug auf die subfebrilen Temperaturen die axillo-rektale Temperaturdifferenz von ca. 0,8°C, wobei es sich hier um keinen zuverlässigen Parameter handelt.[72]

---

67 Vgl. Isenmann/Gebhardt/Dürig, Appendix, 2012, S. 357f.
68 Vgl. Schumpelick/Bleese/Mommsen, Kurzlehrbuch, 2010, S. 333.
69 Vgl. Willital/Holzgreve, Definitive chirurgische Erstversorgung, 2006, S. 198.
70 Vgl. Schumpelick/Bleese/Mommsen, Kurzlehrbuch, 2010, S. 333.
71 Vgl. Köppen, Gastroenterologie, 2010, S. 66. Eine gynäkologische, vaginale Untersuchung ist bei der Frau zum Ausschluss von Differenzialdiagnosen bedeutsam (vgl. ebd.).
72 Vgl. Isenmann/Gebhardt/Dürig, Appendix, 2012, S. 354.

McBurney-Druckpunkt	Druckschmerzhaftigkeit zwischen dem 1. und 2. Drittel einer gedachten Verbindungslinie von der rechten Spina iliaca ant. sup. bis zum Bauchnabel (bei eher retrocaecaler Lage).
Lanz-Druckpunkt	Druckschmerzhaftigkeit im 1. Drittel einer gedachten Verbindungslinie von der rechten bis zur linken Spina iliaca ant. sup. (eher bei Lage im kleinen Becken).
Perkussionsschmerz im Sherren-Dreieck	Durch Perkussion ausgelöste Erschütterungen, die in dem gedachten Dreieck zwischen Bauchnabel, Spina iliaca ant. sup. und der Mitte der Symphysis pubica zur Schmerzauslösung führen (auch durch Husten auslösbar).
Kümmel-Druckpunkt	Ca. 2cm rechtsseitig vom Bauchnabel entfernter Druckschmerz (eher bei retrocaecaler Lage).
Blumberg-Zeichen	(= Loslassschmerz) Druck auf einen beliebigen Punkt im linken Unterbauch für mehrere Sekunden mit nachfolgendem plötzlichen Loslassen verursacht Schmerzen im rechten Unterbauch.
Stehr'sches Zeichen	Schmerzen beim Hüpfen auf dem rechten Bein (eher bei retrocaecaler Lage und kleinen Kindern).
Rovsing-Zeichen	Ausstreichen des Dickdarms gegen den Uhrzeigersinn in Richtung Dünndarm führt durch die Dehnung des Caecum zur Schmerzreizung der Appendix.
Psoas-Zeichen	Anheben des rechten Beines gegen Widerstand verursacht Schmerzen im rechten Unterbauch (eher bei retrocaecaler Lage).
Chapman-Zeichen	Schmerzen beim Aufrichten aus der Sitzposition im rechten Unterbauch (eher bei retrocaecaler Lage).
Baldwin-Zeichen	Flankenschmerz bei Beugung des rechten Beines (eher bei retrocaecaler Lage).

[a]Zu McBurney-, Lanz-, Kümmel-Druckpunkt, Blumberg-, Rovsing-, Psoas- und Stehr'sches Zeichen vgl. Köppen, Gastroenterologie, 2010, S. 65f. Zu Perkussionsschmerz, Chapman- und Baldwin-Zeichen vgl. Schumpelick/Bleese/Mommsen, Kurzlehrbuch, 2010, S. 333f.; SCHUMPELICK et al. geben darüber hinaus für einige der oben genannten Druckpunkte/Zeichen prozentuale Häufigkeitsangaben der Verwendung an. Anzumerken sei an dieser Stelle ebenfalls noch, dass oben genannte Druckpunkte und Tests bei atypischen Appendix-Lagevarianten und Altersappendizitis durchaus nicht zutreffen können (vgl. Kap. 2.4). Bei Kindern kann die Palpation des Abdomens durch das sich Wehren gegen die Untersuchung erschwert sein (vgl. Isenmann/Gebhardt/Dürig, Appendix, 2012, S. 357).

Tab. 1: Übersicht über die wichtigsten abdominellen Druckpunkte und Tests im Rahmen der klinischen Untersuchung bei einer akuten Appendizitis[a]. (Quelle: Eigene Darstellung)

Eine sich anschließende laborchemische Untersuchung kann zwar eine durch die Anamnese und körperliche Untersuchung erhobene Verdachtsappendizitis untermauern, ist allerdings keinesfalls Diagnose weisend, da Auffälligkeiten in den Laborparametern nicht obligat vorhanden sein müssen.[73] Ebenso kann ein Anstieg der zu bestimmenden Parameter (C-reaktives Protein (CRP), Leukozytenzahl) nicht als appendizitisspezifisch bezeichnet werden, da sie bei einer großen Zahl anderer abdomineller Erkrankungen – als allgemeine Entzündungsparameter – ebenfalls mit einer Erhöhung reagieren. Als sehr sensitiv, jedoch wenig spezifisch gilt in der laborchemischen Diagnostik der Anstieg der Leukozytenzahl. Liegt eine Leukozytose von über 10.000/µl mit Linksverschiebung vor, so kann dies ein Hinweis auf ein akutes Appendizitisgeschehen sein, eine fehlende Leukozytose schließt es jedoch auch nicht aus. Ein Anstieg des CRP-Wertes innerhalb von 12 Stunden ist – wie oben beschrieben – wenig aussagekräftig, in Kombination mit einer Leukozytose und Linksverschiebung zeigt er dennoch die größte Sensitivität.[74] Die Abnahme eines Urinstatus kann immer dann die Diagnostik unterstützen, wenn sich die entzündete Appendix in retrocaecaler oder retroilealer Lage befindet und so durch ihre enge räumliche Nähe zu dem rechten Ureter dessen Mitentzündung verursacht. So sind erhöhte Erythrozyten- und Leukozytenzahlen im Urin bei 25% der Patienten zu finden.[75] Andererseits sollte ein Urinstatus immer auch zum Ausschluss von Differenzialdiagnosen (z. B. Harnwegsinfekt/Zystitis mit Ausstrahlung in den rechten Unterbauch) abgenommen werden.

Können durch die Anamnese und die klinischen Befunde dennoch keine eindeutigen Ergebnisse ermittelt werden, ist der Einsatz bildgebender Verfahren indiziert.[76] Mit einer Sensitivität von 76–88% und einer noch höheren Spezifität steht als Mittel der ersten Wahl zunächst die Sonographie des Abdomens im Vordergrund.[77] Dennoch ist anzumerken, dass die eben genannten Prozentzahlen durch ihre Abhängigkeit von der Gerätequalität, der Untersuchererfahrung

---

73 Vgl. Montali/von Flüe, Die akute Appendizitis, 2008, S. 451.
74 Vgl. Isenmann/Gebhardt/Dürig, Appendix, 2012, S. 354. Bei älteren Patienten kann eine Leukozytose ausbleiben, bei Kleinkindern können Leukozytenzahl und CRP-Wert auch bei einer blanden Appendix erhöht sein (vgl. Schumpelick/Bleese/Mommsen, Kurzlehrbuch, 2010, S. 334), bei Immunsuppression ist in der Regel keine Leukozytose vorhanden (vgl. Berchtold/Bruch/Trentz, Chirurgie, 2008, S. 844).
75 Vgl. Isenmann/Gebhardt/Dürig, Appendix, 2012, S. 354.
76 Vgl. Melle/Rosien/Layer, Appendizitis, 2011, S. 170.
77 Vgl. Schmidt, Günter/Greiner, Lucas/Nürnberg, Dieter (Hg.): Sonografische Differenzialdiagnose. Lehratlas zur systematischen Bildanalyse mit über 2800 Befundbeispielen. Stuttgart ³2014, S. 284.

und dem Patientenklientel stark schwanken können.[78] Die Durchführung der Sonographie orientiert sich nach dem vom Patienten angegebenen Punctum maximum des Schmerzes unter dosierter Kompression des Abdomens mit dem Schallkopf und dem Aufsuchen des Caecumpoles.[79] Die sonographischen Zeichen einer akuten Appendizitis seien im Folgenden dargestellt:

Im Anfangsstadium der Appendizitis fällt neben der allgemeinen Schwellung der Appendix (Durchmesserzunahme >6 mm[80]) auch eine verdickte Appendixwand auf, die sich im Längsschnitt als doppelschichtiges Band mit echoarmem Lumen und im Querschnitt als Appendixkokarde mit typischer Target-Struktur darstellt[81], wobei die Wandarchitektur noch intakt sowie die Kokarde nicht komprimierbar und druckdolent ist.[82] Intraluminale Koprolithen mit charakteristischem Schallschatten und/oder ein mit Flüssigkeit gefülltes Lumen[83] und/oder eine z. T. luftgefüllte Appendix[84] können ebenfalls dargestellt werden.

Im Rahmen einer Farbdoppler-Sonographie kann zudem eine verstärkte Vaskularisation der Appendixwand auffallen.[85] Mit fortschreitendem Entzündungsstadium kommt es vermehrt zur Zerstörung der Wandarchitektur, die Wandschichtung hebt sich im sonographischen Bild auf und es entsteht ein echoreicher Halo.[86] Als Zeichen einer entzündlichen Mitreaktion der

---

78 Vgl. Adamek/Lauenstein, MRT, 2010, S. 168.
79 Vgl. Schmidt, Günter/Görg, Christian (Hg.): Kursbuch Ultraschall. Nach den Richtlinien der DEGUM und der KBV. Stuttgart ⁵2008, S. 275.
80 Vgl. Adamek/Lauenstein, MRT, 2010, S. 168.
81 Vgl. Schmidt/Görg, Kursbuch, 2008, S. 275. Vergleiche hierzu beispielsweise die sonographischen Abbildungen bei Seitz, Karlheinz/Schuler, Andreas/Rettenmaier, Gerhard: Klinische Sonographie und sonographische Differenzialdiagnose, Bd. 2. Stuttgart ²2008, S. 734, Abb. 23.11 und 23.12.
82 Vgl. Seitz/Schuler/Rettenmaier, Klinische Sonographie, Bd. 2, 2008, S. 734. Das Merkmal einer fehlenden Peristaltik und die Darstellung des blinden Endes dienen der Unterscheidung von anderen Darmabschnitten (vgl. ebd., S. 733). ISENMANN et al. geben eine sonographische Treffsicherheit von 87–96% bei einer über 2mm starken Wandverdickung, einen vergrößerten Gesamtdurchmesser von über 6–7 mm und einem Target-Zeichen an (vgl. Isenmann/Gebhardt/Dürig, Appendix, 2012, S. 354).
83 Vgl. Schmidt/Greiner/Nürnberg, Sonografische Differenzialdiagnose, 2014, S. 284.
84 Vgl. Melle/Rosien/Layer, Appendizitis, 2011, S. 170.
85 Vgl. Seitz/Schuler/Rettenmaier, Klinische Sonographie, Bd. 2, 2008, S. 734. In dem Stadium der gangränösen Appendizitis kann keine Durchblutung mehr dargestellt werden (falsch-negative Ergebnisse sind möglich, da bei blanden Appendices im Farbdoppler-Sono ebenfalls kaum Durchblutung dargestellt werden kann).
86 Vgl. Schmidt/Greiner/Nürnberg, Sonografische Differenzialdiagnose, 2014, S. 284.

unmittelbaren Umgebung (Periappendizitis) beim Übergang in das ulzerophlegmonöse Stadium der Appendizitis zeigen sich eine Verdickung der Ileum- und Caecumwand sowie ein echoreich verbreitertes, nicht komprimierbares Fettgewebe[87], vergrößerte Lymphknoten und ein schmaler Flüssigkeitssaum (freie Flüssigkeit), der die Appendix selbst und/oder den Caecumpol umgibt. Kommt es zur Abdeckelung der entzündeten Appendix durch das Omentum majus, so kann eine echoreiche Netzkappe im Bereich der sich optisch auflösenden Appendix auftreten. Bei einer bereits perforierten Appendix kommt es je nachdem, ob es sich um eine gedeckte oder freie Perforation handelt, zu unterschiedlichen Bildgebungen[88]. Bei einer gedeckten Perforation ist häufig ein perityphlitischer Abszess als eine schwer differenzierbare, rundliche, echoarme Raumforderung zu sehen, begleitet von freier Flüssigkeit um den Caecumpol und im Douglas-Raum.[89] Im Falle einer freien Perforation ist auf sonographische Zeichen einer einsetzenden oder bereits eingesetzten Peritonitis zu achten, die im Rahmen dieser Arbeit jedoch nicht genauer dargestellt werden.

Problematiken bei der Diagnostik mittels Sonographie entstehen bei falsch-negativen Ergebnissen infolge atypischer Lagevarianten, fortgeschrittener Schwangerschaften sowie Gasüberlagerungen bei starkem Meteorismus.[90] Ebenso bei deutlich adipösen Patienten und ausgeprägten Abwehrspannungen.[91] Falsch-positive Sonographiebefunde zeigen sich auf der anderen Seite z. B. durch fehldeutete Appendizitiden, wobei es sich bspw. um ein Meckel- oder Caecumdivertikel, das terminale Ileum, eine flüssigkeitsgefüllte Tuba uterina, eine lymphatische Hyperplasie oder gar um eine Mukozele der Appendix handelt.[92]

---

87 Vgl. Dietrich, Christoph F.: Ultraschall-Kurs. Organbezogene Darstellung von Grund-, Aufbau- und Abschlusskurs; nach den Richtlinien von KBV, DEGUM, ÖGUM und SGUM. Köln ⁵2006, S. 191f. Eine entsprechende sonographische Abbildung ist in diesem Werk auf S. 192 (Abb. 7.39) zu finden.
88 Eine entsprechende sonographische Abbildung ist hierfür beispielsweise bei Schmidt/Görg, Kursbuch, 2008, S. 277 (Abb. 21.52) zu finden.
89 Vgl. Seitz/Schuler/Rettenmaier, Klinische Sonographie, Bd. 2, 2008, S. 734f. Eine entsprechende sonographische Abbildung ist hierfür beispielsweise bei Adamek/Lauenstein, MRT, 2010, S. 168 (Abb. 7.2) zu finden.
90 Vgl. Seitz/Schuler/Rettenmaier, Klinische Sonographie, Bd. 2, 2008, ebd.
91 Vgl. Adamek/Lauenstein, MRT, 2010, S. 168.
92 Vgl. Seitz/Schuler/Rettenmaier, Klinische Sonographie, Bd. 2, 2008, S. 735f. Tumore der Appendix können sich im Anfangsstadium als Wandverdickung darstellen und eine Appendizitis vortäuschen. Führen sie zur Perforation, sind sie kaum mehr von einem perityphlitischen Abszess zu unterscheiden (vgl. ebd., S. 737).

Im Falle eines unklaren Sonographiebefundes kann als weiterführende Bildgebung die Computertomographie (CT) gewählt werden, die mit einer Sensitivität und Spezifität von 98% eine hohe Treffsicherheit ermöglicht.[93] Trotz der wesentlich höheren Strahlenbelastung während eines CT im Gegensatz zu einem konventionellen Röntgen-Doppelkontrast[94] ist Letzterer für die Darstellung und Beurteilung der Appendix/Appendizitis eher kontraindiziert, da immer die Gefahr einer möglichen Perforation besteht, sodass das schwer lösliche Bariumsulfat in die freie Bauchhöhle dringen und eine Fremdkörperreaktion in Form einer Barium-Peritonitis verursachen könnte. Da im CT u. a. Raumforderungen und entzündliche Geschehen mittels rektaler oder oraler Kontrastmittelgabe[95] gut dargestellt werden können, steht dessen Verwendung noch vor der einer Magnetresonanztomographie (MRT). Letztere kommt nur bei Patienten mit Kontraindikationen für ein CT wie beispielsweise bei Kindern oder Schwangeren zur Anwendung.[96] Typische Zeichen einer unkomplizierten, akuten Appendizitis in kontrastmittelgestützten CT-Bildern sind eine hyperdense, diffuse Verdickung der Appendixwand, ein flüssigkeitsgefülltes Lumen oder ein eventuell intraluminal gelegener, hyperdenser Appendikolith, eine periappendizitische Fettimbibierung und/oder eine Verdickung der medialen Caecumwand. Auch Komplikationen wie Appendixperforationen, perityphlitische Abszesse, Peritonitis und ein Ileus können im CT gut dargestellt werden.[97]

Sollte die Verdachtsdiagnose trotz allem auch nach einer weiterführenden Bildgebung unklar bleiben und nicht erhärtet werden können, so ist schließlich immer eine Verlaufsbeobachtung mit stationärer Aufnahme und engmaschiger klinischer und laborchemischer Überwachung indiziert.[98]

---

93 Zu den Prozentangaben vgl. Montali/von Flüe, Die akute Appendizitis, 2008, S. 452.
94 Das verwendete Kontrastmittel hierbei ist üblicherweise bariumsulfathaltige Suspension und Luft.
95 Durch das Perforationsrisiko wird hierbei stark verdünntes, jodhaltiges Kontrastmittel verwendet.
96 Vgl. Adamek/Lauenstein, MRT, 2010, S. 169f.
97 Vgl. Pickhardt/Arluk, Atlas, 2009, S. 295. Vgl. hierzu auch die CT-Bilder aus Novelline, Robert A.: Squire's Radiologie – Grundlagen der klinischen Diagnostik. Stuttgart ²2001(Schattauer Verlag), S. 290, Abb. 13–50 (B; unkoplizierte Appendizitis mit periappendizitischer Fettimbibierung) und S. 291, Abb. 13–51 (B; Appendixperforation mit perityphlischer Abszessbildung).
98 Vgl. Montali/von Flüe, Die akute Appendizitis, 2008, S. 452.

2.6 Differenzialdiagnosen

Durch die große Lagevariabilität der Appendix in Bezug auf das Caecum und auf das gesamte Abdomen kann es zur Imitation von zahlreichen, verschiedenen (abdominellen) Erkrankungen kommen, sodass eventuell nicht sofort an eine akute Appendizitis gedacht wird. Anders betrachtet können vielfältige Erkrankungen eine ähnliche bis sogar analoge Symptomatik aufweisen, sodass es bei der Diagnostik der akuten Appendizitis unabdingbar ist, systematisch die möglichen Differenzialdiagnosen zu bedenken und ggf. abzuklären. Im Folgenden seien hier die wichtigsten genannt.

Abdominelle Differenzialdiagnosen:

Bakterielle/virale (Gastro-)Enteritis, Invaginationen, Ileitis terminalis, akute Cholezystitis, Pankreatitis, Ulkusperforation (Magen, Duodenum), Lymphadenitis mesenterialis[99], Colon-Karzinom, rechtsseitige Divertikulitis, Sigmadivertikulitis (bei Sigma elongatum), Meckel-Divertikulitis[100], akute Yersiniosis enterocolitica (Yersinien-Pseudoappendizitis), Gallenkolik, Morbus Crohn, NET (Karzinoid) der Appendix[101], innere Hernien, Typhus/Paratyphus, Intoxikation (Arzneimittel, Blei), verschluckte, passierende Fremdkörper, Obstipation, Ileus, Gallenblasenempyem, Cholecystolithiasis, Darminfarkt, Enterokolitis, abdominelle Tuberkulose, Toxoplasmose, Wurmerkrankungen, intestinale Duplikationen, Ileocaecalinvagination, Volvulus, Morbus Hirschsprung[102], Mukozele, Aktinomykose[103], Omentuminfarkt, Caecumkarzinom[104].

Gynäkologische Differenzialdiagnosen:

Adnexitis, Extrauteringravidität, Stieldrehung (stielgedrehte Ovarialzyste), Ovarialtumor, Tuboovarialabszess, Einblutung[105], Dysmenorrhoe/Mittelschmerz bei

---

99 Vgl. Schmidt/Greiner/Nürnberg, Sonografische Differenzialdiagnose, 2014, S. 284.
100 Vgl. Isenmann/Gebhardt/Dürig, Appendix, 2012, S. 355. In hier genannter Quelle ist eine Unterteilung der Differenzialdiagnosen in „mit/ohne Operationsindikation" zu finden.
101 Vgl. Köppen, Gastroenterologie, 2010, S. 67.
102 Vgl. Schumpelick/Bleese/Mommsen, Kurzlehrbuch, 2010, S. 335. In hier genannter Quelle ist eine systematische Auflistung der Differenzialdiagnosen nach Altersklassen zu finden.
103 Vgl. Berchtold/Bruch/Trentz, Chirurgie, 2008, S. 848.
104 Vgl. Dietrich, Ultraschall-Kurs, 2006, S. 193.
105 Vgl. Schmidt/Greiner/Nürnberg, Sonografische Differenzialdiagnose, 2014, S. 284.

Ovulation, rupturierte Follikelzyste[106], akute Salpingitis[107], Endometritis, Endometriose, Menarche[108].

Urologische Differenzialdiagnosen:

Ureterabgangsstenose[109], entzündliche Beckenerkrankungen[110], akute, rechtsseitige Pyelonephritis, Ureter-/Nierenkolik[111], Nierentumore, Hydronephrose, Harnwegsinfekt/Zystitis[112].

Extraabdominelle Differenzialdiagnosen:

Thrombose, Dissektion/Aneurysma der Aorta abdominalis, Psoashämatom[113], akuter Myokardinfarkt, Basalpleuritis, basale Pneumonie, akute intermittierende Porphyrie[114], Psychose, Erstmanifestation eines Diabetes mellitus Typ 1[115], aufsteigende Pneumokokkenperitonitis nach vaginaler Infektion (selten)[116].

2.7 Komplikationen

Im Allgemeinen ist zwischen Komplikationen zu unterscheiden, die während der Diagnosephase (Interventionen sind noch nicht eingeleitet), der Operationsphase und der postoperativen Phase auftreten können.

Die häufigste Komplikation einer akuten Appendizitis in der Diagnosephase ist die Perforation bei nicht rechtzeitig eingeleiteter Therapie. Das Risiko für eine Perforation steigt binnen 24 Stunden nach dem Beginn der Symptomatik an.[117] Zu differenzieren sind hier die freie und die gedeckte Perforation, wobei Letztere durch die Reaktion des Omentum majus oder die Deckelung durch Nachbarorgane (Darmschlingen) gekennzeichnet ist[118] und sich typischerweise durch ein perityphlitisches Entzündungsinfiltrat um die Appendix manifestiert, aus der sich im Verlauf ein lokalisierter perityphlitischer Abszess entwickeln

---

106 Vgl. Isenmann/Gebhardt/Dürig, Appendix, 2012, S. 355.
107 Vgl. Köppen, Gastroenterologie, 2010, S. 67.
108 Vgl. Schumpelick/Bleese/Mommsen, Kurzlehrbuch, 2010, S. 335.
109 Vgl. Schmidt/Greiner/Nürnberg, Sonografische Differenzialdiagnose, 2014, S. 284.
110 Vgl. Isenmann/Gebhardt/Dürig, Appendix, 2012, S. 355.
111 Vgl. Köppen, Gastroenterologie, 2010, S. 67.
112 Vgl. Schumpelick/Bleese/Mommsen, Kurzlehrbuch, 2010, S. 335.
113 Vgl. Schmidt/Greiner/Nürnberg, Sonografische Differenzialdiagnose, 2014, S. 284.
114 Vgl. Köppen, Gastroenterologie, 2010, S. 67.
115 Vgl. Schumpelick/Bleese/Mommsen, Kurzlehrbuch, 2010, S. 335.
116 Vgl. Berchtold/Bruch/Trentz, Chirurgie, 2008, S. 848.
117 Vgl. Isenmann/Gebhardt/Dürig, Appendix, 2012, S. 358.
118 Vgl. Langner/Gabbert, Appendix, 2012, S. 686.

kann und als lokale Peritonitis symptomatisch wird.[119] Je nach anatomischer Lage der Appendix vermiformis kann es neben der perityphlitischen Lokalisation des Abszesses auch zu anderen Abszessloki kommen (subphrenischer Abszess, Ileoinguinalabszess, Douglas-Abszess, Lumbalabszess, Abszess im kleinen Becken).[120] Von noch größerer Komplikation ist jedoch die freie Perforation, bei der eine diffuse Peritonitis mit gesamter Abdomenbeteiligung folgen kann. Hierbei kann es zu der Entwicklung eines paralytischen Ileus mit septischem Krankheitsbild bis hin zum septischen Schock und Tod kommen, u. a. gekennzeichnet durch Symptome wie eine Körpertemperatur >38°C oder <36°C, eine Herzfrequenz >90/Minute, eine Atemfrequenz >20/Minute oder Hyperventilation (pCO2 <32 mmHg) und eine Neutrophilie (>12.000/µl, <4.000/µl, >10% unreife Leukozyten).[121] Die Letalität einer diffusen Peritonitis liegt

---

119 Vgl. Melle/Rosien/Layer, Appendizitis, 2011, S. 171.
120 Vgl. Isenmann/Gebhardt/Dürig, Appendix, 2012, S. 358.
121 Der internationalen Sepsisdefinition (Sepsis-1, 1992) nach besteht eine Sepsis dann, wenn mindestens zwei der oben genannten Kriterien (Systematic Inflammatory Response Syndrome (SIRS)-Kriterien) und ein Infektionsverdacht vorliegen (ein Keimnachweis ist nicht obligat). Eine schwere Sepsis besteht bei gleichzeitig vorliegender Organdysfunktion, ein septischer Schock bei gleichzeitigender flüssigkeitsrefraktärer Hypotonie (vgl. Bone, R. C./Balk, R. A./Cerra, F. B. et al.: Definitions for sepsis and organ failure and guidelines for the use of innovative therapies in sepsis. The ACCP/SCCM Consensus Conference Committee. American College of Chest Physicians/Society of Critical Care Medicine. In: Chest 1992; 101 (6): 1644–1655). Seither befindet sich die genaue Definition der Sepsis im Wandel: 2001 wurde die Liste möglicher Laborparameter und Symptome zur Diagnosestellung einer Sepsis durch eine Konsensuskonferenz erweitert (Sepsis-2), zu wesentlichen Änderungen kam es jedoch nicht (vgl. Levy, M. M./Fink, M. P./Marshall, J. C. et al.: 2001 SCCM/ESICM/ACCP/ATS/SIS International Sepsis Definitions Conference. In: Critical Care Medicine 2003; 31 (4): 1250–1256). Aufgrund dessen, dass die SIRS-Kriterien immer noch als unzulänglich angesehen wurden (zu sensitiv und zu wenig spezifisch), versuchte man mit einer erneuten Konsensuskonferenz 2014 eine gänzlch neue Sepsisdefinition aufzustellen (Sepsis-3): Der „quick Sepsis Related Organ Failure Assessment-Score" (qSOFA-Score) als vereinfachte Form des Sepsis Related Organ Failure Assessment-Scores (SOFA-Scores) ist der erste empirische, evidenzbasierte Score zur Risikoeinschätzung im klinischen Alltag. Sowohl ambulante als auch stationäre Patienten mit erhöhtem Risiko für ein Organversagen können mithilfe weniger hierfür erhobener Parameter (qSOFA: Atemfrequenz ≥22/Min, Glasgow Coma Scale <15, systolischer Blutdruck ≤100 mmHg) früh und schnell identifiziert werden. Nach dieser neuen Definiton geht jede Sepsis mit einer lebensbedrohlichen Organdysfunktion einher, sodass der Begriff „schwere Sepsis" entfällt. Für die Definition eines septischen Schocks ist neben der flüssigkeitsrefraktären Hypotension

bei >10%.[122] Eine sehr seltene, aber fulminante Komplikation ist die Pylephlebitis, die sich bedingt durch eine Pyämie entwickeln kann und oftmals mit einer Thrombusbildung und einem Verschluss des Portalvenensystems einhergeht. Die resultierenden Symptome sind hierbei Schmerzen, Fieber und Ikterus, die Folgen sind eine portale Hypertension und multiple Leberabszesse.[123]

Zu den intraoperativen Komplikationen gehören die durch den operativen Eingriff verursachte Perforation der Appendix vermiformis (in 10–30% der Fälle)[124], wobei infolge einer Keimverschleppung in 2–5% der Fälle eine Entwicklung von abdominellen Abszessherden (meist Douglasabszesse/Abszesse des kleinen Beckens) und in 10–30% der Fälle Bauchdeckenabszesse folgen können.[125] Darüber hinaus kann es intraoperativ zu Gefäß- oder Darmverletzungen kommen.[126]

Als häufigste postoperative Komplikation gilt mit 10–30% die Wundinfektion (eventuell mit Entstehung eines Platzbauches). Des Weiteren kann es zu einer protrahierten postoperativen Darmparalyse bis hin zum paralytischen Ileus kommen sowie zu einem durch postoperative Adhäsionen verursachten mechanischen Frühileus innerhalb der ersten 5–10 postoperativen Tage.[127] In 1–4% der Fälle kann sich noch nach Jahren oder Jahrzehnten durch die Ausbildung von Briden ein Spätileus bilden. Etwas seltener ist die Stumpfinsuffizienz mit folgender Ausbildung einer Kotfistel (1–2%).[128]

2.8 Chronische Appendizitis als Sonderbetrachtung

Neben der akuten Appendizitis mit all ihren Charakteristika, die bis hierhin beschrieben wurden, wird ein eigenständiges Krankheitsbild der chronischen Appendizitis mit einem schleichenden und zum Teil subklinischen Verlauf

---

      auch eine Laktatserumkonzentration von >2 mmol/L nach Volumensubstitution gefordert (vgl. Singer M./Deutschman, C. S./Seymour, C. W. et al.: The Third International Consensus definitions for sepsis and septic shock (Sepsis-3). In: Journal of the American Medical Association 2016; 315: 801–810).
122 Vgl. Schumpelick/Bleese/Mommsen, Kurzlehrbuch, 2010, S. 336.
123 Vgl. Köppen, Gastroenterologie, 2010, S. 68.
124 Vgl. Melle/Rosien/Layer, Appendizitis, 2011, S. 170.
125 Vgl. Isenmann/Gebhardt/Dürig, Appendix, 2012, S. 359. Douglasabszesse und Abszesse des kleinen Beckens können postoperativ transvaginal oder transrektal mittels einer Abszessdrainage therapiert werden (vgl. ebd.).
126 Vgl. Reutter, Karl-Heinz: Chirurgie-Essentials. Intensivkurs zur Weiterbildung. Stuttgart ⁵2004, S. 130.
127 Vgl. Schumpelick/Bleese/Mommsen, Kurzlehrbuch, 2010, S. 336.
128 Vgl. Isenmann/Gebhardt/Dürig, Appendix, 2012, S. 359.

kontrovers diskutiert.[129] Eindeutige pathologische Befunde gibt es für eine chronische Verlaufsform nicht. Die in Verdachtspräparaten histologisch identifizierten Fibrosen kennzeichnen lediglich eine abgelaufene Wurmfortsatzentzündung, sind aber nicht pathognomonisch für einen chronischen Entzündungsvorgang.[130] Einzig das Abklingen der rechtsseitigen, rezidivierenden, unklaren Unterbauchschmerzen nach der Entfernung der Appendix vermiformis spricht für eine chronische Entzündung. Als Ursache für eine rezidivierende bzw. chronische Symptomatik wird angenommen, dass es bei einer spontan abklingenden akuten Appendizitis, die nicht operativ behandelt wurde, zu einer Vernarbung der Appendix bis hin zur Obliteration sowie zu Verwachsungen kommen kann. Beides, Vernarbung/Obliteration und Verwachsungen, begünstigen wiederum eine erneute Entzündung.[131]

Die Inzidenz dieser chronischen Symptomatik liegt nach SHAH et al. bei 1,5%, wobei hier angemerkt wird, dass die Diagnosestellung keine einfache ist und durch die unspezifische Symptomatik daher auch häufiger Fehldiagnosen gestellt werden.[132] Genauso kann die bereits erwähnte neurogene Appendicopathie ursächlich für einen chronischen Symptomverlauf sein, wobei jedoch klassische Entzündungszeichen fehlen und daher dem Sinn nach nicht von einer chronischen Entzündungsform gesprochen werden darf.[133]

An dieser Stelle sei in Bezug auf die Erläuterungen zu dem aktuellen Therapieansatz, die zur Komplettierung der allgemeinen Angaben zum Krankheitsbild der akuten Appendizitis noch fehlen, darauf hingewiesen, dass im Rahmen der im nächsten Abschnitt dieser Arbeit folgenden Darstellung der historischen Entwicklung der konventionellen und operative Therapie bei akuter Appendizitis auch eine ausführliche Abhandlung über den aktuellen Goldstandard zu finden sein wird (vgl. **Kap. 8**). Hier sei lediglich in Kürze vorweg angemerkt, dass das derzeitige Mittel der Wahl die (laparoskopische, aber auch konventionell offene) Appendektomie als Frühoperation (direkt nach der Diagnosestellung) ist.

---

129 Vgl. Thomas, Carlos (Hg.): Atlas der Infektionskrankheiten. Pathologie, Mikrobiologie, Klinik, Therapie. Stuttgart 2010, S. 357.
130 Vgl. Langner/Gabbert, Appendix, 2012, S. 591.
131 Vgl. Thomas, Atlas, 2010, S. 357.
132 Vgl. Shah, Shenil S./Gaffney, Ryan R./Dykes, Thomas M. et al.: Chronic appendicitis: an often forgotten cause of recurrent abdominal pain. In: The American Journal of Medicine 2013; 126 (1); 7–8; S. 7.
133 Vgl. Thomas, Carlos (Hg.): Spezielle Pathologie. Stuttgart 1996, S. 244.

3 Zur Geschichte der Entdeckung der Appendix vermiformis – Von der Hochkultur der alten Ägypter bis in das 17. Jahrhundert

Vorbemerkungen

Um der Frage nachzugehen, warum es bis in das 15./16. Jahrhundert dauerte, ehe die Appendix vermiformis von dem Universalgelehrten Leonardo DA VINCI entdeckt und zur Kenntnis genommen wurde und darüber hinaus zeichnerisch in seinen anatomischen Studien (datiert etw. auf 1478–1518) dargestellt und durch dessen charakteristische Spiegelschrift beschrieben wurde[1], bedarf es zunächst einer Betrachtung der anatomischen Kenntnisse in der früheren Zeit. Denn nur diese ermöglichen ein strukturiertes Wahrnehmen des Körperinneren und ein Erkennen von zunächst unscheinbar wirkenden, aber doch wesentlichen Details. Ein Rückblick sogar bis in die in die ägyptische Kultur erscheint dahin gehend angebracht, da sie im Rahmen religiöser Riten am ehesten mögliche Erkenntnisse zur menschlichen Anatomie gewonnen haben könnten.

Es wird allerdings relativ schnell deutlich, dass sich das anatomische Wissen aus verschiedenen Gründen nur sehr mühsam und langsam entwickelt hat. Im folgenden Abschnitt soll verdeutlicht werden, dass bis zu dem heute allseits bekannten „Wurmfortsatz am Blinddarm" und schließlich dann später auch dem ihm zugehörigen Krankheitsbild „Appendizitis" ein langer Weg zurückgelegt werden musste.

3.1 Anatomische Kenntnisse der Hochkulturen im 3. Jahrtausend v. Chr.

In den frühen Hochkulturen ist zu erkennen, dass bereits bei den Sumerern (ca. 3000–2500 v. Chr.) Priesterärzte bekannt waren, die im Rahmen der Wahrsagung, Beschwörung und Deutung Eingeweideschauen an Tieren vorgenommen haben, sodass ihnen gewisse anatomische Kenntnisse bereits geläufig gewesen sein könnten. Auf ein Wissen über menschliche Anatomie gibt es jedoch

---

1 Vgl. Sachs, Michael: Geschichte der operativen Chirurgie, Bd. 1: Historische Entwicklung chirurgischer Operationen. Heidelberg 2002, S. 180f.

keinerlei Hinweise.² Auch für das alte Ägypten (ca. 2900–300 v. Chr.) ist bis heute umstritten, ob die Gelehrten und Ärzte über gutes anatomisches Wissen des menschlichen Körpers verfügten.

Dennoch verdient diese bemerkenswerte und fortschrittliche Kultur am Nil eine etwas genauere Betrachtung, weshalb der folgende Exkurs dazu dienen soll, sich ein erstes Bild über ihren Wissensumfang bezüglich der menschlichen Anatomie zu machen. Letztlich lassen sich vielleicht sogar Vermutungen über die Gründe anstellen, welche die Kenntnis um den Wurmfortsatz am Blinddarm verhinderten.

In der Zeit vom 3. Jahrtausend bis 1200 v. Chr. entstanden in Ägypten mehrere Papyrusurkunden medizinischen und heilkundlichen Inhaltes, darunter sind die bedeutendsten der Papyrus Ebers und der Papyrus Edwin Smith. Sie enthalten zahlreiche Anweisungen und Rezepte, die den Umgang mit verschiedensten Erkrankungen beschreiben. Auffallend ist jedoch, dass es dabei stets um die Behandlung von Äußerlichkeiten wie Wunden (Bisswunden, Schusswunden, Brandwunden, Quetschungen), Abszessen und Geschwülsten, Augen- und Zahnerkrankungen sowie Knochenbrüchen geht. Von chirurgischen oder operativen Eingriffen ist weniger die Rede, Erwähnung finden sie lediglich im Zusammenhang mit der Behandlung von Schädelfrakturen und dem Durchführen von Beschneidungen und Steinschnitten.³ Hinweise auf größere operative Eingriffe, die ein gutes anatomisches Verständnis voraussetzen, findet man nicht. Ein Grund dafür mag unter anderem sein, dass auch in der altägyptischen Kultur eine große Angst vor nicht beherrschbaren Blutungen vorhanden war, die noch lange Zeit weiter fortbestand, vor allem begründet durch mangelnde Kenntnisse des Blutstillens: *„Die Hilflosigkeit größeren Blutungen gegenüber gibt sich dadurch besonders zu erkennen, daß das Murmeln von Zauberworten in solcher Lage dringend empfohlen wird* […].*"⁴*.

Während GURLT angab, es habe nicht an für operative Eingriffe notwendigen Instrumenten gefehlt⁵, weist SACHS darauf hin, dass epigraphische sowie

---

2   Vgl. Brunn, Walther von: Kurze Geschichte der Chirurgie. Berlin 1928, S. 9f. Weiterführend zur mesopotamischen Medizin: vgl. Toellner, Richard: Illustrierte Geschichte der Medizin. Salzburg 1986, S. 91–107.
3   Vgl. Eckart, Wolfgang U.: Geschichte der Medizin. Berlin/Heidelberg ⁴2001, S. 18.
4   v. Brunn, Kurze Geschichte, 1928, S. 18. Weiterführend zur Medizin im alten Ägypten: vgl. Toellner, Illustrierte, 1986, S. 109–143 und vgl. Eckart, Geschichte, 2001, S. 20–22.
5   Vgl. Gurlt, Geschichte der Chirurgie, Bd. 1, 1964, S. 11.

archäologische Zeugnisse darüber allerdings fehlten[6]. Darüber hinaus stellt er die Vermutung an, dass von den damaligen ägyptischen Ärzten „*aus kultisch-religiösen Gründen bewußt keine chirurgischen Eingriffe durchgeführt wurden* [...]".[7]

Sollte das anatomische Wissen im alten Ägypten tatsächlich ein sehr geringes gewesen sein, so stellt sich zunächst einmal die Frage, wie dieses bei einem Volk, das im höchsten Maße die Einbalsamierung und Mumifizierung beherrschte, möglich gewesen ist. GURLT äußerte sich diesbezüglich: „*Was namentlich ihre Anschauung vom Baue des menschlichen Körpers, also ihre anatomischen Kenntnisse betrifft, so waren dieselben für ein Volk, dem Leichen zu öffnen (allerdings in einer sehr beschränkten Weise) etwas Alltägliches war, ganz ausserordentlich geringfügig und vielfach auf Phantasie beruhend.*"[8]

W. von BRUNN sah den Grund dafür darin, dass damals Ärzte niemals nur zur Erweiterung ihres Wissens eine Leiche geöffnet hätten, sondern dieses Vorgehen im Rahmen der Mumifizierung den dafür verachteten Taricheuten und Paraschisten überlassen worden sei.[9] Auch NEUBURGER schrieb von den geringfügigen Einblicken ägyptischer Ärzte in die menschliche Anatomie, wodurch die Aussage v. BRUNNs untermauert wird. Er bemerkt: „*[...] daß es ganz unberechtigt war, wenn man, wie es früher geschah, den Aegyptern ein bedeutendes anatomisches Wissen auf Grund des Einbalsamierungsverfahrens andichtete; denn was bisher bekannt geworden, steht weit unter dem Niveau von Kenntnissen, die bei diesem Verfahren möglicherweise hätten erworben werden können! Zudem ist nicht außer acht zu lassen, daß die der Balsamierung vorausgehende Entfernung der Eingeweide nicht durch Aerzte, sondern durch Handwerker vorgenommen wurde, und daß die kultische Weihe des ganzen Gebrauchs die Befriedigung der wissenschaftlichen Neugier beinahe ausschloß. Die spärlichen Einblicke in die Anatomie, welche der ägyptische Arzt besaß, sind auf zufällige Erfahrungen und auf die*

---

6   Vgl. Sachs, Michael: Geschichte der operativen Chirurgie, Bd. 2: Historische Entwicklung des chirurgischen Instrumentariums. Heidelberg 2002, S. 2.
7   Ebd.
8   Gurlt, Geschichte der Chirurgie, Bd. 1, 1964, S. 6. Vgl. auch Toellner, Illustrierte, 1986, S. 122ff.
9   Vgl. v. Brunn, Kurze Geschichte, 1928, S. 21. Vgl. auch Toellner, Illustrierte, 1986, S. 122. Die Aufgabe der Paraschisten bestand darin, den Körper des Verstorbenen mittels eines seitlichen Schnittes zu eröffnen und die Organe zu entnehmen; die Taricheuten waren die Balsamierer selbst, die die Mumifizierung durchführten (vgl. Neuburger, Max: Geschichte der Medizin, Bd. 1. Stuttgart 1906, S. 41f. Vgl. dazu auch Wolf, Walther: Kulturgeschichte des Alten Ägypten. Stuttgart 1962, S. 381).

Beobachtungen beim Schlachten der Tiere zurückzuführen – Beobachtungen, die wie bei anderen Völkern in ein Netz vorgefaßter naturphilosophischer Spekulationen verwoben wurden."[10]

Der Ägyptologe GRAPOW sprach sich ebenfalls sehr deutlich für eine spärliche anatomische Kenntnis, speziell auf die Eingeweide bezogen, aus: „*Schließlich noch Eins: Trotz des ständigen Öffnens der Leichen sind die Kenntnisse über gewisse Zusammenhänge der Eingeweide untereinander offenbar immer unklare geblieben; man nahm den Körper aus, wie man einen Vogel oder ein anderes Tier vor der Zubereitung als Speise ausweidete, aber man sezierte nicht. Jedenfalls ist sich der ägyptische Arzt [...] niemals recht klar darüber geworden, wie Herz und Magen, Lunge und Darm, Auge und Ohr sich eigentlich organisch und funktionell zu einander verhalten oder vielmehr von einander unterscheiden.*"[11]

Betrachtet man die ursprünglichen Beweggründe der Mumifizierung und deren Korrelation mit dem altägyptischen Glauben an das Fortleben nach dem Tod, so lässt sich vermuten, dass das Eröffnen des Toten und das Erwerben anatomischer Erkenntnisse durch sie mit diesem Glauben nicht vereinbar waren. Der Ägyptologe und Religionshistoriker MORENZ führt dazu aus: „*De facto* [Herv. i. Original] *konserviert Mumifizierung bekanntlich den Leib insoweit, als das Fleisch auf Grund anhydridischer Mittel (vorab Natron) völlig einschrumpft, aber in diesem Zustande erhalten bleibt, so daß der Tote von seiner Haut umschlossen als Ganzes beisammen ist. Genau dieser Zustand des Vereintseins der Teile, also ursprünglich der Knochen, wird vom Ägypter nun schon zu einer Zeit gewünscht, als die Mumifizierung sich noch gar nicht herausgebildet hatte: ‚Dir ist dein Kopf an deine Knochen geknüpft, dir sind deine Knochen an deinen Kopf geknüpft', lautet ein alter Ritualspruch, der später in die Pyramidentexte einging und dort [...] als Voraussetzung für die Himmelfahrt galt.*"[12]

Demnach war die Integrität des Körpers eine Voraussetzung für das Fortleben nach dem Tod, sodass die Seele auch im Jenseits ihre ursprüngliche Hülle beibehalten konnte.[13] Dieses wird selbst darin deutlich, dass zwar im Zuge der Mumifizierung die Eingeweide des Toten durch einen linksseitigen Einschnitt in den Leib durch den Paraschisten entfernt und in vier Kanopen gelegt, jedoch mitsamt

---

10 Neuburger, Geschichte der Medizin, Bd. 1, 1906, S. 40f.
11 Grapow, Hermann: Über die anatomischen Kenntnisse der altägyptischen Ärzte. In: Morgenland. Darstellungen aus Geschichte und Kultur des Ostens, Heft 26. Leipzig 1935, S. 10.
12 Zitiert nach Morenz, Siegfried: Ägyptische Religion. In: Die Religionen der Menschheit, Bd. 8. Stuttgart ²1977, S. 208f. MORENZ zitiert hier nach Z. B. Pyr 572c.
13 Vgl. Grapow, Über die anatomischen Kenntnisse, 1935, S. 5.

der Mumie beigesetzt wurden, sodass die zunächst vom Körper getrennten Organe im Vollzug des Begräbnisses wieder mit dem Leichnam vereint wurden.[14]

Neuere Forschungsergebnisse, welche 2007 in der Zeitschrift „Göttinger Miszellen" veröffentlicht worden sind, deuten nun darauf hin, dass die anatomischen Kenntnisse vielleicht doch weitreichender gewesen sein können, als es oftmals behauptet wird[15]:

Aus einer genaueren Betrachtung der überlieferten ägyptischen Krankheitslehre und im Speziellen des damaligen Verständnisses der Funktion des menschlichen Verdauungstraktes geht zunächst hervor, dass der Dünndarm scheinbar nicht als der physiologische Weg zum Weitertransport für Faeces angesehen wurde, da er hierfür keinerlei Erwähnung findet. Genauere Verlaufsangaben des Verdauungskanales gehen aus entsprechenden Textstellen des Papyrus Ebers nicht eindeutig hervor. Lediglich von der „*Halsröhre*"[16], als sich dem Mund anschließenden Organ, das den Speisebrei bis zum Magen transportiert, ist die Rede. Welchen Weg der Speisebrei von dort an bis hin zum Dickdarm nimmt, der „*zusammen mit dem Afterorgan die Kloakenstation des Körpers bildet*"[17], bleibt weitgehend unklar. Zum einen kann dies die Vermutung nahelegen, dass die Ägypter an eine Fortbewegung der Faeces frei durch die Bauchhöhle gedacht haben. Jedoch lässt eine Erwähnung zweier Kanäle in der Bauchhöhle (Papyrus Ebers 188C)[18] – wenn auch in nicht ganz eindeutigem Zusammenhang zum Verdauungstrakt – auch die Interpretation zu, dass an eine Weiterleitung bzw. Ableitung der Faeces durch sie für möglich gehalten wurde. Hieraus ergibt sich die Frage, ob nicht doch weitreichendere anatomische Vorstellungen über den menschlichen Verdauungstrakt bestanden als dieses aus den Überlieferungen zu entnehmen ist oder ob es sich eher um eine fiktive Annahme handelte,

---

14 Vgl. Morenz, Ägyptische Religion, 1977, S. 209.
15 Vgl., S. 97.
16 Stephan, Joachim: Anatomische, physiologische und pathophysiologische Grundlagen der ägyptischen Krankheitslehre. In: Marburger Treffen zur altägyptischen Medizin. Vorträge und Ergebnisse 2002–2007 (erschienen in: Göttinger Miszellen, Beiheft Nr. 2, Seminar für Ägyptologie und Koptologie der Universität Göttingen). Göttingen 2007, S. 95.
17 Ebd., S. 97.
18 Die entsprechende Textstelle im Papyrus Ebers 188C (Ebers 188C) lautet wie folgt: „(vorausgehend Rezept): ,... *Nachdem dies gemacht ist: wenn Du die beiden Kanäle in seinem Bauch findest, die rechte Bauchhälfte ist heiß, die linke Bauchhälfte ist kalt, dann sollst du dazu sagen:...*'" (zitiert nach Stephan, Anatomische, physiologische und pathologische Grundagen, 2007, S. 95).

entsprechend der „Nilstromtheorie"[19] als (anatomisches) Ordnungsprinzip der ägyptischen Medizin.

Wenn diese beiden Kanäle nicht fiktiver Herkunft, sondern tatsächlich gesehen worden waren, kann vermutet werden, dass dabei ihre Vorstellungen in etwa einer der beiden folgenden Abbildungen (Abb. 11 und 12) entsprochen haben könnten:

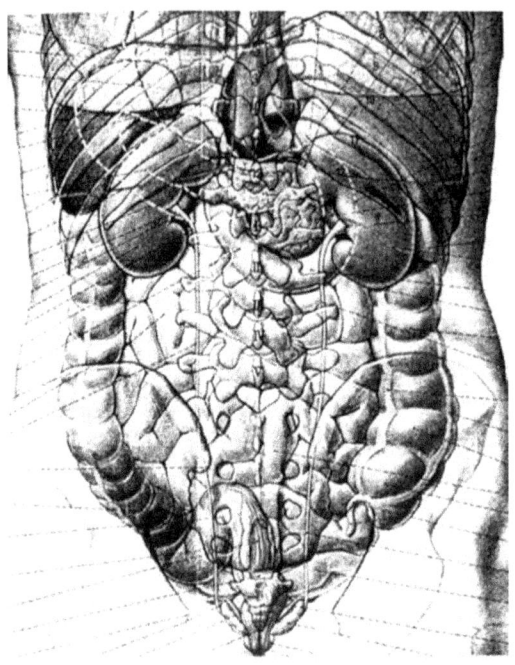

Abb. 11: Zeichnung der anatomischen Verhältnisse der Organe im Abdomen Darstellung des Colonrahmens (Sicht von dorsal). (Quelle: Stephan, 2007, S. 96)

---

19 Die „Nilstromtheorie", erstmals durch den deutschen Ägyptologen Wolfhart WESTENDORF (geb. 1924) dargelegt, beschreibt die Vorstellung der Ägypter, dass alles durch Kanäle abgeleitet werden muss. Diese Theorie basierte auf dem System zur Bewässerung der Felder durch das Nilwasser, die durch entsprechend dafür angelegte Kanäle geschah. Übertragen auf den menschlichen Körper entwickelte sich hieraus eine erste Vorstellung der menschlichen Physiologie und Anatomie. So dachte man beispielsweise bei dem Geschlechtsorgan der Frau an einen durchgehenden, vertikalen Kanal (vgl. Fischer-Elfert, Hans-Werner: Papyrus Ebers und die antike Heilkunde. In: PHILIPPIKA, Marburger altertumskundliche Abhandlungen 7. Wiesbaden 2005, S. 94).

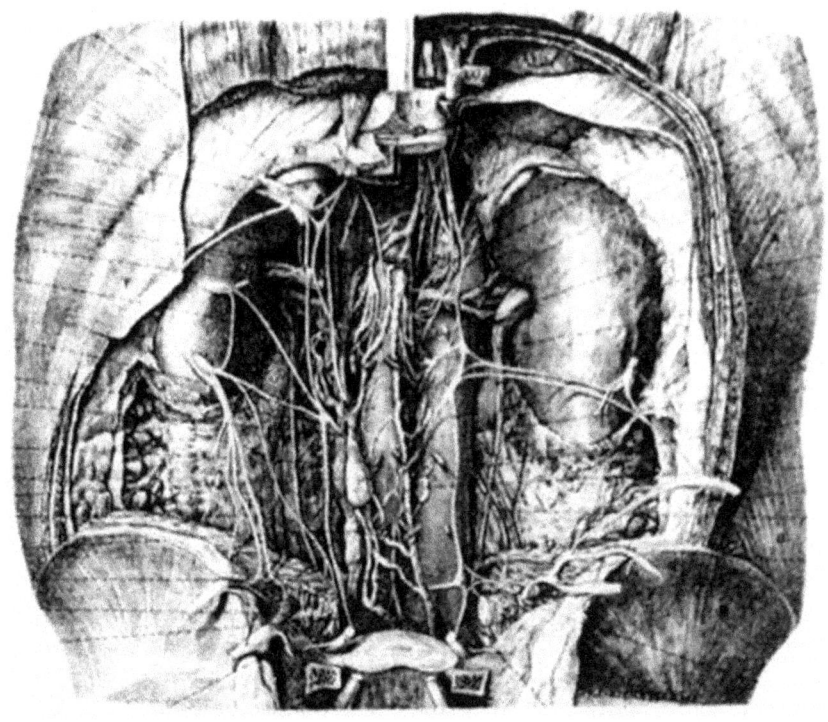

Abb. 12: Zeichnung der Anatomischen Verhältnisse des Abdomens. Darstellung der Nieren und großen Abdominalgefäße (Sicht von dorsal). (Quelle: Stephan, 2007, S. 97)

Entsprechend der Abb. 11 könnten mit den beiden Kanälen eventuell das Colon ascendens und das Colon descendens gemeint gewesen sein. Dagegen spricht allerdings, dass das den Ägyptern wohlbekannte Colon mit dem Begriff *dbn* bezeichnet wurde, der am ehesten mit „umkreisen" übersetzt werden kann. Zum einen lässt sich hier eine doch vorhandene anatomisch-topographische Vorstellung von dem Dickdarm vermuten, zum anderen entspricht ein „umrahmendes" Organ zunächst nicht eindeutig einer einfachen und gerichteten Fortleitung durch ableitende Kanäle. Gleichzeitig entsprach das Colon – wie bereits erwähnt – zusammen mit dem Afterorgan bereits dem Ausscheidungsorgan. Dahingegen findet man häufig in den Überlieferungen durch die Papyri das Wort *mr* bzw *mr.wj*, das mit „Kanal" übersetzt und mit *mt* („Gefäß") gleichgesetzt werden kann. Vermutet man dann also eher die Abb. 12 hinter den Annahmen der Ägypter, so entsprächen die erwähnten Kanäle am ehesten der Vena cava inferior und der Aorta abdominalis. Hatten die ägyptischen Ärzte tatsächlich eine solche

Abbildung vor Augen, entspreche dies nicht den häufigen Behauptungen, die ägyptischen Ärzte hätten über keine genaueren anatomischen Kenntnisse verfügt – das Erkennen solch tief liegender Strukturen wie den großen Bauchgefäßen bedarf einer gründlichen Sektion. Es ist jedoch an dieser Stelle anzumerken, dass eine solche Interpretation des Begriffes zweier „Kanäle" im Bauchraum in nicht eindeutigem Zusammenhang mit dem Verdauungstrakt eine nicht gänzlich überzeugende ist, da eine Vorstellung von solch detailreichen Bildern (wie vor allem in Abb. 12 gezeigt) aus den oben genannten Gründen doch eher unwahrscheinlich zu sein scheint.

Zudem ist zu vermuten, dass der genaueren anatomischen und funktionellen Betrachtung des Darmes, vor allem des Dünndarmes, als Hindernis religiös bedingte Scheu entgegen stand. Diese Scheu könnte damit erklärt werden, dass es bei der Betrachtung der (Dünn)Darmschlingen zu Assoziationen mit den Windungen eines Schlangenkörpers kam, was zum einen verworren wirkte und das ägyptische Ordnungsdenken verletzte und zum anderen wohl auch Assoziationen an die in der ägyptischen Religion zum größten Teil negativ besetzten Schlangengottheit Apophis weckte.[20] Diese Schlangengottheit stand dem Sonnengott Re gegenüber und war *„die Verkörperung der Mächte von Auflösung, Finsternis und Nichtsein. [...] Manchmal wurde Apophis mit Seth gleichgesetzt, dem Gott des Chaos, [...]. Angeblich behinderte die Schlange die Durchfahrt der Sonnenbarke auch mittels ihrer Windungen, die als ‚Sandbänke' bezeichnet werden, und versuche, indem sie die Wasser des Unterweltflusses verschlinge, die Barke des Re stranden zu lassen."*[21]

Eine Darstellung von Apophis, wie sie im unteren Abschnitt von Abb. 13 zu sehen ist, kann zur Veranschaulichung dienen, warum die Assoziation zwischen Darmschlingen und Schlangenkörper so nahe lag:

---

20 Vgl. bis hierhin Stephan, Anatomische, physiologische und pathologische Grundlagen, 2007, S. 95–97.
21 Wilkinson, Richard H.: Die Welt der Götter im alten Ägypten. Glaube, Macht, Mythologie. Stuttgart 2003, S. 221. Bemerkenswert sind darüber hinaus auch die weiteren Anmerkungen Wilkinsons, die davon berichten, dass in den Vignetten der Totentexte Apophis als große Schlange gezeigt wird, *„mit eng zusammengedrückten, federartigen Windungen, um ihre enorme Größe zu betonen"* (Ebd.). Interessant wäre hier die Übertragung des eben beschriebenen Bildes auf den menschlichen Darm: Auch er stellt sich im Verhältnis zu anderen Organen des Körpers mit seinen ca. 8 m Länge und 400–500 m^2 Oberfläche als enorm groß dar.

Abb. 13: Szene aus der dritten Stunde des Pfortenbuches. (Quelle: Wilkinson, 2003, S. 222)

3.2 Weiterentwicklung der anatomischen Kenntnisse in der griechischen und römischen Kultur

Da etwa um 600 v. Chr. immer mehr Berührungen zwischen ägyptischer und griechischer Kultur stattfanden, was dadurch begründet gewesen sein mag, dass die Völker des Mittelmeerraumes untereinander intensiven Handel trieben und sich griechische Philosophen auch in Ägypten aufhielten, ist es lohnenswert, einen kurzen Blick auf den anatomischen Wissensstand der griechischen und später auch der römischen Philosophen und Naturforscher zu werfen.[22]

Als der Bedeutendste unter den griechischen Philosophen, die Ägypten besucht haben, ist PYTHAGORAS von Samos (580–500 v. Chr.) zu nennen, der sich neben seinen mathematischen Studien auch mit Untersuchungen über den Körperbau und der Zeugung und Entwicklung des Menschen sowie mit der Behandlung von Kranken beschäftigte.[23] Er ist – so wie die Philosophen seiner Zeit – den sog. „Vorsokratikern" zuzuordnen. Sie verfolgten einen naturwissenschaftlichen Ansatz, wobei sie sich bei der Betrachtung von Naturphänomenen weitgehend von volksreligiösen Vorstellungen und Mythen freizumachen versuchten.[24] Demnach findet man in den Überlieferungen aus der griechischen Kultur eine deutliche Tendenz der Hinwendung zu rationalen Erklärungsmodellen, so auch eine für das Geschehen im Körperinneren. Die Lehre der Humoralpathologie, die sich hieraus entwickelte, hatte dabei jedoch noch wenig mit genauen anatomischen Kenntnissen zu tun, viel mehr kam sie geradezu ohne anatomisches Wissen aus.[25] Dennoch lassen sich aber auch erste Erkenntnisgewinnungen zum anatomischen Bau eines Körpers verzeichnen, die durch die Eröffnung zunächst von tierischen Leichen möglich wurden.

Somit kann dies als entscheidender Anstoß für die Entwicklung des Wissens um die menschliche Anatomie gesehen werden, denn die Bedingung für das Erlangen menschlicher anatomischer Kenntnisse, die der wahren Natur des Körpers

---

22 Vgl. Eckstein, Franz: Abriss der griechischen Philosophie. Frankfurt am Main ⁴1965, S. 18.
23 Vgl. Neuburger, Geschichte der Medizin, Bd. 1, 1906, S. 154. Weiterführend zu Pythagoras: vgl. Toellner, Illustrierte, 1986, S. 213–218.
24 Vgl. Eckstein, Abriss, 1965, S. 22. Interessant wäre an dieser Stelle zu erwähnen, dass zu den „Vorsokratikern" auch LEUKIPP (5. Jh. v. Chr.) und DEMOKRIT (ca. 460–371 v. Chr.) gehörten, die schon damals zu einer „Atomtheorie" gelangten und damit als Begründer der mechanischen Physik gelten (vgl. hierzu ebd., S. 38ff.).
25 Ausführlicheres zur Humoraltherapie vgl. Kap. 6.

und nicht einer Phantasie entsprechen, ist zweifelsfrei der auf wissenschaftlicher Intention beruhende Einblick in das Körperinnere eines Toten: die Sektion. Bevor die erste überlieferte Sektion im antiken Griechenland von ALKMAION VON KROTON im 5. Jahrhundert v. Chr. an Tieren geplant durchgeführt wurde[26], basierte auch hier das Wissen über das Innere des Menschen auf der Beobachtung und Behandlung von Wunden und Geschwüren, der Untersuchung von Kranken und Skeletten, der Opferpraxis und von Kriegsverletzten[27]. Obwohl die Naturforscher dem Vorgang der Sektion weitgehend offen gegenüberstanden, lag dieses Verfahren für das allgemeine Volk noch lange Zeit im Schatten von religiösen und kulturellen Vorurteilen, sodass die endgültige Etablierung anatomischer Lehrsektionen an erst ab dem 14. Jahrhundert in den dann entstehenden Universitäten zu verzeichnen ist.[28]

Zunächst beschränkten sich Gelehrte wie ARISTOTELES (384–322 v. Chr.) lange Zeit auf die Sektion und Vivisektion von Tieren, bis es im 3. Jahrhundert v. Chr. in Alexandria zum wesentlichen Schritt hin zur Sektion menschlicher Leichname kam: HEROPHILOS VON CHALKEDON (ca. 330–255 v Chr.) und

---

26 Vgl. Stukenbrock, Karin: „Der zerstückte Cörper" (Zur Sozialgeschichte der anatomischen Sektionen in der frühen Neuzeit (1650–1800). Diss., Stuttgart 2000 (In: Medizin, Gesellschaft und Geschichte, Beiheft 16. Stuttgart 2001), S. 12.
27 Vgl. Groß, Dominik/Schweikhardt, Christoph/Schäfer, Gereon: Die Zergliederung toter Körper: Kontinuitäten, Brüche und Disparitäten in der Entwicklung der anatomischen, forensischen und klinischen Sektion. In: Der Umgang mit der Leiche. Sektion und toter Körper in internationaler und interdisziplinärer Perspektive. Frankfurt am Main/New York 2010, S. 332ff. An gleicher Stelle (S. 332) findet sich auch folgendes Zitat: „*Der Leichnam war im antiken Griechenland von alters her religiös und magisch besetzt.* […] *Die Öffnung der Leiche war tabu.*"
28 Vgl. Stukenbrock, „Der zerstückte Cörper", 2001, S. 13f. Vgl. hierzu auch Groß/Schweikhardt/Schäfer, Die Zergliederung, 2010, S. 332. Negativ besetzte Einstellungen gegenüber dem Sektionsverfahren zeigten auch noch weit über das 14. Jh. hinaus Wirkung. Dies wird zum Beispiel in der Rektoratsrede des Arztes und Aufklärers Albrecht VON HALLER (1708–1777) 1742 deutlich: „*Aber der unvermeidliche Gestank und der Schmutz verwester Leichen sind von einer Scheußlichkeit, die sich schwerlich verbergen läßt, und es scheint unglaubwürdig, daß wohlgeborene Menschen an dieser Sache Gefallen haben könnten, die mit dem Grauen auch die Schmutzigkeit verbindet.*" (Schirrmeister, Albert/Pozsgai, Mathias: Perspektiven der Zergliederung. In: Zergliederungen – Anatomie und Wahrnehmung in der Frühen Neuzeit (Zeitsprünge. Forschung zur Frühen Neuzeit). Frankfurt am Main 2005, S. 1. Das Zitat Hallers entnehmen Schirrmeister/Pozsgai aus Haller, Albrecht von: Über den Reiz der Anatomie: Rektoratsrede an der Universität Göttingen (1742). In: Göttinger Universitätsreden aus zwei Jahrhunderten (1737–1934). Göttingen 1978, S. 13–15).

ERASISTRATOS (ca. 305–250 v. Chr.), die von ptolemäischen Königen Leichen von Verbrechern zur Verfügung gestellt bekamen, sezierten diese erstmals systematisch. Die Hinwendung zur menschlichen Anatomie hielt jedoch nur kurze Zeit an, so versiegt noch im selben Jahrhundert der Nachweis menschlicher Sektionen.[29] Dennoch finden sich in dieser Zeit auch erste plastische Darstellungen des Darmes, wie er im menschlichen Situs zu sehen ist (Abb. 14):

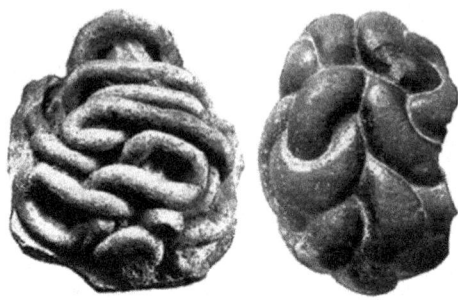

Abb. 14: *Darmschlingen-Darstellung aus Terrakotta (links) und Stein (rechts). (Quelle: v. Brunn, 1928, S. 52)*

Ein Problem, das sich allerdings durch die Tiersektionen ergab, war, dass die erworbenen Erkenntnisse über die tierische Anatomie auch als für den Menschen gültig gehalten und auf ihn übertragen wurden. Bedingt dadurch, dass die tierische und die menschliche Anatomie keinesfalls vollständig deckungsgleich sind, entstanden zahlreiche Fehler, so zum Beispiel auch bei dem griechischen Arzt und Naturforscher GALEN VON PERGAMON (ca. 129–216 n. Chr.), der seinerseits ebenfalls (Vivi)Sektionen an Tieren, durchführte.[30]

Bezieht man nun diese Begebenheit mit in die Überlegungen ein, warum erstmals im 15. Jahrhundert der Wurmfortsatz beschrieben wurde, so kann mit heutigem Kenntnisstand festgestellt werden, dass mit der dem Menschen zugeschriebenen zum Teil fälschlichen (tierischen) Anatomie, die Entdeckung der Appendix vermiformis nur schwer möglich gemacht wurde, weil diese bei vielen Tierarten fehlt.[31]

---

29 Vgl. Groß/Schweikhardt/Schäfer, Die Zergliederung, 2010, S. 333f.
30 Vgl. Eckart, Geschichte, 2001, S. 76f. Vgl. hierzu auch Sachs, Geschichte der operativen Chirurgie, Bd. 1, 2002, S. 179. Weiterführen zu Galen: vgl. Rothschuh, Karl E.: Konzepte der Medizin in Vergangenheit und Gegenwart. Stuttgart 1978, S. 185–199.
31 Später wird im 18./19. Jh. von verschiedenen Morphologen beschrieben, dass der Wurmfortsatz außer bei den Hominiden (Orang-Utans, Gorillas, Schimpansen,

Da für den Erwerb anatomischer Kenntnisse in der Antike überwiegend ubiquitäre Nutztiere verwendet wurden[32], liegt also die Vermutung nahe, dass es demnach gar nicht möglich war, den Anhang des Blindarmes zu entdecken. So nahm auch der flämische Anatom und Chirurg Andreas VESAL (1514–1564) 1543 an, dass GALEN den Anhang am apikalen Caecum nicht beschreiben konnte, da er nur Affen und Schweine sezierte, die diesen nicht besitzen. In dem von VESAL verfassten Werk „De humani corporis fabrica libri septem" (erstmals 1543 in Basel bei dem Verleger Johannes Oporinus erschien 1543, 2007 durch Wiliam Frank Richardon ins Englische übersetzt), ist folgende Textstelle zu finden, in der diese Thematik dargestellt wird: „[…] *but he is describing his caudate apes, which do not have this outgrowth, and not humans.*"[33]

Mit diesem Hintergrund ist es also nicht verwunderlich, dass GALEN in seiner Schrift „Definitiones medicae" zwar den Darm in verschiedene Abschnitte unterteilte, nicht aber den Wurmfortsatz erwähnte.[34] Auch von dem römischen Medizinschriftsteller Aulus Cornelius CELSUS (ca. 25 v. Chr. – 50 n. Chr.) wurden

---

Menschen) lediglich bei einzelnen Hasenarten, bei Beuteltieren und auch bei einigen Halbaffen zu finden sei: *„Schon seit* CUVIER *und* OWEN *beschreiben viele Morphologen ‚Appendices' des Blinddarmes bei verschiedenen Tieren, insbesondere bei* Lepus, Lagomys, *bei den Beuteltieren* Phascolomys Wombat, Phalangista, *bei* Chlamydophorus *usw. und auch bei einigen Halbaffen* (Loris, Stenops, Chiromys, Lemur). *Einige Autoren sprachen und experimentierten sogar mit den eigentlich fehlenden ‚Fortsätzen' bei Hunden u. dgl. Tieren. Allein schon* BROCA *und insbesondere* TARENETZKY *(1881–1883) wiesen darauf hin, daß die anatomischen Gebilde, die bei den Tieren als Fortsätze beschrieben werden, nichts dergleichen sind: weder genetisch noch ihrem Bau nach, noch auch ihrer anatomisch isolierten Stellung oder ihrer Funktion nach haben sie etwas mit dem Wurmfortsatz der höheren Primaten gemein und können diesem nicht an die Seite gestellt werden."* (Lorin-Epstein, Evolution, 1932, S. 69). Näheres bezüglich der evolutionsbiologischen Betrachtung des Vorkommens der Appendix vermiformis bei verschiedensten Tierarten zu finden in Kap. 1.3.

32 Vgl. Eckart, Geschichte, 2001, S. 76f.
33 Vesalius, Andreas: On the fabric of the human body. Book I – The The Bones and Cartilages. A translation of De Humani Corporis Fabrica Libri Septem. By William Frank Richardson. USA 2007, S. 92. Der lateinische Originaltext lautet hierzu wie folgt: „[…] *quandoquidem is, suas potius caudatas simias hac appendice destitutas, quam homines descripserit,* […]." (Vesalius, Andreas: Scholae medicorum Patauinae professoris, de Humani corporis fabrica, Libri septem. Nachdruck der Ausgabe Basileae 1543 (Johannes Oporinus Verlag). Brüssel 1964, S. 610).
34 Vgl. Gurlt, Geschichte der Chirurgie, Bd. 1, 1964, S. 445. Unterteilt werden die Eingeweide in Speiseröhre, Magen, Pförtner, Zwölffingerdarm, Leerdarm, Dünndarm, Blinddarm, Dickdarm und Mastdarm (oder Rectum).

Einteilungen der Eingeweide in seiner Schrift „De medicina" vorgenommen, die sich mit denen von Galen deckten, darüber hinaus wurde jedoch noch erwähnt, dass Erkrankungen des Dickdarms häufig im Bereich des Blinddarms lokalisiert sind: *„Hierauf geht dieser Darm* [Dünndarm, tenuius intestinum (sic!)] *in einen anderen dickeren, quer liegenden Darm über. Dieser fängt auf der rechten Seite an, ist nach der linken Seite hin durchgängig und lang, nach rechts zu aber nicht, weshalb dieser Abschnitt Blinddarm genannt wird* [...]. *Der Dickdarm erkrankt meist an der Stelle, wo, wie ich angeführt habe, der Blinddarm liegt. Es entstehen starke Aufblähung und heftige Schmerzen, besonders an der rechten Seite. Der Darm scheint sich lebhaft zu krümmen, was fast den Atem nimmt"*[35]. Dass mit dieser Aussage wohlmöglich unwissentlich das Krankheitsbild einer Appendizitis beschrieben wurde, lässt sich nur vermuten.

Nachdem also lange Zeit der Fokus auf der Sektion von Tieren lag und Jahrhunderte lang keine menschlichen Leichen zu Forschungszwecken geöffnet wurden, findet man hierfür erst in der Zeit des 13. und frühen 14. Jahrhunderts gesicherte Überlieferungen. 1286 wurde in Cremona die Obduktion eines Seuchenopfers gestattet, 1302 sollte in Bologna durch eine richterliche Anordnung die Todesursache bei einem Giftmord festgestellt werden. Der am Anfang des 14. Jahrhunderts an der Universität in Bologna lehrende Mondino DE LIUZZI (1275-1326) führte als erster an zwei weiblichen Leichen Lehrsektionen durch und erklärte seinen Schülern währenddessen, was zu sehen war. Damit galt er als erster Lehrer für Anatomie und seine Tätigkeit als entscheidender Anstoß für die Etablierung der Lehrsektionen an den Universitäten.[36] Dass auch hier einige Zeit vergehen musste, bis der Vorgang der Sektion als anerkanntes Lehrmittel an den Universitäten und die menschliche Anatomie als Grundlagenfach betrieben wurden, kann unter anderem darauf zurückgeführt werden, dass einige Theologen diesem zeitweise divergent gegenüberstanden.[37] Im Allgemeinen ist festzuhalten,

---

35 Zitiert nach: Sachs, Geschichte der operativen Chirurgie, Bd. 1, 2002, S. 179. [Zusatz und Auslassung nach Sachs]. Sachs selbst zitiert hier nach: Celsus, Aulus Cornelius: De medicina. Unter Mitarbeit von Walter George Spencer. Cambridge/Massachusetts/London 1938 (Harvard University Press (Loeb classical library, 336) und Heinemann Ltd.), S. 355-431.
36 Vgl. Stukenbrock, „Der zerstückte Cörper", 2001, S. 13. Vgl. auch Groß/Schweikhardt/Schäfer, Die Zergliederung, 2010, S. 334f. Darüber hinaus vgl. Gisel, Alfred: Überwindung der Widerstände gegen die Sektion. In: Körper ohne Leben. Begegnung und Umgang mit Toten. Wien/Köln/Weimar 1998, S. 563.
37 Die divergenten Positionen zeigen sich u. a. auch bei Gregor VON NYSSA (ca. 335-394 n. Chr.), der der Meinung war, dass anatomische Untersuchungen zu Gott hinführen

dass die frühe christliche Kirche ein generelles Sektionsverbot jedoch nicht kennt, Widerstände gegen Sektionen treten nur vereinzelt auf. Erst die Bulle von Papst Sixtus IV. (1471–1484) im Jahr 1482 erlaubt ausdrücklich, dass anatomische Studien an Menschenleichen vorgenommen werden dürfen.[38] Beweggründe für die Duldung der Sektionen seitens der Kirche waren vielleicht zum einen, dass sie die Gerichtsbarkeit innehatte, wenn Todesursachen aufgedeckt werden sollten. Zum anderen stellte wohl der Auferstehungsglaube im Christentum kein Hindernis für die Sektion dar, weil es in die Allmacht Gottes fällt, nach dem Tod neues Leben zu erschaffen, auch wenn der Leichnam zuvor seziert war.[39]

In die Zeit des Papstes Sixtus IV. fällt auch das Leben und Wirken Leonardo DA VINCIS (Abb. 15), dem die erste zeichnerische Darstellung der Appendix vermiformis und damit auch die scheinbar erste bewusste Kenntnisnahme des Anhangs am Caecum zuzuschreiben ist. Der am 15. April 1452 in Anchiano bei Vinci geborene und am 2. Mai 1519 in Amboise gestorbene Universalgelehrte, der zeitlebens als Maler, Kunsttheoretiker, Bildhauer, Architekt, Ingenieur und Naturforscher tätig war[40], begann in Mailand etwa ab 1487 mit ersten Sektionen, durch die ihm das Anfertigen seiner umfangreichen anatomischen Studien möglich war.[41]

---

können (vgl. Stefenelli, Norbert: Die Ablehnung von Lehrsektionen (Einwände gegen die Sektion in der Vergangenheit). In: Körper ohne Leben. Begegnung und Umgang mit Toten. Wien/Köln/Weimar 1998, S. 519). Dagegen argumentierte der Kirchenvater Augustinus (354–430 n. Chr.), der im 22. Buch seiner Schrift „De Civitate Dei" „*die Arbeit der Anatomen als sinnlos hingestellt* [hat], *weil diese das Wunderwerk der Schöpfung nicht ergründen könne.*" (Ebd., S. 519. Zusatz durch M. K.).

38 Vgl. Stefenelli, Die Ablehnung, 1998, S. 520.
39 Problematischer ist die Sektionsfrage im Islam, der die Sektion aus zwei Gründen ablehnt: „*Erstens, weil der Mensch nicht mit einmal stirbt, sondern sich die Seele nach und nach, von Glied zu Glied, bis in das Herz zurückzieht, aus welcher sie erst mit Beginn der Fäulniss entweicht, jede Zergliederung eines Todten, demselben mithin noch die schmerzhaftesten Qualen verursachen würde. Zweitens aber muss der Bekenner des Islam, in seinem Grabe sich einem Gerichte unterziehen, welches von zwei dazu bestellten Engeln, Monker und Nakhir, über ihn abgehalten wird, und bei welchem von seinem Leibe nichts fehlen darf.*" (Hyrtl, Joseph: Das arabische und hebräische in der Anatomie, Wien 1879, S. 19). Vgl. auch Schakfeh, Anas: Islamische religiöse Bedenken gegen die Sektion. In: Körper ohne Leben. Begegnung und Umgang mit Toten. Wien/Köln/Weimar 1998, S. 522). Darüber hinaus vgl. Schipperges, Heinrich: Die Anatomie im arabischen Kulturkreis. In: Frühe Anatomie, eine Anthologie. Stuttgart 1967, S. 33.
40 Vgl. Brockhaus Enzyklopädie. In vierundzwanzig Bänden, Bd. 13: LAH- MAF. Mannheim [19]1990, S. 280.
41 Neben Leonardo DA VINCI war es wohl auch MICHELANGELO (1475–1564), der ebenfalls anatomische Studien und Sektionen durchführte. Auch Antonio POLLAIUOLO

Abb. 15: *Selbstbildnis Leonardo da Vincis (Rötel. Um 1510–1515. Turin, Biblioteca Reale).* (Quelle: Kupper, 2007, Umschlagvorderseite)

Vermutlich verfolgte DA VINCI mit seinen anatomischen Zeichnungen zunächst das Ziel, die durch Künstler dargestellte menschliche Figur zur Vervollkommnung zu bringen, indem er die Funktionszusammenhänge des menschlichen Körpers erforschte.[42] Somit stehen seine Arbeiten wohl „*an der Schwelle zwischen seinen künstlerischen und seinen wissenschaftlichen Interessen.*"[43] Etwa zwischen 1508 und 1511 lernte DA VINCI den Arzt Marcantonio DELLA TORRE (1481–1511) kennen, mit dem er bis zu dessen Tod die Sektionen gemeinsam bestritt, wobei DELLA TORRE sezierte und DA VINCI die Zeichnungen anfertigte. Dennoch blieben auch DA VINCIS anfängliche Untersuchungen nicht gänzlich unberührt von den anatomischen Auffassungen GALENS, die ihm durch das Werk „Fasciculus medicinae" von dem in Italien lebenden, deutschen Arzt Johannes Kellner von KIRCHHEIM (auch Johann de Ketham; 1415–1470) zugänglich waren.[44] So dienten seine frühen Studien wohl eher der Bestätigung der antiken Überlieferungen, bis dann in seinen späteren Werken – die zweifelsfrei

---

(1431–1498) wurden Arbeiten in diesem Bereich nachgesagt, wenn auch bis heute nicht bewiesen (vgl. Kupper, Daniel: Leonardo da Vinci – Monographie. Hamburg 2007, S. 103).

42 Vgl. Zöllner, Frank/Nathan, Johannes: Leonardo da Vinci – Sämtliche Gemälde und Zeichnungen, Bd. 2: Das zeichnerische Werk. Köln 2011, S. 404.
43 Ebd., S. 404.
44 Ob KIRCHHEIM tatsächlich der Autor dieses Sammelwerkes ist, ist umstritten. Einige Quellen schreiben dem Werk einen bislang unbekannten Autor zu.

ein Resultat seiner durchgeführten Sektionen waren – mehr und mehr der tatsächliche Bau des menschlichen Körpers in den Vordergrund rückte.[45]

„Bedenkt man die materiellen Hindernisse in einer Zeit ohne Desinfektions- und Konservierungsmittel, so scheint die Zielsetzung, das Funktionieren des menschlichen Körpers in all seinen Details zu erfassen, noch bemerkenswerter."[46] So wie die beiden Kunsthistoriker Frank ZÖLLNER und Johannes NATHAN hier bemerkten, stellten die fehlenden Kenntnisse über das Konservieren und Haltbarmachen der zu sezierenden Leichen ein großes Problem dar. So setzte der natürlich einsetzende Prozess der Autolyse (Selbstverdauung der Zellen nach dem Tod), der Verwesung (Zersetzung organischer Substanzen durch aerobe Bakterien) und der Fäulnis (Zersetzung organischer Substanzen durch anaerobe Bakterien) unmittelbar ein, sodass es wohl häufig der Fall gewesen war, dass Leichname zum Zeitpunkt der Sektion im Zersetzungsprozess schon fortgeschritten waren. Dies ist möglicherweise als ein weiteres Hindernis für den korrekten Erwerb menschlicher anatomischer Kenntnisse anzusehen. Speziell den Zersetzungsprozess betreffend gehört der Dickdarm mit zu den Organen, die als Erstes in den Fäulnisprozess eintreten. Da die meisten Fäulnisbakterien der physiologischen Darmflora entstammen und nur geringfügig durch Haut und Schleimhaut von außen in den menschlichen Körper eindringen, beginnt der Fäulnisprozess in aller Regel im Dickdarm des Leichnams[47]: *„Bereits nach relativ kurzer Zeit sind die ersten Anzeichen der Fäulnis im Bereich des rechten Unterbauches festzustellen, der sich grünlich verfärbt und aufbläht"*[48].

Dieser Sachverhalt dürfte es zudem erschwert haben, in dem meist schon eingesetzten Fäulnisprozess einen exakten Eindruck über den Aufbau und das Aussehen des Dickdarms zu erlangen, geschweige denn den meist unauffälligen Anhang am Caecum zu entdecken.

Über die Unannehmlichkeiten einer Sektion äußerte sich DA VINCI:

„Und solltest du Neigung zu diesen Dingen haben, so wird dich vielleicht Ekel abhalten, und wenn dieser dich nicht abhält, so vielleicht die Furcht, die Nachtstunden in der Gesellschaft dieser zerteilten und gehäuteten und schrecklich anzusehenden Leichname zu

---

45 Vgl. Kupper, Leonardo da Vinci, 2007, S. 104ff.
46 Zöllner/Nathan, Leonardo da Vinci, Bd. 2, 2011, S. 404.
47 Vgl. Voigt, Frieder/Lederer, Markus/Bodach, Ronny: Forensische Entomologie – Leichenliegezeitbestimmung an Hand der Auswertung von Leicheninsekten am Beispiel einer Referenzverwesung im mitteleuropäischen Raum. Diplomarbeit zur Erlangung des akademischen Grades „Diplom-Verwaltungsfachwirt". Fachhochschule (FH) der Sächsischen Polizei Rothenburg 2009, S. 40ff.
48 Ebd., S. 42.

verbringen. Und hält dieses dich nicht ab, so kannst du vielleicht nicht so gut zeichnen, wie es für eine solche Darstellung notwendig ist. Oder wenn du die Zeichenkunst beherrschst, dann wird sich diese nicht mit der [Kenntnis der] Perspektive verbinden. Und wäre es doch so, wirst du dich nicht auf das Verfahren geometrischer [mathematischer] Darlegungen verstehen und das Verfahren, die Stärke und Kraft der Muskeln zu berechnen."[49]

Nicht gesichert ist, ob DA VINCI in Konfrontation mit den geistlichen und weltlichen Autoritäten geriet, wenn er Leichen sezierte.[50] Dass er derjenige war, der nicht nur als erster die Appendix vermiformis gezeichnet, sondern ihr darüber hinaus auch noch eine Funktion zugeschrieben hat, ist angesichts seiner akribischen Arbeit nicht verwunderlich. So schrieb er über seine eigene Arbeitsweise:

„Diese meine Darstellung des menschlichen Körpers wird für dich so deutlich sein, als ob du den natürlichen Menschen vor dir hättest. Und der Grund ist, wenn du die Teile des zergliederten Menschen gründlich kennen willst, so sollst du – oder dein Auge – ihn aus verschiedenen Blickwinkeln ansehen, ihn von unten und von oben und von den Seiten betrachten, ihn wenden und den Ursprung jeden Gliedes suchen, und auf diese Weise wird die natürliche Anatomie für deine Kenntnis ausreichen."[51]

DA VINCI widmete dem Anhang des Caecum besondere Aufmerksamkeit, indem er diesen in seiner anatomischen Zeichnung des Magens und der Eingeweide (Abb. 16) nicht nur in der Übersichtsdarstellung am Dickdarm zeichnete, sondern nochmals einzeln hervorhob.

Auch wies DA VINCI der Appendix eine physiologische Funktion zu:

„[III] Dieses äußere Ohr n [Wurmfortsatz]des Dickdarms n m ist ein Teil des monoculus [Blinddarm] und darauf eingerichtet, sich zusammenzuziehen und zu erweitern, damit überflüssiger Wind den Blinddarm nicht reißt."[52]

Neben dem Wurmfortsatz sind dort auch die Windungen der Eingeweide dargestellt, die DA VINCI ebenfalls bezeichnete und in verschiedene Abschnitte unterteilte: Zwölffingerdarm (die erste Windung, die vom

---

49 Zitiert nach: Suh, H. Anna: Leonardo da Vinci. Skizzenbücher. Bath 2005, S. 150. Übersetzung der Spiegelschrift von Bild [14] auf S. 151.
50 Vgl. Zöllner/Nathan, Leonardo da Vinci, Bd. 2, 2011, S. 404.
51 Zitiert nach: Suh, Leonardo da Vinci, 2005, S. 138. Übersetzung der Spiegelschrift von Bild [3] auf S. 139.
52 Zitiert nach: Keele, Kenneth D./Pedretti, Carlo: Leonardo da Vinci. Atlas der anatomischen Studien in der Sammlung ihrer Majestät Queen Elizabeth II. in Windsor Castle, Bd. 1. Gütersloh 1980, S. 238. An der angegebenen Stelle ist auch der Wortlaut der originalen Spiegelschrift wiedergegeben: *„[III] La orechiaʌnʌ delcolon ʌn mʌ e vna | parte del monocholo atta asstri | gnersi e djlatarsi a(che)cio che | il superchio vento nō rōpessi | esso monoculo –"*

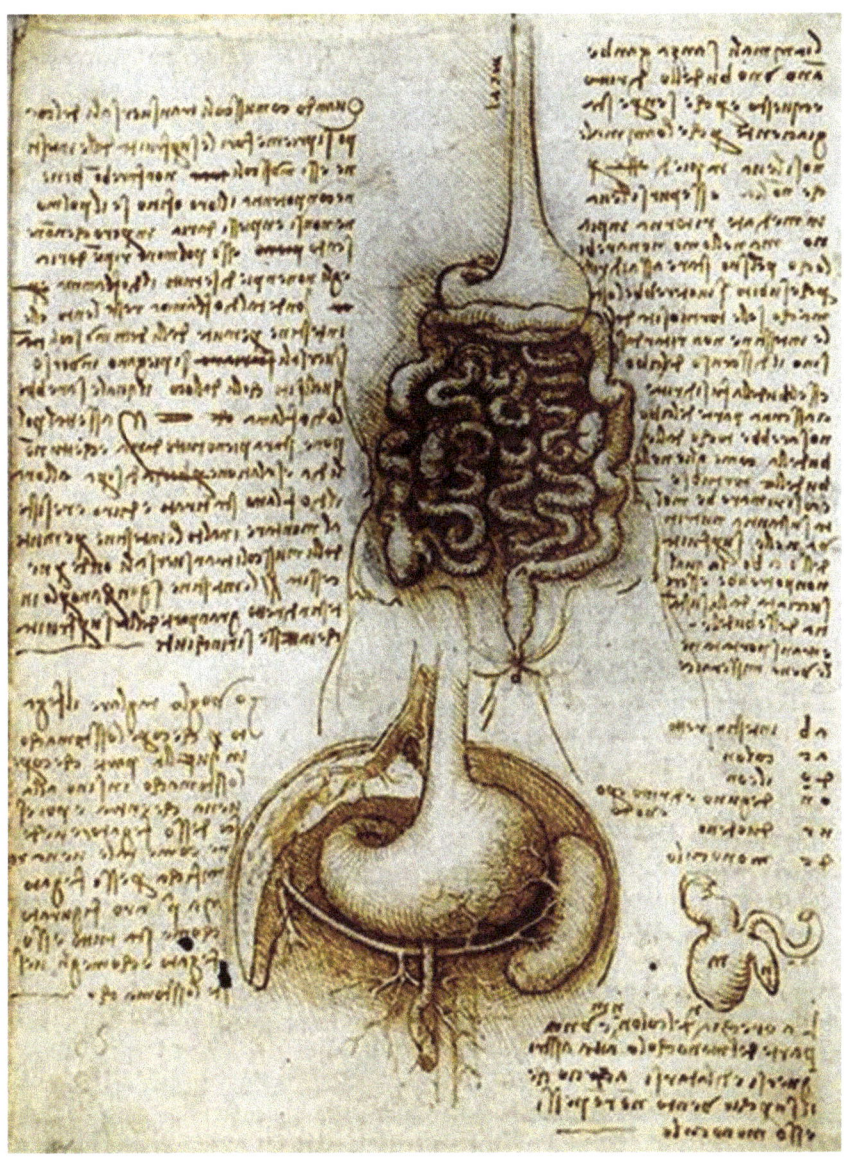

Abb. 16: Leonardo da Vinci's Anatomische Zeichnung des Magens und der Eingeweide, um 1506, Feder und braune Tusche über Spuren schwarzer Kreide, 192 × 138 mm, Windsor Castle, Royal Library (RL 19031v). (Quelle: Zöllner/Nathan, Leonardo da Vinci - Sämtliche Gemälde und Zeichnungen, 2011, S. 454, Abb. 327)

Magen aus nach unten verläuft), Jejunum (folgende, nach oben verlaufende Windung), Ileum (nächste nach unten verlaufende Windung) und Blinddarm (in ihn mündend das Ileum und mit ihm verbunden der Wurmfortsatz).[53]

Leonardo DA VINCI lebte in einer tief gehenden Umbruchszeit, in der weitreichende Entdeckungen im Bereich der Naturwissenschaften und dadurch bedingte Wandlungen im religiös-gesellschaftlichen Bereich stattfanden.[54] GURLT wies darauf hin, dass auch im Bereich der Medizin in dieser Zeit einschneidende Weiterentwicklungen zu verzeichnen waren: Unter anderem betonte er die Fortschritte in der Pharmazie und Chirurgie sowie die rasche Verbreitung der medizinischen Literatur über Ländergrenzen hinaus, nicht mehr nur in der lateinischen Sprache, sondern auch in den jeweiligen Landessprachen.[55] Ebenso im Bereich der Anatomie kann im Jahre 1543 von einer allmählichen Tendenz der Abwendung von

---

53 Vgl. Keele/Pedretti, Leonardo da Vinci, Bd. 1, 1980, S. 238. Interessant ist auch DA VINCIS Beschreibung der Funktion der Eingeweidewindungen: *„[I]Tiere ohne Beine haben gerade Eingeweide, und dies ist so, weil sie horizontal bleiben, denn das Tier erhebt sich nicht auf die Füße, da es keine hat, und selbst wenn es sich erhebt, kehrt es sofort wieder auf eine Ebene zurück. Aber beim Menschen würde dies nicht so sein, weil er so aufrecht steht, denn der Magen würde sich sofort von selbst leeren, wenn die Windungen der Eingeweide nicht die Bewegung der Nahrung nach unten verlangsamen würden; und wenn die Eingeweide gerade wären, würde nicht jeder Teil der Nahrung mit den Eingeweiden in Berührung kommen, wie es in den gewundenen Eingeweiden geschieht. Und viele Nahrungssubstanz würde in den Überflüssigkeiten der Nahrung bleiben, die nicht von der Substanz der Eingeweide aufgesogen und in die Gekrösblutadern transportiert würden."*

54 Der Historiker SCHÜTZ merkte hierzu an: *„Zwischen 1350 und 1600 veränderte sich der Prozess der europäischen Zivilisation. Teils langsam und unmerklich, teils in plötzlichen Umbrüchen vollzog sich ein Wandel, der Kirche und Staat, Wirtschaft und Gesellschaft, Kultur und Kunst ergriff und wichtige Grundlagen der Moderne schuf"* (Schütz, Franz-Josef (Hg.): Geschichte Dauer und Wandel – Von der Antike bis zum Zeitalter des Absolutismus. Frankfurt am Main ⁵1989, S. 206). So seien hier einige der wesentlichen Entdeckungen erwähnt, die diese Zeit der Umbrüche geprägt haben. Für die Veränderungen im Weltbild mögen Nikolaus KOPERNIKUS (1473-1543), Giordano BRUNO (1548-1600) und Galileo GALILEI (1564-1642) stehen. Als Erforscher neuer Kontinente und Seewege müssen Christoph COLUMBUS (1451-1506) und Ferdinand MAGELLAN (1480-1521) genannt werden (vgl. ebd., S. 216-223). Des Weiteren müssen die Reformation durch Martin LUTHER (1483-1546) und die Erfindung des Buchdruckes durch Johannes Gensfleisch GUTENBERG (um 1400-1468) erwähnt werden, der die Grundlagen schuf *„für eine europaweite Diskussion und Kommunikation von bislang unbekannter Schnelligkeit und Intensität."* (Ebd., S. 206). Weiterführend zu den geistigen Wandlungen in der Renaissance: vgl. Rothschuh, Konzepte, 1978, S. 210.

55 Vgl. Gurlt, Geschichte der Chirurgie, Bd. 1, 1964, S. 267ff. Weiterführend zur Geschichte der Renaissance: vgl. Eckart, Geschichte, 2001, S. 133-167.

GALENS Auffassungen gesprochen werden: Mit VESALS Folioband „De humani corporis fabrica libri septem" (1543) begann ein neues Zeitalter der Medizin.[56] Er war – wie DA VINCI – einer der ersten Anatomen, die ihr Wissen auf das direkte Studium an menschlichen Leichen im Rahmen von Sektionen gründeten. Die geringe Anzahl von zur Verfügung stehenden Leichen erschwerte jedoch in hohem Maße das Wahrnehmen von anatomischen Variationen. Die vereinzelten ersten Eindrücke in den wenigen Sektionen wurden zunächst als allgemeingültig angesehen (dabei z. B. auch von der Norm abweichende Strukturen). So blieb es weiterhin schwierig, die menschliche Anatomie in all ihren Variationen und in ihrer Detailliertheit zu erkennen und zu verstehen.[57]

3.3 Die „erneute Entdeckung" der Appendix vermiformis und die Diskussion um die geeignete Nomenklatur des Organs

Bildliche Darstellungen in der Anatomie wurden maßgeblich durch die von der Renaissance geprägte Kunst beeinflusst: Nicht selten waren damalige Anatomen künstlerisch begabt, was dazu führte, dass Ende des 15. Jahrhunderts die alten, lange Zeit nicht überarbeiteten, schematischen Abbildungen in den Anatomielehrbüchern durch neue realistischere ersetzt wurden.[58] Sinnbildlich für den Aufschwung der Anatomie steht der zuvor erwähnte DA VINCI. Dadurch, dass seine anatomischen Zeichnungen zusammen mit den Spiegelschriften aber erst in der Neuzeit bekannt wurden, blieben sowohl die nachfolgenden Anatomen als auch der Fortschritt der Medizin von ihm zunächst unbeeinflusst. Dies führte dazu, dass auch DA VINCIS Darstellung des Wurmfortsatzes unbekannt blieb. So gesehen ist von der „erneuten Entdeckung und frühesten, eindeutigen Deskription der Appendix vermiformis" die Rede, wenn man von der des Vorvesal'schen Anatomen Giacomo Berengario A CARPI (ca. 1470–530) spricht.[59]

Der von 1502–1527 in Bologna lehrende Professor, dessen anatomische Zeichnungen auf mehr als 100 Sektionen basierten[60], verfasste 1522 ein umfangreiches anatomisches Werk, in dem er von einem leeren „additamentum" am Ende des Colon sprach, das die Breite eines kleinen Fingers

---

56 Vgl. Kupper, Leonardo da Vinci, 2007, S. 108.
57 Vgl. Ackerknecht, Erwin Heinz: Kurze Geschichte der Medizin. Stuttgart 1992, S. 71ff.
   Vgl. weiterführend zu dem anatomischen Werk des Vesalius: Eckart, Geschichte, 2001, S. 140ff.
58 Vgl. Ackerknecht, Kurze Geschichte, 1992, S. 66f.
59 Vgl. Sachs, Geschichte der operativen Chirurgie, Bd. 1, 2002, S. 180f.
60 Vgl. Ackerknecht, Kurze Geschichte, 1992, S. 71.

und die Länge von drei Zoll habe.[61] Dadurch, dass viele der Anatomen des 16. Jahrhunderts – einschließlich A CARPI – noch lange Zeit an den anatomischen Vorstellungen GALENs festhielten und demnach auch viele seiner Fehler übernahmen, ist es umso bedeutsamer, dass es zu dieser erneuten Entdeckung des Wurmfortsatzes kam.[62] Dass man jedoch noch längere Zeit nicht von einer allgemeingültigen Etablierung in der Anatomie sprechen kann, wird dadurch deutlich, dass viele Anatomen seiner Zeit die Appendix entweder gar nicht erwähnten oder aber graphisch darstellten, ohne eine beschreibende Anmerkung anzufügen.[63]

Es war erst wieder VESAL, der sich 1543 erneut zu dem Anhang am Caecum hin- und bewusst von der Galen'schen Anatomie abwendete.

Mit den in seinem Folioband befindlichen Holzschnitten versuchte er sich ebenfalls an einer Darstellung (Abb. 17 und 18) des Wurmfortsatzes[64].

In der englischen Übersetzung von William Frank RICHARDSON findet sich folgende dazu angefügte Beschreibung *„In calling this intestine the cecum I have no wish to start an argument with someone who would wish to give this name to another part of the thick intestines, unless they were so obsessed with terminology as to pay no heed to the sort of matters concerning the fabric of the intestines that we have examined with such care in respect of the structure of other parts of the body."*[65]

---

61 Vgl. und zitiert nach Deaver, Appendicitis, 1905, S. 3. Die Originalquelle wird hier von Deaver nicht angeben. Bei dem anatomischen Hauptwerk A CARPIS handelt es sich um: Berengario da Carpi, Jacopo: Isagoge breves prelucidae ac uberimae in anatomiam humani corporis a communi medicorum academia usitatam. Bonona 1522. Die Beschreibung des „*additamentum*" lässt sich in A CARPIS anatomischen Kommentaren aus dem Jahr 1521 nachweisen: vgl. Berengario da Carpi, Jacopo: Commentaria cū amplissimis additionibus super Anatomia Mūdini. Bononiae 1521, S. CXV. Anmerkung: Drei Zoll entspricht in etwa 7,62 cm.
62 Vgl. Deaver, Appendicitis, 1905, S. 3.
63 Vgl. Sprengel, Otto: Appendicitis. Stuttgart 1906, S. 2.
64 Bis heute ist die Entstehung der Holzschnitte des Foliobandes nicht gänzlich geklärt. Wahrscheinlich gehen diese auf den Künstler Johann Stephan von CALCAR (1499–1546) zurück, der diese in VESALS Auftrag hergestellt und bereits 1538 mit VESAL die „Tabulae Anatomicae" verfasst hatte (vgl. Vesalius, Andreas: Icones Anatomicae. München 1935, Vorwort, o. S.).
65 Vesalius, Andreas: On the fabric of the human body. Book V – The Organs of Nutrition and Generation. A translation of De Humani Corporis Fabrica Libri Septem. By William Frank Richardson. USA 2007, S. 12. Der lateinische Originaltext VESALs lautet hierbei wie folgt: „*Hoc intestinum mihi caecum nuncupatur, non admodum contendenti an quis eo nomine aliam crassorum intestinorum partem donari vellet: modo is non adeo nominum sit studiosus, ut illorum occasione ea in intestinorum fabrica spectare negligat,*

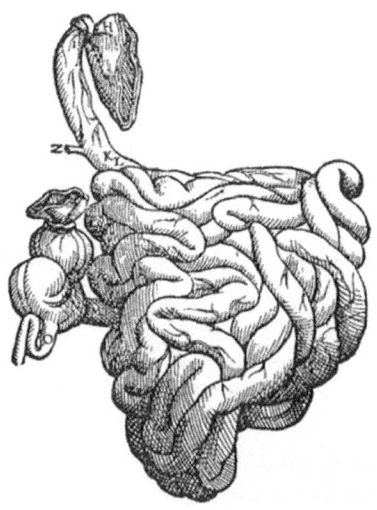

Abb. 17: Darstellung des Dünndarmes und Caecum mit Appendix (N Extuberans crassorum intestinorum initium; O Caecum). (Quelle: Vesal, 1964, S. 361)

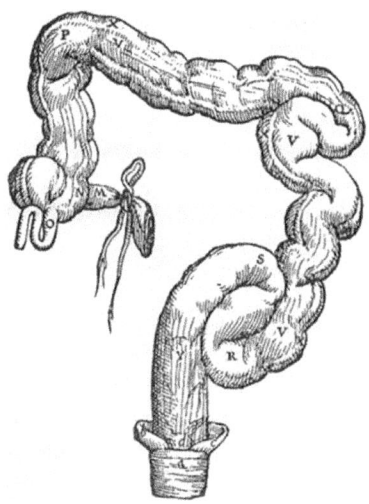

Abb. 18: Darstellung des Colonrahmens, des Caecum und der Appendix (N Extuberans crassorum intestinorum initium; O Caecum). (Quelle: Vesal, 1964, S. 361)

quae in partium aliarum constructione sedulo inquirimus." (Vesalius, De humani, 1964, S. 362).

In der 1555 folgenden 2. Auflage des Werkes von VESAL ist zur gleichen Abbildung eine andere, kürzere Beschreibung zu finden: *„Dieses kleine Anhängsel, das ganz dünn und nach Art eines Wurmes zusammengerollt ist, wird von uns Blinddarm genannt."*[66]

In der deutschen Übersetzung von Heinrich Palmaz LEVELING (1783), der seine Arbeit auf dem Hintergrund der Zergliederungslehre des dänischen Anatomen Jacques Bénigne WINSLOWS (1669–1760) verfasste, findet sich zu den anatomischen Erklärungen der Original-Figuren von VESAL eine weitere, detailliertere Beschreibung:

> *„Nämlich auf der Bodenseite des Blinddarmes befindet sich ein Anhang, welcher fast eben so, wie ein kleiner Darm, beschaffen, fast eben so lang, allein über die Massen dünn und schlank ist. Man nennet ihn den wurmförmigen Anhang, weil er mit einem Regenwurme einige Aehnlichkeit hat. Sein Durchmesser geht gemeiniglich nicht über drey Linien."*[67]

Zusammenschauend geht aus den oben genannten Erläuterungen – ausgenommen die Passage der Übersetzungsarbeit LEVELINGS – ersichtlich hervor, dass es durch VESAL zu einer Verschiebung der Begrifflichkeiten kam, da er – dem Originalwerk nach – den Vorschlag machte, die Appendix als Caecum zu bezeichnen, weil der bisher als Caecum bekannte Anfangsabschnitt des Colon diesen Namen fälschlicherweise trage, da er durch seine drei Öffnungen (zum Ileum, zum Colon und zur Appendix) nicht als blinder Sack bezeichnet werden könne.[68]

---

66 Aus dem Lateinischen übersetzt von M. K. Der lateinische Originaltext hierzu lautet wie folgt: *„Appendiculus iste admodum tenuis, & uermis in modum conuolutus, caecum intestinum nobis appellatur."* (Vesalius, Andreas: De humani corporis fabrica libri septem. Basel ²1555, S. 563).

67 Leveling, Heinrich Palmaz: Anatomische Erklärung der Original-Figuren von Andreas Vesal, samt einer Anwendung der Winslowischen Zergliederungslehren in sieben Büchern. Ingolstadt 1783, S. 238. Aufgrund dessen, dass LEVELING seine Übersetzung im 18. Jahrhundert mit dem Wissen von der Winslow'schen Zergliederungslehre verfasste, ermöglichte dies sicherlich ein besseres Verständis dessen, was VESAL 1543 zu beschreiben versucht hatte.

68 Vgl. Deaver, Appendicitis, 1905, S. 3. Dadurch, dass der Terminus „Caecum" (für die Appendix) in der Übersetzung LEVELINGS nicht direkt auftaucht, können Missverständnisse auftreten: Die Aussage *„Man nennt ihn den wurmförmigen Anhang"* kann schnell so verstanden werden, dass VESAL dazu aufrief, die Appendix so zu benennen, was dem zuvor Geschriebenen widerspräche. Dem Sinn nach muss die Aussage also so verstanden werden, dass VESAL mit dem *„man"* auf die Lehrmeinung seiner Kollegen aufmerksam machte, der er seine eigene gegenüberstellte.

Da in der Folge einige die Idee VESALS übernahmen, die Appendix als Caecum zu benennen, andere jedoch bei der ursprünglichen Variante blieben, den proximalsten Colonabschnitt so zu betiteln, ist aus heutiger Sicht das Nachvollziehen der deskriptiven Entwicklung erschwert.

So orientierte sich beispielsweise der Arzt Carolo STEPHANO (1504–1564) an der ursprünglichen Variante und sprach sich entgegen VESAL dafür aus, dass der proximalste Colonabschnitt weiterhin den Terminus „Caecum" durch das Fehlen einer Öffnung am untersten Ende verdiene. Auf die Appendix machte er dabei 1545 in seinem Werk „De Dissectione Partium Corporis Humani Libri Tres" lediglich durch eine bildliche Darstellung aufmerksam, ohne diese jedoch als Anhang des Caecum zu beschreiben oder separat zu benennen (Abb. 19)[69]: *„Danach aber liegt im rechten Becken, unterhalb des Gürtels der Frau [als Übers. von zona: hier gemeint der Gürtel, mit dem das Untergewand festgehalten wurde] und so genau unterhalb der rechten Niere das, was als Blinddarm bezeichnet wird, weil es an seinem unteren Ende keinen Ausgang hat: daher wird es allgemein Sack genannt und Einausgängiges. Es ist das erste [Stück] von dem, was Dickdarm genannt wird wegen seines größeren Fassungsvermögens, seiner Ausdehnung und der Dichte seiner Ummantelung […]"*[70]

Der französische Chirurg Ambroise PARÉ (1510–1590) hielt sich in seiner 1582 ins Lateinische übersetzten Schrift an die gleiche Namensgebung wie STEPHANO und sprach ebenfalls immer dann von dem „Caecum", wenn es um den proximalsten Colonabschnitt ging. Anders als STEPHANO beschrieb PARÉ jedoch auch eine am Caecum befindliche *„stricta apophysis"*[71].

---

69 Vgl. ebd.
70 Aus dem Lateinischen übersetzt von M. K. Der lateinische Originaltext hierzu lautet wie folgt: „*Proinde autem in dextris ilibus, sub zona, atque adeo sub ipso rene dextro, collocatū quod caecum appellatur, quia nullum exitum habeat in inferiori sui extremitate: vnde vulgo saccus dicitur, & monoculus. Primum autem est eorū quae crassa dicuntur, à maiori capacitate & amplitudine, ac tunicatū spissitate: […].*" (Stephanus, Carolus: De dissectione partium corporis humani libri tres. Una cum figuris et incisionum declarationibus a Stephano Riverio compositis. Paris 1545, S. 174). Wie ersichtlich, findet die Appendix vermiformis hier keine Erwähnung.
71 Paré, Ambroise: Opera Ambrosii Parei regis primarii et Parisiensis chirurgi. Paris 1582, S. 88. Im Originaltext ist hierzu folgende Textpassage zu finden: „*Quartum, Caecum dicitur, quòd reddendis recipiendisque materiebus, vnicum ductum habeat. Adest huic intestino longa & stricta apophysis, quae nonnullorum opinione (planè erronea) saepè in scrotū delabitur, in peritonaei ruptura aut relaxatione: nam ventre inferiore, apophysis illa cōtenta peritonaeo, eiusmodi delapsum intercludenti, pertinaciter adhaeret.*" (Ebd.) Wie aus diesem Zitat ersichtlich, merkte PARÉ darüber hinaus an, dass einige

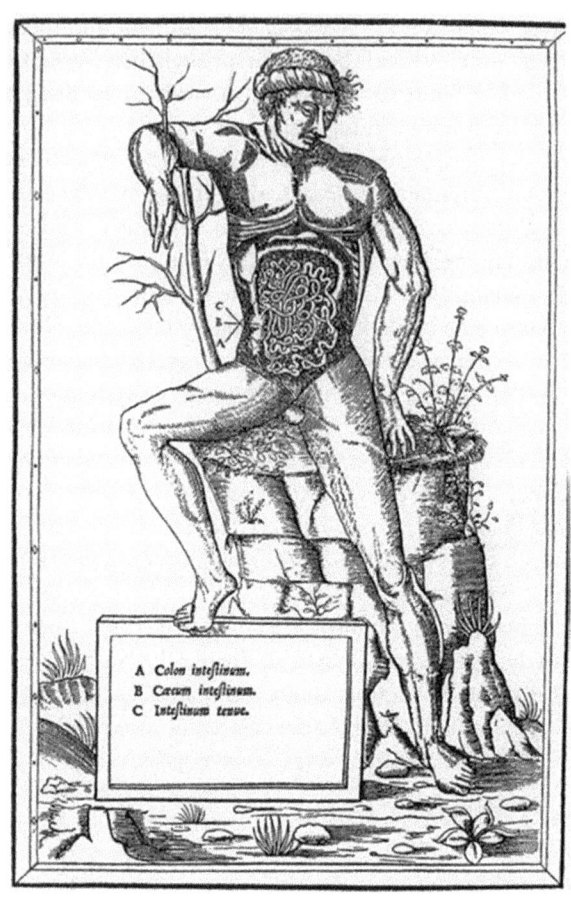

Abb. 19: Darstellung der Därme im Menschen. (Quelle: Deaver, 1905, S. 5)

Anders verfuhr der italienische Anatom und Chirurg Gabriele FALLOPPIO (1523–1562) 1561, der eine zu VESAL identische Namensgebung verwendete und die heute Appendix vermiformis genannte Struktur als „Caecum" bezeichnete. Dieses begründete er mit der Anmerkung, dass es sich bei dieser

---

Anatomen irrtümlicher Weise der Meinung waren, dass die *„apophysis"* bei einem Bruch oder einem erschlafften Bauchfell in das Scrotum hinabgleiten könne. Dieser Behauptung stellte er jedoch entgegen, dass der Anhang ein fester Bestandteil des Bauchfelles sei, sodass sich ein Hinabgleiten ins Scrotum nicht vollziehen könne.

Struktur – bedingt durch ihre einzige Öffnung zum Dickdarm hin – eher um einen „blinden Sack" handele, als es bei dem proximalsten Colonabschnitt der Fall sei. Der Hinweis FALLOPPIOS auf die Ähnlichkeit zu dem Bild eines Wurmes deckte sich darüber hinaus mit dem von VESAL.[72]

Caspar BAUHIN (1560–1624), Professor für Anatomie und Botanik, setzte sich in seiner Schrift „Theatrum anatomicum" 1605 in gleicher Weise mit der Frage der Nomenklatur auseinander. Er selber beschrieb die Appendix vermiformis als *„ein dünnes Anhängsel, länglich und wie ein Dickdarmwurm zusammengerollt"*[73], die einem kleinen zugespitzten Sack ähnele, keine Verbindung zum Mesenterium habe und mit einer Länge von vier Fingern und der Breite eines Daumens viel schmaler als die übrigen Därme sei.[74] Den Begriff „Caecum" hielt er dabei – wie auch VESAL und damit anders als viele ihm vorangegangene Ärzte – für den am ehesten geeigneten für diesen Anhang. Interessant ist, dass BAUHIN sich auch zur Funktion äußerte: Er wies dem Beginn des Colon, bedingt durch das Vorkommen auch bei verschiedenen anderen Tierarten (Affen, Schweinen, Rindern), das Verhindern des Zurücklaufens der Faeces in den Dünndarm vornehmlich bei heftigen Bewegungen nach vorne als Funktion zuwies (dem Sinn nach ist hier die typische vorwärts geneigte Haltung der Tiere durch den Vierfüßlergang gemeint): *„Die Alten nannten aber nicht dieses Anhängsel, das dem Dickdarm selbst zugerechnet wird und als sein eigenes Anhängsel angesehen wird, Blinddarm (wodurch einige bei den Tieren die Existenz von drei, beim Menschen zwei Dickdärmen festsetzten), sondern sie bezeichneten das als Blinddarm, was nach dem Zugang des Dünndarmes sich als Dickdarm weiter ausstreckt und wie ein voller Ballen hervorragt; […] Diesen Blinddarm der Alten, den wir als Beginn des Dickdarmes bezeichnen, gibt es durchaus*

---

72 Vgl. Falloppio, Gabriele: Opera omnia, In unum congesta, & in medicinae studiosorum gratiam excusa. Francofurti 1600, S. 433. Im Originaltext findet sich folgender Wortlaut: *„Post tenuia occurrunt crassa, quorum principium incipit a caeco appellato, quod in hominibus paruum adeo est, vt potius vermis cuiusdam imaginem quam intestini referat. Videtur enim coli intestini extremum quodammodo in hoc desinere, cui deinde ex transuerso, vbi caecum enascitur, continuatur ileum, ita vt colon in duos quasi ramos diuidi appareat, alterū caecum sed breve, alterum vero ileum productius. Caecum autem dicitur, eo quod vnum tantum exitum habeat: […]."* (Ebd.).
73 Aus dem Lateinischen übersetzt von M. K. Der lateinische Originaltext hierzu lautet folgt: *„appendix tenuis* °°, *oblonga & crassiori […] lumbrico conuoluto"* (Bauhin, Caspar: Theatrum anatomicum. Francofurti at Moenum 1605, S. 115. Die hier hochgestellten Buchstaben (°°) entsprechen den heutigen Hochzahlen für Verweise in Fußnoten).
74 Vgl. ebd.

bei Affen, Hunden, Schweinen und Rindern, denen er dazu zu dienen scheint, dass, wenn sie sich vorwärts geneigt fortbewegen, bei sehr heftigen Bewegungen nach vorn die Exkremente nicht in den Dünndarm zurücklaufen."[75]

Zudem wies er darauf hin, dass seine Vorgänger und Kollegen bereits folgende Hypothese zur Funktion des Colonanfanges aufgestellt hätten: Er nehme die Exkremente für ein zunächst längeres Verweilen auf, um bisher im Dünndarm nicht aufgenommene Nährstoffe nachträglich zu resorbieren. Diese Funktionszuschreibung eines Auffangreservoirs treffe nach seiner Meinung jedoch eher auf die von ihm „Caecum" genannte wurmförmige Struktur zu, und zwar dann, wenn sich der Fötus in der Gebärmutter aufhalte: Seinen embryologischen Vorstellungen nach sammelten sich dort über mehrere Monate Exkremente und Flüssigkeiten an, die in diesem kleinen Anhang zusätzlich aufgenommen würden. Nachgeburtlich fielen dann deutlich geringere Mengen an Exkrementen im Dickdarm an, sodass der Anhang überflüssig und nur noch als eine zusammengezogene Struktur zurückbleibe.[76]

Auch bildliche Darstellungen der Appendix vermiformis finden sich bei BAUHIN in mehreren seiner Abbildungen (Abb. 20).

---

75 Aus dem Lateinischen übersetzt von M. K. Der lateinische Originaltext hierzu lautet wie folgt: „*Verum veteres, non appendicem hanc, quae ipsi colo apponitur, ipsiusque appendix videtur, caecum vocarunt (vnde aliqui in brutis tria, in homine duo intestina crassa constituunt) sed id, quod à tenuium intestinorum insertione ad colon* [pp] *vsque porrigitur & globi alicuius [...] ampli instar extuberat, pro caeco intestino sumpsere; [...]. Hoc veterum caecum, quod coli initium dicimus, in simiis, canibus, suibus & bobus maximum existit, quibus prodesse videtur, ne cum prona incedant, in maximis ad anteriora motibus faeces ad tenuia recurrant.*" (Ebd., S. 115–118. Zu den hochgestellten Buchstaben ([pp]) im Zitat vgl. Anm. 72 dieses Kap.).

76 Vgl. ebd., S. 118. Die Textstelle bei BAUHIN lautet: „*Vsum caeci*[qq] *dixit Galenus, coli initium intelligens, cum sit veluti venter quidam crassus, vt excrementa recipiat; vt si quid in transitu per tenue intestinum distributionem fefellerit, & venas meseraicas sit praeterlapsum, id omne diuturna in caeco mora plane exsugatur. Verum appendicis huius vsus est, dum foetus in vtero continetur, vt faeces plurimae & liquidiores, quae pluribus mensibus collectae sunt, excipiat, vbi vero adultiores facti, quia proportione habita faeces in colo minori copia colliguntur, nec non aridiores & crassiores sunt, huius appendicis vsus cessat, quia faeces plurimum diminutae, vt recte Constantinus, non amplius ad ipsum propelluntur, vnde vt plurimum contractus remanet, eadem quidem longitudine, sed non latitudine, qua infantia praeditus erat, quemadmodum cum vmbilicalibus vasis fieri supra ostendimus.*" (Ebd. Zu den hochgestellten Buchstaben ([qq]) im Zitat vgl. Anm. 72 dieses Kap.).

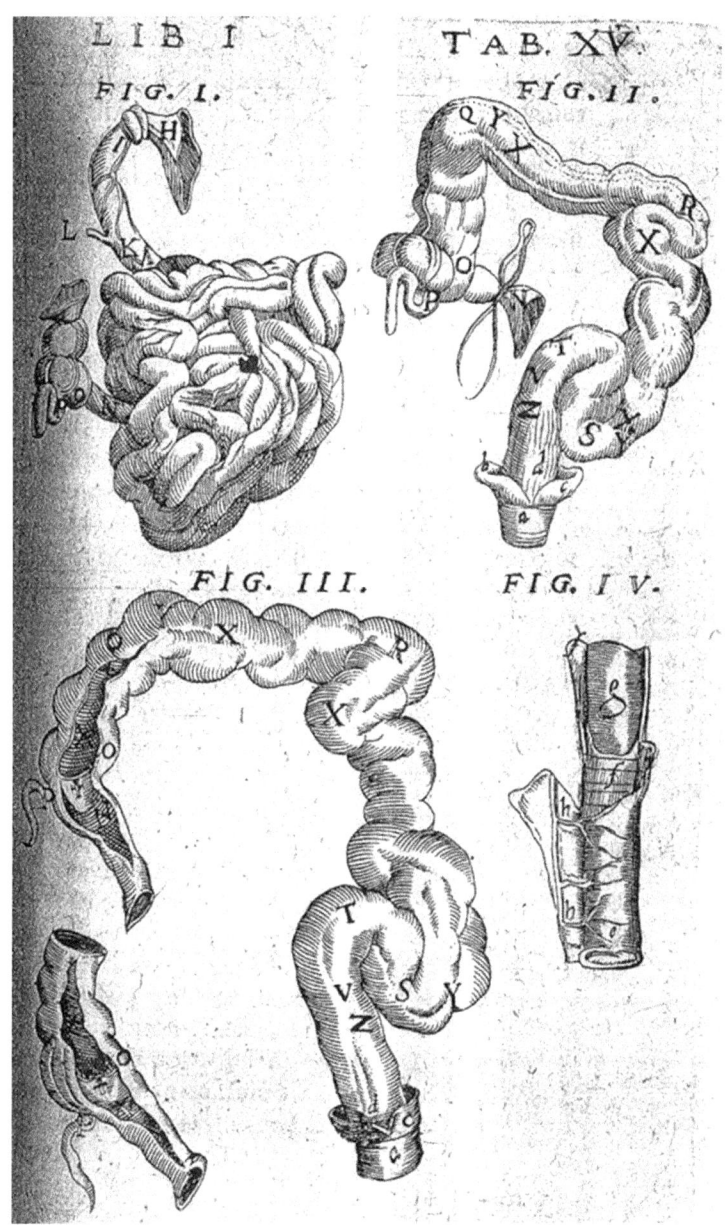

Abb. 20: Darstellung des Dünn- und Dickdarmes (O Anfangsteil des Dickdarmes; P Caecum). (Quelle: Bauhin, 1605, S. 117)

Als ein weiterer bedeutsamer Mediziner des 16./17. Jahrhunderts ist schließlich noch der Anatom Hieronymus Fabricius AB AQUAPENDENTE[77] (1533–1619) zu nennen, der 1619 erstmals von Autopsien berichtete, bei denen er einen „Wurm" gesichtet habe. Diesen – von ihm ebenfalls als Caecum bezeichnet – beschrieb er als sehr klein, länglich und sehr eng, einem Anhang ähnlich.[78]

Auch Vidus VIDIUS (1509–1569), italienischer Chirurg und Anatomieprofessor, publizierte 1626 in seiner Schrift „De anatomia corporis humani libri VII" Texte und Abbildungen zur Appendix, wobei er diese jedoch größtenteils von VESAL übernommen hat. Fälschlicherweise wird VIDIUS in der Literatur als der erste Autor dargestellt, der das Aussehen der Appendix mit dem eines Wurmes verglichen habe. Tatsächlich handelte es sich hierbei ebenfalls um eine Übernahme von VESAL, der diesen Vergleich bereits lange vor VIDIUS angestellt hatte.[79]

Etwas später zeigte der Anatom Nicolaus Petreus TULPIUS (1593–1674) in seiner Schrift „Observationum medicarum" 1641 seine Darstellung der Appendix in einer detailreichen Abbildung (Abb. 21), wobei auch hier die Verbundenheit zu der Lehre VESALS deutlich ist: Die übermäßig schmal dargestellte Appendix wurde als *„caecum"* bezeichnet und die uns heute als Caecum bekannte Struktur als *„colon"*.[80]

25 Jahre später versuchte sich auch der Anatom und Chirurg Johann VESLING (1589–1649) in seinem Werk „Syntagma anatomicum" 1666 an einer Beschreibung und Darstellung (Abb. 22) des Anhanges am Caecum. Dieser schloss sich ebenfalls der Meinung VESALS an und bezeichnete demnach die Appendix als „Caecum", das einem wurmförmigen Fortsatz gleiche: *„Das erste Stück des Dickdarmes wird Coecum (Blinddarm) genannt, weil es keinen Ausgang am anderen Ende hat. Dieses kleine Teil hängt in vollem Maß bei Erwachsenen am Beginn des Dickdarmes und dem Ende des Dünndarmes heraus, sein Verlauf gleicht einer Wurmform."*[81]

---

77 In der Literatur auch unter Girolamo Fabrizio oder Fabrizi d'Acquapendente zu finden.
78 Vgl. Deaver, Appendicitis, 1905, S. 6. Bei dem erwähnten Werk AB AQUAPENDENTES handelt es sich um: Fabricius ab Aquapendente, Hieronymus: Opera Chirurgica. In duas Partes divisa. Venetiis 1619.
79 Vgl. Sachs, Geschichte der operativen Chirurgie, Bd. 1, 2002, S. 182.
80 Vgl. Tulp, Nicolaus: Observationum medicarum libri tres. Amstelodami 1641, S. 215.
81 Aus dem Lateinischen übersetzt von M. K. Der lateinische Originaltext hierzu lautet wie folgt: *„Crassorum primum COECUM dicitur, quum exitum altero extremorum non habeat. Hoc pusillum admodum in adultis, & ad initium Coli, Ileique finem, processus instar vermiformis, propendet."* (Vesling, Johannes: Syntagma Anatomicum. Amstelodami ²1666, S. 46).

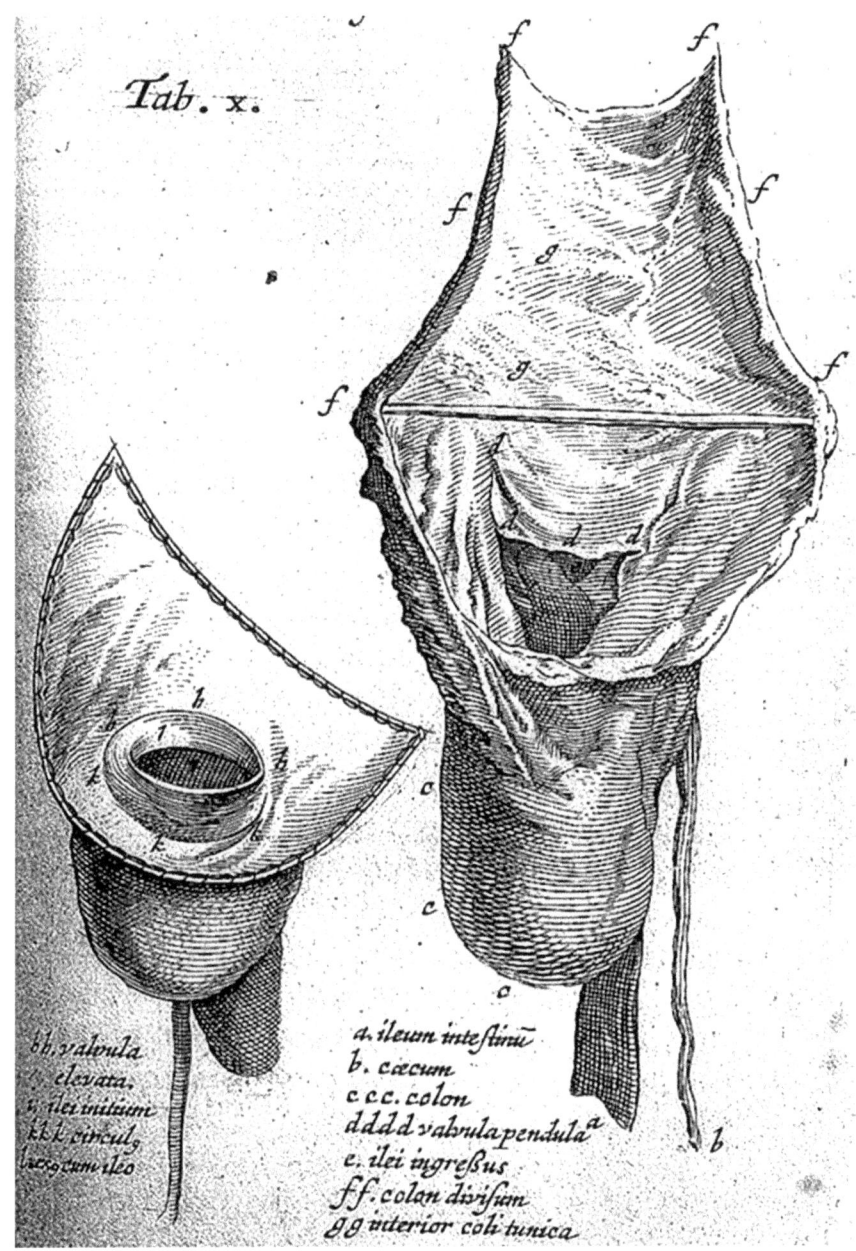

Abb. 21: Bild des Colon (c) mit des Caecum (b) als Anhang. (Quelle: Tulp, 1641, S. 215)

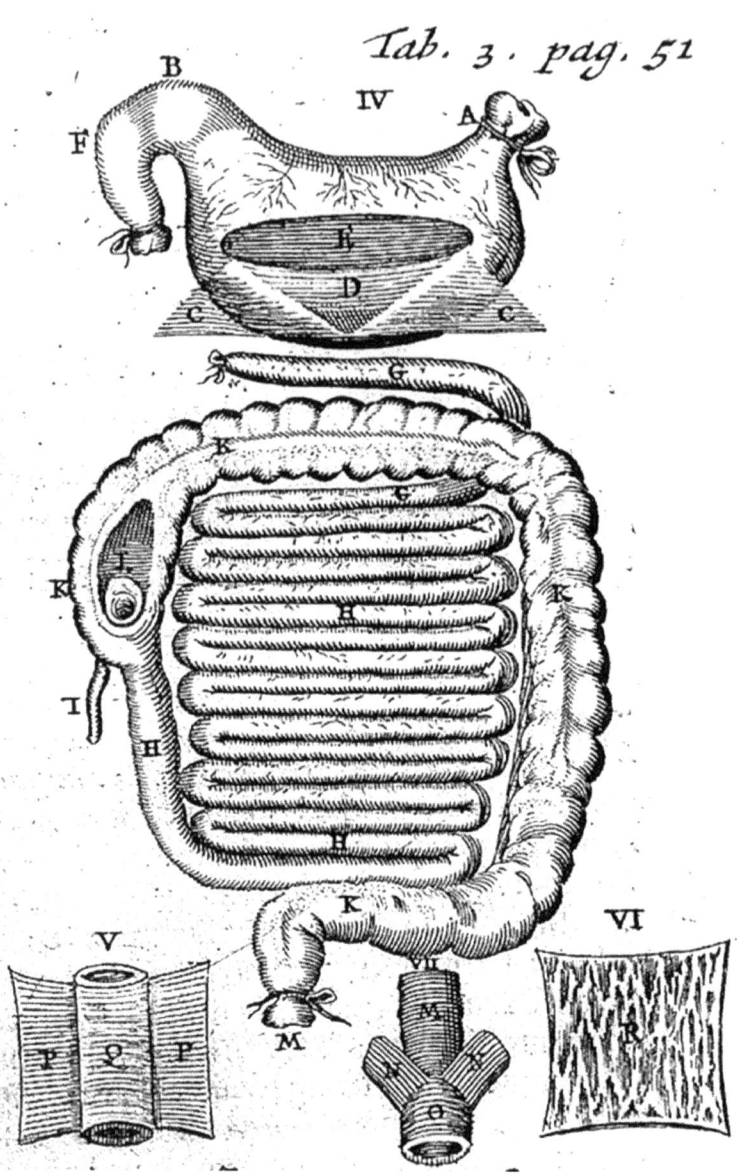

Abb. 22: Schematische Darstellung des Magens und des Darmes beim Menschen (IV) (K Dickdarm; I Caecum). (Quelle: Vesling, 1666, S. 51)

Zudem schloss sich VESLING der Hypothese BAUHINS an, dass der Anhang beim Fötus immer mit Exkrementen gefüllt sei, damit also eine dem Dickdarm gleiche Aufgabe habe und daher auch zu diesem gezählt werden müsse.[82]

Zusammenfassend ist also festzuhalten, dass es über das gesamte Jahrhundert hinweg deutliche Differenzen hinsichtlich des korrekten Terminus für die Appendix vermiformis gab. Schließlich bildeten sich zwei sich gegenüberstehende Positionen heraus: diejenige, die die Vesal'sche Lehrmeinung vertrat und den wiederentdeckten Wurmfortsatz „Caecum" nannte sowie diejenige, die diesen Begriff weiterhin für den Kolonanfang gelten ließ und die wurmförmige Struktur an diesem als Anhang bzw. Appendix bezeichnete. Eine einheitliche Lehrmeinung findet sich erst um einiges später im 18. Jahrhundert, als sich der flämische Anatom Philip VERHEYN (1648–1710) deutlich für die Festsetzung des Begriffes „Caecum" für den proximalsten Colonabschnitt aussprach.

---

82 Vgl. ebd.

4 Zur Geschichte erster klinischer Beobachtungen von Bauchraumerkrankungen und Laparotomieversuchen im 16. und 17. Jahrhundert

Neben dem bisher erwähnten neuen Aufschwung in der Anatomie und der Revision Galen'scher Irrtümer, die zu einer Überarbeitung und Erweiterung der anatomischen Kenntnisse führten, stellt sich jedoch die Frage nach dem Wissensstand im Bereich der klinischen Medizin. Im 16. Jahrhundert kam es allmählich zu einer Weiterentwicklung in der Methodik klinischer Beobachtungen und zu dem verstärkten Versuch, Verbindungen zwischen der klinischen Erscheinung der Krankheitsbilder und ersten Obduktionsbefunden herzustellen. Auch der 1543 in Padua eingeführte „Unterricht am Krankenbett", der heute in den medizinischen Fakultäten der Universitäten fest etabliert ist, führte u. a. dazu, Krankheitsprozesse immer detaillierter zu beobachten und zu beschreiben. Dass es sich bei vielen Ätiologie- und Therapietheorien noch um Irrtümer handelte und dass viele beobachtete Symptome in ihrer Entstehung falschen Organen zugeordnet wurden, ließ sich jedoch lange Zeit nicht vermeiden. Vielfach versuchte man, die bekannten Krankheitsbilder zu sortieren und in Kategorien zu ordnen, wie dieses z. B. bei den sog. „Fiebererkrankungen" und „Seuchen" der Fall gewesen ist.[1] Auch der Bereich der Chirurgie blühte in der Zeit der Renaissance wieder auf, wobei die verstärkte Nachfrage nach ihr durch die Einführung des Schießpulvers und die sich verändernden Kriegswunden ursächlich hierfür waren.[2]

Die Frage, die sich im Rahmen dieser Arbeit nun verstärkt stellt, ist, welche Erkrankungen speziell des Bauchraumes im 16. Jahrhundert bekannt gewesen sind. Fraglich ist auch, ob sich darunter frühe, bewusste Beschreibungen der akuten Appendizitis befanden oder ob es Krankheitsbeschreibungen gab, die aus heutiger Sicht dem Verlauf einer Wurmfortsatzentzündung entsprechen

---

1 Vgl. Ackerknecht, Kurze Geschichte, 1992, S. 70f. Der Arzt Girolamo FRACASTORIUS (1484–1553) stellte 1546 erstmals die Theorie von übertragbaren Krankheiten auf (man sprach von einer sog. „Kontagienlehre", welche die Auffassung vertrat, dass spezifische Keime, die über die Luft oder direktem Kontakt übertragen werden, als Auslöser für epidemische Krankheiten betrachtet werden können. Jedoch wurde diese Theorie erst viel später im 19. Jahrhundert verifiziert, als mit der Entdeckung der Bakteriologie ein neues Forschungsgebiet eröffnet wurde (vgl. Eckart, Geschichte, 2001, S. 162ff.).
2 Vgl. Eckart, Geschichte, 2001, S. 149.

könnten, von den damaligen Ärzten als solche aber noch nicht erkannt und beschrieben wurden.

Eine Darstellung der im 16. Jahrhundert geläufigen Krankheitsbilder und die dazu gehörigen Therapieempfehlungen gab der deutsche Anatom und Arzt Johann DRYANDER (1500–1560), der 1557 das Buch „New Artzney und Practicirbüchlein zu allen Leibs Gebrechen und Krankheiten" veröffentlichte. An Erkrankungen, die dem Bauchraum zugeordnet werden können, beschrieb er verschiedene Magen-, Darm-, Leber- und Gallenerkrankungen, das Erbrechen, die Übelkeit und den Schluckauf sowie Erkrankungen der Milz, der Nieren[3] und die sog. *„gebrechen der Mûtter"*[4]. DRYANDER unterschied bei den Leiden des Darmes zwischen der *„Colica"* bzw. *„Darmgicht"* (Erkrankung des Dickdarmes) und der *„Iliaca paßio"* (Erkrankungen des Dünndarmes, die mit Erbrechen und Verstopfung einhergehen).[5] Ein Anhang am Caecum oder gar eine Erkrankung eines Anhanges am Caecum findet keine Erwähnung. Lediglich von einem sog. *„Monoculus"*[6] ist im Rahmen DRYANDERS anatomischer Unterteilung des Darmes die Rede, wobei aus seiner Beschreibung deutlich hervorgeht, dass hiermit das Caecum gemeint war.[7] Zudem wird auch darauf hingewiesen, dass eine Erkrankung des Monoculus möglich ist: „[…] *unnd in disem darm seind etwan wûrm oder wind/bringē grossen bauch wee thumī in der rechten seiten/wirt bei den árzten* Colica non uera [Herv. i. Original] *genannt.*"[8] Die hier zu erkennende Verknüpfung klinischer Beschwerden (rechtsseitiger Unterbauchschmerz) mit einer speziellen anatomischen Struktur (Monoculus)im Bauchraum kann wohl als eine der Ersten angesehen werden. Ob es sich bei dem eben beschriebenen Krankheitsbild *„Colica non uera"* auch um das Krankheitsbild einer akuten Appendizitis gehandelt haben könnte, ist nicht sicher zu beantworten, jedoch lässt es deutliche Assoziationen zu. Eine gesicherte Zuweisung des Caecum

---

3   Vgl. Dryander, Johannes: Ein new Artzney und Practicyrbüchlein zu allen Leibs Gebrechen und Kranckheyten. Frankfurt am Main 1557, S. 35–69.

4   Ebd., S. 69. Hierbei handelte es sich wohl um gynäkologische Krankheiten, die auf den Seiten 69ff. beschrieben werden.

5   Vgl. ebd., S. 58.

6   Ebd., S. 57.

7   Aus folgender Beschreibung geht hervor, dass der Begriff des *„Monoculus"* mit „Caecum" (als heute gültigem Begriff für den Anfangsteil des Kolon) gleichgesetzt werden kann: *„Der vierdt ist der erste under den grossen dârmen/heyßt* Monoculus, *Ist wie ein sack oder beutel/läßt sich ansehen/als ob er nicht mehr dann ein loch hab/davon er auch seinen namen* Monoculus [Hervorh. i. Original], *(das ist einâugig) entpfahet/[…]."* (Ebd., S. 57).

8   Ebd., S. 57f.

(bzw. Monoculus) oder der Appendix vermiformis als Ursprung des Beschwerdebildes wäre nur möglich gewesen, wenn es eine direkte anatomische Korrelation (Sektionsbefund oder eine tatsächliche operative Maßnahme) gegeben hätte, was jedoch aus der vorliegenden Quelle nicht hervorgeht.

Es kann wohl angenommen werden, dass operative Maßnahmen, die eine Eröffnung der Bauchhöhle (oder Körperhöhlen im Allgemeinen) beinhaltete, in der Zeit des 16. Jahrhunderts generell noch nicht oder nur sehr selten vorgenommen worden sind.[9] Nach wie vor herrschte eine gewisse „Scheu" vor der Eröffnung von Körperhöhlen; chirurgische Eingriffe im Bereich des Bauches waren auf Lithotomien[10], Herniotomien[11] und die Sectiones caesareae als gynäkologische Laparotomien[12] beschränkt. Die erste Laparotomie zur operativen Therapie der Baucheingeweide fällt auf das Jahr 1602, in dem der Prager Professor für Anatomie und Chirurgie Jessenius JESSEN (1566–1621) einem böhmischen Bauern ein verschlucktes Messer aus dem mit der Bauchwand verklebten Magen operierte. In dem von JESSEN verfassten Einblattdruck mit dem Titel „DE RVSTICO BOEMO cultrivorace, HISTORIA" aus dem Jahr 1607 wurde folgender Sachverhalt über die erstmalig durchgeführte Magenoperation geschildert: Der böhmische Bauer, der Tage zuvor durch Ungeschicklichkeit als Gaukler ein Messer verschluckt hatte, wandte sich hilfesuchend an JESSEN, der zusammen mit den hinzugezogenen Chirurgen feststellen musste, dass eine operative Entfernung des Messers unumgänglich sei. Aus Angst vor den Komplikationen bei einer Baucheröffnung empfahl JESSEN dem Bauern zunächst jedoch eine konservative Therapie, indem der Natur freien Lauf gelassen und abgewartet werden sollte, bis dass das Messer von sich aus herausgewachsen sei. Dieser Prozess

---

9 Vgl. Zinganell, Klaus (Hg.): Anaesthesie – historisch gesehen. In: Anaesthesiologie und Intensivmedizin – Anaesthesiology and intensive care medicine, Bd. 197. Berlin 1987, S. 99.
10 Der Steinschnitt bzw. die Lithotomie ist nach GURLT ein Verfahren zur Entfernung von Blasensteinen, das bereits seit der Alexandrinischen Schule bekannt war und ausgeübt wurde (vgl. Gurlt, Geschichte der Chirurgie, Bd. 3, 1964, S. 774). Als Erfinder des hohen Steinschnittes 1560 gilt der Chirurg Pierre FRANCO (ca. 1500–1570) (vgl. ebd., Bd. 2, S. 647). Maßgeblich geprägt wurde dieses operative Verfahren darüber hinaus von der seit dem 15. bis zum Anfang des 18. Jahrhunderts wirkenden Lithotomistenfamilie Callot (vgl. ebd., Bd. 2, S. 790f.).
11 Auch die Herniotomie als operatives Verfahren bei Bruchbildungen in der Bauchwand gilt begründet durch FRANCO, wenngleich die Bruchbildung und -einklemmung als Krankheitsbild ebenfalls seit der Alexandrinischen Schule bekannt war (vgl. Gurlt, Geschichte der Chirurgie, Bd. 3, 1964, S. 737–739).
12 Vgl. Zinganell, Anaesthesie, 1987, S. 99.

sollte mithilfe eines Magen- bzw. Magnetpflasters[13] beschleunigt werden, das dazu führte, dass sich das Messer bzw. die Messerspitze im Verlauf durch die Magnetkraft verlagerte und unter der Haut gut getastet werden konnte, sodass sich der Operateur entschloss, mittels eines Hautschnittes die Bauchhöhle zu eröffnen und über eine Gastrotomie das Messer zu bergen. Sowohl der Magen als auch die Bauchhöhle wurden zugenäht; der Bauer überlebte.[14]

Ein ähnlicher Fall ereignete sich im Jahr 1635, in dem der deutsche Wundarzt Daniel SCHWABE ebenfalls einem Knecht ein versehentlich verschlucktes Messer aus dem Magen entfernte. Der von dem deutschen Mediziner Daniel BECKHER DEM ÄLTEREN (1594–1653) hierüber verfasste Fallbericht beschrieb detailliert den therapeutischen und operativen Ablauf dieser Magenoperation, die fälschlicherweise in der Literatur häufig für die erste erfolgreiche Gastrotomie gehalten wird.[15] Die Magenwunde wurde bei diesem Patienten nach Entfernung des Messers jedoch nicht genäht, lediglich fünf Hautnähte wurden vorgenommen, nachdem die Bauchwunde gereinigt war; dennoch überlebte auch hier der Betroffene die Operation.[16]

Die Gründe, warum chirurgische Maßnahmen so lange nur sehr verhalten im „kleineren Rahmen" (überwiegend Versorgung von Stich- und Schussverletzungen im Rahmen der Kriegschirurgie[17], allgemeine Wundarznei, wiederauflebende plastische Chirurgie, Trepanationen, Amputationen, Hernio- und Lithotomien[18]) oder als Ultima Ratio in äußersten Notfällen[19] vollzogen wurden, waren vermutlich die damit verbundenen unsäglichen Schmerzen sowie die hohe Sterblichkeitsrate, bedingt durch Blutungen und auftretende Infektionen. So bestätigt auch Hans SCHWABE in seiner Übersichtsarbeit über die Geschichte der Chirurgie: *„Für die Chirurgen jener Zeit war der Bauchraum «tabu», man*

---

13 Das „Magnetpflaster" bezeichnete ein Gemenge aus Kräutern, Öl und zerkleinerten Magneten, das auf die Hautstelle über dem Magen aufgetragen wurde und das eiserne Messer „aus dem Körper herausziehen" sollte (vgl. Gruber, Joachim: Chirurgische Operationen am Magen im 16. bis 18. Jahrhundert. – Eine Analyse der zeitgenössischen Quellen. Diss., Johann Wolfgang Goethe-Universität Frankfurt am Main, 2005, S. 16, Anmerkung 10).
14 Vgl. ebd., S. 14ff.
15 Vgl. Gruber, Chirurgische Operationen, 2005, S. 17–23.
16 Vgl. ebd., S. 51.
17 Vgl. ebd., S. 213.
18 Vgl. Haeser, Heinrich: Uebersicht der Geschichte der Chirurgie und des chirurgischen Standes. In: Deutsche Chirurgie, Lfg. 1. Stuttgart 1879, S. 26.
19 Vgl. Schwabe, Hans: Der lange Weg der Chirurgie. Vom Wundarzt u. Bader zur Chirurgie. Zürich 1986, S. 161.

konnte die unweigerlich einsetzende Peritonitis nicht beherrschen und vermied darum, die Bauchhöhle zu eröffnen."[20]

Noch lange gab es keinen einheitlichen Konsens über eine effiziente Blutstillung bei der Verletzung von Gefäßen, die Stillung von Blutungen größerer Arterien wurde kaum erfolgreich durchgeführt. Dies hatte vermutlich die Folge, dass größere Eingriffe, die ein verstärktes Bluten hervorrufen könnten (dazu gehörten sicherlich auch Eröffnungen von Körperhöhlen), vermieden wurden. PARÉ war es, der 1552 erneut die Technik der Ligatur von Blutgefäßen, die seit der Alexandrinischen Schule zwar bekannt war, jedoch nur selten zur Anwendung kam, als Standardverfahren zur Blutstillung einführte. Mit diesem Verfahren, das in der darauffolgenden Zeit immer weiterentwickelt und verbessert wurde, waren zunehmend auch größere Blutungen beherrschbar (z. B. Amputationen).[21]

Die hohe Infektionsrate basierte auf der noch lange Zeit fehlenden Antisepsis, die erst 1847/48 durch den ungarischen Arzt Ignaz SEMMELWEIS (1818–1865) begründet wurde, der erstmals mit der Einführung von Hygienevorschriften für Ärzte und Krankenhauspersonal die Anzahl der neu auftretenden Kindbettfiebererkrankungen zu minimieren versuchte.[22]

Da die Möglichkeiten der Schmerzlinderung und auch das Wissen um wirksame Narkosen im 16. Jahrhundert noch recht beschränkt waren, fürchteten sich Chirurgen u. a. davor, *„den Bauch nicht mehr verschließen zu können, da der sich wehrende und schreiende Patient den Dünndarm herausdrängte."*[23]

Erst die spätere Einführung der Inhalationsnarkose 1846 durch den amerikanischen Zahnarzt William T. G. MORTON (1819–1868) ermöglichte die Entwicklung einer gezielten Schmerzausschaltung des Patienten und die Durchführung komplexerer operativer Eingriffe.[24] Bis dahin wurden verschiedenste

---

20 Ebd., S. 94.
21 Vgl. Eckart, Geschichte, 2001, S. 151.
22 Vgl. Zinganell, Anaesthesie, 1987, S. 100ff. Der Chirurg Joseph LISTER (1827–1912) führte 1865 schließlich die erste Operation in Antisepsis durch. Mit seiner Einführung der Antisepsis in der Chirurgie konnte die Sterblichkeitsrate nach operativen Eingriffen deutlich gesenkt werden (vgl. Ajanki, Tord (1995): Medicinal reading. Of genius, pure chance and dedicated hard work. Stockholm 1995, S. 103f.).
23 Ebd., S. 99.
24 Vgl. Keys, Thomas E.: Die Geschichte der chirurgischen Anaesthesie. In: Anaesthesiology and Resuscitation, Bd. 23. Berlin 1968, S. 45–59. Den Grundstein für die Entstehung der modernen Anästhesie im operativen Alltag legte Joseph PRIESTLEY (1733–1804), dem sowohl die Entdeckung von Sauerstoff (1771) und Kohlensäure (unbekanntes Datum) als auch die Synthese von Stickoxydul (1772; Synonyme: Lachgas, Distickstoffmonoxid) gelang (vgl. ebd., S. 31). Der Zahnarzt Horace WELLS

Mittel und Methoden eingesetzt und entwickelt, die jedoch noch nicht ausreichend den von den Chirurgen gewünschten schmerzstillenden Effekt hatten[25]: Neben der Fixierung der Patienten durch Fesseln versuchte man sich im Laufe der Zeit an der Verwendung von Schlaf induzierenden Drogen, die aus unterschiedlichsten Beeren, Blüten, Wurzeln, Samen, Gräsern und Rinden hergestellt werden konnten. Zu den wichtigsten pflanzlichen Stoffen gehörten Bilsenkraut, Hanf, Mandragora und Mohn. Weitere Methoden waren zum einen die Kompression der Carotiden am Hals, die zu einer Drosselung der Blutzufuhr im Gehirn und nachfolgender kurzer Bewusstlosigkeit führte, sodass in dieser Zeit operative Eingriffe unternommen werden konnten.[26] Zum anderen wurde versucht, durch die Kompression der Gefäße und Nerven in der Nähe des zu operierenden Bereiches eine Art Regional-/Plexusanästhesie zu erzeugen. Am häufigsten wurde jedoch die Gabe von hochprozentigem Alkohol eingesetzt, um die Schmerzen während, aber auch schon vor operativen Eingriffen zu mildern.[27]

Das Problem, das sich aus der Verwendung der hergestellten Drogen ergab, war das fehlende Vermögen, die Wirkstoffe zu reinigen und die zu verabreichende Dosis anzupassen.[28] Thomas E. KEYS schreibt hierzu: *„Oft endete ein tiefer Schlaf tödlich. Deshalb sahen die erfahrenen Ärzte von dieser Methode ab."*[29]

Neben der fehlenden Möglichkeit zur ausreichenden Schmerzstillung muss darüber hinaus noch angenommen werden, dass die nach HIPPOKRATES von Kos (ca. 460–370 v. Chr.) noch immer herrschende Vorstellung von der „absoluten Letalität der Dünndarmverletzungen" wesentlich dazu führte, dass Operationen im Bauchraum als äußerst gefährlich gehalten wurden: *„Wenn an den*

(1815–1848) setzte ab 1844 Lachgas erfolgreich bei der Extraktion von Zähnen ein, nachdem er zufällig dessen schmerzstillende Wirkung entdeckt hatte (vgl. ebd., S. 44). MORTON benutzte 1846 im Rahmen einer Zahnextraktion und einer Tumorentfernung am Kiefer Schwefeläther, den er die jeweiligen Patienten inhalieren ließ (vgl. ebd., S. 47f.).

25 Vgl. Keys, Die Geschichte, 1968, S. 31.
26 Vgl. ebd., S. 21f. Im 13. Jahrhundert war ein Rauschmittel weit verbreitet, welches *„Opium als Grundlage enthielt, außerdem noch Schierling, Bilsenkraut, Blätter von Mandragora, Efeu und die Samen einiger Salatarten."* (s. ebd., S. 23) Ein mit diesem Gemisch getränkter Schwamm (Spongia somnifera) wurde den Patienten zum Inhalieren unter die Nase gehalten (vgl. ebd., S. 23f.).
27 Vgl. ebd., S. 28–31.
28 Vgl. ebd., S. 24.
29 Ebd.

Dünndärmen etwas verletzt wird, so wächst es nicht zusammen."[30] So seien *"Die Wunden der Blase, des Gehirns, des Herzens (ἡ χαρδίη), des Zwerchfells (ἡ φρήυ), eines Dünndarmes (τῶυ ἐυτέρων τι τῶυ λεπτῶυ), des Magens (ἡ χοιλίη), oder der Leber [...]"*[31] tödlich.

Diese Vorstellungen in der Antike wurden noch bis in das 16. Jahrhundert hinein nicht angezweifelt. Dieses führt dazu, dass also durchaus angenommen werden kann, die Eröffnung der Bauchhöhle sei mit der Angst vor der Verletzung von Darmstrukturen verbunden gewesen. Auch vermag der Gedanke daran, dass Patienten mit Bauchbeschwerden stets irreparable, unausweichlich zum Tode führende Darm- bzw. Bauchorganverletzungen aufweisen könnten, ein wichtiger Grund dafür gewesen sein, von vorneherein von Baucheröffnungen abzusehen. Das Wissen um den möglichen Verschluss von Dickdarm- und Bauchdeckenwunden war jedoch bereits in seinen Anfängen gegeben: GALEN beschrieb schon seinerzeit eine Technik der Bauchwandnaht und nannte diese fortan Gastrorrhaphia (dt.: Magennaht).[32] In den chirurgischen Lehrbüchern des 16. Jahrhunderts fand man die im Mittelalter von vielen italienischen Ärzten empfohlene Kürschnernaht (lat.: Sutura pellionum; Abb. 23), die für das Nähen von Wunden des Dickdarmes und des Magens geeignet gewesen sei.[33]

Nach SACHS *"galt der Gastrointestinaltrakt bei fast allen Wundärzten als ein für chirurgische Operationen nicht geeignetes Organ"*[34] noch selbst im 18. Jahrhundert. Kleinere Darmverletzungen habe man mit der Kürschnernaht versehen, größere, durch den Krieg bedingte Verletzungen des Darmes im Rahmen der Wundversorgung jedoch nur mit Heilpflastern und Verbänden versorgt.[35]

---

30 Zitiert nach Sachs, Geschichte der oprativen Chirurgie, Bd. 1, 2002, S. 157. Originalquelle: Hippokrates Aphorismen IV, 24.
31 Zitiert nach Gurlt, Geschichte der Chirurgie, Bd. 1, 1964, S. 278. Originalquelle: Hippokrates, Aphorismen VI, 18. Im Gegensatz dazu behauptete CELSUS jedoch, dass man durchaus imstande sei, Darmverletzungen zu nähen (vgl. Sachs, Geschichte der operativen Chirurgie, Bd. 1, 2002, S. 157).
32 Vgl. Sachs, Geschichte der operativen Chirurgie, Bd. 1, S. 157ff. Hier führte SACHS an, dass die Nahttechnik GALENs sehr der zuvor von CELSUS beschriebenen ähnele. An anderer Stelle wird die von CELSUS verwendete Technik wie folgt dargelegt: *"[...] eine fortlaufende, überkreuzende Naht mit doppelt armierten Faden, ähnlich wie die Schuhbändel eines Stiefels eingefädelt werden."* (Ebd., S. 157).
33 Vgl. ebd., S. 161. Über das zu verwendende Nahtmaterial war man sich seit der Antike nicht einig: Benutzt wurden Seiden-/Leinenfäden, feine Tierdarmsaiten sowie Fäden aus Pergament (vgl. Gurlt, Geschichte der Chirurgie, Bd. 3, 1964, S. 726f.).
34 Ebd., S. 162.
35 Vgl. ebd.

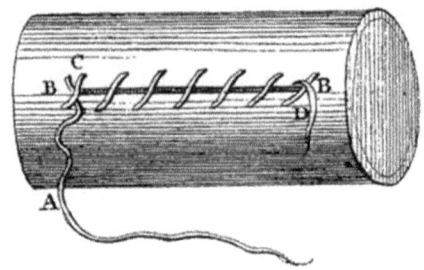

Abb. 23: Fortlaufende Kürschnernaht. (Quelle: Sachs, 2002, S. 161)

Es ist also nicht zu übersehen, dass die operative Behandlung von im Bauchraum vermuteten Erkrankungen im 16. Jahrhundert aus diversen Gründen eine sehr zurückhaltende war. Auch wenn sich der Katalog bekannter Erkrankungen stetig erweiterte und erste Kategorisierungsversuche stattfanden, konnten vielen Beschwerden noch lange kein(e) Ursprung(sorgane) zugeordnet werden. So verhielt es sich wohl gerade auch mit Bauchraumerkrankungen, sodass es zwar vielleicht ganz vereinzelt – wie bei DRYANDER – schon zu Beschreibungen von appendizitisähnlichen bzw. – typischen Beschwerdebildern kam, man aber noch weit davon entfernt war, eine direkte Korrelation zwischen diesen und einer Entzündung an dem gerade wiederentdeckten Anhang am Caecum zu sehen.

Ob sich das Wissensspektrum in dem Bereich der klinischen Medizin bzw. der (Bauchraum-)Erkrankungen im Laufe des 17. Jahrhunderts merklich erweitert hat, lässt sich nur vage beurteilen, da vergleichbare Werke wie das umfassende des Johann DRYANDERs fehlen. Alle die Zweige der Medizin, die im 16. Jahrhundert an Aufschwung gewonnen hatten[36], entwickelten sich im 17. Jahrhundert weiter, neu hinzu kamen die experimentelle Physiologie und mikroskopische Anatomie. Letztere wurde durch die Erfindung des zusammengesetzten Mikroskopes um 1600 möglich. Die bahnbrechendste Entdeckung im Bereich der Physiologie war dabei die des Blutkreislaufes 1628 durch den Engländer William HARVEY (1578–1657), der diesen erstmals korrekt beschrieb und somit eine Revolution

---

36 Nach Ackerknecht gehören dazu die Klinik, Chirurgie, Botanik und Anatomie sowie die wissenschaftliche Psychopathologie, Epidemiologie und die Verwendung der Chemie in der Medizin (vgl. Ackerknecht, Kurze Geschichte der Medizin, 1992, S. 78). Den Grundstein für die Eingliederung der Chemie in die Medizin legte sicherlich PARACELSUS (1493–1541), mit dem die 200 Jahre lange Auseinandersetzung zwischen der alten Galen'schen Schule und der neuen chemischen Schule der Spagyrik begann (vgl. ebd., S. 74).

in der physiologischen Medizin hervorrief.[37] Auch in Bezug auf die Physiologie der Atmung und Verdauung kam es zu neuen Erkenntnissen.[38] Legt man das Augenmerk abermals auf die Beschreibungen von Erkrankungen im Bauchraum, so finden sich kaum wesentliche Neuerungen im Vergleich zum 16. Jahrhundert. Auch das Krankheitsbild „Appendizitis" bleibt weiterhin unerwähnt. Einzig die Fallbeschreibung einer erkrankten Frau, die der Wundarzt Wilhelm FABRY[39] (1560–1634) in seinem 1606 herausgegebenen Werk „Observationum et curationum chirurgicarum centuriae" veröffentlichte, löst Assoziationen mit diesem Krankheitsbild aus: Es könnte sich hierbei wohl um die erste (unbewusst vorgenommene) Beschreibung einer an einer eitrigen Appendizitis erkrankten Frau handeln.[40] Der deutsche Chirurg Otto SPRENGEL (1852–1915) merkte in seiner Monographie „Appendicitis" an, dass es zur damaligen Zeit mehrfach zu Verwechslungen der Perityphlitis (seröse bis eitrige Entzündung der Serosa des Wurmfortsatzes) mit einem Abszess des M. psoas gekommen sei[41], wie man es auch in folgender Fallbeschreibung von FABRY selbst vermuten kann: *„Cosinus Slotanus* [Herv. i. Original]*, der herausragendste Chirurg in Gersheim, wurde zu einer angesehenen Dame gerufen, die er krank daniederliegend vorfand, mit sehr heftigen Schmerzen um die Lenden herum, mit Fieber, Bewusstlosigkeit und Schwierigkeiten mit dem Urin. Als er aufgrund der Art der Schmerzen und weiterer Indizien erkannt hatte, dass es sich um einen inneren Abszess (nicht äußerlich zu sehen, und nicht durch die Berührung von irgendjemanden anzufassen), zweifellos unterhalb des Musculus psoas, handelte, […] stellte er Lebensgefahr fest, außer es fließe nach Öffnung jener Seite die angesammelte Flüssigkeit ab. Mit Zustimmung seiner Freunde schnitt er in die Haut an der Seite der Rückenwirbelsäule und in die äußeren Muskeln bis zum Psoas mit einem scharfen Messer. Es floss eine reichhaltige Flüssigkeit aus, eitrig und übel riechend. Von dem Zeitpunkt an*

---

37 Vgl. Ackerknecht, Kurze Geschichte der Medizin, 1992, S. 79ff.
38 Vgl. ebd., S. 81f. Dazu gehörten u. a.: Die Theorie von Gärungsprozessen bei der Verdauung und der Nachweis von Salzsäure im Magen (Jean-Baptiste VAN HELMONT; 1580–1644), Erkenntnisse zur Luftzusammensetzung (Robert BOYLE; 1626–1691) und zur künstlichen Beatmung durch einen Blasebalg (Robert HOOKE; 1635–1702) sowie die Entdeckung des Zusammenhanges der Atmung mit der Färbung des arteriellen und venösen Blutes (Richard LOWER; 1631–1691) (vgl. ebd., S. 94).
39 In der Literatur auch zu finden unter: Wilhelm Fabry von Hilden, Fabry von Hilden, Guilielmus Fabricius Hildanus, Fabricius von Hilden.
40 Vgl. Sülberg, Die Altersappendizitis, 2008, S. 7.
41 Vgl. Sprengel, Appendicitis, 1906, S. 52f.

milderten sich alle Symptome und sie selbst, nach kurzer Zeit wieder genesen, lebte viele Jahre in guter Gesundheit."[42]

Dadurch, dass FABRY die Möglichkeit einer Krankheit aufgrund einer entzündeten Appendix vermiformis noch nicht in Betracht zog, vermutete er von der Lokalisation der Beschwerden her eine Abszessbildung mit Ursprung im Bereich des M. psoas. Dem heutigen Wissensstand zufolge entstehen Psoasabszesse jedoch zumeist sekundär, das heißt durch Infektionsausbreitung unmittelbar umgebender Organe (bei z. B. Appendizitis, Morbus Crohn, Spondylodiszitis, Divertikulitis). Eine primäre Abszessbildung ist selten und eher bei jüngeren Patienten zu verzeichnen, bei denen es ausgehend von einem Primärherd zu einer hämatogenen Erregerausbreitung (meist von Staphylococcus aureus) kommt, wobei die Infektionsquelle nicht im Bauchraum lokalisiert sein muss.[43] Dass es sich in dem von FABRY beschriebenen Fall um eben solch einen primären Psoasabszess gehandelt haben könnte, ist jedoch nicht auszuschließen. Wahrscheinlicher ist es hingegen, dass es sich um einen sekundären Senkungsabszess handelte, dessen Ursprungsherd in den umliegenden Organen bzw. Strukturen lag.

Wie bereits schon angedeutet, kann der Grund dafür, auch hier nicht konkret an das Krankheitsbild der akuten Appendizitis zu denken, darin liegen, dass man noch immer nicht von diesem möglichen pathologischen Zustand des Wurmfortsatzes wusste. Dies kann dazu geführt haben, dass typische Krankheitsverläufe oder Symptome einer Wurmfortsatzentzündung beschrieben, jedoch nicht bewusst mit ihr in Zusammenhang gebracht wurden. Andererseits ist es aber auch sehr gut möglich, dass lange Zeit eine andere (fälschliche) Terminologie verwendet wurde, mit der vielleicht schon konkret eine akute Appendizitis beschrieben werden sollte (vgl. Fall von FABRY). Um diese Deutungen

---

42 Aus dem Lateinischen übersetzt von M. K. Der lateinische Originaltext hierzu lautet wie folgt: „COSMVS SLOTANVS [Hervorh. i. Original] *Chirurgus praestantissimus, in Gersheim/ad honestam matronam accersitus, eam inuenit decumbentem cum acutissimis doloribus circa lumbos, febre: leipothymià, et vrinae difficultate. Is quum ex doloris specie, aliisque indiciis cognouisset apostema esse internum (exterius n. nihil apparebat, nec tactu quicquam apprehendi poterat) nimirum sub psoa musculo, […] vitae periculum praedixit: nisi forte aperto latere illo, contentus humor efflueret. Annuentibus amicis ipse ad spinae dorsi latus, cutim et musculos exteriores ad psoam vsque incidit nouaculà. Effluxit copiosus humor purulentus et foetidus. Ab eo tempore mitigata sunt symptomata omnia, et ipsa, breui restituta, vixit et valuit multos annos.*" (Fabricius Hildanus, Wilhelm: Observationum et curationum chirurgicarum centuriae. Basileae 1606, S. 178f.).
43 Vgl. Seitz/Schuler/Rettenmaier, Klinische Sonographie, Bd. 2, 2008, S. 835. Vgl. auch Stäbler, Axel/Ertl-Wagner, Birgit: Radiologie-Trainer (Bewegungsapparat). Stuttgart ²2013, S. 145.

konkretisieren zu können, bedarf es weiterer spezifischer Fallbeschreibungen wie solcher von DRYANDER und FABRY, jedoch ist die Quellenlage im 17. Jahrhundert diesbezüglich eher ernüchternd.

4.1 Leichenpredigten – Eine Gattung der Personalschriften als Quelle für erste Hinweise auf das Krankheitsbild „Appendizitis"

Eine Option, weitere Beschreibungen von Krankheitsverläufen aufzufinden, liegt möglicherweise in der Berücksichtigung einer eher weniger geläufigen Quellenart, die im 16. Jahrhundert erstmals aufkam und im 17./18. Jahrhundert eine weiträumige Verbreitung erfuhr: der genaueren Analyse christlicher Leichenpredigten – eine Gattung der Personalschriften.

Der Brauch, Leichenpredigten als Andenken Verstorbener niederzuschreiben und zu drucken, hatte seinen Ursprung in Mitteldeutschland und entstand nach der Reformation im Protestantismus.[44] Die ersten überlieferten gedruckten Leichenpredigten sind auf 1525 und 1532 zu datieren, von Martin LUTHER (1483–1546) verfasst und von ihm selbst gehalten.[45] Da der Druck jedoch zunächst sehr kostspielig war, blieben die Leichenpredigten vielfach den Adeligen und Wohlhabenden vorbehalten, nur in Einzelfällen sind einfache Leichenpredigten auch in der Mittel- und Unterschicht zu finden.[46] Der Aufbau einer solchen Leichenpredigt zeigt nahezu immer das gleiche Schema: Nach dem Titelblatt folgt die Widmung sowie eine Vorrede des Predigers bzw. Verfassers, der sich dann die eigentliche Leichenpredigt anschließt. Diese gliedert sich in Leichentext (Textstelle aus der Bibel), Exordium (Einführung in den theologischen Teil), Hauptteil (Auslegung des Leichentextes), Personalia/Ehrengedächtnis (Lebenslauf und Sterbeprozess), Standrede oder Abdankung (Trauerrede) und Epicedien (Trauergedichte).[47] Interessant in Hinsicht auf die Beschreibung

---

44 Vgl. Lenz, Rudolf (Hg.): Leichenpredigten. Quellen zur Erforschung der Frühen Neuzeit. Marburg/Lahn 1989 (Forschungsstelle für Personalschriften an der Philipps-Universität Marburg), S. 4.
45 Die erste Leichenpredigt 1525 hielt Martin LUTHER auf Kurfürst Friedrich den Weisen von Sachsen; die zweite verfasste er im Jahr 1532 für Johann den Beständigen, den Bruder des Kurfürsten (vgl. ebd., S. 3).
46 Vgl. ebd., S. 4.
47 Vgl. Moll, Eva-Maria: Todesursachen in Ulmer Leichenpredigten des 16. und des 18. Jahrhunderts. Diss. Universität Ulm 2007, S. 18–21. An dieser Stelle sei auch auf Sturm, Patrick: Leiden – Lernen – Heilen. Leichenpredigten als medizinhistorische Quelle. In: Sahmland, Irmtraut/Grundmann, Kornelia (Hg.): Tote Objekte – Lebendige

von Krankheitsabläufen sind die verschiedenen Krankheitsphasen im Leben der Verstorbenen, die letzten Krankheitstage und die von geistlichen Ritualen begleiteten Sterbeszenen. Diese wurden bewusst am Übergang zum 17. Jahrhundert mit in die erweiterten Personalia aufgenommen als Ausdruck eines sinnerfüllten Sterbens auch in der protestantischen Kirche.[48] Durch diesen Zusatz der Krankengeschichten geben die Leichenpredigten heute die Möglichkeit, Rückschlüsse aus vorliegenden Krankheiten zu ziehen und die pathologische Terminologie des 16./17. Jahrhunderts zu durchleuchten. Auf diesem Hintergrund erscheint die Einbindung einer Analyse dieser Quellen für diese Arbeit als sehr lohnenswert. Ein Intensivauswertungsschema der Forschungsstelle für Personalschriften an der Philipps-Universität Marburg umfasst 3.300 Leichenpredigten des gesamten deutschsprachigen Raumes aus der Zeit vom 16.-18. Jahrhundert, die in Hinblick auf 174 Fragestellungen – u. a. auch nach der Terminologie der Sterbursache – analysiert und katalogisiert wurden. Im Rahmen dieser Arbeit wurden die von der Forschungsstelle zur Verfügung gestellten Leichenpredigten der Intensivauswertung untersucht und in Bezug auf mögliche Beschreibungen einer akuten Appendizitis bewertet. Dieses Vorhaben ist diffizil, das durch die oft sehr rudimentären Beschreibungen der Krankheitsgeschehen begründet ist. Dies birgt die Gefahr, einen voreiligen Schluss von beschriebenen (Leit-)Symptomen auf eine Wurmfortsatzentzündung zu ziehen. Eine sichere Krankheitsidentifikation ist aufgrund der wenig fundierten Symptombeschreibungen und der sich daraus ergebenden großen Anzahl an möglichen Differenzialdiagnosen nur schwer möglich. Darüber hinaus müssen die Krankheitsbeschreibungen in den Leichenpredigten vor allem auch auf dem Hintergrund des Wissensstandes im 16. und 17. Jahrhundert betrachtet werden, sodass Fehlinterpretationen von Symptomen oder gar ihr Nichtwahrnehmen dieser mit einkalkuliert werden sollten. Des Weiteren muss beachtet werden, dass die Verfasser der Leichenpredigten in der Regel Pfarrer bzw. Prediger waren und sich somit auch die Frage nach der medizinischen Korrektheit der Schilderungen stellt. Fraglich ist zudem, aus welcher ursprünglichen Quelle sie ihre Informationen zogen. Ob sie ihr Wissen bezüglich der Krankheitsabläufe des Verstorbenen durch Berichte von Angehörigen oder gar von behandelnden Ärzten selbst erlangten, ist in vielen Leichenpredigten nicht immer klar nachzuvollziehen, sodass sich darüber oft nur spekulieren lässt. In einigen jedoch ist die Beschreibung der letzten Krankheitstage und der vorangegangenen

---

Geschichten. Exponate aus den Sammlungen der Philipps-Universität Marburg. Petersberg 2014, S. 108–124 verwiesen.
48 Vgl. Lenz, Leichenpredigten, 1989, S. 4.

Krankheitsphase(n) so ausführlich, dass eine enge Korrespondenz zu dem jeweils behandelnden Arzt wohl erfolgt sein muss.[49]

Unter Berücksichtigung aller genannten Aspekte sollen im Folgenden einzelne Ausschnitte aus Leichenpredigten mit der Fragestellung nach einer stattgefundenen akuten Appendizitis unter Vorbehalt diskutiert werden.[50] Begonnen werden soll mit **Johannes Mathesius** (* 17. Mai 1617; † 08. Oktober 1675 im Alter von 58 Jahren), ein Kammermeister und Kammersekretarius, der „[…] *Gestalt denn am 8. Junii ein schmertzhafftes Stechen in der rechten Seite/ mit Versetzung des Athems und Zusammenkrümpffung des gantzen Leibes/durch unfehlbare Correspondentz des Schadens/sich entsponnen/welches zwar alsofort Anfangs durch diensame Mittel gestillet worden/doch ohne Bestand/so/daß zu vielen mahlen solches mit mehrer Hefftigkeit/bald in der lincken/bald in der rechten Seite/bald in dem Rücken/sich wieder gefunden/und weder inn= noch äuserliche gesucht= und gebrauchte Hülffe und Artzneyen/nur zur geringsten Verminderung der Schmertzen/zulängliche Wirckung erweisen können/durch welche Tag und Nacht anhaltende Schmertzen/bey entstehendem Appetit, da Er offt in vielen Tagen an Speise nicht das geringste genossen/alle Krafft verschwunden/und aller Lebens=Safft verzehret und ausgetrocknet worden.*"[51]

Interessant scheint hier die Angabe, dass ein offenbar heftiges „*schmertzhafftes Stechen in der rechten Seite*" vorlag, da es zur „*Versetzung des Athems und Zusammenkrümpffung des gantzen Leibes*" kam. Anzumerken ist hier allerdings ein Problem, das sich vielfach ergibt, wenn versucht wird, Krankheitsabhandlungen in Leichenpredigten zu deuten: die Ungenauigkeit in der Symptombeschreibung. In den meisten Fällen, die eine Appendizitis vermuten lassen könnten, ist in Bezug auf die Lokalisation des Schmerzes zwar die rechte Seite angegeben, nicht jedoch in welchem Großbereich des Körpers (Thoraxbereich oder Abdomen) er verspürt wurde. Dies führt dazu, dass zwangsläufig eine größere Bandbreite an Differenzialdiagnosen für eine Deutung bedacht werden

---

49 Die Rolle der behandelnden Ärzte in den Leichenpredigten war insofern eine eher doch untergeordnete, da sie allenfalls im Rahmen der Erzählung bzw. Berichterstattung des Pfarrers/Predigers über die letzten Tage des Verstorbenen/über das Leiden, welches zum Tode führte, Erwähnung fanden. Das Leben und Wirken der zu würdigenden verstorbenen Person sollte in den Personalia im Vordergrund stehen.
50 An dieser Stelle sei allerdings auch der Hinweis darauf gegeben, dass das Stellen von retrospektiven Diagnosen aus der Analyse einzelner Texte nicht ohne Einschränkungen stattfinden kann, da es methodisch diskutabel erscheint.
51 Olearius, Johannes: Der geistliche Tamias und Exemplarische Cammer-Meister. Halle/Saale 1675 [Leichenpredigt auf Johannes Mathesius (1617–1675)], o. S.

muss, sodass eine genaue Zuordnung zu einem appendizitischen Geschehen unsicherer wird. Vermutet man einen (rechtsseitigen) Thoraxschmerz, müsste man auch mögliche Erkrankungen wie z. B. (fulminante) Lungenembolie/Lungeninfarkt, akutes Koronarsyndrom/Angina pectoris, Pneumothorax, Ösophagusruptur, Aortendissektion, Pneumonie oder Pleuritis in Betracht ziehen. Auch die Angabe des „versetzten Atems", verstanden als Atemnot, kann ein thorakales (pulmonales/kardiales) Geschehen nahelegen. Da anhand der Beschreibung in dieser Leichenpredigt ein Zeitraum von drei Monaten zwischen einsetzender Symptomatik und Tod lag, lassen sich jedoch akut lebensbedrohliche Ereignisse (Lungenembolie, instabile Angina pectoris, Pneumothorax, Aortendissektion, Ösophagusruptur u. a.) eher ausschließen. Auch für die Pneumonie fehlen wichtige Kardinalsymptome wie Fieber und Husten; eine Pleuritis, die zwar am ehesten einen auf die rechte Thoraxhälfte beschränkten Schmerz verursachen könnte, ist eher unwahrscheinlich: Im Stadium der Pleuritis sicca kommt es zwar durch atembewegungsabhängiges Reiben der Pleurablätter zu Thoraxschmerzen, diese sistieren jedoch in der Regel beim Übergang in die Pleuritis exsudativa, die mit einem Pleuraerguss und vermehrter Dyspnoe einhergeht. Konzentriert man sich auf das Abdomen als Schmerzquelle, stellt sich auch hier die Frage, ob es sich um einen rechtseitigen Ober- oder Unterbauchschmerz gehandelt hat. Ein rechtsseitiger Oberbauchschmerz kann z. B. auf eine Gallenkolik, eine akute Cholezystitis oder Cholangitis, verschiedenste Lebererkrankungen (Abszesse, Tumore, akute Hepatitis), eine Pyelonephritis, eine Urolithiasis oder auch auf ein Kolonkarzinom der rechten Flexur als Differenzialdiagnosen hinweisen. Sollte es sich um einen rechtsseitigen Unterbauchschmerz gehandelt haben, liegt die Vermutung nahe, dass es sich um eine akute Appendizitis gehandelt haben könnte, da diese prozentual gesehen den häufigsten Auslöser hierfür darstellt. Die Differenzialdiagnosen des rechtsseitigen Unterbauchschmerzes können somit denen der akuten Appendizitis gleichgesetzt und dem Kap. 2.6. dieser Arbeit entnommen werden. Der Versuch, die möglichen Differenzialdiagnosen des rechtsseitigen Ober- und Unterbauchschmerzes durch ein Ausschlussverfahren zu minimieren, erweist sich als zunehmend schwirig, da für eine Unterscheidung abdomineller Erkrankungen wesentlich genauere Symptomangaben vorhanden sein müssten. Bemerkt man in dem oben zitierten Ausschnitt der Leichenpredigt über Johannes Mathesius die Schilderung der kurzzeitigen Schmerzbesserung nach Arzneimittelgabe und die darauf folgende Schmerzausbreitung über die linke Seite und den Rücken, so ließen sich hier Verbindungen zu einer entstandenen Peritonitis vermuten, die schließlich auch zum Tod geführt haben könnte. Dieses – begleitet von der geschilderten Appetitlosigkeit – könnte auch dem Verlauf einer akuten Appendizitis, die im perforierten Stadium kurzzeitige Schmerzbesserung zeigt und im Verlauf der Peritonitisentwicklung eine Schmerzausbreitung über das gesamte Abdomen aufweist, entsprechen.

Weiterhin soll der Krankheitsverlauf des Pastores **M. Henning Steding** (* 26. September 1598; † 22. Dezember 1671 im Alter von 73 Jahren) diskutiert werden, der „[…] *für ohngefehr einem halben Jahr grosse dolores circa umbilicú empfundé/daß er sich auch des Herrn Medici guten Rath haben zugebrauchen ist benötiget worden/welcher dann befunden daß ein ulcus in den intestinis tenuibus oder auch mesenterio müsse verhanden seyn/worzu ihm alsobald von dem Herrn Medico allerhand dienliche suppositoria, Clysteres abstergentes und gelinde evacuantia per intervalla seynd appliciret worden/es hat aber der affectus damit nicht können gehoben werden/sondern ist immer geblieben/wiewol einmal stärcker als das andere/doch hat er noch allemal sein Ampt/wiewol zu weilen mit grosser Unvermögsamkeit dabey verrichtet/[…] biß ihn endlich der Herr Medicus und andere gute Freunde gerathen und gebeten/seiner selbst zu schonen/weil der affectus die starcke Bewegung und grosse Kälte nicht wolte leiden/worauff er sich am 19. Novembris als er des vorigen Sontages nach verrichtetem Gottesdienst für grosser Schwachheit kaum in sein Hauß kommen können/zu Bette legen müssen/[…] Da dann immittelst allerhand köstliche alterantia und Confortantia sind gebraucht/auch dabey eine accurate diaet observiret worden/ so haben sich dennoch nichts desto weiniger die Kräffte von Tage zu Tage verlohren/also daß dieselbe in diesem hohen Alter nicht lenger zu erhalten gewesen. […] am 22. Decembris Vormittages […] durch einen seligen und sanfften Todt abgefodert/[…]*."[52]

Bei dieser Beschreibung des letzten Krankheitsprozesses fällt gleich zu Beginn die Erwähnung eines „umbilicalen Schmerzes" auf, der von dem behandelnden Arzt als ein „Ulcus des Dünndarmes oder Mesenteriums" interpretiert wurde. In Bezug auf eine mögliche Appendizitis ist es deshalb interessant, da es auch hierbei im Anfangsstadium des Entzündungsprozesses zunächst zu Schmerzen im periumbilikalen Bauchbereich kommen kann, die dann im Verlauf in den rechten Unterbauch wandern („Wanderschmerz"). Über ein tatsächlich stattgefundenes appendizitisches Geschehen, durch dessen (peritonitische) Folgen letztlich der Tod verursacht wurde, lässt sich auch hier zunächst nur spekulieren.

---

52 Rudolphi, Herbert: Leich-Sermon Uber die Wort der Kinder Korah im LXXXIV. Psalm von dem Verlangen nach dem Himmel/und dem Verdruß in der Welt. Braunschweig 1672 [Leichenpredigt auf M. Henning Steding (1598–1671)], o. S.

Mögliche Differenzialdiagnosen eines umbilicalen Schmerzes wären ein dissoziiertes Aortenaneurysma, eine inkarzerierte Hernie, eine Meckel-Divertikulitis, eine Dünndarminvagination oder ein Volvulus, chronisch entzündliche Darmerkrankungen, ein akuter Harnverhalt, ein Mesenterialinfarkt oder ein Ileus. Beachtet man die Dauer des Krankheitsverlaufes bis zum Eintritt des Todes (ca. ein halbes Jahr), so können wiederum die Erkrankungen mit akut lebensbedrohlichen Verläufen eher ausgeschlossen werden. Auch die Krankheitsbilder der inkarzerierten Hernie oder des Mesenterialinfarktes, die beide unbehandelt durch die Entwicklung einer Peritonitis zum Tod führen, haben in der Regel einen wesentlich kürzeren zeitlichen Verlauf. Dahingegen kann sich eine Wurmfortsatzentzündung zunächst durchaus auch zu einer eher chronisch-rezidivierenden Erkrankung entwickeln (vgl. Kap. 2.8). Erst nach Monaten können Komplikationen wie eine Perforation/Peritonitis im Rahmen einer erneuten, akuten Phase lebensbedrohlich werden. Auch der vom Verfasser vermutete „Ulcus duodeni" (Ulcus in den *„intestini tenuibus"*) vermag über längere Zeit in der epigastrischen oder periumbilikalen Bauchregion Schmerzen zu verursachen, bevor er durch Blutungs- oder Perforationskomplikationen zum Tod führen kann. Häufiger zentriert sich der abdominelle Schmerz bei Ulkusleiden jedoch eher in den Oberbauchbereich.

Im vorliegenden Fall von M. H. Steding ist der Zeitraum vor dem Todeseintritt hinsichtlich einer diffusen Peritonitis als Komplikation eher untypisch: Das akute Abdomen mit stärksten Bauchschmerzen über allen Quadranten, Fieber, Schocksymptomatik und die Entstehung eines paralytischen Ileus dürften einem *„seligen und sanfften Todt"* widersprechen, wobei auch hier darauf hinzuweisen ist, dass bei Patienten hohen Alters (hier 73 Jahre!) ein Großteil der Symptomatik abgeschwächt sein oder gar fehlen kann.[53]

Als nächstes lohnt sich die Betrachtung der Leichenpredigt auf den Hospital-Pfarrer **M. Georg Leonhart Model** (* 29. September 1650; † 29. November 1713 im Alter von 63 Jahren), der *„[…] vergangenen Montag Nachts mit einem hartem Brechen ohnverhofft überfallen wurde/auff welches ein starckes Reissen im unterm Leib/samt einer Verstopffung desselben/und grosser Mattigkeit erfolgte. Ob man wohl dessen Herrn Schwagern und werth geschätzt gewesenen Freund Herrn D. Hasennest/alsobald zu Rath gezogen/auch von Ihme aller Fleiß/durch verordnung verschiedener Artzney Mittel treulich angewendet worden; So war doch alles*

---

53 Anzumerken sei hier jedoch, dass der „selige und sanfte Tod" in dieser Zeit als ein eigener Topos der Ars moriendi angesehen werden kann, der weniger ein schmerz- und symptomfreies Ableben meint.

vergebenst/die Kräfften giengen auff einmahl also schnell hinweg/daß man nichts anders als den baldigen Tod vor Augen sahe/welcher umb soviel mehr beschleuniget wurde/als ein Schlagfluß/den Er sich selbsten öffters propheceite/sich eingefunden/der Ihme nach seinem Wunsch/am vergangenen Mittwochen Nachts zwischen 6. und 7. Uhr der grössern/[…] wie ein Liecht das Leben außgelöscht."[54]

Der hier beschriebene Fall könnte durch seine Symptomkonstellation und die Heftigkeit und Kürze des Verlaufes (drei Tage) auf einen tödlich endenden Darmverschluss hindeuten. Starkes Erbrechen mit krampfartigen Bauchschmerzen und Stuhlverhalt sind bekannte klassische Symptome eines mechanischen Ileus, der unbehandelt häufig im Verlauf fließend in einen paralytischen Ileus übergeht. Im späteren Stadium kann es hierbei auch infolge von Darmwandnekrosen zu einer Durchwanderungsperitonitis kommen. Da die akute, diffus-eitrige Peritonitis unbehandelt in der Regel in einem schweren septischen Krankheitsbild endet, kann sie im vorliegenden Fall durchaus als Todesursache angenommen werden. Darüber, ob das *„starcke Reissen im unterm Leib"* den kolikartigen Bauchschmerzen bei einem mechanischen Ileus entspricht, lässt sich nur spekulieren.

Möglicherweise kann es sich hierbei auch um einen Ruptur- oder Perforationsschmerz verschiedenster Genese oder gar um appendizitische Schmerzen gehandelt haben. Eigenartig erscheint im Fall von M. G. L. Model die endgültige Todesursache durch einen *„Schlagfluss"* (vermutlich war hierbei der Schlaganfall gemeint). Fraglich ist, ob sich tatsächlich kurz vor Eintritt des Todes ein Schlaganfall ereignete oder ob es sich lediglich um einen Versuch der Beschreibung des Todesvorganges handelte. Medizinisch betrachtet ist das Erleiden eines Schlaganfalles im akut septischen Zustand durchaus möglich: Durch die systemische Ausbreitung der Infektion kommt es zu progredienten Organdysfunktionen, sodass auch Gerinnungs- und Durchblutungsstörungen sowie Sauerstoffmangel im Gehirn auftreten, was zu einem plötzlichen Organausfall in Form eines Schlaganfalles führen kann.

Aufgrund dessen, dass eine akute Appendizitis unbehandelt normalerweise über das perforierte Stadium in eine diffus-eitrige Peritonitis übergeht, die einen paralytischen Ileus auslösen kann und schließlich in einem septischen Systemversagen endet, erscheint die Darstellung dieses Fallbeispieles durchaus

---

54 Geys, Johann Jakob: Ein Model eines Christl. Pilgrims/bey Ansehnlicher und volckreicher Leich=Begängnis/Des Hoch=Wohl=Ehrwürdigen/Hoch=Achtbar=und Hoch= Wohlgelehrten Herrn/M. Georg Leonhart Models. Windsheim 1714 [Leichenpredigt auf Georg Leonhart Model (1650–1713)], S. 28.

lohnenswert. Denn das appendizitische Krankheitsbild war noch unbekannt und somit das Erkennen der Symptome betroffener Personen kaum möglich. Vielleicht wurden oft auch nur Symptome des Endstadiums (Peritonis/Ileus/Sepsis) der Erkrankung durch den Betrachter wahrgenommen. Trotz allem kann die Untersuchung solcher Fälle wie dem obigen durchaus gewinnbringend sein, auch wenn es sich bei der Beantwortung der Frage nach dem vorausgehenden Ereignis bzw. Auslöser nur um Spekulationen handeln kann.

Schließlich sollen noch zwei weitere Auszüge aus den jeweiligen Leichenpredigten dargestellt werden, die vor allem in Bezug auf die verwendete Terminologie aufschlussreich erscheinen.

Zum einen handelt es sich um die Leichenpredigt auf **Christina Barbara von Stein** (Fürstl. Sächß. Cammer-Jungfer; * 11. April 1639; † 26. April 1675 im Alter von 36 Jahren), die „[...] *vor ungefehr 3. Jahren ein ungewöhnliches Seiten=Weh angesetzet/welches sie bald Anfangs sehr mitgenommen/und Ursach gegeben sich ohne Verzug einiger Cur zubedienen; Bey welcher ob wol die Beschwernis nicht gäntzlich gehoben worden/doch so viel geschehen/daß die seelig verstorbene sich Hoffnung gemacht/[...]. Aber wie es mehrern Theils gerne zu geschehen pflegt/so ist auch bey ihr an statt der gehofften Besserung fast mehrere Schwachheit eingeriessen. Dannenhero sie denn bewogen worden sich einer ordentlichen Chur noch letzlich zubedienen/[...]. Massen denn auch auff wenig gebrachte Mittel sich damals nicht allein Linderung der Schmertzen/und Ruhe/sondern auch der verlohrne appetit zur Speise und Tranck sich ziemlich wieder eingefunden. Aber auch diese Besserung hat nicht lange bestanden/daß vielmehr nach einiger Außsetzung des Gebrauchs der Medicamenten/voriges alles in gleicher Hefftigkeit sich wieder eingefunden. Und obwohl von der seel. verstorbenen auch hierbey der Medicorum Rath gesuchet/und derselbe von ihnen mit aller Treue und Fleiß ertheilet worden/hat doch solches zu einem mehrern nicht/als zu jezuweiliger Besänfftigung der Schmertzen und Erquickung aus denen öfftern Ohnmächtigkeiten und Mattigkeiten außschlagen können/biß endlich nach Zwey=Wöchentlichem Lager der abgemattete Leib/(als 8. Stunden vor dem erfolgten seel. Tode die Erbrechung des lang getragenen Apostematis vorhergangen/) unter vieler Ohnmachten [...] in die Hände ihres Erlösers JEsu Christi gegeben: [...]*"[55] (vgl. Abb. 24 und 25).

---

55 Gotter, Johann Christian: Der Glaubigen Kinder Gottes sanffte und selige Ruhe. Gotha 1675 [Leichenpredigt auf Christina Barbara von Stein (1639–1675)], o. S.

Lebens-Lauff.

welches sie bald Anfangs sehr mitgenommen / und Ursach gegeben sich ohne Verzug einiger Cur zubedienen; Bey welcher ob wol die Beschwernis nicht gäntzlich gehoben worden / doch so viel geschehen / daß die seelig verstorbene sich Hoffnung gemacht / daß solthanes über sich von zeiten zu zeiten allsacht verschleichen / und dann auch ihre vorige Gesundheit wiederkommen möchte. Aber wie es mehrern Theils gerne zu geschehen pflegt / so ist auch bey ihr an statt der gehofften Besserung fast mehrere Schwachheit eingeriessen. Dannenhero sie denn bewogen worden sich einer ordentlichen Chur noch letzlich zubedienen / ob durch GOttes Hülffe Rath zufinden / und denen vielen Schmertzen zu helffen were. Massen denn auch auff wenig gebrachte Mittel sich damals nicht allein Linderung der Schmertzen / und Ruhe / sondern auch der verlohrne appetit zur Speise und Tranck sich ziemlich wieder eingefunden. Aber auch diese Besserung hat nicht lange bestanden / daß vielmehr nach einiger Außsetzung des Gebrauchs der Medicamenten / voriges alles in gleicher Hefftigkeit sich wieder eingefunden. Und obwohl von der seel. verstorbenen auch hierbey der Medicorum Rath gesuchet / und derselbe von ihnen mit aller Treue und Fleiß ertheilet worden / hat doch solches zu einem mehrern nicht/ als zu jezuweiliger Besänfftigung der Schmertzen und Erquickung aus denen öfftern Ohnmächtigkeiten und Mattigkeiten außschlagen können / biß endlich nach Zwey Wöchentlichem Lager der abgemattete Leib/ (als 5. Stunden vor dem erfolgten seel. Tode die Erbrech-

Abb. 24: Auszug aus den Personalia der Leichenpredigt auf C. B. Stein (Seite 1 v. 2). (Quelle: Gotter, 1675, o. S.)

Lebens-Lauff.

brechung des lang getragenen Apostematis vorhergangen /) unter vieler Ohnmachten Abwechselung gestrigen Montags 8. Tage / war der 26te Aprilis / frühe ½ nach 7. Uhren / auff hiesiger Fürstl. Residentz Friedenstein / seine fromme Seele von sich / und unter dem fleissigen Gebet der umbstehenden / und geschehener Einsegnung / in die Hände ihres Erlösers JEsu Christi gegeben: In dem sie auff dieser flüchtigen und vergänglichen Welt gelebet hat 36. Jahr 2. Wochen und 1. Tag.

Abb. 25: Auszug aus den Personalia der Leichenpredigt auf C. B. Stein (Seite 2 v. 2). (Quelle: Grotter, 1675, o. S.)

Zum anderen handelt es sich um die kurze Textpassage aus der Leichenpredigt auf **Engel von Puttkammer** (geborene von Stojentin; * 1545; † 8. Juli 1610 im Alter von 65 Jahren), die „[…] *in der nacht mit einer Seitenkranckheit angegriffen/ drinnen sie nur biß in den siebenden Tag gelegen*/[…]."[56] hat.

---

56 Wolder, Johann: Flos Vitae Blum des Lebens Fleischliche und Geistliche. Wittenberg 1611 [Leichenpredigt auf Engel von Puttkammer (1545–1610)], S. 82.

Auffallend an diesen beiden Fallbeispielen ist die Verwendung der beiden Termini „*Seite = Weh*" und „*Seitenkranckheit*". DRYANDER zu Folge beschreibe der Begriff „*Seitenwee*"[57] eine Erkrankung der Lunge, die auch „*Pleuresis*"[58] genannt werden könne. Hierbei komme es zu Ansammlungen von Blut und Cholera an der die Rippen überziehenden Haut der Lunge, woraus ein Abszess entstehen könne und Symptome wie Fieber, stechende Schmerzen in der Seite, kurzer Atem und Husten verursacht würden.[59] Durch die Erwähnung der „*Erbrechung des lang getragenen Apostematis*" im Fall von C. B. v. Stein ist zu vermuten, dass auch hier von einer „*Pleuresis*" mit begleitendem Husten und Auswurf von Sputum ausgegangen wurde.[60] Den Beschreibungen von DRYANDER zufolge handelte es sich höchstwahrscheinlich tatsächlich um die heute auch „Pleuritis" genannte Rippenfellentzündung, die auf dem Boden verschiedenster Lungenerkrankungen entstehen kann (u. a. Pneumonie, Tuberkulose, Bronchialkarzinom, Lungeninfarkt). Auch der Begriff der „Seitenkrankheit"[61] wird in der älteren Literatur neben den Synonymen „Pleuritis", „Seitenstechen", „Morbus lateralis/ Dolor lateralis"[62] und „Seitenkränke/Seitenkräncke"[63] häufig für die Rippenfellentzündung verwendet.

Da der Begriff „Seitenkrankheit" jedoch auch in historischen Romanen[64] als mittelalterliche Bezeichnung einer Appendizitis dargestellt wurde, entstand ein vermuteter Zusammenhang, der bis heute wissenschaftlich nicht recht geklärt werden kann. Tatsächlich findet man in mittelalterlichen Quellen abweichende

---

57 Dryander, Ein new Artzney, 1557, S. 28f.
58 Ebd. Vgl. hierzu auch Hoefler, Max: Deutsches Krankheitsnamen-Buch. München 1899: „[…] *Pleuresia, 1. = jede Krankeit mit Schmerz in den Rippenseiten, Seitenweh, Lankübel* […]." (Ebd., S. 473).
59 Vgl. ebd.
60 Lat. apostēma, apostēmae (f.)/apostēmatis (n.) – dt. Abszess, Geschwür.
61 Vgl. Hoefler, Deutsches Krankheitsnamen-Buch, 1899, S. 638.
62 Vgl. Weber, Friedrich August (Hg.): Onomatologia medico-practica: Encyklopädisches Handbuch für ausübende Aerzte in alphabetischer Ordnung. Nürnberg 1785, S. 1768ff.
63 Vgl. Grimm, Jacob und Wilhelm: Deutsches Wörterbuch (DWb), Bd. 16. Leipzig 1854–1960, S. 396.
64 Z. B. in: Gordon, Noah: Der Medicus. München ¹1987. Dem Roman zufolge müsste die „Seitenkrankheit" im mittelalterlichen, persischen Raum bekannt gewesen sein, so auch dem persischen Arzt Ibn Sina (lat.: Avicenna; um 980–1037 n. Chr.). In seinem führenden medizinischen Werk „Qānūn at-Tibb" (aus dem Arab. übers.: „Kanon der Medizin") ist davon nichts zu verzeichnen. Gerade auch weil es sich hier um die Literaturgattung „Roman" handelt, ist nicht auszuschließen, dass der Begriff in seiner Verwendung ein fiktiver sein könnte.

Begriffsverwendungen, sodass z. B. im Rahmen der „Seitenkrankheit" auch von Leberleiden mit Gelbsucht die Rede war.[65] Ob die Appendizitis im Mittelalter oder später im 16./17. Jahrhundert letztlich wirklich als „Seitenkrankheit" bekannt war, lässt sich abschließend nicht beweisen. Wie im vorangegangenen Kapitel dargestellt, spricht die Quellenlage eher dafür, dass es sich bei der akuten Appendizitis um eine im Mittelalter gänzlich unbekannte Erkrankung handelte, wodurch es sehr unwahrscheinlich ist, dass sie bewusst als „Seitenkrankheit" deklariert wurde. Eher kann es zu einer generellen Verwendung des Terminus bei seitlichen Bauch- bzw. Thoraxschmerzen gekommen sein, ohne ein konkretes Krankheitsbild betiteln zu wollen. Somit kann lediglich angenommen werden, dass es scheinbar keine klare, einheitliche Verwendung des Terminus gab.[66]

Summarisch ist noch einmal deutlich festzuhalten:

Für die medizinhistorische Forschung stellen die Leichenpredigten eine facettenreiche Quellenart dar, da sie einerseits die Vorstellungen medizinischer Laien von Krankheiten deutlich machen, andererseits aber auch, wie diese sich gegenüber Gesundheit und Krankheit verhielten, welche Therapieverfahren bei ihnen zur Anwendung kamen und welche Stellungen sie zum Tode einnahmen.[67] Die vor allem in den „Personalia" befindlichen, mitunter autobiographischen Vitae der Verstorbenen ermöglichen das Erkennen subjektiver Auffassungen in Bezug auf ihre Erkrankungen. Medizinisch von Interesse sind dabei insbesondere die häufig ausführlich dargelegten Passagen zur Krankheitsbeschreibung in den letzten Tagen vor dem Tod, darüber hinaus aber auch die Darstellungen von bereits vorausgegangenen Krankheitsphasen im Leben des Verstorbenen. Dabei ist allerdings auch zu beachten, dass die Beschreibungen der letzten Lebenstage keinesfalls nur rein medizinisch verstanden werden können, da gerade die Schilderungen des Sterbeprozesses in den Leichenpredigten oft in religiösen Zusammenhängen gesehen werden müssen. Neben anderen medizinhistorischen

---

65 Vgl. Stotz, Peter/Niederer, Monica: Der St. Galler „Botanicus". Ein frühmittelalterliches Herbar: kritische Ed., Uebers. und Kommentar. In: Lateinische Sprache und Literatur des Mittelalters, Bd. 38. Bern 2005, S. 229f.
66 Bezüglich der Altersangabe in allen hier aufgeführten Ausschnitten der Predigten fällt auf, dass es sich um Personen eher höheren Alters handelt. Diesbezüglich muss angefügt werden, dass die Häufigkeit des Auftretens – zumindestens heute und mit hoher Wahrscheinlichkeit auch damals – im höheren und hohen Alter eine eher geringere war/ist (vgl. Kap. 2.1). Die Wahrscheinlichkeit, dass es sich bei den Beschreibungen in den Predigten tatsächlich um eine Appendizitis gehandelt hat, wird dadurch geschmälert.
67 Vgl. Strum, Leichenpredigten, 2014, S. 108f.

Quellenarten kann gerade den Leichenpredigten ein weitreichenderer Forschungswert zugesprochen werden. Aufgrund der Betrachtung größerer Zeitspannen von Krankheitsverläufen tragen sie dazu bei einen detaillierteren Einblick in das (letzte) Krankheitsgeschehen zu gewinnen, sodass zum einen Verlaufbeurteilungen möglich werden und zum anderen ein Rezidivieren oder Voranschreiten von Symptomen oder sogar das Auftreten von chronischen Leiden aufgezeigt werden kann. Gerade in Hinblick auf die doch eher ernüchternde Quellenlage bezüglich der Beschreibung klinischer Beobachtungen im 16. und 17. Jahrhundert erlaubt somit die Analyse der Leichenpredigten einen zusätzlichen Zugangsweg zur Forschung nach ersten Appendizitis-Beschreibungen. Allerdings ist festzuhalten, dass man die Leichenpredigten inhaltlich nicht unbedingt mit der Präzision ärztlicher Gutachten, wie wir sie heute kennen, gleichsetzen darf, was – wie aus vorangegangenen Ausführungen deutlich wird – dann doch immer wieder zu fehlender Eindeutigkeit in der exakten Zuordnung von Symptombeschreibungen zu Erkrankungen führen kann. Dennoch ermöglichen sie darüber hinaus auch eine Betrachtung damals geläufiger medizinischer Terminologie, die sich auf der Grundlage durchaus anderer Krankheitskonzepte von der heutigen in einigen Teilen abweichend verhielt. Durch eine Korrelation der damaligen medizinischen Terminologie mit den differenzierteren Krankheitsdarstellungen wird allerdings eine Krankheitsinterpretation möglich. Zu erwähnen ist dabei, dass es sich bei dieser Terminologie meist jedoch nicht um Fachterminologie handelte, sondern eher um Ausdrücke medizinischer Laienkenntnisse (im Zuge autobiographischer Erläuterungen und Krankheitsdarlegungen der Prediger). Nur selten findet man direkte ausführliche ärztliche Gutachten abgedruckt, die eine unmittelbare fachliche Schilderung anstelle der Krankheitsbeschreibungen durch „Nicht-Mediziner" zeigen. Trifft dies zu, so können sie *„in günstigen Fällen einen direkten Vergleich der ärztlichen Expertise mit den Ausführungen des medizinischen Laien"* bieten.[68]

Dennoch bleibt die Tatsache nicht aus, dass durch die Laien-Terminologie, durch andere, zugrunde liegende Krankheitskonzepte und durch zwar ausführlichere, aber eben dennoch nicht ausreichend differenzierte Beschreibungen von Krankheitsgeschehen die Bandbreite möglicher Differenzialdiagnosen so groß bleibt, dass eine Zuordnung zu einem appendizitischen Krankheitsgeschehen nicht mit Sicherheit vorzunehmen ist. Im Einzelnen tauchen Verdachtsfälle mit einer der appendizitischen Erkrankung ähnlichen Symptomatik auf, eine tatsächlich stattgefundene Appendizitis lässt sich jedoch in keinem Fall mit

---

68 Vgl. ebd., S. 111ff.; Zitat S. 116.

ausreichender Sicherheit annehmen. Zudem sind retrospektive Diagnosen auf diesem Hintergrund methodisch prinzipiell sehr fragwürdig. Angesichts des sicher anzunehmenden Umstandes, dass Formen der Appendizitis aber auch in vergangenen Zeiten auftraten, ist eine Berücksichtigung dieser Quellengattung daraufhin jedoch lohnend.

Diese Ausführungen zum 16. sowie zum 17. Jahrhundert überblickend, finden sich also nur recht wenige Quellen bezüglich erster Beschreibungen des Krankheitsbildes „Appendizitis". Diese sind – wie bereits beschrieben – nicht immer von solch einer Deutlichkeit, dass deren Interpretation nicht doch auch angezweifelt werden könnte. Es war noch immer kaum möglich, dem rechtsseitigen Unterbauchschmerz einen konkreten Namen zu geben bzw. ihm bestimmte Erkrankungen zuzuordnen, da es zu keiner unmittelbaren Korrelation zwischen der Klinik und einem pathologisch veränderten Organ durch Operationen im Akutfall oder im Nachhinein durch Sektionen kam.

Die endgültige Etablierung des Krankheitsbildes „Appendizitis" findet sich erst im 19. Jahrhundert, die Vereinheitlichung der Terminologie der Appendix vermiformis blieb allerdings dem 18. Jahrhundert vorbehalten.

5 Das 18. Jahrhundert: Von der terminologischen Vereinheitlichung über die Erweiterung anatomischer und funktioneller Erkenntnisse bis hin zu ersten Appendektomien und Therapievorschlägen

Am Anfang des 18. Jahrhunderts befestigte sich das anatomische Wissen um die Appendix vermiformis immer weiter, sodass sie den Anatomen als allgemein bekannt galt. Auch die Terminologie wurde einheitlich.[1] Unter den Anatomen am Übergang vom 17. zum 18. Jahrhundert war es Philip VERHEYN (1648–1710), der sich 1693 in seinem Werk „Corporis humani anatomia"[2] nochmals deutlich gegen das Durcheinander der Begrifflichkeiten im 17. Jahrhundert aussprach. Er postulierte die Festsetzung des Begriffes „Caecum" für den blinden Anfang des Dickdarmes und nicht für dessen wurmförmigen Anhang. In der 1708 erschienenen deutschen Ausgabe seines Werkes findet sich hierzu folgende Passage: *„Was man aber durch den blinden Darm eigentlich verstehen soll/sind die Erfahrne selbst noch nicht einig. Aus dem dickern Gedärme kommet ein Theil hervor/ so ungefehr fünf quer Finger lang ist/und sich über das dickere Gedärme/wie ein zusammen=gekrümter Wurm hin strecket. L.* [hier als Verweis auf eine Abbildung gemeint – Anm. M. K.] *Diesen Fürgang halten ihrer viel vor den blinden Darm/ nach meiner Meynung aber unrecht/denn alle mit einander zehlen den blinden Darm unter die dicken/nun aber kan dieser hervor gehende Theil keines weges dicke genennet werden: Dannenhero am sichersten ist/daß man das den blinden Darm heisse/was am dicken Darm wie ein Säcklein oder kugelicht aussiehet/lieget auf der rechten Seite des Grimmdarms/ist auch daselbst der Nieren angehefftet M.* [s. o. – Anm. M. K.]. *Denn dieses ist in Wahrheit dick/und unter allen das weiteste/ dessen Länge wird sich kaum auf vier quer Finger erstrecken. Dieser ist auch blind/ weil dessen untere Theil zu ist/und gehet doch auch an obern Grimmdarm fort."*[3]

---

1 Vgl. Sprengel, Appendicitis, 1906, S. 3.
2 Vgl. Verheyen, Philippe: Corporis humani anatomia, in qua omnia tam veterum, quam recentiorum anatomicorum inventa. Lovanii 1693.
3 Verheyn, Philip: Anatomie oder Zerlegung des menschlichen Leibes, worin alles, was so wohl die alten als neuen Anatomici entdecket und erfunden haben, leicht und deutlich beschrieben, und in Kupfer fürgebildet wird. Leipzig 1708, S. 93f.

Der durch VESAL eingeführte Ansatz, die Appendix vermiformis als „Blinddarm" bzw. „Caecum" zu bezeichnen, geriet immer mehr in den Hintergrund. Durch die Eingliederung der Appendix vermiformis in das grundlegende anatomische Wissen der damaligen Zeit und die Begriffseinigung konnte nun Raum für neue Fragestellungen geschaffen werden. So wendete man sich im 18. Jahrhundert ebenfalls vermehrt dem anatomischen Detail des Wurmfortsatzes sowie zu dessen möglicher Funktion im menschlichen Körper zu. Beispielhaft sei hier auf den italienischen Mediziner, Anatomen und Begründer der Pathologie Giovanni Battista MORGAGNI (1682–1771) hingewiesen, der 1706 in seinem Werk „Adversaria anatomica omnia" bemerkenswerte anatomische Einzelheiten des Wurmfortsatzes beschrieb. Er war der Erste, der im Rahmen von mehreren Leichensektionen in zwei von vier Fällen eine Schleimhautfalte an der Mündung der Appendix vermiformis in das Caecum entdeckte, die nach der Art des oberen Augenlides gebildet sei und den Wurmfortsatz zum Dickdarm hin verschließe.[4] Hierbei ist davon auszugehen, dass MORGAGNI die heute unter dem Namen „Gerlach-Klappe"[5] bekannte klappenartige Schleimhautfalte entdeckt hatte. Diese Erkenntnis und auch die der unterschiedlichen Lagemöglichkeit der Appendix vermiformis in Bezug auf das Caecum gewann er im Rahmen seiner Bemühungen, der ungeklärten Frage nach der eigentlichen Funktion des Anhanges nachzugehen. Einige zeitgenössische Anatomen vermuteten, so MORGAGNI, dass der Wurmfortsatz entweder dazu diene, etwas aus dem Caecum aufzunehmen oder aber in das Caecum abzugeben. Bedingt durch sein enges Lumen und seine geringe Dehnfähigkeit sei er jedoch keinesfalls dafür gemacht, Luft oder Faeces aufzunehmen, auch wenn dies gelegentlich beim Fötus oder bei Erwachsenen vorgefunden werde. Folgende Tatsachen sprächen gegen eine aufnehmende und eher für eine abgebende Funktion: Zum einen verhindere die Schleimhautfalte am Eingang der Appendix vermiformis das Eindringen von Material in dessen Lumen, zum anderen sei die Position des Wurmfortsatzabganges (drei oder vier Fingerbreit unterhalb der Mündung des Ileums auf der linken Seite des Caecum) eher die eines sezernierenden Organes. Der Abgang eines aufnehmenden Organes wäre eher die im Bereich der Mitte des caecalen Bodens. Anhand von mehr als zehn von ihm sezierter Leichen konnte MORGAGNI festmachen, dass

---

4 Vgl. Morgagni, Giovanni Baptistae: Adversaria anatomica omnia: quorum tria posteriora nunc primum prodeunt, novis pluribus aereis tabulis, & universali accuratissimo indice ornata. Lugduni Batavorum 1723, S. 25.
5 Benannt ist diese Schleimhautfalte nicht nach ihrem Entdecker MORGAGNI, sondern nach dem deutschen Anatomen Joseph von GERLACH (1820–1896), der diese im 19. Jahrhundert ebenfalls beschrieben hat.

in der Mehrheit der Fälle die Appendix vermiformis eben diesen Ursprung an der linken Seite des Caecum aufwies. Ihre Lage zum Caecum selbst konnte dabei variieren (schräg oder senkrecht nach oben gerichtet). Zur Untermauerung seiner Hypothese, dass der Wurmfortsatz nicht für die Aufnahme von Darminhalt diene, führte er die Beobachtungen des Anatomen Giuseppe ZAMBECCARIUS (1655–1728) an, der bei einem jungen Hund einen Teil des Wurmfortsatzes ektomierte und den Rest mit einer Ligatur versah, die er nach drei Monaten entfernte und den Boden des Wurmfortsatzes völlig offen vorfand, wobei er feststellte, dass dennoch keine Fäkalien in dessen Bauchhöhle gefallen waren.[6]

Auch der italienische Anatom Giovanni Domenica SANTORINI (1681–1737) machte 1724 in seinem Werk „Observationes anatomicae" auf verschiedene, erstmalig beschriebene anatomische Details der Appendix vermiformis aufmerksam. Dabei setzte er das Wissen darüber, dass der wurmförmige Anhang von drei Bändern des Dickdarmes zusammengefügt und fälschlicherweise als Blinddarm bezeichnet werde, dass in seiner Höhlung Drüsen vorkämen und er manchmal durch ein zartes Mesenterium befestigt sein könne, voraus. Aus dieser Anmerkung lässt sich rückschließen, dass SANTORINI um die verstärkte Auseinandersetzung mit der Anatomie des Wurmfortsatzes in seinen Fachkreisen wusste. Weiter hob er besonders – wie zuvor auch schon MORGAGNI – die Variabilität der Lage der Appendix vermiformis zum Caecum hervor, die er im Rahmen seiner ebenfalls durchgeführten Leichensektionen vorgefunden hatte: Eine in das Becken hinabgeneigte, eine beinahe horizontale (in den linken Bereich des Bauches zeigende) sowie eine nach oben gerichtete seien ihm aufgefallen, wobei Letztere zu einer Lage zwischen dem Psoasmuskel und der Leber führen würde.[7] Aus heutiger Sicht erscheint diese zuletzt angegebene Lagemöglichkeit sehr interessant, weil es – wie schon im vorherigen Kapitel erwähnt – vermutlich häufiger zu Verwechslungen von akuten Appendizitiden mit Entzündungen und

---

6 Vgl. Morgagni, Adversaria, 1723, S. 25ff.
7 Vgl. Santorini, Giovanni Domenico: Observationes anatomicae. Venetiis 1724, S. 169.
„Eam siquidem modò in pelvim demissam, ac maximè inclinatam; modò horizontali penè ductu in sinisteriorem partem conversam; modò rectam, obliquam modò, ac sic aliquando eam in superiora provectam observavimus, ut inter Psoas musculum, & Hepatis cavum locata ad perpendiculum omnino Caeci cavitati immineret." Übers. v. M. K.: „Insofern wir ja beobachtet haben, dass er bald nur in das Becken hinabgeneigt und sehr gebogen ist; bald in beinahe horizontaler Führung in den linken Bereich gewendet ist, bald gerade, bald seitwärts gerichtet ist und so manchmal nach oben vorgeschoben ist, so dass er zwischen dem Psoasmuskel und dem Cavum hepatis gelegen, ganz und gar senkrecht der Höhle des Binddarmes zuneigt."

Abszedierungen des Psoasmuskels kam. SANTORINIS erstmalige Beschreibung der möglichen psoasmuskelnahen Lagevariante des Wurmfortsatzes (heute in der Regel als retrocaecale Lage bezeichnet) kann eventuell eine Hilfestellung für nachfolgende Ärzte und Anatomen dahin gehend gewesen sein, dass Abszessbildungen im Bereich des Psoasmuskels durchaus auch mit dem appendizitischen Krankheitsbild in einen Zusammenhang gebracht werden können. Anders als MORGAGNI berichtete SANTORINI jedoch davon, dass er überaus häufig bei plötzlich Verstorbenen während der Sektion einen bis zum Boden mit Faeces oder festerem Material gefüllten Wurmfortsatz vorgefunden habe. Besonders hervorzuheben ist an dieser Stelle die Beobachtung SANTORINIS, dass gelegentlich Würmer im Lumen der Appendix vermiformis befindlich seien und der Gattung „Teretes" zugeordnet werden könnten.[8] Diese seien nicht dicker als ein Haar und ihre Länge entspreche kaum einer Fingerbreite.[9] Wie aus dem Kap. 2.2 dieser Arbeit zu entnehmen, ist ein gelegentliches Vorkommen von Würmern im Inneren der Appendix vermiformis auch heute noch bekannt sowie deren Vermögen, eine Wurmfortsatzentzündung durch Obliteration des Lumens auszulösen. Nach heutigem Forschungsstand steht jedoch fest, dass es sich bei dieser Wurmart nicht um die von SANTORINI vermuteten Tauwürmer handelt, sondern entweder um Maden- (Oxyuren bzw. Enterobius vermicularis) oder Spulwürmer (Askariden bzw. Ascaris lumbricoides).[10] SANTORINI fügte seiner Beobachtung eine Funktionshypothese des Wurmfortsatzes hinzu: Der Wurmfortsatz scheine ein geeigneter Ort für das Wärmen und für die Isolation der Würmer zu sein, wo sie, wie „in einem sicheren Gässchen geborgen", leben könnten und nicht – wie an anderen Stellen des Darmes außerhalb der Appendix vermiformis – von starken

---

8 Vgl. ebd. Einem Lexikoneintrag aus dem Jahr 1744 zufolge handelt es sich bei der Gattung „Teretes" um „[...] *die größere Gattung Würmer im menschlichen Leibe: Solche sind den Regenwürmern ziemlich gleich, lang oder kurz, weiß, roth oder fleischfarbig [...]. Sie gehen entweder durch den Stuhlgang, oder durch Erbrechen mit fort, [...]."* (Zedler, Johann Heinrich/Ludewig, Johann Peter von: Grosses vollständiges Universal-Lexicon Aller Wissenschafften und Künste, Welche bißhero durch menschlichen Verstand und Witz erfunden und verbessert worden, Bd. 42. Leipzig 1744, S. 966). Eine heute geläufige Bezeichnung für den frühen Begriff „Teretes" kann „Lumbricus terrestris" (Gattung: Lumbricus; Ordnung: Oligochaeta (Wenigborster); Klasse: Gürtelwürmer) sein, der – im Gegensatz zu dem obrigen Lexikoneintrag – eine direkte Benennung für eine Regenwurmart ist (vgl. Sauermost, Rolf/Freudig, Doris (Hg.): Lexikon der Biologie, Bd. 11: Phallaceae bis Resistenzzüchtung. Heidelberg 2003, S. 466).
9 Vgl. Santorini, Observationes, 1724, S. 170.
10 Die von SANTORINI beschriebenen Größenverhältnisse der vorgefundenen Würmer entsprechen am ehesten denen der Oxyuren.

Darmbewegungen oder großen Massen Faeces mitgerissen und zu schnell nach unten befördert würden.[11] Diese von SANTORINI erstellte Funktionshypothese deckt sich mit aktuellen Forschungsergebnissen, die zeigen, dass die Appendix vermiformis tatsächlich als eine Art Herberge angesehen werden kann, allerdings nicht für Würmer, sondern viel mehr für symbiotische Darmbakterien, die sich in Biofilmen – gut geschützt vor dem Fäkalstrom – im Lumen ansiedeln können (vgl. Kap. 1.3).[12] Die Grundidee, dass der Wurmfortsatz ein schützender Ort für bestimmte Lebewesen sein könnte, entstand demnach scheinbar bereits im 18. Jahrhundert.

Johann Nathanael LIEBERKÜHN (1711–1756), Mediziner und Naturwissenschaftler, machte etwas später (1739) in seiner „Dissertatio medica inauguralis de valvula coli et usu processus vermicularis" erstmalig darauf aufmerksam, dass sich im Wurmfortsatz – wie auch in geringerer Zahl im Rest des Dickdarmes – drüsenartige Gebilde befänden, die er bei mikroskopischen Untersuchungen von Präparaten entdeckte und fortan „*glandulae folliculosae compositae*"[13] nannte. Er schrieb diesen Drüsen – und damit auch der Appendix vermiformis – folgende Flüssigkeit sezernierende Funktion zu: „*Diese Glandulae also werden tropfenweise Flüssigkeit in ausreichend erkennbarer Menge, [...] abgeben, die sich mit den auf dem Boden des Caecum klebenden [...] Fäkalien vermischt und diese verdünnt, die verdünnten aber wegen kontinuierlich hinzutretender neuer Flüssigkeit mit sich fortreißt, so lange, bis die vergrößerte Masse zu den Valvulae des Colon gelangt und von diesen weiter vorwärts gestoßen wird. Also werden die Fäkalien nicht auf dem Boden des Caecum bleiben und keinen Schaden anrichten können.*"[14] Dieser anatomischen und funktionellen Beschreibung der Drüsen stellte LIEBERKÜHN noch eine Stellungnahme zu dem von MORGAGNI erwähnten Fall des ZAMBECCARIUS voraus. Er behauptete, er könne die Beobachtung von fehlendem

---

11 Vgl. Santorini, Observationes, 1724, S. 170.
12 Vgl. Bollinger/Barbas/Bush et al., Biofilms, 2007, S. 829.
13 Lieberkühn, Johann Nathanael: Diss. med. inaug. de valvula coli et usu processus vermicularis [hab. Lugduni Batavorum 1739]. Gottinga 1746, S. 593. Nach DEAVER machte 1781 auch der französische Mediziner Raphaël Bienvenu SABATIER (1732–1811) auf eine große Anzahl Drüsen im Wurmfortsatz aufmerksam (vgl. Deaver, Appendicitis, 1905, S. 8).
14 Aus dem Latienischen übersetzt von M. K. Der lateinische Originaltext hierzu lautet wie folgt: „*Glandulae ergo hae stillabunt liquidum notabili satis quantitate, [...] quod admixtum faecibus in fundo caeci haerentibus [...] has diluet, dilutas vero propter novum continuo accedens fluidum fecum abripiet, usque dum aucta moles ad valvulas coli perveniat, & ab his ulterius propellatur. Ergo faeces non poterunt manere in fundo caeci, nec inferre noxam.*" (Ebd.).

Faecesaustritt nach Absetzen des Wurmfortsatzes bei Hunden durch eigene Versuche bestätigen, jedoch hätte kein einziger der betroffenen Hunde den nächsten Tag überlebt.[15]

Auch der Anatom Joachim VOSSE beschäftigte sich 1749 in seiner Dissertation „De intestino caeco eiusque adpendice vermiforme" mit der Position des Ursprunges des Wurmfortsatzes am Caecum. Nach ihm sei die Appendix vermiformis bei jüngeren Menschen mittig am Boden des Caecum anzutreffen, bei Erwachsenen jedoch meist linksseitig (selten auch auf der rechten Seite), wobei sie, etwas abgewendet von der Dünndarmmündung, nach hinten verlagert erscheine. Weiter behauptete VOSSE, dass der Wurmfortsatz an der Stelle entspringe, an der sich die ringförmigen Fasern des Caecum verengten. Dieses werde durch die Entwicklung der Därme beim Föten verständlich, hier zeige sich, dass der entstehende Wurmfortsatz zunächst wie das Caecum aussehe, viel größer und weniger zusammengezogen sei als bei Erwachsenen. Erst mit der Zeit komme es zu einer steten Verkleinerung, ähnlich wie dieses auch bei der Entwicklung des Conus medullaris beobachtet werden könne.[16]

In der klinischen Medizin war das 18. Jahrhundert wegweisend für die Entdeckung der Entzündlichkeit des Wurmfortsatzes und der damit in Verbindung zu bringenden Schmerzen im rechten Unterbauch. Zwar kam es zu Beginn des 17. Jahrhunderts in einigen Fällen zu Beschreibungen von Abszessbildungen und Entzündungen im Darm, die eine Peritonitis oder Darmperforation verursachen können[17] sowie zu Erläuterungen von Kasuistiken mit umschriebener rechtsseitiger, eitriger Unterbauchperitonitis[18], jedoch wurden damit in der Regel weder das Ceacum noch die Appendix vermiformis als verursachende anatomische Strukturen in Verbindung gebracht.[19] Erst die 1711 durch den Chirurgen Lorenz HEISTER (1683–1758) gemachte Beobachtung „*Von einem Geschwür in dem wurmförmigen*

---

15 Vgl. ebd., S. 592.
16 Vgl Vosse, Joachim: Dissertatio inauguralis medica anatomico physiologica de intestino caeco eiusque adpendice vermiformi. Goettingae 1749, S. 32. Nach DEAVER bemerkte v. HALLER 1778 ebenfalls, dass ein Unterschied zwischen dem Wurmfortsatz beim Fötus und dem beim Erwachsenen bestehe. Die fötale Appendix vermiformis sei deutlich länger (oft habe sie die halbe Länge des fötalen Ileums) (vgl. Deaver, Appendicitis, 1905, S. 8).
17 Vgl. Sprengel, Appendicitis, 1906, S. 53.
18 Vgl. Sachs, Geschichte der operativen Chirurgie, Bd. 1, 2002, S. 182.
19 Vgl. Sprengel, Appendicitis, 1906, S. 53.

Auswachs im blinden Darm (in processu vermiformi intestini coeci)"[20] während einer öffentlichen Sektion des Leichnams eines „*Uebelthâters*"[21], stellte die erste tatsächlich bewusst wahrgenommene und optisch detailliert erfasste Entzündung eines Wurmfortsatzes dar. Nach HEISTER „[…] *fanden sich […] die dünnen Därme an verschiedenen Orten sehr roth und entzündet, so daß auch die allerkleinste Aedergens dieser Gedärme so artig und schön mit Blut angefüllet waren, als wären sie nach der künstlichen Ruyschianischen Art, die Adern mit einer rothen wächsernen Materie auszufüllen, also auf das künstlichste zubereitet gewesen. Nachdem ich aber hierbey die wahre Lage der dicken Därme den Zuschauern zeigen wolte, so fand ich den wurmförmigen Auswachs des Blind=Darms wiedernatürlich schwarz, und fester als sonst gewöhnlich, mit dem innern Bauchfell des Unterleibes (peritonaeum genannt) zusammengewachsen. Da ich nun selbigen durch ein gelindes Ziehen absondern wollte, so rißen die Häute dieses wurmförmigen Auswachses sogleich entzwey, ohngeachtet der tode Leichnam noch ganz frisch gewesen, und floßen wohl 2 bis 3 Löffel voll Eiter heraus.*"[22]

Aus heutiger Sicht handelte es sich bei dieser Beschreibung sehr wahrscheinlich um eine perforierte, gangränöse Appendizitis, die – je nach damaligem Verständnis des Begriffs „*innern Bauchfell*" – entweder mit der inneren serösen Haut der Peritonealhöhle im Unterbauch oder aber mit dem Omentum majus (Bauchfellduplikatur) entzündlich verwachsen war, wobei Letzteres für eine gedeckte Perforation spräche. Da jedoch auch mehrere entzündliche Foci am Dünndarm erwähnt wurden, ist eine diffuse Entzündungsausbreitung im Abdomen – wie dies eher bei einer frei perforierten Appendix vermiformis der Fall wäre – nicht auszuschließen. HEISTER merkte an, dass dieses Beispiel als Beweis dafür dienen könne, dass im Blinddarm sowie im Wurmfortsatz Entzündungen und Eiteransammlungen entstehen können, genauso wie es in anderen Organen auch möglich sei. Interessant ist der sich anschließende Appell, bei rechtsseitigen Unterbauchschmerzen an eine entzündete Appendix zu denken: „*[…] dennoch in der Praxi, wenn Brennen und Schmerzen an dem Ort, wo dieser Theil lieget, ein Augenmerk*

---

20 Heister, Lorenz: Medicinische, chirurgische und anatomische Wahrnehmungen: nebst Kupfern und gedoppelten Registern. Rostock 1753, S. 194.
21 Ebd. Fraglich ist, ob es sich bei dem „Übeltäter" um einen Sträfling aus dem Gefängnis handelte, der an einer Appendizitis starb, oder eher um eine Sektion eines Hingerichteten, bei der dieser Befund durch Zufall entdeckt wurde. Wohl eher unwahrscheinlich ist hierbei letztere Annahme. Das es sich im strafrechtlichen Sinn um einen Straftäter handelt, geht allerdings eindeutig aus dem Begriff „Übeltäter" hervor. Zum Tode verurteilte Deliquenten wurden oftmals der Anatomie überwiesen.
22 Ebd.

daranf [sic!] *kann gemacht werden."*²³ Des Weiteren findet sich in HEISTERS Abhandlung erstmalig ein nichtoperativer Therapievorschlag für appendizitisches Leiden, wobei „*Clystiere aus erweichenden und zertheilenden Mitteln"*²⁴ wie „*Malua* [gemeint Malva – Anm. M. K.], *Althaea und Chamillen=Blumen, mit Milch abgekocht"*²⁵ gegen die Entzündung dienlich seien, da „[...] *diese bis dahin gelangen können, und theils durch ihre mäßige Wärme, theils aber durch ihre erweichende und zertheilende Kraft machen, daß die Entzündung entweder zertheilet, oder die Eiter=Geschwulst innerhalb in die dicke Gedärme zum Aufbruch gebracht werde, damit also das Eiter durch den Stuhlgang könne ausgeleeret, und der Kranke dadurch gerettet und erhalten werden, als welches, wenn es in holen Leib durchfrist, den Tod verursachen könnte und würde."*²⁶

Nachdem nun durch HEISTER die Aufmerksamkeit auf den entzündeten Wurmfortsatz als möglichen Verursacher von rechtsseitigen Unterbauchschmerzen gerichtet worden war, dauerte es jedoch noch einige Jahre, bis erste Operationsversuche einer Appendektomie zur Therapie bei akuter Appendizitis vorgenommen wurden. Fast ein Vierteljahrhundert später war es der englische Chirurg Claudius AMYAND (1680–1740), der 1735 vermutlich als seinerzeit erster Operateur eine Appendektomie im Rahmen der operativen Behandlung eines an einer rechtsseitigen Skrotalhernie leidenden 11-jährigen Jungen durchführte. AMYAND veröffentlichte noch im gleichen Jahr einen Beitrag in der britischen Wissenschaftszeitschrift „Philosophical Transactions of the Royal Society"²⁷, in dem er den klinischen Fall und den Ablauf der Operation genau beschrieb: „*October 8, 1735. Hanvil Anderson, a Boy, 11 Years of Age, was admitted into St. George's Hospital near Hyde-Park Corner, for the Cure of a Hernia Scrotalis, which he had had from his Infancy, and a Fistula between the Scrotum and Thigh terminating into it,* [...]. *This Operation proved the most complicated*

---

23 Ebd.
24 Ebd.
25 Ebd.
26 Ebd. Diese Therapiemethode erinnert an das humoral- und konstitutionstherapeutische Lehrkonstrukt, basierend auf der hippokratisch-galenischen Humoralmedizin, die seit dem Altertum noch bis in das 19. Jahrhundert hinein das konservative Therapiedenken beeinflusste (vgl. hierzu Kap. 6).
27 „Philosophical Transactions of the Royal Society" ist das älteste englische und zweitälteste noch heute erscheinende Wissenschaftsmagazin der Welt, gegründet und herausgegeben durch den Bremer Heinrich Oldenburg. Die erste Ausgabe erschien am 6. März 1665 (vgl. Schmitt, Stefan: Geheime Abstimmungen. Ein sprachgewandter Bremer gründete in London das älteste Wissenschaftsjournal der Welt – die kuriose Geschichte der „Philosophical Transactions". Hg. v. DIE ZEIT (2015 Ausgabe Nr. 10)).

and perplexing I ever met with, many unsuspected Oddities and Events concurring to make it as intricate as it proved laborious and difficult. This Tumour, principally composed of the Omentum, was about the Bigness of a small Pippin: In it was found the Appendix Coeci perforated by a Pin incrusted with Stone towards the Head, the Point of which having perforated that Gut, gave way to a Discharge of Faeces through the fistulous Opening therein, as the Portion of the Pin obturating the Aperture in it shifted its Situation."[28] AMYAND bemerkte, dass die Appendix vermiformis, die zusammen mit dem Omentum majus den entzündlichen Tumor im Bruchsack bildete, von einem eitrigen Abszess umgeben gewesen sei, der zu einer Verklebung des Tumors mit dem Samenstrang und Hoden geführt habe. Weder er noch ein anderer der bei der Operation anwesenden Chirurgen habe je zuvor so eine perforierte Appendix vermiformis gesehen.[29] Der vorgefundene Wurmfortsatz „*was so contracted, carnous, duplicated, and changed in its Figure and Substance*"[30], dass es sehr schwierig gewesen sei, diesen zu identifizieren. Während der Operation sei viel Zeit darauf verwendet worden, die Verklebungen im Bruchsack auseinanderzutrennen, jedoch habe sich schnell ein weiteres Problem ergeben: Jedes Mal, wenn sich die im Wurmfortsatz befindliche Nadel bewegt habe, sei es zum Austritt von Faeces gekommen, was den Operationsvorgang störte. Aus diesem Grund hätten sich die Chirurgen dazu entschlossen, dieses Stück Darm zunächst abzutrennen, um den Bruch im weiteren Verlauf besser operieren zu können.[31] Nach diesen Schilderungen von AMYAND kann festgestellt werden, dass es sich zwar um die erste, bewusst durchgeführte Appendektomie einer perforierten Appendix vermiformis handelte, diese jedoch keinesfalls ein geplanter operativer Eingriff bei zuvor klinisch diagnostizierter akuter Appendizitis war. Vielmehr ist durch die bisherigen Schilderungen ersichtlich, dass in diesem Fall von einem Zufallsbefund und einem im Verlauf der Operation notwendig gewordenen Nebeneingriff die Rede ist. Dennoch ist es möglich, dem Bericht von AMYAND eine kurze Beschreibung der ersten Operationstechnik für das Abtrennen des Wurmfortsatzes zu entnehmen: „*It was the Opinion of the Physicians and Surgeons present, to amputate this Gut: To which End a circular Ligature was made about the found Part of it, two Inches above the*

---

28 Amyand, Claudius: Of an Inguinal Rupture, with a Pin in the Appendix coeci, Incrusted with Stone; And Some Observations on Wounds in the Guts. In: Philosophical Transactions 1735-1736. London 1735; 39 (436-444): 329-342; S. 329f. Hervorh. i. Original.
29 Vgl. ebd., S. 330.
30 Ebd.
31 Vgl. ebd., S. 331.

Aperture, and this being cut off an Inch below the Ligature, was replaced in the Abdomen, [...]; The Aperture in the Muscles, which had been inlarged by Incision, was stopped up with a Tent;"[32]

Weiter hieß es, dass der Patient nach Abschluss der Operation strengste Diät habe halten und alle zwei Tage Clystiere anwenden müssen, um einen geregelten Stuhlgang zu ermöglichen. Erst am 8. postoperativen Tag sei die Tamponade, welche die nicht primär durch eine Naht versorgte Bauchwunde verschloss, entnommen, am 10. postoperativen Tag dann die Ligatur an der Amputationsstelle entfernt worden. Dadurch, dass keine Faeces mehr aus dem Appendixstumpf getreten seien, konnte die Wunde ab diesem Zeitpunkt wie eine normale behandelt werden; der Knabe habe jedoch weitere vier Wochen Bettruhe halten müssen, bis sich nach etwa einem Monat eine feste Narbe gebildet hatte.[33] Dem Bericht von AMYAND zufolge führten die den Knaben behandelnden Chirurgen eine offene Wundversorgung durch, was aus der geschilderten Verwendung einer Bauchtamponade ersichtlich wird.[34] Ein primärer Bauchwundenverschluss mittels Naht fand scheinbar nicht statt. Die Angabe, dass die Wunde nach der Entfernung der Tamponade und dem Lösen der Ligatur wie eine normale behandelt wurde, lässt keine eindeutige Interpretation der weiteren Wundbehandlung zu. Ob zu dem Zeitpunkt eine verzögerte primäre Wundnaht vorgenommen oder aber die sekundäre Wundheilung verfolgt wurde, kann nicht mit Sicherheit rekonstruiert werden. Da jedoch von einem einmonatigen Vernarbungsprozess berichtet wurde, ist rückblickend eher zu vermuten, dass dem Jungen eine langwierige sekundäre und aus der Tiefe heraus erfolgte Wundheilung widerfahren ist. Da sekundär heilende Wunden bei unkorrekter Behandlung leicht zu Infektionen neigen und einer regelmäßigen Pflege bedürfen, sind der erfolgreiche Vernarbungsprozess bei dem Jungen und die fehlende Erwähnung von Infektionskomplikationen für die Bedingungen des 18. Jahrhunderts hervorzuheben.

Abschließend zu dem Fall soll an dieser Stelle noch auf die Erwähnung einer im Wurmfortsatz des Patienten vorhandenen Nadel eingegangen werden. Neben der Tatsache, dass die Lokalisation einer entzündeten Appendix vermiformis im Bruchsack einer Skrotal-/Leistenhernie mit einer Inzidenz von weniger als

---

32 Ebd., S. 331f.
33 Vgl. ebd., S. 332f.
34 Heutiger Standard der Versorgung von frischen (max. 6–8 Stunden alten) Wunden – wie z. B. die Operationswunden bei Appendektomien – ist die primäre Wundversorgung, bei der die Wundränder unter streng sterilen Bedingungen mit einer Naht adaptiert werden (vgl. Zimmer, Michael: Chirurgie Orthopädie Urologie. Prüfungsvorbereitung für Pflegeberufe, Bd. 5. München ⁶2006, S. 3f.).

0,13 % sehr selten ist[35], kann auch eine in dem Wurmfortsatz befindliche Nadel durchaus als Rarität angesehen werden.[36] Auch wenn die Möglichkeit des Vorhandenseins von Fremdkörpern wie Nadeln in der Appendix vermiformis durch die moderne Bildgebung mittlerweile nachgewiesen werden kann, sind die frühen Fälle (AMYAND, MESTIVIER (folgt)) jedoch auch vorsichtig kritisch zu betrachten. Es ist in Erwägung zu ziehen, ob bei den Beobachtungen AMYANDS und MESTIVIERS eventuell eine Fehldeutung vorgelegen haben könnte und es sich bei den vorgefundenen Fremdkörpern eher um spitze, nadelförmige Kotsteine handelte. Auch wenn dies möglich erscheint, ist das Vorliegen einer tatsächlichen Nadel jedoch fast noch wahrscheinlicher, da Kotsteine in der Regel eher abgerundet und ausgussförmig erscheinen. Auffallend ist jedoch, dass zwei der vier bekannten Fälle von gefundenen Nadeln im Wurmfortsatz mit AMYAND und MESTIVIER in das 18. Jahrhundert fallen. Dies kann zum einen Zufall sein, zum anderen könnte aber auch ein möglicher Erklärungsversuch angestellt werden, wenn man einen Blick auf die im 18. Jahrhundert vorherrschenden handwerklichen Arbeitsfelder und die familiären Lebensumstände wirft. Denkbar wäre es, wenn es zum Beispiel in dem unter den männlichen und weiblichen Berufen weitverbreiteten Textilgewerbe (u. a. Schneider, Näher, Hutmacher, Weißzeugnäher, Kirschner[37]) sowie in dem Metallgewerbe (u. a. Nadler[38]) im

---

35 Vgl. Ciftci, Fatih/Abdulrahman, Ibrahim: Incarcerated amyand hernia. In: World journal of gastrointestinal surgery 2015; 7 (3): 47–51; S. 48. Die Passage einer Nadel o. ä. durch den Gastrointestinaltrakt bis hin zur Appendix vermiformis ist ohne weitere Verletzungen bis hierhin durchaus möglich.
36 Vgl. Llullaku, Sadik S./Hyseni, Nexhmi Sh./Kelmendi, Baton Z. et al.: A pin in appendix within Amyand's hernia in a six-years-old boy: case report and review of literature. In: World journal of emergency surgery (*WJES*) 2010; 5: 14; S. 14. Neben dem oben dargestellten Fall von AMYAND 1735 finden sich noch drei weitere in der Geschichte: zum einen der Fall MESTIVIERS 1735 (folgt im Haupttext); zum anderen war es 1886 der amerikanische Chirurg R. J. HALL, der die gleiche Situation wie zuvor AMYAND bei einem 17-jährigen Jungen vorfand und die erste Appendektomie in der Geschichte der USA durchführte (vgl. Williams, Gareth R.: Presidential Address: a history of appendicitis. With anecdotes illustrating its importance. In: Annals of Surgery 1983; 197 (5): 495–506; S. 500). Erst viel später im Jahr 2006 wird erneut ein weiterer Fall eines 6-jährigen Jungen mit einer durch eine Nadel perforierten Appendix vermiformis in einer rechtsseitigen Inguinalhernie beschrieben (vgl. Llullaku/Hyseni/Kelmendi, A pin, 2010, S. 14).
37 Vgl. Brodmeier, Beate: Die Frau im Handwerk in historischer und moderner Sicht. Münster Westfalen 1963. In: Forschungsberichte aus dem Handwerk, Bd. 9, S. 23–33.
38 Vgl. ebd., S. 38–40.

Vergleich zu heute wesentlich häufiger zum unbeabsichtigten Verschlucken von Nadeln, Nägeln, Drahtteilen oder ähnlichem gekommen ist.[39] Gerade auch dadurch, dass häufig die handwerklichen Berufe zu Hause ausgeübt und vielfach auch bereits die Kinder in jungen Jahren in die beruflichen Hilfsarbeiten mit eingebunden wurden, kann das Verschlucken von Nadeln und Nägeln vor allem auch im Kindesalter durchaus möglich gewesen sein. Zudem sei noch darauf hingewiesen, dass das familiäre Leben und Arbeiten meist in erheblicher räumlicher Enge stattgefunden hat und eine strenge Beaufsichtigung der Kinder sicher auch nicht immer möglich war.

Der von dem französischen Chirurgen M. MESTIVIER beschriebene Fall eines 45-jährigen männlichen Patienten kann – anders als bei AMYAND – als erste rechtsseitige Bauchraumeröffnung aufgrund eines zuvor klinisch erstellten Befundes angesehen werden. Der Patient stellte sich 1757 aufgrund einer großen Geschwulst in der rechten Bauchnabelregion im Krankenhaus St. André de Bordeaux zur Behandlung seines Leidens vor und wurde kurz darauf operiert. In dem von MESTIVIER verfassten Bericht über diesen Fall im „Journal de médecine, de chirurgie et de pharmacie" ist dabei zu keinem Zeitpunkt erwähnt worden, dass während oder nach der klinischen Untersuchung die klare Verdachtsdiagnose einer Entzündung der Appendix gestellt wurde. Demnach kann nicht davon ausgegangen werden, dass man bei der Operation des Patienten die konkrete Absicht verfolgte, eine Appendektomie durchzuführen. Dennoch veranlasste die Untersuchung der Geschwulst den behandelnden Chefchirurgen des Krankenhauses dazu, eine unverzügliche chirurgische Öffnung des Bauches durchzuführen.[40] Welche Erkrankung und Gefahr er seinen Untersuchungen zufolge vermutete, bleibt unerwähnt: *„Der Oberarzt des besagten Krankenhauses bemerkte nach Untersuchung des Tumores dort eine beträchtliche Fluktuation; er dachte, er sollte die Öffnung nicht länger verzögern, und tat es."*[41]

---

39 So denke man nur an das Bild eines Schneiders, der die noch zu gebrauchenden Nadeln während des Nähens im Mund mit den Lippen festgehalten hat, um diese in unmittelbarer Reichweite zur Verfügung zu haben und das umständliche Suchen zu vermeiden.

40 Vgl. Mestivier, M.: Observation sur une tumeur située proche la region ombilicale, du côté droit, occasionnée par une grosse épingle trouvée dans l'appendice vermiculaire du caecum. In: Journal de médecine, de chirurgie, et de pharmacie 1759; 10: 441–442; S. 441.

41 Aus dem Französischen übersetzt von M. K. Der französchische Originaltext hierzu lautet wie folgt: *„Le Chirurgien-Major dudit hôpital, après avoir examiné la tumeur, y apperçut une fluctuation assez considérable; il crut n'en devoir pas différer plus long-tems l'ouverture, & la fit."* (Ebd.).

Im Bericht weiter heißt es, aus der Öffnung des rechtsseitigen Bauches habe sich etwa ein Viertelliter bösartiger Eiter ergossen und das nach der Eröffnung des Geschwulstes vorgefundene Geschwür habe problemlos entfernt werden können, sodass der Patient durchaus Aussicht auf Heilung gehabt habe. Dennoch verstarb dieser postoperativ. MESTIVIER war es dann, der während der anschließenden Sektion die genaue Ursache für die Geschwulstbildung herausfand: *„Ich begann mit dem Caecum, an dem nichts Außergewöhnliches zu erkennen war; seine Oberfläche schien jedoch entzündlich/gangränös verändert; außerdem besaß er eine andere Farbe als der Wurmfortsatz: kaum hatte ich diesen geöffnet, fanden wir im Inneren eine große, vollkommen verkrustete Nadel, welche rundherum wie zernagt wirkte und kurz vor dem Zerbersten war; dieser Eindruck basierte nicht alleine auf der Wundnässe, sondern auch auf dem beißenden Geruch, der dem Inhalt des Wurmfortsatzes entströmte."*[42]

Nach MESTIVIER war das Vorhandensein der hier erwähnten Nadel (*„une grosse épingle toute crustaceé"*) im Wurmfortsatz als Ursache der Erkrankung und des Todes des Patienten anzusehen, da sie wahrscheinlich – über längere Zeit eingeschlossen in der Appendix vermiformis – ununterbrochen die umliegenden Gewebeschichten gereizt und geschädigt habe.[43]

Neun Jahre nach dem Fall aus Bordeaux veröffentlichte der französische Medizinstudent M. Joubert DE LA MOTTE im selben Journal wie zuvor MESTIVIER einen Artikel mit dem Titel „OBSERVATIONS Faites à l'ouverture du cadavre d'une personne morte d'une tympanite", in dem von einer sezierten Person die Rede war, die einen mit Konkrementen prall gefüllten Wurmfortsatz aufwies. DE LA MOTTE beschrieb, dass er bei der Sektion eine etwa 2,5 cm lange Appendix vermiformis bemerkt habe, die von auffälliger Größe bzw. Form und außergewöhnlichem Tastbefund gewesen sei. Nach der Eröffnung des Wurmfortsatzes und des Caecum habe er diese vollgefüllt mit kirschkerngroßen, versteinerten Fremdkörpern vorgefunden.[44] Diese konkrete Beschreibung von Kotsteinen in

---

42 Aus dem Französischen übersetzt von M. K. Der französchiche Originaltext hierzu lautet wie folgt: *„Je commençai par l'intestin caecum, qui ne nous offrit rien d'extraordinaire; il étoit parsemé d'escarres grangréneuses; il n'en fut pas de même de son appendice vermiculaire: à peine l'eus-je ouverte, que nous y trouvâmes une grosse épingle toute crustacée, & tellement rongée en certains endroits, que le moindre effort l'auroit rompue; ce qui venoit non-seulement de l'humidité, mais encore de l'âcreté de la matiere renfermée dans l'appendice vermiculaire."* (Ebd., S. 441f.).
43 Vgl. ebd., S. 442.
44 Vgl. De La Motte, Joubert: OBSERVATIONS Faites à l'ouverture du cadavre d'une personne morte d'une tympanite. In: Journal de médicine, de chirurgie, et de pharmacie

einer Appendix vermiformis war die erste ihrer Art und vermag ein Wegbereiter für das Verständnis der Entzündungsauslösung durch Lumenobstruktion gewesen sein.

Neben den ersten Fallbeschreibungen von vorgefundenen, entzündlich abszedierten Wurmfortsätzen und den ersten Versuchen, diesen ein klinisches Korrelat zuzuordnen, kam im 18. Jahrhundert ein zuvor noch nicht erwähntes Krankheitsbild auf: die „*Peritonitis muscularis*"[45]. Der Arzt Johann Peter FRANK (1745–1821) machte erstmals 1792 auf diese Erkrankung aufmerksam und grenzte sie detailliert gegen eine weitere als „*Psoitis*"[46] bezeichnete ab. Interessant ist diese Abhandlung aus heutiger Sicht vor allem deshalb, weil zwischen der Symptombeschreibung der frankschen „Peritonitis muscularis" bzw. „Psoitis" und den bei einer akut-gangränösen Appendizitis entstehenden, peritonitischen Symptomen deutliche Parallelen gezogen werden können. Nach FRANK ist die „Peritonitis muscularis" *„eine Entzündung der Oberfläche der Bauchmuskeln, des Psoas und des Iliacus"*[47], wobei es zu starken Schmerzen und deutlich erhöhter Berührungsempfindlichkeit im Unterleib mit Punctum maximum in der Bauchnabelgegend komme.[48] *„Sie beginnt eben so, wie die andern entzündlichen Krankheiten in der Regel mit Frost und Hitze, worauf ein an einer bestimmten Unterleibsstelle fixirter, brennender, während der Inspiration, beim Husten, so wie bei jeder Körperbewegung, bedeutend gesteigerter Schmerz folgt oder schon früher zugegen war; die Haut ist weich, die unter derselben liegenden Theile fühlen sich hart an und manchmal entsteht eine umschriebene Geschwulst. […] Indess entstehn […] zuweilen Uebelkeit, Vomituration, Athmungsbeschwerden, Angst, und, hat die entzündliche Affection sich bis auf das Diaphragma verbreitet, Singultus."*[49]

Als Komplikationen einer „Peritonitis muscularis" seien, so FRANK, Abszess- und Fistelbildungen zwischen den Muskeln sowie eine entzündliche Verwachsung

---

1766; 24: 65–68; S. 67. Die Textstelle im Original lautet hierzu: *„Son appendice vermiforme, de la longueur d'un bon pouce, étoit plus grosse que dans l'état naturel. Le fait me parut si extraordinaire, que je voulus m'assurer de ce que cet intestin pouvoit contenir; je le touchai, & j'y sentis un corps étranger comme pétrisié. […] Arrivés au coecum, nous y trouvâmes d'abord des cerises entieres; je dis des cerises, et non pas des noyaux, dont la couleur étoit d'un noir foncé."* (Ebd.).

45 Frank, Johann Peter: Behandlung der Krankheiten des Menschen. Berlin 1830, S. 117.
46 Ebd., S. 118.
47 Ebd., S. 116.
48 Vgl. ebd., S. 117.
49 Ebd., S. 117f.

der Därme untereinander oder mit dem Peritoneum bekannt.[50] Abgegrenzt werde diese Erkrankung zu einer isolierten Entzündung des Peritoneums im Bereich des M. psoas und M. iliacus, die FRANK als „Psoitis" bezeichnet. Die betroffenen Patienten klagten dabei über Rückenschmerzen oder einseitige Schmerzen „*unterhalb der Gegend der Harnblase*"[51], wobei sich „*Von der Juguinalgegend bis zu den Schenkeln (welche der Kranke ohne grosse Beschwerde nicht ausstrecken kann) [...] ein stumpfer Schmerz und Taubheit*"[52] ausbreite.

Beide Krankheitsbeschreibungen lassen Assoziationen zu Symptomverläufen bei vor allem gedeckt perforierten Appendizitiden zu. Da die lokalisierte, eitrige Peritonitis in Bezug auf eine akute Wurmfortsatzentzündung eher gegen Ende des Verlaufes – im phlegmonösen oder gangränösen Stadium – auftritt, kann dieser Umstand dazu geführt haben, dass FRANK zwar die Auswirkung einer Appendizitis beobachtet, diese jedoch nicht als Ursache seiner Erkenntnisse identifiziert hatte. Als generell mögliche Auslöser für die Entstehung einer Peritonitis vermutete er „*starke äussere Verletzung des Peritonäums, [...] Erschütterung, Contusion, Wunden, Druck, [...] so wie [...] heftige Körperanstrengung*"[53] genauso wie eine „*Darmreizung durch gastrische und biliöse Einfüsse*"[54].

Ob FRANK letztlich in Hinsicht auf „*Wunden*" und „*Darmreizungen*" auch die Darmperforation als mögliche Kausalität angesehen hatte, lässt sich nicht mit Sicherheit ermitteln. Erwähnenswert erscheinen darüber hinaus die Behandlungsvorschläge von bestehenden peritonitischen Beschwerden, die FRANK seiner Darstellung des Krankheitsbildes anschloss. So seien „*nächst der sorgfältigen Beseitigung und Hinwegräumung der veranlassenden Momente, theils allgemeine Blutentziehungen, [...] theils ganz besonders Scarificationen, lauwarme Halbbäder, erschlaffende, jedoch durch ihre Schwere nicht im geringsten belästigende Fomentationen, ölige, oder mit flüchtigem Kampferliniment in Verbindung mit Laudanum vorzunehmende Einreibungen, indicirt. Bisweilen ist es erforderlich Vesicantia auf die schmerzhafte Stelle zu appliciren und erweichende Klystiere beizubringen.*"[55]

---

50 Vgl. ebd., S. 131.
51 Ebd., S. 118.
52 Ebd.
53 Ebd., S. 125.
54 Ebd.
55 Ebd., S. 134. Wie schon bei HEISTER entsprechen auch die empfohlenen Therapiemaßnahmen FRANKS gängigen internistischen Behandlungsmethoden, die zu der Zeit noch maßgeblich von dem vorherrschenden humoral- und konstitutionstherpeutischen Gedankenkonstrukt der Internisten geprägt war (vgl. hierzu Kap. 6).

Neben HEISTERs konkretem Therapievorschlag zur konservativen Behandlung eines appendizitischen Leidens stellten FRANKs Behandlungsoptionen im Rahmen einer Peritonitis (muscularis) einen weiteren Versuch dar, Empfehlungen zum Umgang mit derartigen Bauchraumerkrankungen zu geben. Auch wenn FRANK die akute Appendizitis in seiner Abhandlung nicht erwähnt hatte, kann angenommen werden, dass er sein Therapiekonzept durchaus auch für sie als geltend angenommen habe, solange davon ausgegangen werde, dass die Peritonitis (muscularis) bzw. die Psoitis eine Folge dieser Erkrankung sei.

Sechs Jahre später erschien eine weitere Abhandlung, in der das Krankheitsbild eines „*Psoasabszesses*"[56] von dem Chirurgen und Anatomen August Gottlieb RICHTER (1742–1812) detailliert dargestellt wurde. Neben der „Peritonitis muscularis" und der „Psoitis" ist der „Psoasabszess" ein weiteres Krankheitsbild, das in der damaligen Zeit zu potenziellen Verwechslungen mit einer appendizitischen Erkrankung verleiten konnte. Vermutlich wurde die heute als perityphlitischer Abszess bekannte Manifestation einer gedeckt perforierten Appendizitis vielfach für eines dieser Krankheitsbilder gehalten, sicherlich gerade bedingt durch meist psoasmuskelnahe Abszesslagen.[57] RICHTER zufolge sei der Psoasabszess *„die Folge einer hitzigen, weit öfter aber einer chronischen Entzündung in dem Zellgewebe, welches den Psoasmuskel umgiebt."*[58]

Der Betroffene verspüre dabei Schmerzen in der Lendengegend, die bis in den Rücken oder die Schenkelgegend ausstrahlen können und sich verstärken, sobald das Bein angehoben, ausgestreckt oder der Oberkörper aufwärtsgerichtet werde. Zudem klage der Patient über Berührungsempfindlichkeit in der Gegend des Abszesses und leide an allgemeinen Erkrankungszeichen wie Nachtschweiß, Durchfall, Fieber oder Husten. Für den behandelnden Wundarzt sei diese Befundkonstellation jedoch keinesfalls immer eindeutig, sodass es durchaus zu Verwechslungen mit Hüft-, Nierenschmerzen oder Hämorrhoidalbeschwerden kommen könne. Die von RICHTER mehrfach betonte Verwechslungsgefahr vermag auch hier sinnbildlich für die Unsicherheit im Verständnis der neu aufkommenden Krankheitsbilder stehen. Als Ursache für den Psoasabszess sah RICHTER neben einer zu starken Beanspruchung des Lendenmuskels auch ein Trauma im Lendenbereich oder eine vorausgehende Erkältung im Bereich des Möglichen.[59] Folgend merkte er jedoch auch an, dass genauso innere Ursachen

---

56 Richter, August Gottlieb: Anfangsgründe der Wundarzneykunst, Bd. 5. Göttingen 1798, S. 113.
57 Vgl. Sachs, Geschichte der operativen Chirurgie, Bd. 1, 2002, S. 184.
58 Richter, Anfangsgründe, Bd. 5, 1798, S. 113.
59 Vgl. ebd., S. 113ff.

diese Abszessbildung bewirken können, da „*die Lendenabscesse vorzüglich häufig in ungesunden, und mit schlechten Säften versehenen Körpern entstehen*"[60].

Als Beispiel für solche Primärerkrankungen, die von innen heraus den Psoasabszess auslösen könnten, benannte RICHTER lediglich „*Beinfraße in den untern Rücken= oder denen Lendenwirbelbeinen*"[61]. Darmerkrankungen wie im Speziellen die akute Appendizitis oder Darmperforationen blieben jedoch unerwähnt.

Weiter hieß es, der Abszess befinde sich meist neben, vor oder gelegentlich auch hinter dem Psoasmuskel, wobei er sich im Verlauf gemäß der Schwerkraft absenke und sich allmählich einen Weg nach außen bahne.[62] Die einfache Psoasmuskelentzündung ohne Abszessbildung stufte RICHTER nicht als gefährlich ein, wogegen „*allgemeine und örtliche Aderlässe, Blasenpflaster, kalte Bähungen, [...] Calomel und Mohnsaft und andere antiphlogistische Mittel, [...] und [...] sorgfältige[ ] Vermeidung der Bewegung der Schenkel*"[63] helfen würden. Liege jedoch bereits eine Eiterung bzw. ein Psoasabszess vor, so sei zwar eigentlich eine operative Eröffnung unumgänglich, diese führe jedoch erfahrungsgemäß eher zum Tod als ein unterlassener operativer Eingriff: „*Gemeiniglich erfolgt bald nach geschehener Oeffnung ein Fieber mit Nachtschweißen und Durchfällen; das Eyter wird dünn, übelriechend, scharf; der Ausfluß desselben dauert beständig und häufig fort, und der Kranke stirbt früher oder später ausgezehrt und entkräftet. Wahrscheinlich hat man diese übeln Folgen theils dem Eintritte der äußern atmosphärischen Luft*

---

60 Ebd., S. 114.
61 Ebd. Zu „Beinfraß": „*Beinfraß, Beinfresser, Beingeschwür, ist diejenige unter den Knochenkrankheiten, die in der Trennung des Ganzen in den Knochen bestehet, und mit dem Verluste des Wesens der Knochen selbst, und dem Ausflusse einer scharfen und fressenden Materie verbunden ist. Aus der gegebenen Beschreibung siehet man, daß der Beinfraß das nämliche an den Knochen ist, was Geschwür und Brand an den weichen Theilen sind.*" (Höpfner, Ludwig Julius Friedrich: Deutsche Encyclopädie oder Allgemeines Real-Wörterbuch aller Künste und Wissenschaften, Bd. 3: Bas – Blaß. Frankfurt am Main 1780, S. 269). Der Beschreibung nach handelte es sich bei dieser Erkrankung um die heute als „Osteitis" bzw. „Osteomyelitis" bekannte Knocheninfektion, die, wenn sie sich vertrebral als Spondylodiszitis manifestiert, tatsächlich einen sekundären Senkungsabszess im Bereich des Psoasmuskels verursachen kann.
62 Vgl. Richter, Anfangsgründe, Bd. 5, 1798, S. 114ff. Angegeben werden Senkungsprozesse in Richtung des Knies, der Psoasmuskelansatzstelle an der Schenkelinnenseite, der Beckenhöhle oder des Rückens und selten auch in Richtung der Bauchmuskeln, wodurch eine Eitergeschwulst am Bauch entstehe (vgl. ebd., S. 117).
63 Ebd., S. 118. Auch hier lassen sich Übereinstimmungen zwischen dem von RICHTER erläuterten Therapievorschag und der hippokratisch-galenischen Humoralmedizin finden.

in die Eyterhöhle, theils der so großen Entfernung der Quelle des Eyters von der äußern Oberfläche des Körpers [...], theils auch dem großen Umfange der Eyterhöhle zu zuschreiben."[64]

Interessant erscheint RICHTERS Schlussfolgerung zu den kausalen Zusammenhängen bei einer septischen Operationskomplikation, die den anfänglichen Gedanken einer septischen Wundverunreinigung mit nachfolgender Infektion mit einbezieht. Auf der Grundlage dieser Vermutung stellte er die Hypothese auf, dass eine möglichst kleingehaltene Eröffnung der Bauchhöhle mit gleichzeitiger Vermeidung von Lufteintritt bessere Operationserfolge und Überlebenschancen erziele[65] und somit empfahl er anschließend den Gebrauch einer „Kurmethode"[66], die als erster Drainageversuch im Rahmen einer Abszesstherapie angesehen werden kann: *„Man öffnet nach derselben die Geschwulst mit einem Troikart, oder einer Lanzette, und bedeckt nach Ausleerung des Eyters den Stich sogleich mit einem Pflaster, und läßt ihn sich schließen und heilen. Sobald die Geschwulst wieder erscheint, leert man sie auf gleiche Art wieder aus; und so zum dritten und vierten male."*[67]

Da zu den heute geltenden Behandlungsstandards von perityphlitischen Abszessen bei Appendizitis durchaus das Legen einer Abszessdrainage in den rechten Unterbauch gezählt werden kann, erscheint eine Darstellung der Anfänge dieser Therapie im Rahmen dieser Arbeit erwähnenswert.

Demnach zählt der Drainageversuch RICHTERS zusammen mit FRANKS therapeutischem Vorgehen bei einer Peritonitis und HEISTERS konkretem Behandlungsvorschlag bei akuter Appendizitis zu einem der ersten nachweisbaren, klinisch begründeten Therapieversuche bei Erkrankungen im Bauchraum, mit denen kurative Ziele verfolgt werden sollten.[68]

---

64 Ebd., S. 119f.
65 Vgl. ebd., S. 120f.
66 Ebd., S. 121.
67 Ebd. „Troikart" stellt hier die alte Bezeichnung für „Trokar" dar und bezeichnet ein stählernes, chirurgisches Instrument, das aus einer dreischneidigen, runden Nadel und einer darum befindlichen Hülse besteht und zum Einstechen in Körperhöhlen verwendet werden kann (vgl. Pschyrembel, Klinisches Wörterbuch, 2011, S. 2133).
68 An dieser Stelle sei darauf hingewiesen, dass zu dieser Zeit auch umfängliche Diskussionen zur Therapie von Hernien stattgefunden haben. Ein weiterführender Literaturhinweis hierfür wäre z. B. Dieffenbach, Johann Friedrich: Die operative Chirurgie, 2. Bd. Leipzig 1848, Kapitel CXLI., S. 471–676.

6 Zur Geschichte der Entdeckung der „akuten Appendizitis" als Krankheitsbild und der Beginn der konservativen und operativen Therapie im 19. Jahrhundert

Wenn es im 18. Jahrhundert auch noch nicht zu einer endgültigen einheitlichen Definition und Identifikation eines appendizitischen Krankheitsbildes gekommen war, sondern eine umschriebene Peritonitis in der rechtsseitigen Unterbauchregion vielfach Krankheitsprozessen zugeordnet wurde, die nicht mit der Appendix vermiformis in Zusammenhang standen,[1] so kann die Zeit des 19. Jahrhunderts dann jedoch als derjenige angesehen werden, in dem sich das heute als „(akute) Appendizitis" bekannte Krankheitsbild endgültig in der Medizin etablierte. Mit dem 19. Jahrhundert begann unter den damaligen sowohl internistischen als auch chirurgischen Ärzten eine Phase hohen Diskussionsbedarfes und hoher -bereitschaft in Bezug auf das „neu entdeckte" Krankheitsbild. Mithilfe zahlreich publizierter Kasuistiken wurden schließlich erste Rückschlüsse auf Epidemiologie, Ätiologie, Pathologie, Symptomatik und besonders zur Therapie gezogen.[2] Auffallend dabei ist die häufig voneinander abweichende Auffassung und Herangehensweise der Ärzte in Bezug auf das Verständnis, die Behandlung und die Terminologie des Krankheitsbildes, sodass es im Laufe des Jahrhunderts oft zu Differenzen in verschiedenen Bereichen unter den medizinischen Fachvertretern gekommen war, was wiederum zu einer Häufung publizierter Abhandlungen führte.

Um in dieser Fülle von Veröffentlichungen eine übersichtliche Struktur über die Verständnisentwicklung des appendizitischen Krankheitsbildes erlangen zu können, erscheint eine typologische Einteilung der diesbezüglichen Quellen dahin gehend sinnvoll, dass sich die Ärzte des 19. Jahrhunderts zum einen mit der reinen Beschreibung klinischer Fälle befassten, die nun explizit dem appendizitischen Krankheitsbild zugeordnet wurden. Zum anderen diskutierte man erstmals über eine mögliche Therapie – verschiedenste Therapieoptionen wurden dabei in ihrer Wirksamkeit gegenübergestellt. Das noch immer von der traditionellen Humoraltherapie geprägte internistische Denken stand bis zur Mitte des

---

1 Vergleiche hierzu z. B. den „Psoasabszess" nach RICHTER, die „Psoitis" und „Peritonitis muscularis" nach FRANK in Kap. 5.
2 Vgl. Sachs, Geschichte der operativen Chirurgie, Bd. 1, 2002, S. 189.

19. Jahrhunderts der aufkommenden operativen Behandlungsintention der chirurgischen Ärzteschaft gegenüber. So konnte lange Zeit keine Übereinstimmung darüber gefunden werden, ob das Krankheitsbild eher dem internistischen oder chirurgischen Gebiet der Medizin zuzuordnen sei. Die sich letzten Endes am Übergang vom 19. in das 20. Jahrhundert durchsetzende chirurgische Therapie beinhaltete darüber hinaus in sich noch weiteres Diskussionspotenzial, indem die Chirurgen ab etwa der Mitte des 19. Jahrhunderts begannen, sowohl den bestmöglichen Operationszeitpunkt als auch die bestmögliche Schnitttechnik bei operativer Eröffnung des Abdomens zur Appendektomie zu debattierten. Der Prozess der Verlagerung der zunächst noch als internistisch angesehenen Erkrankung in die chirurgische Zuständigkeit wird im Laufe dieses Kapitels noch eingehender beleuchtet.

Bevor nun der Chronologie nach das Kapitel mit der Darstellung des sich weiterentwickelnden Verständnisses der Appendizitis und der darin eingeschlossenen Diskussion um die Pathogenesetheorien beginnt, sei an dieser Stelle eine kurze Abhandlung vorangestellt, die den therapeutischen Zeitgeist unter den Internisten betrachtet. Dies soll dazu dienen, die konservativen Therapieversuche unter den Ärzten deutlicher nachvollziehen zu können.

Dadurch, dass die akute Appendizitis bis zur Mitte des 19. Jahrhunderts zunächst noch überwiegend unangefochten in den Zuständigkeitsbereich der Internisten fiel, waren auch die ersten Behandlungsversuche von rein konservativer Natur – vorerst wurde nur vereinzelt eine chirurgische Therapie in Betracht gezogen, wobei man sich hier in der Regel auf eine Entlastung des sich entwickelnden Abszesses beschränkte.[3] Die ersten Behandlungsversuche – wie in den Abhandlungen von FRANK und RICHTER (vgl. Kap. 5) kurz angedeutet – nahmen zunächst noch vielfach Bezug auf die sog. „humoralpathologische Säftelehre"[4], da das internistisch-therapeutische Gedankengut auch im 19. Jahrhundert noch erheblich von der hipprokratisch-galenischen Humoralmedizin des Altertums geprägt war. So deklarierte der königliche Leibarzt Christoph Wilhelm HUFELAND (1762–1836) Aderlass, Brechmittel und Opium 1836 noch als *„die drei Fundamentalmethoden der Heilkunst, die antiphlogistische, die gastrische,* [und] *die excitirende"*[5]. Demnach kann die humoralpathologische Lehrmeinung

---

3   Vgl. z. B. RICHTER Kap. 5.
4   Lat. humores – dt. Körpersäfte.
5   Hufeland, Christoph Wilhelm: Enchiridion medicum oder Anleitung zur medizinischen Praxis. Vermächtnis einer fünfzehnjährigen Erfahrung. Berlin [10]1857, S. 487. Dass HUFELANDS Werk noch 1857 in der 10. Auflage erschien, zeigt, dass das „humorale Denken" in Deutschland im 19. Jahrhundert noch über Ärztegenerationen

weitgehend noch als Grundlage für die konservativen Therapieanfänge der akuten Appendizitis gesehen werden.

Dennoch war aber auf der anderen Seite auch ein allmählicher Wandel in der theoretischen Medizin *„vom humoralen zum lokalistischen Denken"*[6] zu verzeichnen, der in erster Linie durch die Entwicklung der Zellularpathologie Rudolf Virchows (1821–1902) 1855/1858 in der pathologischen Anatomie stattfand. Ihre Grundlage war die Auffassung, den Ursprung jeder Erkrankung in der Störung von Zellfunktionen bzw. in der Reaktion der Zelle oder eines Zellverbandes auf krankmachende Reize zu sehen[7], nicht mehr also in einer fehlerhaften Mischung von Körpersäften, wie dies in der Humoralpathologie der Fall war. Das Streben nach Objektivität in der Diagnose und nach reproduzierbaren Befunden sah man am ehesten durch eine genaue anatomisch-pathologische Betrachtungsweise der Patienten und durch das Erstellen medizinischer Statistiken realisierbar. Dennoch herrschte noch bis zum Ende des 19. Jahrhunderts ein *„Dilemma zwischen den rasch anwachsenden neuen Erkenntnissen der experimentellen Grundlagenfächer und dem gleichzeitigen Unvermögen, auf der Basis dieses patho-physiol. Wissens effektive und kontrollierbare Therapieverf. zu entwickeln."*[8]

Dies kann als Begründung dafür gesehen werden, dass trotz des Aufstrebens der pathologischen Anatomie und der Lehre der Lokalpathologie und -therapie zwar die Lehre der Humoralpathologie zunächst vor allem in der Virchow'schen Ära immer mehr in den Hintergrund, aber dennoch niemals ganz in Vergessenheit geriet und noch immer häufig ihre Anwendung fand.[9]

So scheint es an dieser Stelle sinnvoll zu sein, die geschichtliche Entwicklung der humoraltherapeutischen Systematik ausgehend von ihren antiken Wurzeln zu skizzieren, um ein Verständnis für das sich daraus ergebende Therapiebestreben – wie man es dann auch noch im 19. Jahrhundert findet – zu erlangen.[10]

---

hinausging (vgl. Bauer, Axel W.: Therapeutik/Therapiemethoden (Neuzeit). In: Enzyklopädie Medizingeschichte. Berlin/New York 2005, S. 1390).
6 Bauer, Therapeutik, 2005, S. 1391.
7 Vgl. Urdang, Georg/Dieckmann, Hans: Einführung in die Geschichte der deutschen Pharmazie. Frankfurt a. M. 1954, S. 37–40.
8 Vgl. Bauer, Therapeutik, 2005, S. 1390f.; Zitat: ebd., S. 1390.
9 Weiterführend bzgl. des Wandels der Medizinkonzepte vgl.: Rothschuh, Konzepte, 1978, S. 357–384.
10 Hierzu ist anzufügen, dass konservative Therapiemethoden im 19. Jahrhundert allerdings auch nicht mehr nur im humoralpathologischen klassischen Sinne der Antike verstanden werden können, da sich auch die Lehre der Humoralmedizin im 19., vor allem dann aber zu Beginn des 20. Jahrhunderts im Wandel befand. Einen Vorstoß, die „alte" Humoralpathologie zu reformieren, unternahm der Wiener Gynäkologe

Unter dem Begriff der Humoraltherapie wurden seit der Antike ab- und ausleitende Therapieverfahren verstanden, die sich auf die Lehre der Humoralpathologie stützten. Diese Lehre basierte auf einer Naturphilosophie der frühgriechischen Zeit[11], welche die Ursache für Krankheitsentstehungen in einer fehlerhaften Mischung (= Dyskrasie)[12] der vier wesentlichen körpereigenen Säfte sah (= Vier-Säfte-Lehre): Gerieten demnach das Blut, der weiße Schleim, die gelbe und die schwarze Galle in ein Missverhältnis (gab es also ein Zuviel, ein Zuwenig, ein Fehlen oder ein Verderben eines oder mehrerer Säfte), so glaubte man mit entsprechenden ärztlichen („antidyskratischen") Maßnahmen, schädliche Stoffe aus dem Körper eliminieren und fehlverteilte oder aufgestaute Körpersäfte wieder in die richtige Balance bringen zu können. Die Therapiemethoden, die aus dieser Lehre resultierten, teilten sich in drei wesentliche

---

Bernhard ASCHNER (1883–1960), der durch die Aufstellung der Konstitutionslehre ab 1908 einen Wandel in der internistischen Grundhaltung anstrebte. Mit ihm waren es u. a. die Konstitutionsforscher Friedrich Wilhelm August MARTIUS (dt. Internist; 1850–1923), Friedrich KRAUS (österr. Internist; 1858–1936), Ernst KRETSCHMER (dt. Psychiater; 1888–1964), Theodor BRUGSCH (dt. Internist; 1878–1963), Julius TANDLER (österr. Anatom; 1869–1936) und Julius BAUER (österr.-amerik. Internist; 1887–1979), die zu der aufkommenden Konstitutionstherapie beitrugen (vgl. Aschner, Bernhard: Lehrbuch der Konstitutionstherapie. Die Krise der Medizin. Stuttgart/Leipzig 1933, S. 25–31). Dadurch, dass die traditionelle Humoraltherapie einen der größten und wichtigsten Pfeiler des Lehrkonstruktes der Konstitutionsmedizin bildete, fanden sich die wesentlichen Grundzüge der klassischen Säftelehre darin wieder und wurden durch ASCHNER auf ein verändertes, ganzheitlicheres Verständnis von Krankheit und Gesundheit des Menschen übertragen und durch andere Therapiemethoden erweitert. So sah er die Ursache für die Entstehung von Krankheiten nicht mehr nur rein in einem Missverhältnis von Körpersäften, sondern vielmehr in einer Um- oder Verstimmung der sog. Konstitution des Menschen (vgl. ebd., S. 51). Die aus- und ableitenden Verfahren der Humoraltherapie hatte ASCHNER dabei in seine Lehre der Konstitutionsmedizin als sog. „Aschner-Verfahren" übernommen und erweitert (vgl. ebd. S. 31).
Darüber hinaus zeichnete sich mit dem um 1810 von Samuel HAHNEMANN (1755–1943) aufgestellten Heilsystem der Homöopathie eine weitere „Schule" ab, die der neuen, naturwissenschaftlichen Medizin der Virchow'schen Ära gegenüberstand (vgl. Bauer, Therapeutik, 2005, S. 1390).

11 Vgl. Helmstädter, Axel/Hermann, Jutta/Wolf, Evemarie: Leitfaden der Pharmaziegeschichte. Eschborn 2001, S. 21. Zu dessen Lebzeiten begründet durch HIPPOKRATES, weiterentwickelt aus der Vierelementen-Lehre (Luft, Erde, Wasser, Feuer) des EMPEDOKLES von Agrigent (ca. 485–525 v. Chr.) (vgl. ebd., S. 23). Ausführlich hierzu vgl. Rothschuh, Konzepte, 1978, S. 185–198.

12 Das Gleichgewicht der vier Säfte untereinander wurde als Eukrasie bezeichnet und war mit körperlicher Gesundheit gleichgestellt.

Gebiete: die Diätetik, die Pharmazie und die Chirurgie im weiteren Sinne. Am Anfang stand die Veranlassung, dass der Kranke selbst durch eine „diätetische", gesunde Lebensweise, eine gute Ernährung und eine ausreichende körperliche Betätigung für eine Ableitung der sog. sekundären Körpersäfte (u. a. Tränen, Urin, Schweiß) sorgen sollte, was die Wiederherstellung des Gleichgewichtes zwischen den vier primären Säften unterstützte. Reichte dieses nicht aus, folgte unmittelbar die Beeinflussung durch den Arzt selbst, der durch die Verabreichung von bestimmten Arzneimitteln die Aus- und Ableitung von Sekundärsäften induzierte oder beschleunigte (z. B. Mittel zur Induktion von Diurese, Erbrechen, Stuhlentleerung). Erst als letzte Maßnahme wurde versucht, durch einen direkten Eingriff in das System der Primärsäfte das Gleichgewicht wieder herzustellen, indem z. B. Blut entziehende Maßnahmen, die wie der „chirurgische" Aderlass zur Reinigung der Körpersäfte veranlasst wurden.[13] Unterschieden wurden im Allgemeinen zum einen ausleitende Verfahren, die durch eine künstlich geschaffene Öffnung des Körpers (z. B. im Rahmen von Aderlässen, Blutegelbehandlungen) zu einer Selbstreinigung von kranken Körpersäften nach außen hin führen sollten. Zum anderen ableitende Maßnahmen, die für einen Abtransport krankhafter Säfte von einem Organ auf ein anderes dienlich waren[14] oder aber für eine Umverteilung von aufgestauten Körpersäften im Körper sorgten, sodass auch dadurch das Säftegleichgewicht wieder hergestellt werden konnte.[15] Zu den wichtigsten ableitenden Verfahren gehörten die Ableitungen über den Magen-Darm-Trakt (durch Abführmittel, Heilfasten, Einläufe, Brechmittel) und den Urin (Diuretika, Trinkkuren) sowie verschiedenste physikalische Therapien ((lauwarme)Bäder[16], Schwitzkuren, Anwendung von

---

13 Vgl. ebd., S. 23.
14 Als Beispiel kann angeführt werden, dass tiefer liegende Organprozesse auf die darüber liegende Haut umgeleitet werden sollten, sodass sie dort leichter zugänglich und demnach auch einfacher behandelt werden konnten; ebenso kann die Ableitung von schädlichen Stoffen aus dem Blut über den Darm durch den Gebrauch von Abführmitteln als Beispiel für ableitende Verfahren angebracht werden.
15 Vgl. Bierbach, Elvira/Bernig, Werner/Bilen, Erika et al. (Hg.): Naturheilpraxis heute. Lehrbuch und Atlas. München ³2006, S. 164.
16 Das Prinzip der lauwarmen Bäder beruht dabei zum einen auf der Wärme zuführenden Wirkung, zum anderen – und das hauptsächlich – auf der gesteigerten Durchblutung von Haut, Muskulatur und Geweben im Allgemeinen. Durch die wärmebedingte Dilatation der Blutgefäße können Schadstoffe besser abtransportiert werden (vgl. Kneipp, Sebastian: Meine Wasser-Kur. So sollt ihr leben. Stuttgart ⁷2004 (Nachdruck der 7. Aufl. 2002). S. 404).

Wickeln[17], Kataplasmen[18], Fomentationen[19]), die als Ziel in der Regel eine Ableitung über die Haut verfolgten.[20]

6.1 Klinische Fälle zur Darstellung der konservativen Therapieanfänge und die Entstehung von Ätiologie- und Pathogenesetheorien

Nach diesen Erläuterungen bezüglich des Grundgedankens, der hinter der anfänglich vorherrschenden internistischen Therapie stand, soll sich der Blick nun im Folgenden auf die chronologische Darstellung der Entwicklungen im 19. Jahrhundert richten, die – wie weiter oben bereits erwähnt – in drei wesentliche Diskussionskomponenten eingeteilt werden können:

- die Beschreibung klinischer Fälle und Sektionsbefunde zur Erlangung eines tieferen Verständnisses der Erkrankung mitsamt der Aufstellung von Pathogenesetheorien
- die darauf folgenden, verschiedenen internistischen und chirurgischen Therapieüberlegungen und
- die sich daran anschließende Auseinandersetzung mit den möglichen Variationen der geeigneten Schnitttechnik in der operativen Therapie.

Am Beginn des Jahrhunderts stand noch immer das Beschreiben klinischer Fälle anhand von pathologisch-klinischen Untersuchungen entzündlicher Geschehen in der rechten Unterbauchregion wesentlich im Vordergrund, es diente insbesondere dazu, die Erkenntnisse aus dem vorangegangenen Jahrhundert zu erweitern. Zudem sollte die Pathogenese, die Ätiologie und die anatomische Lokalisation der im Fokus stehenden Entzündungsprozesse endgültig aufgeklärt

---

17 Hiermit gemeint ist die Anwendung von heißen, warmen oder kalten nassen/feuchten Tüchern als Ganz- oder Teilwickel zur Gabe oder zum Entzug von Wärme (vgl. Psychrembel, Klinisches Wörterbuch, 2011, S. 2257).
18 Das sog. Kataplasma ist eine Arzneimittelanwendung, die in Form einer Art Breiumschlag auf die betroffene Körperpartie aufgelegt und – je nach Inhaltsstoffen – zum Kühlen oder Erwärmen dient. Es besteht in der Regel aus Mehlbrei und beigemischten Arzneimitteln und wirkt im Sinne einer humoraltherapeutischen, antiphlogistischen, ableitenden Therapie über die Haut (vgl. Schmitz, Rudolf: Geschichte der Pharmazie, Bd. 1. Eschborn 2005, S. 125).
19 Unter Fomentationen (auch Embrocatio genannt) versteht man feuchte Umschläge oder Kompressen mit flüssigen Arzneimitteln (vgl. Schmitz, Geschichte der Pharmazie, Bd. 1, 2005, S. 428).
20 Vgl. Bierbach/Bernig/Bilen et al., Naturheilpraxis, 2006, S. 164f.

und diese nach und nach mit typischen klinischen Symptomen korreliert werden, sodass schließlich einem charakteristischen Symptomkomplex in der Klinik gezielt die akute Appendizitis zugeordnet werden konnte. Hierbei führten gerade auch die genauen Pathogeneseuntersuchungen zu einem wesentlichen Streitpunkt unter den Ärzten, was noch einige Jahre Unstimmigkeiten in der korrekten Namensgebung hervorrief.

Den Anfang der pathologisch-klinischen Falldarstellungen im 19. Jahrhundert machte 1812 der britische Arzt James PARKINSON (1755–1824), der folgenden Fall in einer von der „Medical and Chirurgical Society of London" herausgegebenen Zeitschrift unter dem Titel „Case of diseased appendix vermiformis" veröffentlichte:

Während der Sektion eines fünfjährigen Jungen, der nach PARKINSONs Vermutung an den Folgen einer perforierten Appendix vermiformis gestorben sein musste, konnte folgender pathologische Befund verzeichnet werden: „*The viscera, independent of the inflammation of their peritoneal covering, appeared in a perfectly healthy state, excepting the appendix vermiformis of the caecum. No diseased appearance was seen in this part near to the caecum; but about an inch of its extremity was considerably enlarged and thickened, its internal surface ulcerated, and an opening from ulceration, which would have admitted a crow quill, was found at the commencement of the diseased part, about the middle of the appendix, through which it appeared, that a thin, dark coloured, and highly fetid fluid, had escaped into the cavity of the abdomen.*"[21]

Beim Eröffnen des perforierten Wurmfortsatzes stieß PARKINSON auf „*a piece of hardened foeces*"[22], das sich in dem noch übrig gebliebenen, gesunden Teil kurz vor der Perforationsstelle befand. Eine Mutmaßung, dass dieses Konkrement als Ursache der Perforation infrage kommen könnte, stellte er jedoch nicht weiter an. Indem PARKINSON in seinem Aufsatz die Beschwerden, die der Junge kurz vor seinem Tod zeigte, mit dem Sektionsbefund einer perforierten Appendix vermiformis und dessen peritonitische Folgen in Zusammenhang brachte, kann ihm einer der ersten Versuche einer gezielten Symptomatikbeschreibung bei einem appendizitischen Krankheitsgeschehen zugesprochen werden. Bei der aufgeführten Symptomatik handelte es sich vermutlich jedoch nicht um die heute bekannten, typischen Anzeichen einer akuten, lokalisierten Appendizitis, sondern vielmehr um die Symptomatik einer diffusen Peritonitis als Folgezustand

---

21 Parkinson, James: Case of diseased appendix vermiformis. In: Medico-chirurgical Transactions 1812; 3: 57–58; S. 58.
22 Ebd.

der Perforation des Wurmfortsatzes: „[…] *until two days before his death, when he was suddenly seized with vomiting, and great prostration of strength. The abdomen became very tumid and painful upon being pressed: his countenance pale and sunken, and his pulse hardly perceptible. Death, preceded by exteme restlessness and delirium, took place within 24 hours.*"[23]

Diese Symptomatik, bestehend aus Erbrechen, einer ubiquitär druckschmerzhaften Bauchdecke und der Facies hippocratica[24], entspricht der eines akuten Abdomen bei generalisierter Peritonitis. Auch das bei der Sektion vorgefundene, über die gesamte Fläche entzündete Peritoneum, das mit geronnener Lymphe überzogen und zum Teil mit den Baucheingeweiden verklebt gewesen sei,[25] passt zu diesem Befund.

1824 berichtete der französische Arzt Jean-Baptiste Louyer-Villermay (1776–1837) von zwei männlichen Patienten, die in Paris innerhalb weniger Tage an einem Krankheitsgeschehen starben, das dem einer akuten Peritonitis entsprach. Im Rahmen der sich anschließenden Sektionen konnten auch in diesen beiden Fällen krankhafte Veränderungen des Wurmfortsatzes verzeichnet werden, sodass Louyer-Villermay die gangränöse Durchsetzung der Appendix vermiformis und die sich in unmittelbarer Umgebung befindliche, unangenehm riechende Flüssigkeit eindeutig als die Ursache der klinischen Beschwerden annahm. Die vorausgehende Symptomatik, die sich in beiden Fällen ähnelte, beschrieb Louyer-Villermay wie folgt: „*Durch die Analyse dieser verschiedenen Beobachtungen glauben wir folgende Merkmale dieser Entzündung zuordnen zu können: umschriebene Schmerzen in der rechten Fossa iliaca, Übelkeit, Erbrechen, immer umfangreicher werdende Bauchschmerzen; ein nahezu immer schneller werdender Fortgang; stets und irgendwie unvermeidlich ein letaler Ausgang.*"[26]

---

23 Ebd., S. 57.
24 „Facies hippocratica" bezeichnet einen typischen Gesichtsausdruck schwerstkranker oder sterbender Patienten: eingefallene Augen und Wangen, eine spitze Nase und Blässe resultieren aus einer Blutzentralisierung, Gewichtsabnahme und Erschlaffung der Gesichtsmuskeln (vgl. Busch, Dietrich W./von Gräfe, Carl F./von Hufeland, Christoph W. et al.: Encyclopädisches Wörterbuch der medicinischen Wissenschaften, Bd. 11: Encathisma – Fallkraut. Berlin 1834, S. 701).
25 Vgl. Parkinson, Case of, 1812, S. 57f.
26 Aus dem Französischen übersetzt von M. K. Der französische Originaltext hierzu lautet wie folgt: „*En analysant ces diverses observations, nous croyons pouvoir assigner a cette phlegmasie les caracteres suivans: Douleur circonscrite dans la fosse iliaque droite, nausees, vomissemens, bientot douleur abdominale plus etendue; presque toujours marche rapide; constamment, et en quelque sorte inevitablement, terminaison funeste.*"

Anders als zuvor PARKINSON machte LOUYER-VILLERMAY auf die zu Krankheitsbeginn auftretenden, auf die rechte Unterbauchseite beschränkten Schmerzen aufmerksam, die dann erst im peritonitischen Verlauf in ubiquitäre Bauchbeschwerden übergingen. Seine Symptomtheorie basierte demnach möglicherweise sowohl auf klinischen Beobachtungen im Anfangsstadium der Erkrankung als auch auf Verlaufsbeobachtungen, wobei den Beschreibungen PARKINSONS zufolge vermutet werden kann, dass sich dessen Erkenntnisse eher auf Beobachtungen der Endphase perforierter Appendizitiden stützten. Fälschlicherweise glaubte LOUYER-VILLERMAY, dass die Erkenntnis über den Wurmfortsatz als Ursprung für lebensbedrohliche Erkrankungen mit Sitz in der rechten Darmbeingrube eine Pionierleistung wäre. Auch wenn dieses, wie aus den vorangehenden Darstellungen dieser Arbeit ersichtlich, nicht der Fall war, blieb LOUYER-VILLERMAYS Arbeit nicht unbemerkt. So kristallisierte sich in den folgenden Jahren mit ihm und einem weiteren französischen Arzt, M. Francois MÉLIER (1798–1866), in Frankreich eine Grundhaltung zur Ätiologie und Pathogenese rechtsseitiger Unterbauchentzündungen heraus. Diese stand der etwas später dominierenden „Dupuytren'schen Schule" gegenübers.[27]

Auf der Grundlage vier weiterer Fallbeschreibungen von Patienten und der sich anschließenden Korrelation zwischen den beobachteten Symptomen und den Sektionsbefunden untermauerte MÉLIER 1827 die Behauptungen LOUYER-VILLERMAYS, dass bestimmte Leiden, die mit anfangs kolikartigen, später starken, anhaltenden Schmerzen im Ileocaecalbereich einhergehen, ohne Zweifel von einem gangränösen oder gar perforierten Wurmfortsatz ausgingen. Die Ursache hierfür sah er in der Anhäufung von Faeces bzw. Kotsteinen in der Appendix vermiformis, die diesen verstopfen und sich entzünden ließen: *„Wenn man diese Beobachtung [...] vergleicht, bin ich versucht zu glauben, dass hier die Appendix noch der Hauptsitz des Unglücks war, dass es zuerst eine Anhäufung von Fäkalien in der Aushöhlung gab, vielleicht sogar einen Kotstein [...]; dass dieser Blinddarm, der sich unauffällig entzündet hatte, sich mit dem Bauchfell verklebt hat, dass das benachbarte Zellgewebe sich anschließend verstopft und sich schlussendlich die Appendix geöffnet hat, wodurch sich eine Zellgewebsentzündung entwickelt hat.'*[28]

(Louyer-Villermay: Lettre sur l'inflammation gangréneuse de l'appendice iléo-coecale. In: Gazette médicale de Paris 1835; 2 (3): 108; S. 108).
27 Vgl. Sprengel, Appendicitis, 1906, S. 54f.
28 Aus dem Französischen übersetzt von M. K. Der französische Originaltext hierzu lautet wie folgt: *„En comparant cette observation [...], je suis porté à croire qu'ici encore l'appendice coecale était le siège principal du mal, qu'il y a eu d'abord un amas de*

Aus dieser Passage wird ersichtlich, dass MÉLIER den Ursprung der rechtsseitigen Unterbaucherkrankung in der Entzündung des Wurmfortsatzes selbst sah, die entzündliche Umgebungsreaktion (z. B. auch die des Caecum) dann eine Folge davon sei. Mit dieser Ansicht stellte er sich – wie auch LOUYER-VILLERMAY – dem französischen Chirurgen Baron Guillaume DUPUYTREN (1777–1835) gegenüber, der wenige Jahre später (1834) betonte, dass dieses eher selten der Fall sei.[29]

Im Rahmen seiner sieben Fallbeobachtungen sei es – nach DUPUYTREN – häufiger vorgekommen, dass für die Entzündung in der rechten Beckengrube eher eine zunehmende „Verschleimung" des Gewebes kausal sei, das rückseitig das Caecum umhüllt. Der Reihenfolge nach greife die Entzündung des Umgebungsgewebes dann auch auf andere Darmabschnitte über – so auch auf das Caecum und die Appendix vermiformis: *„Zusammenfassend lässt sich nach dieser Beobachtung eine bestimmte Symptomreihenfolge feststellen: Dumpfe, sich wiederholende und vorübergehende kolikartige Krämpfe gehen voraus und begleiten anschließend die entzündliche Verschleimung in der rechten Beckengrube. Später wandelt sich die Verschleimung mit einem Mal in einen ausgedehnten Abszess um, ohne auf das Peritoneum überzugreifen. […] Nach diesen Tatsachen erscheint uns der Ursprung dieser Erkrankung nicht mehr fragwürdig. […] Es scheint, als wäre das Gewebe, welches die Beckengrube auskleidet und das Caecum rückseitig umhüllt, Ausgangspunkt für die zunehmende Verschleimung."*[30]

---

matières fécales dans sa cavité, peut-être même un calcul stercoral […]; que cet appendice sourdement enflammé a contracté une adhérence avec le péritoine; que le tissu cellulaire voisin s'est ouvert, et que c'est ainsi qu'un phlegmon s'est formé." (Mélier, M. F.: Mémoire et observations sur quelques maladies de l'appendice coecale. In: Journal général de médecine, de chirurgie et de pharmacie. Paris 1827; C (39): 317–345; S. 341f.).

29 Anzumerken ist, dass MÉLIER selbst ein Schüler DUPUYTRENS war, seine Ansichten diesbezüglich jedoch differierten.

30 Aus dem Französischen übersetzt von M. K. Der französische Originaltext hierzu lautet wie folgt: „En résumant les symptômes que présente cette observation, d'après l'ordre de leur développement, on voit que des coliques sourdes, fréquentes et passagères ont précédé et accompagné la formation d'un engorgement dans la fosse iliaque droite; que, plus tard, cet engorgement s'est rapidement converti en un vaste abcès, dans lequel l'inflammation s'est concentrée sans passer au péritoine, comme il est arrivé dans les observations précédentes; […] D'après ces données, le siége de la maladie ne nous paraît pas douteux; […] c'est dans le tissu cellulaire qui recouvre la fosse iliaque droite et enveloppe le coecum par sa face postérieure, que cet engorgement paraît avoir pris naissance et que la collection purulente s'est formée." (Dupuytren, B. G.: Leçon orales de clinique chirurgicale faites a l'hotel-dieu de paris. Paris ²1839, S. 527).

Zusammenfassend ist festzuhalten, dass mit PARKINSON erste Korrelationsversuche zwischen einem pathologisch veränderten Wurmfortsatz in Sektionen und den vorangegangenen Beschwerdebildern kurz vor dem Tod der Patienten stattfanden. Gleiches Vorgehen fand man in den Folgejahren auch im französischen Raum, sodass sich mit LOUYER-VILLERMAYS und MÉLIERS Fallbeobachtungen immer mehr herauskristallisierte, dass der (perforierte) Wurmfortsatz als Ursache für die tödlich endende rechtsseitige Unterbaucherkrankung angesehen werden könnte. Zudem wurden durch sie Symptombeobachtungen detaillierter und auch eine erste Ätiogenesetheorie (Anhäufung von Faekalmasse, Kotsteine als Auslöser für die Entzündung/Perforation) lässt sich verzeichnen. Ihnen gegenüber stand die sog. Dupuytren'sche Schule, die nicht den Wurmfortsatz, sondern eher das pericaecale Gewebe als Kausalität für diese Erkrankung im rechten Unterbauch sah.

Parallel zu den Entwicklungen und Diskussionen in Frankreich kam es auch im deutschsprachigen Raum zu einer kontroversen Auseinandersetzung um das appendizitische Krankheitsbild und die Frage nach dessen organischem Ursprung.

Der Arzt Johann Gottfried GOLDBECK (1807–1873), ein Schüler des Heidelberger Universitätsprofessors Friedrich August Benjamin PUCHELT (1784–1845), verfasste im Jahr 1830 im Rahmen seiner durch PUCHELT veranlassten Dissertationsarbeit zur Erlangung des medizinischen Doktorgrades in Gießen eine Monographie über das zum späteren Zeitpunkt „Appendicitis" genannte Krankheitsgeschehen.[31] Diese Monographie ist rückblickend als die Arbeit in Deutschland anzusehen, die sich sehr detailliert mit der Symptomatik, der Ätiologie, der Therapie, dem Krankheitsverlauf und den möglichen Differenzialdiagnosen dieser inflammatorischen Erkrankung beschäftigte, auch wenn zunächst noch das pathologisch-entzündliche Geschehen dem falschen Ursprungsorgan zugesprochen wurde: Sowohl aus der Arbeit GOLDBECKs (1830) als auch aus der zwei Jahre später von PUCHELT selbst verfassten Publikation (1832) zum gleichen Thema geht deutlich die an die Dupuytren'sche Schule angelehnte Auffassung hervor, die das pericaecale Gewebe und das Caecum selbst als primären Entzündungsherd bei derartigen inflammatorischen Prozessen im rechtsseitigen Unterbauch deklarierte.[32] Über einen längeren Zeitraum erbrachte diese Grundannahme größeres Diskussionspotenzial, da sie im deutschsprachigen Raum – und über diesen hinaus (z. B. wie oben ersichtlich in Frankreich) – zum einen

---

31 Vgl. Sachs, Geschichte der operativen Chirurgie, Bd. 1, 2002, S. 185.
32 Vgl. Sprengel, Appendicitis, 1906, S. 57.

Befürworter, zum anderen aber auch zahlreiche Gegner fanden, die der Meinung waren, den ursächlichen Entzündungsherd eher im Bereich der Appendix vermiformis zu sehen. GOLDBECK begründete – analog zu DUPUYTREN – seine Überzeugung, dass Entzündungen im rechten Unterbauch von pathologischen Prozessen am Caecum ausgingen, mit der speziellen anatomischen Situation dieses Dickdarmabschnittes: *„Die schnelle Endigung des Ileum, die Form und Stellung der Klappe, die Weite und Struktur der Wände des Coecum, machen einen Aufenthalt der Intestinal=Materien an diesem Platze, und bedingen die Veränderungen derselben [...]."*[33]

Auch für die Beantwortung der Frage, warum sich diese entzündlichen Geschwülste nicht auch auf der linken Seite entwickeln könnten, führte GOLDBECK vornehmlich die rechtsseitige Lage und die spezielle Struktur des Caecum an, die, im Gegensatz zu linksseitig gelegenen Darmabschnitten, zu einer verlängerten Verweildauer von Faeces führen *„und dadurch schädliche Einflüsse* [Anm. M. K.: durch den verlangsamten Abtransport] *um so eher [...] krankhafte Störungen hervorbringen können"*[34]. Von der Annahme, dass alleine *„eine Ansammlung und Stockung von Fäkal=Materien und Intestinal=Gas im Coecum"*[35] für die Entstehung einer entzündlichen Geschwulst im rechten Unterbauch verantwortlich sei, nahm GOLDBECK jedoch Abstand, obwohl dieser Zustand seiner Meinung nach aber dennoch zu einer Intensivierung des Krankheitszustandes beitragen könne.[36] Vielmehr sah er das Charakteristikum dieser Erkrankung *„in einer, durch vorausgegangene entzündliche Reitzung der Schleimhaut des Coecum bedingte Entzündung des unterliegenden Zellgewebes"*[37] und weniger in der alleinigen Entzündung des Caecum. Die vorausgehende Reizung der Caecalschleimhaut fand er darin bestätigt, dass sehr oft Diarrhoe und Kolikschmerzen am Anfang der Erkrankung stünden und als Symptome dieser Reizung angesehen werden könnten. Die auf das umliegende Gewebe des Caecum übergreifende Entzündung sei durch die

---

33 Goldbeck, Johann Gottfried: Ueber eigenthümliche entzündliche Geschwülste in der rechten Hüftbeingegend. Diss. Universität Gießen. Worms 1830, S. 7f.
34 Ebd., S. 27.
35 Ebd., S. 20.
36 Vgl. ebd., S. 21. Einige der Gegenargumente, die GOLDBECK aufführte, waren folgende: Es seien mehrere Fälle ohne Obstipation im Verlauf bekannt; auch durch die Behebung der Obstipation sei oft keine Besserung eingetreten; als Ursache für die Stase müssten Diätfehler nachgewiesen werden können, die jedoch nur selten vorgelegen hätten; Koterbrechen sei nie zu verzeichnen gewesen; die Geschwulst bestünde weiterhin, auch wenn es bereits zu einer vollständigen Darmentleerung gekommen sei (vgl. ebd., 20f.).
37 Ebd., S. 27.

zurückbleibende Geschwulst- bzw. Eiterbildung bewiesen, die sich in Sektionsbefunden auf das pericaecale Zellgewebe konzentriere. Im weiteren Krankheitsverlauf übe diese durch eine Größenzunahme Druck auf umliegende Strukturen – besonders auf das Caecum – aus, was dann zu den oft zu verzeichnenden Obstipationen führe.[38] GOLDBECK sah darüber hinaus jedoch auch klar die Verwechslungsgefahr mit anderen Erkrankungen der rechten Hüftbeingegend, sodass er Differenzialdiagnosen wie z. B. Psoitis, Entzündung des Ovars bei Frauen, Entzündung des *„runden Mutterbandes"*[39] während des Wochenbettes, Lumbalabszesse, Degeneration des Bauchnetzes, Harnleitersteine, eine Metritis, ein Caecumkarzinom oder steatomatöse Entartungen anführte.[40] Auch eine *„außerordentliche Vergrößerung des wurmförmigen Fortsatzes […] [und] eine innere Einklemmung bedingt durch den Processus vermiformis"*[41] gab GOLDBECK als mögliche Differenzialdiagnosen an, was seine Ansicht zur Pathogenese der von ihm betrachteten Erkrankung noch einmal verdeutlichte.

Um Verwechslungen mit Erkrankungen dieser Art zu vermeiden, kam er im Nachtrag in seiner Dissertationsarbeit schließlich zu dem Entschluss, der entzündlichen Erkrankung in der rechten Hüftbeingegend einen klar definierten Namen zu geben, der seine Theorie der Pathogenese genau zu beschreiben vermochte.[42] So kam es, dass GOLDBECK – übereinstimmend mit PUCHELT, der eben diesen Namen später auch in seiner Arbeit verwendete[43] – den Terminus „Perityphlitis"[44] einführte, der in Deutschland weithin übernommen, nahezu allgemeingültig wurde und die bisherigen Bezeichnungsversuche verdrängte.[45] Der aus dem Griechischen abgeleitete Terminus spiegelte abermals die Annahme wider, dass es sich bei dem inflammatorischen Prozess im rechten Unterbauch in erster Linie um ein Entzündungsgeschehen in dem Gewebe handelt, welches das Caecum umgibt:

---

38 Vgl. ebd., S. 25f.
39 Ebd., S. 13. Vermutlich bezeichnete GOLDBECK damit das Lig. teres uteri.
40 Vgl. ebd., S. 12ff.
41 Ebd., S. 15.
42 Vgl. ebd., S. 38f.
43 PUCHELT merkte in seiner Publikation von 1832 an, dass der Begriff „Perityphlitis" gemeinschaftlich von ihm und seinem Schüler GOLDBECK gebildet und durch letzteren als erstes vorgeschlagen wurde (vgl. Puchelt, Friedrich August Benjamin: Perityphlitis. In: Heidelberger Klinische Annalen, Bd. 8. Heidelberg 1832, S. 525).
44 Goldbeck, Über eigenthümliche, 1830, S. 39.
45 Vgl. Sprengel, Appendicitis, 1906, S. 63.

gr. περι (peri-) = dt. um, herum[46];
gr. τυφλοσ (typhlos) = dt. blind (hier für den Blinddarm stehend)[47];
gr. -ιτισ (-itis) = medizinisches Suffix für entzündliche Erkrankungen.

Im Gegensatz zu den weitaus umständlicheren Benennungen der französischen Ärzte[48] galt die Einführung dieser Nomenklatur als fortschrittliche Neuerung.[49]

GOLDBECK unterschied in seinen ätiologischen Überlegungen zwischen „prädispositionierenden Momenten" und „Gelegenheitsursachen"[50], wobei er zu den letzteren vor allem *„verdorbene Nahrung, scharfe Speisen, reitzende geistige Getränke, Diätfehler [...]"*[51] und *„rheumatische Störungen"*[52] zählte. Zu den Risikofaktoren rechnete er neben dem Alter (zwei Drittel der Betroffenen seien zwischen 20 und 30 Jahre alt gewesen) auch eine *„sanguinisch=floride"*[53] Konstitution, das männliche Geschlecht, die spätsommerliche und herbstliche Jahreszeit und bestimmte Berufe, die überwiegend sitzend oder in schlechter Luft durchgeführt würden oder mit Metallfarben in Zusammenhang stünden.[54] Darüber hinaus führte GOLDBECK eine detaillierte, chronologische Symptomatologie auf, die der heute gültigen sehr nahe kommt. Am Anfang der Perityphlitis stehe die Stuhlunregelmäßigkeit (Diarrhoe, evtl. sich abwechselnd mit Obstipation), die häufig von Beginn an durch kolikartige Bauchschmerzen begleitet werde. Diese Schmerzen seien anfangs eher selten sowie von leichter Intensität und gingen von der Nabelgegend aus, von wo sie sich zunächst über den gesamten Bauch ausbreiten würden. Im Verlauf nähmen sie an Intensität und Häufigkeit zu und es komme zu einer Fixierung des Punctum maximum in der charakteristischen Caecalgegend. Daneben seien zu Beginn der Erkrankung an vegetativen Erscheinungen oft Appetitlosigkeit, vermehrtes Durstgefühl und Abgeschlagenheit

---

46 Vgl. Menge, Hermann: Langenscheidts Taschenwörterbuch der griechischen und deutschen Sprache, 1. Teil: Griechisch – Deutsch. Berlin ²⁹1962, S. 345f.
47 Vgl. ebd., S. 450.
48 LOUYER-VILLERMAY: „L'inflammation gangreneuse de l'appendice", DUPUYTREN: „Abcès de la fosse iliaque droite" (vgl. Sprengel, Appendicitis, 1906, S. 63). Auch PUCHELT merkte in seiner Publikation über „Perityphlitis" an, dass die französischen Termini zu lang oder zu undifferenziert seien und sogar andere existierten, die gänzlich falsch seien, wie dies zum Beispiel bei „Peritonitis muscularis" und „Psoitis" (FRANK) der Fall sei (vgl. Puchelt, Perityphlitis, 1832, S. 525).
49 Vgl. Sprengel, Appendicitis, 1906, S. 57.
50 Vgl. Goldbeck, Über eigenthümliche, 1830, S. 15.
51 Ebd.
52 Ebd., S. 16.
53 Ebd., S. 15.
54 Vgl. ebd.

bzw. Mattigkeit zu verzeichnen, Fieber zeige sich jedoch zunächst noch keines. Dieser Zustand halte Tage bis Wochen an, bis sich dann – komme es nicht zu einer Remission – eine Geschwulst in der rechten Hüftbeingegend bilde. Sei dieses der Fall, so folge Obstipation, Erbrechen, stärker werdender Schmerz in der Caecalgegend, leichtes Fieber, eine weißlich belegte Zunge, Gesichtsblässe und eine palpable, elastische Resistenz in der Gegend des Caecum, die zunehmend druckschmerzhaft werde. Ab diesem Zustand sei die Dauer und Intensität der Symptomatik abhängig von dem Verlauf der Perityphlitis. Hierbei führte er drei mögliche Verlaufsformen auf, die sich in der Intensität, der Dauer und der Prognose deutlich voneinander unterschieden: Zum einen könne sich ein milder Verlauf ereignen, bei dem es bereits nach einigen Tagen zum Rückgang des Entzündungsprozesses und zum Abklingen sämtlicher Symptome komme.[55] Dieser Ausgang, den GOLDBECK „*Zertheilung*"[56] nannte, sei in der Regel nach 12–20 Tagen erreicht und der Krankheitszustand könne von da an als beendet angesehen werden.[57] Zum anderen sei es möglich, dass sich der Entzündungsprozess allerdings auch über die Grenzstruktur des Caecum und des pericaecalen Gewebes hinaus auf das Peritoneum ausbreite, sodass es zu weiterem Fieberanstieg und einer lebensbedrohlichen, generalisierten Peritonitis komme, die unter Umständen zum Tode führen könne. Die dritte Möglichkeit des Krankheitsverlaufes sei die Entstehung einer Eiterung, die durch Größenzunahme der Geschwulst in der rechten Hüftbeingegend, klopfende Schmerzen und eine palpable Fluktuation im Bereich des Caecum gekennzeichnet werde.[58] Sei dieser Zustand erreicht, gebe es drei mögliche Prognosen: Im günstigeren Fall entstehe ein „*Durchbruch nach innen in das Coecum*"[59], den er als „*Fistula coeci incompleta interna*"[60] bezeichnete. Hierbei komme es zu einer Entleerung der Eiterhöhle über den Stuhlgang und einen Rückgang der Geschwulst[61], sodass der Patient nach vier bis fünf Wochen als gesund zu betrachten sei.[62] Im ungünstigeren Fall komme es jedoch auch zu einem Durchbruch des Abszesses nach außen hin, infolgedessen sich der Eiter durch eine „*Fistula incompleta externa*"[63] über die Haut entleere. Daneben finde

---

55 Vgl. ebd., S. 9f.
56 Ebd., S. 16.
57 Vgl. ebd.
58 Vgl. ebd., S. 11.
59 Ebd., S. 16.
60 Ebd., S. 27.
61 Vgl. ebd., S. 11.
62 Vgl. ebd., S. 16.
63 Ebd., S. 27.

man aber auch Durchbrüche in andere innere Organe oder Organhöhlen wie beispielsweise in den Mastdarm, den Vaginalkanal oder in die Harnblase.[64] Sei eine Kommunikation der Abszesshöhle sowohl nach außen als auch nach innen mit dem Caecum zu verzeichnen, spreche man von einer *„Fistula coeci completa"*[65]. Die Krankheitsdauer und die Prognose dieser genannten Verlaufsmöglichkeiten seien nicht mit Sicherheit festzulegen, da sie davon abhingen, ob es zur Ausheilung der Abszesshöhle *„durch Anlegung ihrer Wände"*[66] und anschließender Vernarbung komme oder ob die Eiterung *„schlecht"*[67] werde und der Kranke unter einem heftigen Fieber versterbe.[68] Abschließend betonte GOLDBECK, dass am Ende jedes günstigen Ausganges und jeder Heilung – egal welche Verlaufsform vorausgegangen sei – eine *„Laxität und Atonie des Coecum"*[69] zurückbleibe, die ein erhöhtes Risiko für Rezidive, Diarrhoen und vermehrte Faeces- und Gasansammlungen bedeute.[70] Welche Verlaufsform die Perityphlitis letzten Endes einschlage, hänge maßgeblich von der Intensität der Erkrankung, von dem erkrankten Individuum selbst sowie von den eingeleiteten Therapiemaßnahmen und deren Zweckmäßigkeit ab.[71] Um eine ungünstige Verlaufsform zu vermeiden, appellierte GOLDBECK für einen möglichst frühen Therapiebeginn[72], wobei er ein *„antiphlogistisches erweichendes Verfahren"*[73] im Sinne einer konservativen Therapie als

---

64 Vgl. ebd., S. 11.
65 Ebd., S. 27.
66 Ebd., S. 16.
67 Ebd., S. 12.
68 Vgl. ebd., S. 11f.
69 Ebd., S. 12.
70 Vgl. ebd.
71 Vgl. ebd., S. 16. GOLDBECK gab in seiner Arbeit an, in 30 Fällen dieser Erkrankung 12 Ausgänge in *„Zertheilung"*, neun in Eiterung mit Entleerung über das Caecum, vier in Eiterung mit Entleerung nach außen oder in andere Nachbarorgane und fünf tödliche Ausgänge infolge einer Peritonitis beobachtet zu haben (vgl. ebd.). Ob es eine chronische Verlaufsform geben könne, sei für ihn nicht zweifellos anzunehmen (vgl. ebd., S. 17).
72 Vgl. ebd., S. 12.
73 Ebd., S. 28. Gemeint war hiermit wohl die Anwendung antiphlogistischer und resolvierender Methoden im Sinne der Humoraltherapie. Unter resolvierenden Methoden verstand man die Behandlung entzündlicher Schwellungen, Steinbildungen, Verhärtungen und gut oder bösartiger Tumore durch auflösende Mittel wie Salze und Alkalien, salinische Abführmittel, pflanzliche Arzneien sowie Jod- und Quecksilberpräparate (vgl. Herget, Horst F./Letzel, Christoph (Hg.): Lehrbuch der Konstitutionsmedizin. Grundlagen, Theorie und Praxis. Gießen 1996, S. 74f.).

die zielführende Maßnahme betrachtete: Leichtere Fälle[74] ließen sich durch die Anwendung warmer Bäder[75], Kataplasmen[76] und Fomentationen[77] sowie durch Klistiere[78] und strenge Bettruhe behandeln.[79] Schwerwiegendere Fälle[80] bedürften jedoch einer verstärkten antiphlogistischen Therapie in Form von Aderlässen[81] und dem Einsatz von Blutegeln[82], die mit lauwarmen Bädern, Kataplasmen, Klistieren und die Einnahme von auflösenden Extrakten, Salzen und süßlich-säuerlichen Pflanzenfrüchten kombiniert werden solle.[83] Gehe der Krankheitsverlauf in die Richtung einer Abszessbildung, sei dieser Eiterherd frühzeitig chirurgisch zu öffnen, *„um Senkungen zu verhüten"*[84], wobei über den genauen Zeitpunkt der

---

74 Hierunter verstand GOLDBECK Fälle, bei denen lediglich leichte Schmerzen, eine geringgradige Obstipation und nur wenig entzündliche Symptomatik vorlägen (vgl. Goldbeck, Über eigenthümliche, 1830, S. 28).
75 Vgl. Anm. 16 dieses Kap.
76 Vgl. Anm. 18 dieses Kap.
77 Vgl. Anm. 19 dieses Kap.
78 Unter Klistieren (auch „Klysma") versteht man eine im gynäkologischen Bereich angewendete vaginale, im nicht-gynäkologischen Bereich angewandte rektale Spülung. Die Grundsubstanz bestand früher aus einer Mischung von Wasser, Öl, Milch, Wein und Honig, wobei diese als Transportmedium beigemengter Arzneimittel diente (bei der rektalen Anwendung vorzugsweise Abführmittel). Klistiere galten – im Gegensatz zu oral angewendeten Abführmitteln – als eine schonendere Abführvariante (vgl. Schmitz, Geschichte, Bd. 1, 2005, S. 126–131).
79 In dieser Therapieempfehlung GOLDBECKs lassen sich die klassischen Grundzüge der Humoral- und Konstitutionsmedizin wiederfinden: Leichtere Fälle sollten zunächst durch diätetische Therapie (hier Bettruhe) und durch einen Arzt induzierte bzw. erleichterte Ableitung behandelt werden. Warme Bäder, Fomentationen und Kataplasmen dienten hierbei wohl der Ableitung über die Haut im Sinne einer antiphlogistischen Methodik, der Gebrauch von Klistieren diente der Ableitung über den Darm im Rahmen einer resolvierenden, auflösenden Therapiemethodik.
80 Darunter fielen Fälle, bei denen es zu stärkeren Schmerzen und Obstipationen, Fieber und Erbrechen kam (vgl. Goldbeck, Über eigenthümliche, 1830, S. 28).
81 Das Blut entziehende Verfahren wirkt dabei in erster Linie entstauend bzw. blutverdünnend und ermöglicht eine Ausleitung schädlicher Stoffe, die sich z. B. bei Entzündungsprozessen ansammeln (vgl. Bierbach/Bernig/Bilen et al., Naturheilpraxis, 2006, S. 165).
82 Die Wirkung der auf die betroffene Körperpartie aufgelegten Blutegel ist der eines langsamen Aderlasses entsprechend, in dem der durch die Blutegel induzierte Blutverlust ebenfalls entstauend bzw. blutverdünnend und entzündungshemmend wirkt (vgl. Bierbach/Bernig/Bilen et al., Naturheilpraxis, 2006, S. 179).
83 Vgl. Goldbeck, Über eigenthümliche, 1830, S. 28.
84 Ebd., S. 29.

jeweilige Chirurg zu entscheiden habe. Mit dieser Indikation für eine chirurgische Abszessspaltung und Eiterdrainage kann GOLDBECK – wie zuvor schon RICHTER – als einer der ersten Vertreter operativer Eingriffe bei akuter Appendizitis angesehen werden, auch wenn seine therapeutischen Hauptprinzipien in der konservativen Antiphlogistik bzw. in einer humoraltherapeutischen Methodik lagen.

Zur Verdeutlichung seiner aufgestellten Verlaufstheorien und Therapieverfahren führte er schließlich vier Fallbeobachtungen an, von denen an dieser Stelle zwei dargelegt werden sollen, um damalige Behandlungsmethoden zu veranschaulichen:

Bei dem einen Fall handelte es sich um einen 29-jährigen Mann, der Mitte Oktober des Jahres 1829 an Bauchschmerzen in der rechten Hüftbeingegend litt. Diese Schmerzen breiteten sich schnell über den ganzen Bauch aus und wurden von Abgeschlagenheit, Mattigkeit, Fieber und Schüttelfrost, gesteigertem Durst, Appetitlosigkeit, einem bitteren Geschmack im Mund und alternierend Diarrhoe und Obstipationen begleitet. Nach 18 Tagen konzentrierte sich der Schmerz ausschließlich in der Region des Caecum, die Diarrhoen sistierten, die Obstipation stand im Vordergrund, das Fieber wurde stärker und Erbrechen setzte ein. Im November wurde im Rahmen der Untersuchung schließlich eine elastische, druckschmerzhafte Geschwulst im rechten Unterbauch palpabel, immer noch begleitet von Fieber, Appetitlosigkeit, Durstvermehrung, einer weißlich belegten Zunge und einem bitteren Geschmack sowie einem höher frequenten Puls. Zu diesem Zeitpunkt war die erste Therapiemaßnahme eingeleitet worden, die darin bestand, zehn Blutegel auf die Haut über der Geschwulst zu legen und Wassersuppe, schleimige Getränke und Oxymel[85] als Fiebergetränk zu verabreichen. Als dadurch keine Besserung eintrat, kamen zehn weitere Blutegel zum Einsatz sowie die zusätzliche Anwendung eines lauwarmen Bades bei gleichzeitigem Fortsetzen der bisherigen Therapie. Hiernach zeigte sich eine geringe Verbesserung, die Obstipation blieb jedoch bestehen, weshalb ein erneutes lauwarmes Bad sowie eine sogenannte Althädekokt[86], mit Tamaridenfruchtmark[87] versetzt,

---

85 Oxymel war eine Art „saurer Sirup" (Sirupus acetosus) aus Honig, Essig oder sauren Pflanzensäften sowie Wasser (vgl. Schmitz, Geschichte, Bd. 1, 2005, S. 439f.).

86 Hiermit ist vermutlich eine Abkochung (lat. decoctio, -ionis f.) aus der Arzneipflanze Althaea (Eibisch; Familie der Malvengewächse) gemeint, der eine reizlindernde und entzündungshemmende Wirkung zugesprochen wurde.

87 Tamarindenfruchtmark ist eine Mixtur aus Invertzucker, Pektinen und Säuren (Weinsäure, Kaliumbitartrat, Apfelsäure) und wurde in der Regel als mildes Laxans verabreicht (vgl. Sterinegger, Ernst/Hansel, Rudolf: Lehrbuch der allgemeinen Pharmakognosie. Berlin/Heidelberg 1963, S. 95).

verordnet wurde. Von da an besserte sich der Zustand des Patienten täglich, die Symptome gingen zurück, die zunächst noch anhaltende Obstipation wurde mit eben genannten Mitteln weiterhin therapiert, neu hinzu kam noch der Gebrauch von Klistieren, sodass am 10. November die erwartete Stuhlentleerung erfolgte und der Patient entlassen werden konnte.[88]

Der Krankheitsbeginn eines jungen Mannes in einem anderen der vier Fälle war dadurch gekennzeichnet, dass er über *„einen dumpfen Schmerz mit Spannung und Auftreibung in der rechten Hüftbeingegend klagte"*[89]. Daneben litt er unter Obstipation, sodass ihm Klistiere zum Abführen verordnet wurden. Obwohl der Patient kein Fieber aufwies, verabreichte man zudem einige Blutegel und Kataplasmen als antiphlogistische Therapie sowie einen Kräutertee[90]. Als sich die Schmerzen jedoch am 6. Tag verschlimmerten, über die gesamte Bauchdecke ausbreiteten und hohes Fieber sowie ein veränderter Puls hinzukamen, wurde neben 40 erneut verordneten Blutegeln auch ein Aderlass veranlasst. Da diese Maßnahmen weiterhin zu keiner Besserung führten und zusätzlich noch Erbrechen auftrat, wendete man weitere 200 Blutegel in mehreren Sitzungen an, die eine Verbesserung der Pulsfrequenz zur Folge hatten, jedoch nichts an dem über die gesamte Fläche gespannten und tympanischen Bauch veränderten. Als schließlich im Verlauf eine harte Auftreibung im rechten Unterbauch auffiel, kamen Halbbäder, erweichende Getränke und weitere Kataplasmen zur Anwendung, durch die zwar die Bauchdecke weicher, die Geschwulst im rechten Unterbauch aber nicht weniger wurde. Erst als sich am 13. Tag *„zwei Gläser voll eiteriger, dicker, geruchloser Materie"*[91] mit dem Stuhlgang entleerten, konnte auch ein Rückgang der Geschwulst verzeichnet werden, sodass der Patient nach dem 20. Tag gesund entlassen werden konnte.[92]

Somit kann zusammenfassend festgehalten werden, dass die konservative Behandlung des appendizitischen Krankheitsbildes im Wesentlichen daraus bestand, den entzündlichen Prozess durch „antiphlogistische Methoden"[93] zu

---

88 Vgl. Goldbeck, Über eigenthümliche, 1830, S. 30–33.
89 Ebd., S. 35.
90 GOLDBECK führte dies unter dem Begriff *„Tisane"* (Ebd.) auf, der aus dem Französischen stammt und mit „(Kräuter)Tee" übersetzt werden kann.
91 Ebd., S. 36.
92 Vgl. ebd., S. 35f.
93 Zum Beispiel mithilfe von pflanzlichen und chemischen Arzneimitteln sowie der Aus- und Ableitung über die Haut (durch Blutegel, Aderlass, Schwitzkuren, Bäder, kataplasmen, Fomentationen) oder den Darm (durch Klistiere oder Abführmittel), vgl. hierzu Herget/Letzel, Lehrbuch, 1996, S. 73.

bekämpfen, die begleitenden Schmerzen durch „sedative Methoden"[94] zu stillen, die sich entwickelnde Unterbauchgeschwulst durch „resolvierende Methoden"[95] zu zerteilen bzw. aufzuweichen oder gar zu verhindern und die fehlverteilten Körpersäfte durch Aus- und Ableitung im Rahmen einer „antidyskratischen Methode" wieder ins Gleichgewicht zu bringen.

Das Ziel dieser Therapie der akuten Appendizitis lag dabei darin, eine potenzielle Eiterung im Rahmen der entzündlichen Erkrankung zu verhindern und die Entzündung selbst zum Abklingen zu bringen. Als allgemeingültige und von der Mehrzahl der Ärzte vertretene Therapieformel galt eine Art individualisierte Stufentherapie – wie auch von GOLDBECK beschrieben – bei der leichtere Fälle mittels warmer Bäder, warmer Umschläge, Bettruhe und strenger Diät behandelt, bei schweren Fällen hingegen Blutegelbehandlungen und Aderlässe verordnet wurden.[96] Hinzu kamen – je nach behandelndem Arzt und individueller Symptomatik des Patienten – auch andere Therapiemethoden, zu denen vor allem der Gebrauch von Abführmitteln und Klistieren, pflanzlichen und chemischen Arzneimitteln zur Antiphlogistik und weiterführend auch die sedative Opium-Verabreichung ab dem Ende der ersten Hälfte des 19. Jahrhunderts gehörten.[97]

Die weitverbreitete Verwendung von Abführmitteln und Klistieren hatte ihren Grundstein vermutlich in zweierlei Überlegungen: Auf der einen Seite galt

---

94 Zum Beispiel durch beruhigende pflanzliche oder chemische Medikamente wie Narkotika, Hypnotika und Sedativa. Bevorzugte Verwendung fand hier das opium bzw. die Opiumtinktur – auch unter Laudanum bekannt (vgl. Herget/Letzel, Lehrbuch, 1996, S. 73f.).
95 Vgl. hierzu Anm. 73 dieses Kap.
96 Vgl. Sprengel, Appendicitis, 1906, S. 510. Die hier angeführten Therapieabstufungen decken sich nahezu mit der zuvor aufgeführten Therapieeinteilung der Humoraltherapie: Am Anfang steht die Diätetik (hier Bettruhe, Diät), gefolgt von der Pharmazie bzw. induzierten Aus-/Ableitung (hier Bäder, Umschläge) und der Chirurgie (hier Aderlass, Blutegel). In Deutschland galten der deutsche Pathologe Friedrich August Benjamin PUCHELT (1784-1845) und sein Schüler Johann Gottfried GOLDBECK (1807-1873) als Vertreter dieser Behandlungsmethodik, wie im Verlauf dieser Arbeit noch ausführlich dargestellt wird.
97 Genauere Darlegungen zur Einführung der Opiumtherapie in der Appendizitis-Behandlung folgen mit der Abhandlung über Joseph Eleonord PÉTREQUIN (1809–1876) und Adolph VOLZ (1813–1886) im Verlauf dieses Kapitels. Anzumerken sei an dieser Stelle, dass spezifische Arzneimittel oder hier noch nicht erwähnte Therapiemethoden in den beispielhaft angeführten Fällen verschiedener Ärzte in den jeweiligen Fußnoten genauer erläutert werden.

das arzneimittel- oder mechanisch-induzierte Abführen in der Humoralmedizin als ein ableitendes Verfahren über den Darm, das im „antidyskratischen" Sinne eine Ausscheidung krankhafter Flüssigkeiten bzw. Substanzen bewirken sollte.[98] Vermutet wurde, dass die Wirkung der sog. Abführkuren darin lag, dass zum einen bestimmte Stoffe aus dem Blut in den Darm übertreten und damit aus dem Körper ausgeschieden, zum anderen verdauungsassoziierte Organe wie die Gallenblase und der Pankreas vermehrt zur jeweiligen Sekretion angeregt werden können. Hieraus resultiere ein „*viel lebhafterer Stoffaustausch*"[99], sodass die Ausleitung über den Darm insgesamt als „*blutverdünnendes, blutreinigendes, derivierendes und umstimmendes Mittel*"[100] angesehen werde. Auf der anderen Seite meinte man, einer chronischen Obstipation, die eine Appendizitis verursachen könne, entgegenzuwirken bzw. der im Verlauf der Erkrankung auftretenden Obstipation Abhilfe leisten zu können.[101]

In Bezug auf die Frage nach der Notwendigkeit und Gefahrlosigkeit einer Ableitung über den Darm gab es sowohl zahlreiche Befürworter[102] als auch Gegner[103], wobei SPRENGEL 1906 in seiner Monographie über die Appendizitis in einer Zusammenschau der kontroversen Meinungen zu der Einschätzung kam, dass der Gebrauch leichter Abführmittel oder mechanischer Entleerungsmethoden bei initial ausbleibender Darmentleerung zu Beginn der appendizitischen

---

98   Vgl. Aschner, Lehrbuch, 1933, S. 112.
99   Ebd.
100 Ebd., S. 114.
101 Vgl. ebd., S. 111–114 und Sprengel, Appendicitis, 1906, S. 511. Die im Verlauf der Appendizitis häufig auftretende Obstipation erklärten sich die damaligen Ärzte dahin gehend, dass der entzündete Darm zunehmend an Kontraktilität einbüße oder aber die Motilität des Darmes bzw. des Caecum infolge eines sich entwickelnden postcaecalen Abszesses eingeschränkt sein könnte (vgl. Sprengel, Appendicitis, 1906, S. 511).
102 SPRENGEL gab als wesentliche Befürworter der abführenden Therapiemethoden u. a. Philipp BIEDERT (dt. Pädiater; 1847–1916), Louis BOURGET (Schweiz. Arzt; 1856–1913) und George Ryerson FOWLER (amerik. Chirurg; 1848–1906) an (vgl. Sprengel, Appendicitis, 1906, S. 516–518).
103 Hierzu führte SPRENGEL vor allem Carl Wilhelm Hermann NOTHNAGEL (dt. Internist; 1841–1905), Franz PENZOLDT (dt. Internist; 1849–1927) und Maurice Howe RICHARDSON (amerik. Chirurg; 1851–1912) auf. Begründet wurde die ablehnende Haltung dadurch, dass Abführmittel bei einer perforierten Appendix gefährlich sein könnten (RICHARDSON) oder der Entzündungsprozess dadurch begünstigt werden könne (NOTHNAGEL). Vgl. hierzu Sprengel, Appendicitis, 1906, S. 515–517.

Erkrankung eine vermutete Obstipation beseitigen und keinen Schaden anrichten könne.[104]

Anders als bei der Verabreichung antiphlogistischer Arzneimittel oder der Anwendung antiphlogistischer Methoden, die unter den Internisten einheitlich vertreten wurden, fanden sich in der Diskussion um die Sinnhaftigkeit eines diätetischen Verhaltens[105] oder einer durchzuführenden Opium-Therapie ebenfalls widersprüchliche Lager.[106]

In einem weiteren der vier Fälle GOLDBECKs wird von einem 24-jährigen Mann berichtet, der schon längere Zeit über Diarrhoe und kolikartige Bauchbeschwerden klagte, die sich nach einiger Zeit als dumpfe Schmerzen in der rechten Hüftbeingegend fixierten, in der auch eine druckschmerzhafte Geschwulst tastbar war. Die Diarrhoen wurden bald von einer Obstipation abgelöst, die von Fieber und einer blassen und schleimig belegten Zunge begleitet wurden. Der Verlauf erwies sich als sehr ungünstig, da es schnell zu einer Verschlimmerung aller Symptome kam, gegen die keine der angewandten antiphlogistischen Therapiemaßnahmen[107] half und der Erkrankte verstarb. Diesem Fallbericht fügt GOLDBECK einen Sektionsbefund an, in dem ein allgemein entzündetes Peritoneum, ein in der Bauchhöhle befindlicher, großer gelblich-trüber Erguss und ein gerötetes Bauchnetz aufgeführt wurden. Die Caecalschleimhaut sei „*leicht afficirt* […] *und braun punktirt*"[108] gewesen, Ulzerationen hätten jedoch keine nachgewiesen werden können. Das pericaecale Zellgewebe sei hingegen stark von Eiter durchsetzt gewesen, der sich bis hoch zur rechten Niere, hinunter in das Becken bis hin zur Blase und dem Rektum sowie zum Teil zur linken Bauchseite erstreckte.[109] Von der Art und Beschaffenheit der Appendix vermiformis berichtete GOLDBECK nicht. Ob der Wurmfortsatz tatsächlich weder entzündlich noch gangränös verändert und an dem Entzündungsgeschehen beteiligt war oder ob ihm im Rahmen der Sektion lediglich keine Aufmerksamkeit zugesprochen wurde,

---

104 Vgl. Sprengel, Appendicitis, 1906, S. 521.
105 SPRENGEL nannte hier beispielhaft den amerikanischen Arzt Albert John OCHSNER (1858–1925) als Befürworter, DEAVER als Gegner einer angewandten Diät.
106 SPRENGEL führte an, dass sich innerhalb der Internisten Deutschlands mit der Zeit eine eher einheitliche Befürwortung der Opiumtherapie herauskristallisierte, die den Gebrauch von Abführmitteln in den Hintergrund rückte. Im europäischen Ausland blieben die Ansichten hingegen differenzierter (vgl. Sprengel, Appendicitis, 1906, S. 517ff.). Differenziertere Ausführungen diesbezüglich folgen in diesem Kapitel.
107 Welche hier angewendet worden sind, wurde von GOLDBECK nicht beschrieben.
108 Ebd., S. 35.
109 Vgl. ebd., S. 34f.

lässt sich schwer beurteilen. An anderer Stelle der Monographie GOLBECKs heißt es jedoch, dass die Appendix vermiformis in fünf durchgeführten Sektionen niemals pathologisch verändert vorgefunden worden sei.[110]

Weiteren, anderen Sektionsberichten GOLDBECKs zufolge, müssen GOLDBECK – und mit ihm folglich auch PUCHELT – durchaus mit der Möglichkeit einer entzündlich-pathologischen Veränderung der Appendix vermiformis konfrontiert worden sein, wobei jedoch vermutet werden kann, dass die Wurmfortsatzentzündung fälschlich als sekundärer Prozess bei primärer Caecumentzündung angesehen wurde. Den Wurmfortsatz dagegen als primären Entzündungsherd in Betracht zu ziehen, schien jedoch zunächst weder für GOLDBECK noch später für PUCHELT infrage zu kommen.[111]

So definierte PUCHELT das „Perityphlitis" genannte Krankheitsbild 1832 in seiner gleichnamigen Publikation in den „Heidelberger Klinischen Annalen" ähnlich wie zuvor auch sein Schüler GOLDBECK, was verdeutlicht, dass es noch vier Jahre dauern sollte, bis sich PUCHELT durch die Arbeit seines Schülers Friedrich MERLING 1836[112] zu einer Neuorientierung veranlasst sah.[113] Seiner Publikation (1832) zufolge, hielt er zunächst ebenfalls noch an folgender Theorie fest: *„Hinter dem intestinum coecum und dem colon ascendens, wo das Bauchfell fehlt, befindet sich nämlich viel lockerer Zellstoff zwischen dem Darmkanale und den Muskeln. Dieser wird bisweilen entzündet und an dieser Entzündung muss begreiflich auch der Dickdarm selbst Antheil nehmen."*[114]

PUCHELTs ätiologische Überlegungen waren hingegen – im Vergleich zu GOLDBECK – deutlich weniger detailliert, sodass er in seiner Arbeit lediglich Diätfehler, bestimmte Gemütsbewegungen und eine bestehende bzw. vorausgegangene Erkältung als Ursachen sah, wobei Letztere in fast allen seinen Fällen zu verzeichnen gewesen sei. Als einzige epidemiologische Angabe nannte PUCHELT das von ihm festgestellte Hauptmanifestationsalter zwischen 26–30 Jahren, womit er einen etwas enger gefassten Zeitraum vertrat als zuvor

---

110 Vgl. ebd., S. 18f.
111 SPRENGEL schrieb zu dieser Problematik, dass PUCHELT – und durch ihn beeinflusst auch GOLDBECK – gänzlich der Dupuytren'schen Schule zustimmte und sich erst durch die Arbeiten seiner anderen Schüler MERLING und WILHELMI dazu veranlasst sah, seinen Standpunkt zu überdenken und zu differenzieren (vgl. Sprengel, Appendicitis, 1906, S. 67).
112 Weitere Ausführungen zur Arbeit MERLINGS finden sich im Verlauf dieses Kap.
113 Vgl. Sprengel, Appendicitis, 1906, S. 67.
114 Puchelt, Perityphlitis, 1832, S. 524. Hervorh. i. Original.

Goldbeck.[115] Anders verhielt es sich mit der Symptomatologie Puchelts, die mit der Goldbeck'schen übereinstimmte. Puchelt betonte, nach seinen Erfahrungen sei der Krankheitsverlauf bei richtiger Therapie ein günstiger, lediglich einer seiner Fälle habe eine ungünstige Wendung genommen. Dieses sei immer dann der Fall, wenn sich ein Eiterabszess hinter dem Caecum und dem aufsteigenden Colon bilde (von Puchelt „*Psoasabscess*"[116] bezeichnet), der sich – analog zu Goldbecks Auffassung – im Verlauf auf verschiedene Art öffnen könne: entweder frei in die Peritonealhöhle mit tödlichem Ausgang oder in das Colon mit anschließender Eiterentleerung über den Stuhlgang oder nach außen. Wie auch bei Goldbeck ist unter Puchelts Verlaufstheorien die Möglichkeit einer gleichzeitig nach innen und außen stattfindenden Abszesseröffnung zu finden, durch die es folglich zu einer „*Kothfistel oder* anus praeternaturalis [Hervorh. i. Original]" komme.[117] Die optimale Therapie, die solche ungünstigen Verläufe abwende und zur Restitutio ad integrum führe, bestehe nach Puchelt in zwei wesentlichen Mitteln: Zum einen solle eine bestimmte Anzahl an Blutegeln auf die Haut über den Bereich des Caecum angelegt werden, auf die folgend dann zum anderen ein lauwarmes Bad verordnet werde, wobei auf eine möglichst frühe Anwendung dieser Mittel zu achten sei.[118] Diese beiden Therapiemaßnahmen fanden sich auch zuvor in allen Fallbeispielen Goldbecks und gehören eindeutig in den blutentziehenden, antiphlogistischen Anwendungsbereich der Humoraltherapie. Anderen Mitteln schrieb Puchelt jedoch weniger bis gar keinen Nutzen zu, sodass er z. B. Anwendungen wie die Gabe von Salmiak[119],

---

115 Vgl. ebd., S. 525. Wie weiter oben bereits beschrieben, sah Goldbeck den Zeitraum zwischen dem 20. und 30. Lebensjahr als Risikofaktor für die Entstehung einer Perityphlitis an.
116 Ebd., S. 527.
117 Vgl. ebd. S. 527; Zitat Ebd. S. 527. „anus praeternaturalis" ist ein älterer Begriff für einen künstlichen Darmausgang, heute auch unter dem Begriffe „Enterostoma" im Bereich der Darmchirurgie zu finden (eine Verwendung zur Beschreibung von Kotfisteln ist heute obsolet). Dennoch auch geläufig st die Kurzform „Anus praeter".
118 Puchelt betonte sowohl die Wichtigkeit der Reihenfolge (erst Blutegel, dann das lauwarme Bad) als auch die unabdingbare Kombination beider Therapiemaßnahmen (vgl. ebd., S. 526f.).
119 Auch Ammoniumchlorid oder Ammoniaksalz genannt, dem man eine erregende bis reizende Wirkung zusprach (vgl. Husemann, Theodor: Handbuch der gesammten Arzneimittellehre (Mit besonderer Rücksichtnahme auf die Pharmacopoe des Deutschen Reiches, für Aerzte und Studirende, Bd. 2) Berlin 1875, S. 1013).

diaphoretischen Mitteln[120], Opiaten sowie Calomel und Bittersalz[121] nicht empfahl.[122]

Wie zuvor GOLDBECK fügt auch PUCHELT seiner Arbeit drei Fallbeispiele als Exempel für die verschiedenartigen Verläufe und die daran angepassten Therapiemöglichkeiten an. Weil seine ersten beiden Fälle in ihren Beschreibungen hinsichtlich der angewendeten Therapien nahezu identisch mit denen der Fälle GOLDBECKs sind und sich keine wesentlich abweichenden oder neuen Aspekte aufzeigen lassen, soll auf deren ausführliche Darstellung an dieser Stelle verzichtet werden. Dahingegen erscheint es umso lohnenswerter, den 3. Fall genauer zu betrachten, da sich hier eine chirurgische Therapiemethode zeigt:

1830 bat ein 22-jähriger Medizinstudent um den ärztlichen Rat PUCHELTs, als er unter Diarrhoe, Fieber und Bauchschmerzen in der Caecalgegend litt. Als erste antiphlogistische Maßnahmen wurden auch hier Blutegel und Ölemulsionen angeordnet, die bei Fortdauer der Schmerzen durch lauwarme Bäder erweitert wurden. Als die Diarrhoen in eine Obstipation übergingen und sich die Schmerzen über den gesamten Bauch ausbreiteten, lag der Verdacht auf eine sich entwickelnde generalisierte Peritonitis nahe, die durch einen Aderlass, den Calomel-, Klistier- und Rizinusöl-Gebrauch sowie durch Ölemulsionen behandelt wurde. Bis auf eine zeitweise Eiterentleerung mit dem Stuhl änderte sich jedoch der Zustand des Patienten nicht wesentlich.[123] Dieses veranlasste PUCHELT, neben dem zusätzlichen Gebrauch von Kataplasmen und Vesicatorien[124] eine chirurgische Methode zur Therapie des Eiterabszesses in der rechten Unterbauchregion

---

120 Sog. schweißtreibende Mittel, meist pflanzlicher Herkunft.
121 Auch als Magnesiumsulfat bezeichnet, wie Glaubersalz als Abführmittel verwendet (vgl. Husemann, Handbuch, 1875, S. 634ff.).
122 Vgl. Puchelt, Perityphlitis, 1832, S. 526f.
123 Vgl. ebd., S. 533f.
124 Hier wohl gemeint die Anwendung von Vesicans bzw. Vesicantia (lat. vesica (f.) – dt. Blase), verstanden als Blasen ziehende Mittel, die auf die Haut gegeben und zur Ableitung innerer, krankhafter Prozesse über die Haut dienen sollten. Gleichzusetzen mit der Methode der Cantharidenpflaster. Hierunter versteht man das Auftragen einer Paste auf die Haut über der erkrankten Körperpartie, die das in verschiedenen Käferarten vorhandene Gift Cantharidin enthält. Hierdurch wird eine lokale Durchblutungsförderung und Entzündungsreaktion mit Symptomen einer Verbrennung 2. Grades induziert (Rötung, Überwärmung, Quaddeln und Blasen). Eine solche Hautreaktion soll entzündliche Prozesse im Körper in den Hintergrund stellen und „schlechte" Gewebsflüssigkeiten über die Hautoberfläche zur Ableitung bringen (vgl. Bierbach/Bernig/Bilen et al., Naturheilpraxis, 2006, S. 180).

anzuwenden: *"Es wurden Kataplasmen, Vesicatorien und am 13. Sept. ein Cauterium hinter der crista ossis il. applicirt und daraus ferner ein Fontanell gebildet."*[125]

Unter der Bildung eines Fontanelles verstand man das Öffnen der Haut mithilfe einer Art Glüheisen an einer bestimmten Stelle des Körpers mit darauffolgendem Einlegen von zunächst einer kleinen Wachskugel in die erzeugte Wunde, die später dann durch ein bis zwei Kichererbsen ersetzt wurden.[126] Diese Maßnahme diente dazu, tiefer gelegene, entzündliche Prozesse über die Hautoberfläche ab- bzw. auszuleiten. Wie auch die angewendeten antiphlogistischen Therapiemethoden entstammt sie aus den Lehren der Humoraltherapie. Demnach kann angenommen werden, dass durch die künstliche, oberflächliche Erzeugung einer Eiterung (hier durch das Einlegen einer Erbse in eine Hautwunde) über dem Eiterungsprozess in der Tiefe des Körpers (hier über dem Eiterabszess in der rechten Unterbauchregion) eine Art „Reinigungsprozess" hervorrufen werden und die provozierte Oberflächeneiterung mit der Zeit der Ableitung des Eiters aus der Tiefe dienen sollte. Dennoch könnte man bei dieser Methode von einem der anfänglichen Versuche einer Abszessdrainage sprechen, die im späteren Verlauf der operativen Therapieentwicklung bei der akuten Appendizitis noch einen wesentlichen Stellenwert einnehmen wird. In dem von PUCHELT beschriebenen Fall wurden nach einigen Tagen unter dem Pflaster auf der Fontanelle mehrere Traubenkerne sowie reichlich kotartige Masse gefunden, sodass es scheinbar zu einer Kommunikation der oberflächlich erzeugten Fontanelle mit der Tiefe gekommen war. In diesem Zustand und mit deutlich schlechter werdendem Allgemeinbefinden lebte der Medizinstudent noch ein Jahr weiter, bis er schließlich 1831 verstarb. Bei der sich anschließenden Sektion ergab sich, dass der Patient an einer gänseeigroßen Abszesshöhle im Bereich hinter dem Colon ascendens litt, die über eine „*Kothfitstel*"[127] sowohl nach außen mit der Hautoberfläche als auch nach innen mit dem Darm kommunizierte. Das Os ileum und der M. iliacus internus seien dabei deutlich von dem Entzündungs- und Eiterungsprozess gezeichnet, von dem Wurmfortsatz am Caecum sei hingegen „*kaum eine Spur vorhanden*" gewesen[128], was sicherlich dafür verantwortlich war, dass sich PUCHELT nicht veranlasst sah, seine Theorien bezüglich des organischen Ursprungs dieser entzündlichen Erkrankung zu überdenken.

Erst als MERLING unter PUCHELT 1836 eine Dissertationsarbeit mit dem Titel „Processus vermiformis anatomiam pathologicam" verfasste, sich darin

---

125 Puchelt, Perityphlitis, 1832, S. 534.
126 Vgl. Gurlt, Geschichte der Chirurgie, Bd. 1, 1964, S. 186.
127 Puchelt, Perityphlitis, 1832, S. 535.
128 Vgl. ebd.; Zitat ebd., S. 535.

eingehend mit der Ätiopathogenese der Wurmfortsatzentzündung beschäftigte und diese deutlich gegen das Krankheitsbild „Perityphlitis" abgrenzte, ließ sich erkennen, dass PUCHELT und seine Schüler den bisherigen gedanklichen Horizont allmählich überschritten, somit die Inflammation der Appendix vermiformis als Krankheitsherd in Betracht zogen und den Ursprung der Erkrankung nicht mehr nur ausschließlich in der Entzündung des Caecum bzw. pericaecalen Gewebes sahen.[129] Anhand mehrerer Sektionen kam MERLING zu der Auffassung, dass Wurmfortsatzentzündungen entweder durch Fremdkörper in dessen Lumen oder aber spontan ohne Fremdkörpereinfluss entstehen können und mit deutlich heftigeren Symptomen einhergingen, als dies bei einer reinen Perityphlitis im Sinne einer Caecumentzündung der Fall sei, sodass beide deutlich voneinander abzugrenzen seien.[130] Fremdkörper würden dabei immer dann zu einer Entzündung führen, wenn diese durch die klappenartige Schleimhautfalte am Eingang des Wurmfortsatzes[131] unter bestimmten, ihm nicht bekannten Bedingungen in das Lumen der Appendix vermiformis durchgelassen werde. Unter physiologischen Bedingungen sei die Schleimhautfalte in der Lage, Massestrom nur in eine Richtung zu ermöglichen, sodass zwar vom Wurmfortsatz abgesonderter Schleim hinaus in das Caecum befördert werden könne, nicht aber Caecuminhalt Zugang in das Wurmfortsatzlumen bekomme. Gelangten jedoch unverdaute Nahrungsbestandteile, Faeces, Würmer oder auch Nadeln in den Wurmfortsatz, könnten diese dort einen bedrohlichen Reizzustand auslösen[132]:

„[...], *dass eine zunächst im Wurmfortsatz entstehende Entzündung sehr häufig durch fremde, in ihm eingeführte Substanzen zustande kommt, die schnell auf das Bauchfell übergreift und den Anlass gibt für das Ausschwitzen von albuminöser Lymphe, für Verwachsungen zwischen unterschiedlichen Teilen des Peritoneums und dem Wurmfortsatz und schließlich zum ganränösen Absterben dieser Teile.*"[133]

---

129 Vgl. Sprengel, Appendicitis, 1906, S. 57.
130 Vgl. Merling, Friedrich: Diss. inaug. med. sistens processus vermiformis anatomiam pathologicam. Heidelberg 1836, S. 13f.
131 MERLING scheint hier die Gerlach-Klappe zu beschreiben.
132 Vgl. Merling, Diss., 1836, S. 12.
133 Aus dem Lateinischen übersetzt von M. K. Der lateinische Originaltext hierzu lautet wie folgt: „[...] *inflammationem primitive in processu vermiformi orientem substantiis saepissime alienis in illum perductis nasci, quae celeriter ad peritonaeum translata exsudationi lymphae albuminosae, adhaesioni inter oppositas partes peritonaei et processum vermiformem earumque tandem partium gangraenae ansam praeberet.*" (Ebd., S. 16).

Zwar deckten sich die Ausführungen MERLINGs zur Symptomatologie fremdkörperinduzierter oder fremdkörperunabhängiger Wurmfortsatzentzündungen[134] mit der von PUCHELT und GOLDBECK beschriebenen Perityphlitissymptomatik, doch betonte MERLING den Unterschied in der Heftigkeit und dem Schweregrad der Symptome unmittelbar von Krankheitsbeginn an, durch die eine Wurmfortsatzaffektion abgrenzbar sei.[135] Anhand der Beschreibung selbst beobachteter Fälle mit anschließender Sektion machte MERLING auf die Korrelation der Wurmfortsatzpathologie mit diesen klinischen Symptomen aufmerksam. So sei der Fall eines an einer Spondylarthrose leidenden jungen Mannes ein Beispiel für eine fremdkörperinduzierte Entzündung der Appendix vermiformis[136]:

Dieser habe an einer Entzündung des Wurmfortsatzes mit typischer Symptomatik gelitten und im Verlauf einen Abszess im Bereich des rechten Darmes entwickelt. Als dieser schließlich nach außen hin aufbrach, entleerten sich über die Bauchdecke große Mengen Faeces, Eiter und Gurkenkerne, wobei Letztere als die verursachenden Fremdkörper angesehen wurden. Obwohl es nach einiger Zeit zum Verschluss der Abszessöffnung kam, verstarb der junge Mann etwas später.

Die Obduktion bestätigte die Vermutung, dass der Wurmfortsatz den Entzündungsherd darstellte: Er war perforiert, von einer Entzündung gezeichnet und an der Spitze mit den Abszessresten verwachsen. Die übrigen Eingeweide zeigten hingegen keinerlei Affektion, sodass nur der Wurmfortsatz als Ursache für die Abszessentstehung infrage kam. Zudem machte MERLING auch darauf aufmerksam, dass durchaus gleichzeitig oder aufeinanderfolgend eine entzündliche Affektion des Wurmfortsatzes und des Caecum vorliegen könne, was die genaue Unterscheidung in der Klinik und Symptomatik beider Erkrankungen nicht immer einfach mache. Als Beispiel führte er einen von Wilhelm HOFFACKER 1830 beobachteten Fall eines an Syphilis leidenden Literaturstudenten an, der, den Vermutungen HOFFACKERs nach, an einer heftigen Perityphlitis litt. Bei der Sektion zeigten sich ein gerötetes, mit dem Darm verwachsenes Peritoneum, eine Entzündung des Caecum und des unteren Abschnittes des Colon ascendens und dunkelbraun-gelbliche, mit Eiter durchsetzte Flüssigkeit im Becken. Darüber

---

134 Vgl. hierzu Symptome einer fremdköperinduzierten Wurmfortsatzentzündung (ebd., S. 13f.) und Symptome einer fremdkörperunabhängigen Wurmfortsatzentzündung (ebd., S. 17).
135 Vgl. ebd., S. 13f.
136 Dieser Fall von MERLING wird lediglich als ein „mehrere Jahre zurückliegender" Fall datiert. Stattgefunden habe er in der Klinik, in der MERLNG als Student tätig war, sodass davon ausgegangen werden kann, dass auch PUCHELT als Betreuer MERLINGs bei diesem Fall anwesend gewesen sein müsste (vgl. ebd., S. 16).

hinaus fand man auch einen vollständig zerstörten Wurmfortsatz, von dem nur schwarzblaue Gewebereste übrig geblieben waren und aus dem ungehindert Faeces und Eiter in die Bauchhöhle flossen. MERLING vermutete, dass in diesem Fall höchstwahrscheinlich zuerst die Perityphlitis vorgelegen haben müsse, die Entzündung des Caecum sei dann im Verlauf auf den Wurmfortsatz übergetreten und dieser dadurch bis zur Perforation geschädigt worden.[137] Durch zwei weitere, selbstständig durchgeführte Sektionen untermauerte MERLING nochmals die Möglichkeit einer parallelen Erkrankung beider Organe: Sowohl das Caecum als auch die Appendix vermiformis zeigten sich entzündlich verdickt und von Geschwüren durchsetzt, er betonte jedoch auch, dass eine strikt auf den Wurmfortsatz begrenzte Geschwürbildung seltener vorzukommen scheine als eine gleichzeitig mit ihr vorliegende Geschwürbildung am Caecum. Abschließend forderte MERLING in seiner Arbeit ausdrücklich, dass dem Wurmfortsatz als primärem Entzündungs- bzw. Erkrankungsherd mehr Aufmerksamkeit gewidmet werden müsse.[138]

Als Resümee der Entwicklungen im deutschsprachigen Raum ergibt sich, dass sich mit GOLDBECK, PUCHELT und MERLING drei wegweisende Ärzte verzeichnen lassen, die zu dem Verständnis der rechtsseitigen Unterbaucherkrankung beigetragen haben. Auch wenn GOLDBECK und PUCHELT zunächst noch – entsprechend der Dupuytren'schen Schule – das Caecum für die Ursache hielten, so zeigten sie doch eine detaillierte Symptomatologie und Verlaufsformen auf, die den heutigen Krankheitscharakteristika einer akuten Appendizitis sehr ähnlich sind. Die Begründung, warum das Caecum als prädispositioniertes Organ für rechtsseitige Unterbaucherkrankungen infrage kommt, stütze GOLDBECK dabei auf dessen spezielle Anatomie (die eine Anhäufung bzw. längere Verweildauer von Faeces begünstigt), obwohl er gleichzeitig auch eine schon vorangegangene entzündliche Reizung der Caecalschleimhaut für unabdingbar hielt. Nur das Zusammenspiel beider Umstände sah er schließlich als Ursache für die Entzündung des pericaecalen Gewebes, von ihm dann „Perityphlitis" genannt. Der Gedanke, angestaute Faecalmasse als Risikofaktor für eine Entzündungsentstehung zu sehen, deckte sich dabei mit denen MÉLIERS. Auch die ersten Überlegungen GOLDBECKS und PUCHELTS zur Ätiologie der Caecalschleimhautreizung waren detailliert, jedoch aus heutiger Sicht eher weniger zutreffend; ein deutlicher Einfluss der Humoralpathologie ist auch hier noch zu verzeichnen (vgl. sanguinisch-floride Konstitution, Diätfehler etc.). Gleiches gilt für die aufgezeigten

---

137 Vgl. ebd., S. 16ff.
138 Vgl. ebd., S. 19f.

Therapievorschläge, die überwiegend konservativer Natur und im Sinne der Humoralpathologie waren. Dennoch gab es seitens beider Ärzte einen Appell zur chirurgischen Behandlung von sich entwickelnden Abszessen. PUCHELT stellte hierbei konkret die Möglichkeit der Bildung einer Fontanelle zur Abszessdrainage dar. Erst durch MERLING verschob sich der Fokus wieder auf die Appendix vermiformis als Verursacher der rechtsseitigen Unterbauchentzündung. Gerade mit seinen Ausführungen wird jedoch auch deutlich, wie schwierig es war, aus den vorliegenden Sektionsbefunden herauszufinden, in welchem Gewebe der tatsächliche Krankheitsursprung lag. An dieser Stelle ist anzumerken, dass bei einer letal geendeten Appendizitis oft ein peritonitischer Situs in den Sektionen gesehen worden sein muss. Je ausgeprägter das Entzündungsstadium, desto eher werden auch das umliegende Gewebe und Organe affiziert. Eine entzündliche Mitreaktion des Caecum bei fortgeschrittener Appendizitis ist demnach häufig anzutreffen. Unter diesen Umständen retrospektiv Schlüsse zu ziehen, ob nun das Caecum oder der Wurmfortsatz die ursprünglichen Auslöser für das Entzündungsgeschehen waren, ist sicherlich schwierig bis gar nicht möglich gewesen – was die konträren Meinungen über die vielen Jahre belegen.

Nach PARKINSON 1812 waren es die Ärzte James COPLAND (1791–1870), Thomas HODGKIN (1798–1866) und John BURNE (1774–1850), die 1834–1839 im englischen Raum zur Frage des appendizitischen Krankheitsbildes Position bezogen. Mit ihnen kristallisierten sich klare Gegner der „Dupuytren'schen Schule" heraus. Sie vertraten den eindeutigen Standpunkt, der die Meinung, den Wurmfortsatz als Krankheitsursprung entzündlicher Geschehen in der rechten Darmbeingrube anzusehen, deutlich unterstützte.[139] 1834 befasste sich COPLAND in seiner Arbeit „A Dictionary of Practical Medicine" ausführlich mit Entzündungen des Caecum und merkte dabei an, dass durchaus auch Wurmfortsatzentzündungen solche Erkrankungen in der Caecalregion veranlassen können.[140] 1836 beschrieb HODGKIN dann in einer umfassenden Arbeit über Krankheiten seröser und muköser Häute Beobachtungen, in denen er lokale Peritoniden im rechten Unterbauch stets einer stattfindenden Wurmfortsatzentzündung zuschrieb und die Peritonealbeteiligung an der Entzündung in unterschiedliche Schweregrade unterteilte: *„Ist diese Krankheit unbedeutend, so giebt sie nur zu sehr begränzten leichten Adhäsionen Veranlassung; zuweilen aber findet in Folge einer Ulceration, welche durch das Eindringen von verhärteten Fäkalmassen in die Höhle dieses Fortsatzes veranlasst worden ist, eine Perforation desselben und eine Entleerung seines Inhaltes statt, und alsdann*

---

139   Vgl. Sprengel, Appendicitis, 1906, S. 58.
140   Vgl. Deaver, Appendicitis, 1905, S. 22.

entsteht eine heftigere Entzündung des benachbarten Peritonäaltheils. Aber auch in diesen Fällen gelingt es oft der Natur, die Entzündung auf einen kleinen Raum in der rechten Seite der Bauchhöhle zu beschränken; zuweilen jedoch verbreitet sich dieselbe über das ganze Abdomen, ist von sehr heftigen Symptomen begleitet, und führt schnell ein tödliches Ende herbei."[141]

Mit der Abhandlung BURNES „Of inflammation, chronic disease and perforative ulceration of the caecum and of the appendix vermiformis caeci with symptomatic peritonitis and feacal abscess"[142], die ebenfalls im Jahr 1836 verfasst wurde, zeichnete sich der erste Versuch ab, nicht nur die beiden Krankheitsbilder – die Perityphlitis und die Wurmfortsatzentzündung – im Allgemeinen strikt voneinander zu trennen, sondern darüber hinaus sowohl die genaue Ätiopathogenese als auch die klinischen, Diagnose weisenden Symptome beider Erkrankungen genau zu unterscheiden.[143] Interessant sind hierbei zwei Ausführungen BURNES zur Ätiologie und zum Verlauf einer Wurmfortsatzentzündung: Zum einen betonte er, der Verlauf der Erkrankung (hier besonders das Ausmaß der Affektion umliegender Bauchorgane durch den sich entwickelnden Eiterabszess) hänge maßgeblich von der Lage der Appendix vermiformis ab. Weise er eine absteigende Lage hinunter ins Becken auf, so seien vor allem auch die im Becken liegenden Eingeweide mit betroffen. Liege er jedoch hinter dem Caecum und auf der Fascia iliaca, so stehe die Mitbeteiligung des Musculus iliacus internus und dessen benachbartes Zellgewebe im Vordergrund. Hiermit wird also nicht nur deutlich, dass BURNE auf eine mögliche Mitreaktion umliegender Organe aufmerksam machte, sondern auch, dass es unterschiedliche Lagevarianten gibt. Der Gedanke, dass dadurch auch im Detail leicht voneinander abweichende Symptomverläufe resultieren könnten, mag dadurch angestoßen worden sein. Im Bezug auf die Ätiologie führte BURNE zwar auch wie viele seiner Kollegen das Vorhandensein von Fremdkörpern im Lumen des Wurmfortsatzes auf, jedoch sei die letzten Endes daraus resultierende Entzündung maßgeblich von der Größe des Fremdkörpers abhängig: Eingedrungene Materialien müssten so groß

---

141 Hodgkin, Thomas: Die Krankheiten der serösen und mukösen Häute. Ins Deutsche übertragen unter Bevorwortung des Dr. F. J. Behrend von Dr. Levin. Leipzig 1843, S. 137. Im englischen Original vgl. Hodgkin, Thomas: Lecture on the morbid anatomy of the serous and mucous membranes. London 1836.

142 Zur englischen Originalveröffentlichung vgl. Burne, John: Of inflammation, chronic disease and perfotive ulceration of the caecum and of the appendix vermiformis caeci, with symptomatic peritonitis and faecal abscess. In: Medico-chirurgical transactions 1837; 20: p. 200.

143 Vgl. Sprengel, Appendicitis, 1906, S. 58.

sein, dass sie sich im Wurmfortsatz festsetzen und die Schleimhaut auf Dauer so reizen, dass es zu Ulzerationen und Perforationen kommen könne. Dieses sei vornehmlich beispielsweise bei Darmkonkrementen und Kirschkernen der Fall. Seien die Fremdkörper jedoch zu klein (z. B. Rosinenkerne), reizten diese die Wurmfortsatzschleimhaut nicht im ausreichenden Maße, sodass sie ohne Folgen im Lumen vorhanden sein könnten.[144] Diese Überlegungen sind durchaus plausibel, da sie sich mit dem heutigen Wissensstand decken: Die häufigste Ursache liegt im Verschluss des Appedixlumen zumeist durch Koprolithen mit nachfolgender Schleimhautreizung und Störung der Blutzirkulation in der Appendixwand.

In einer zweiten Arbeit, die drei Jahre später (1839) in der Zeitschrift „Medico-chirurgical Review and Journal of Medical Science" erschien, nahm BURNE unter der Überschrift „Memoir on tuphlo-enteritis" Bezug auf seine erste Arbeit von 1836 und ergänzte sie durch Erkenntnisse aus weiteren Fallbeobachtungen. Darin machte er deutlich, dass zwischen vier verschiedenen Krankheitsvarianten in der rechten Unterbauchregion unterschieden werden müsse: Vorkommen könne eine akute, subakute oder chronische Caecum<u>entzündung</u>[145], eine Caecum<u>perforation</u> mit Abszessbildung, eine sich auf das Peritoneum ausbreitende, reine Wurmfortsatz<u>entzündung</u> und eine Wurmfortsatz<u>perforation</u> mit tödlicher, generalisierter Peritonitis. Dabei komme die am wenigsten gefährliche, reine Caecumentzündung am häufigsten vor, dicht gefolgt von den Wurmfortsatzperforationen, eher seltener hingegen seien Caecumperforationen oder eine Wurmfortsatzentzündung ohne Ulzeration und Perforation zu finden.[146] Jeder der vier Erkrankungsvarianten fügte BURNE eine spezifische Beschreibung des Symptomverlaufes an, wobei er ein mögliches Merkmal zur Unterscheidung von Caecum- und Wurmfortsatzperforationen besonders betonte: *„The perforation of the appendix has many symptoms in common with the perforation of the caecum. The perforation of the caecum, however, is generally preceded for weeks or*

---

144 Vgl. Burne, John: Acute und chronische Entzündung des Blinddarms und des wurmförmigen Anhanges. In: Analekten der speziellen Pathologie und Therapie, Bd. 1, Berlin 1837, S. 613ff. Hier handelt es sich um die dt. Übersetzung seiner Veröffentlichung in Medico-chirurgical Transactions 1837. BURNE beschrieb hier, dass die Schleimhaut in der Lage sei, sich an diesen Zustand zu gewöhnen (vgl. ebd. S. 615).
145 BURNE bezeichnete diese Erkrankung erstmals als „tuphlo-enteritis" (vgl. Burne, John: Memoir on tuphlo-enteritis: or inflammation and perforative ulceration of the caecum, and of the appendix vermiformis caeci. In: The Medico-Chirurgical Review. London 1840; 32: 43–47; S. 45).
146 Vgl. ebd., S. 44ff.

months by bowel complaints, indicating ulceration of the mucous membrane; while the perforation of the appendix is not preceded by such bowel complaints"[147].

Mit dieser typologischen Einteilung wird nochmals der Versuch deutlich, Wurmfortsatzentzündugen (-perforationen) und Caecumentzündungen (-perforationen) als voneinander unabhängige Erkrankungen zu betrachten und sie schließlich auch ätiologisch und symptomatisch voneinander zu trennen.

Darüber hinaus war es in England allen voran BURNE, der in seiner zweiten Arbeit DUPUYTREN und dessen Schüler dahingegen kritisierte, dass diese im Rahmen ihrer Arbeiten und Fallbesprechungen die Appendix vermiformis übersehen hätten, obwohl den Beschreibungen nach die meisten ihrer Fälle Wurmfortsatzperforationen gewesen sein müssten. Zudem stellte er sich gegen die Behauptung der Dupuytren'schen Schule, dass es sich bei den Abszessen der rechten Darmbeingrube um eine idiopathische, pericaecale Zellgewebsentzündung handele, und deklarierte ein großes Missverständnis: Die Inflammation des pericaecalen Gewebes und der eitrige Abszess seien vielmehr sekundär und als eine Art Krankheitsstadium oder Symptom einer Caecum- oder Wurmfortsatzentzündung anzusehen.[148]

So sehr alle drei Autoren dem Wurmfortsatz eine große Bedeutung in Bezug auf Erkrankungen in der rechten Unterbauchregion zuschrieben und das Caecum nicht als einzig möglichen oder alleinigen Krankheitsherd annahmen, hielten sie dennoch an der Auffassung fest, das Caecum könne durchaus als Primarius an dem Krankheitsgeschehen beteiligt sein.[149]

Zwischen dem Erscheinen der beiden Aufsätze BURNEs ereignete sich in Frankreich ein wesentlicher Schritt in der konservativen Therapie, indem der Chirurg Joseph-Pierre PÉTREQUIN (1809–1876) 1837 erstmals von einem Fall berichtete, bei dem er Opium zur Therapie dieser Erkrankung verordnete. Das schon seit der Antike medizinisch eingesetzte Mittel fand vor PÉTREQUIN bereits seine Anwendung bei akuten, peritonitischen Zuständen (so z. B. 1825 in zwei Fällen des Chirurgen Robert James GRAVES (1796–1853)[150], in einem Fall (1835)

---

147   Ebd., S. 46.
148   Vgl. ebd., S. 45.
149   Vgl. Sprengel, Appendicitis, 1906, S. 58.
150   Vgl. Pétrequin, Joseph-Pierre: Ueber den Gebrauch des Opium in hoher Gabe bei den spontanen Perforationen des wurmförmigen Fortsatzes des Blinddarmes. In: Jahrbücher der in- und ausländischen gesammten Medicin, Bd. 19. Leipzig 1838, S. 30. Zu der frz. Originalveröffentlichung vgl. Pétrequin, Joseph-Pierre: De l'Emploi de l'opium à hautes doses dans les perforations spontanées de l'appendice iléo-coecale.

des Arztes William STOKES (1804–1878)[151] und in einem Fall (1835) der Ärzte William und David GRIFFIN DE LIMERICK[152]), bisher jedoch noch nicht spezifisch in der Behandlung einer Wurmfortsatzerkrankung.[153] PÉTREQUIN begründete seine Überzeugung des Opiumeinsatzes zur Therapie von Wurmfortsatzentzündungen damit, dass die größte Gefahr die Perforation und die Ausbreitung des eitrig-fäkalen Inhaltes der Appendix vermiformis in die Bauchhöhle sei. Opium könne dabei die „*Verhütung oder sofortige[] Hemmung des Ergusses*"[154] erzielen, indem es die Darmbewegungen vermindere und dem Körper mehr Zeit und Ruhe gebe, die Perforationsstelle zu organisieren, zu verkleben und den Entzündungsherd somit einzugrenzen. Weitere Wirkungen seien darüber hinaus eine Schmerzreduktion, eine Schlafförderung und eine Sensibilitätsabstumpfung. Es müsse allerdings so früh wie möglich gegeben werden, vorzugsweise 10–12g in Form von 1g-Pillen, von denen stündlich eine eingenommen werden solle, „*bis der Narcotismus eintritt*"[155]. PÉTREQUIN machte sich demnach die Nebenwirkung des Opiums zunutze, indem er sie zugunsten seiner Theorie des Krankheitsverlaufes verwendete. Er merkte jedoch auch an, dass die Gefahr bei der Opiumgabe in der Entstehung starker Obstipationen liege, die behandelt werden müssen. Wichtig sei hierbei, dass nicht zu früh orale Abführmittel gegeben werden dürften, sondern zunächst auf Suppositorien und Halbklistiere zurückgegriffen werden müsse, um sicherzugehen, dass die Verwachsungen um den Perforationsherd genügend verfestigt seien und nicht durch wieder einsetzende Darmperistaltik wieder gelöst werden.

Der Fall, in dem PÉTREQUIN erstmalig die Opium-Therapie bei einer Wurmfortsatzperforation anwendete, sei im Folgenden kurz dargestellt:

In Paris litt 1835 eine 32-jährige Frau an Koliken, Obstipation und Schmerzen im rechten Unterbauch. Als im Verlauf galliges Erbrechen, Fieber, Abgeschlagenheit, Kopfschmerzen, Schlaflosigkeit, eine gelblich belegte Zunge, lebhafte Darmgeräusche (Borborygmus) und eine palpable Geschwulst in der rechten

---

In: Gazette medicale de paris 1837, No. 28. In beiden Fällen einer Peritonitis wurde diese mittels der Gabe von hochdosiertem Opium ohne jeglichen Blutentzug geheilt.

151 In einem Fall von Peritonitis nach heftiger Purgation konnte diese mit der stündlichen Gabe von 1g Opium (insgesamt waren es letzten Endes 184g) ebenfalls geheilt werden (vgl. ebd.).

152 Er verordnete bei einer Peritonitis als Folge einer Darmperforation bei Abdominaltyphus 1g Opium und vier Tropfen Bisenkrautextrakt täglich (vgl. ebd.).

153 Vgl. ebd.

154 Ebd.

155 Ebd.

Darmbeingegend hinzukamen, verordnete PÉTREQUIN im Sinne der bisher bekannten konservativen Therapie Aderlass, 30 Blutegel, ein Bad, Kataplasmen, Rizinusöl und Diät. Die dadurch erfolgte Stuhlentleerung und Symptombesserung hielt zwei Wochen an, bis es erneut zum Einsetzen der Symptomatik kam. Schmerzen, Schwäche, Diarrhoe, Schlaflosigkeit, Ekel und Erbrechen, ein schwacher Puls und Druckschmerz im rechten Unterbauch veranlassten ihn am 17. Tag der Erkrankung, die Opiumtherapie zu beginnen: 12 Opiumpillen, stündlich je 1 g sollten eingenommen werden, bis der Schmerz aufhöre oder Schlaf einsetze. Zudem sollte gelegentlich ein Stück Eis in den Mund gelegt und Ruhe gehalten sowie Getränke und Klistiere vermieden werden. An den Folgetagen setzte PÉTREQUIN die Opiumgabe wie folgt fort: Tag 1 = 15 Opiumpillen, Tag 2 = 24 Opiumpillen und 6 Pfund Eis, Tag 3 = 25 Opiumpillen, 8 Pfund Eis und Solution von Gummisirup, Tag 4 = 20 Opiumpillen, Tag 5 = 15 Opiumpillen und Suppositorium von Kakaobutter als beginnende Obstipationstherapie, Tag 6 = 8 Opiumpillen, Seifenzäpfchen, Halbklistier, Milch und Solution von Gummisirup, Tag 7 = Halbklistier und Rizinusöl, Tag 8 = nur noch Milch nach erfolgter Stuhlentleerung, keine Opiumgabe mehr. Fortan wurde der Stuhlgang durch weitere Halbklistiere, Milch, Gerstenabsud mit Honig und leichtem Brei unterstützt und die Symptomatik besserte sich zunehmend, sodass die Patientin am 38. Tag ihrer Erkrankung mit einem im Verlauf entstandenen Abszess am Oberschenkel das Krankenhaus verließ.[156]

PÉTREQUINs Opium-Theorie fand schnell viele Anhänger unter den Medizinern, die mit dem deutschen Arzt Adolph VOLZ (1813–1886) schließlich auch in Deutschland 1846 eingeführt wurde[157], worauf im chronologischen Verlauf dieses Kapitels noch ausführlicher eingegangen wird.

In den darauffolgenden Jahren war es bevorzugt wieder der deutschsprachige Raum, in dem weitere Erkenntnisse zu dem Krankheitsbild der akuten Appendizitis und deren Behandlungsmöglichkeiten gesammelt werden konnten.

Noch im gleichen Jahr, in dem auch BURNE seine Fallbeschreibungen von 1836 ergänzte und eine klare Unterteilung in vier mögliche rechtsseitige Variationen von Unterbaucherkrankungen vornahm, veröffentlichte der praktische Arzt ARNOLD den Fall eines innerhalb von sechs Tagen an einer perforierten Appendix verstorbenen 7-jährigen Jungen, der die fremdkörperassoziierte Ätiogenesetheorie untermauerte und darüber hinaus einen weiteren sehr detaillierten Einblick in den Versuch einer konservativen Therapie ermöglicht. So erscheint

---

156 Vgl. ebd.. S. 29f.
157 Vgl. Sprengel, Appendicitis, 1906, S. 512.

es auch hier lohnenswert, ihn neben GOLDBECKs und PUCHELTs Fallbeispielen an dieser Stelle anzuführen:

Der Junge litt im April des Jahres 1837 an heftigen Bauchschmerzen und Erbrechen, die zunächst mit einem Feldkamillen-Aufguss gelindert werden sollten. Als sich der Zustand am nächsten Tag verschlimmerte, der Unterleib zunehmend gespannt und berührungsempfindlicher wurde und sich ein harter, hochfrequenter Puls sowie eine Obstipation einstellten, sollten lauwarme Leinmehlumschläge und acht Blutegel auf dem Unterbauch, alle vier Stunden lauwarme Klistiere und alle zwei Stunden Calomel Abhilfe leisten. Nach anfänglicher Symptombesserung traten diese jedoch in gleicher Heftigkeit erneut wieder auf, zudem fiel eine linksseitige, seit einem halben Jahr bestehende Inguinalhernie auf. Angeordnet wurden daraufhin zu der bisherigen Therapie sechs Blutegel oberhalb des Bauchnabels und Eis-Fomentationen, die auf der Bruchstelle appliziert wurden. Mit weiterer Zunahme der Schmerzen und Spannungen im Unterbauch wurden weitere zehn Blutegel (sechs in der Unterbauchregion, vier in der Leistenregion) angelegt, ein halbstündiges warmes Bad verordnet und mit der Klistier- und Calomel-Therapie fortgesetzt, die jedoch noch durch die Gabe von Rizinusöl ergänzt wurde.[158] Am 3. Tag seiner Erkrankung kehrte dann der Stuhlgang wieder und es kam zu einer kurzzeitigen Besserung der Schmerzsymptomatik und des Allgemeinzustandes. Sämtliche Symptome setzten jedoch bis zum 5. Tag nach Krankheitsbeginn wieder ein, nahmen stetig und heftig zu, begleitet von Unruhe und Angstzuständen, bis der Junge am 6. Tag seiner Erkrankung unterlag und verstarb, ohne dass weiterhin angeordnete antiphlogistische Mittel diesen Ausgang verhindern konnten. Bei der sich anschließenden Sektion fanden sich neben einem in das Scrotum hineinreichenden Bruchsack im Unterbauch Darmschlingen, die *„in einen*[m] *Knaul zusammengeklebt, in einer schwärzlichen Jauche schwimmend und vom Sphacelus* [Anm. v. M. K.: aus dem Griech. sphäkelos (m.) – dt. kalter Brand, Gangrän] *fast macerirt"*[159] waren, besonders in dem Übergangsbereich von Ileum zum Caecum.[160] ARNOLD betonte, dass diese pathologischen Veränderungen eindeutig vom Wurmfortsatz ausgegangen zu sein schienen, *„insofern nämlich, als dieser den höchsten Grad brandiger Zerstörung zeigte und die Maceration in eben demselben so weit gediehen war, dass es des Messers kaum bedurfte, um aus seinem blinden Ende eine Bohne zu entwickeln, deren Durchmesser den des offnen Endes des Darmkanals so*

---

158 Vgl. Arnold: Beitrag zur Lehre von Krankheiten des processus vermiformis. In: Monatsschrift für Medizin, Augenheilkunde und Chirurgie, Bd. 2. Leipzig 1838, S. 71.
159 Ebd., S. 72.
160 Vgl. ebd.

sehr übertrafen, dass jene unbeschadet der Continuität auf natürlichem Wege nicht hätte entwickelt werden können."¹⁶¹

1842 war es dann der Wiener Pathologe Carl ROKITANSKY (1804–1878), der – wie ihm zuvor auch schon BURNE – einen weiteren Einteilungsversuch der rechtsseitigen Unterbaucherkrankungen, genauer der Krankheiten, die das Caecum oder die Appendix vermiformis betreffen, vornahm. Anders als BURNE war ROKITANSKY der Meinung, man könne lediglich drei Formen unterscheiden, die sich in Art und Ursache voneinander abgrenzen ließen: die Typhlitis stercoralis, die Perityphlitis und die katarrhalische Entzündung des Wurmfortsatzes. Die Typhlitis stercoralis meine dabei eine – im Verhältnis häufig vorkommende – entzündliche Veränderung des Caecum, die *„durch habituelle Stagnation und Anhäufung von Fäcalmassen"*¹⁶² entstehe, durch vieles Sitzen die Aufnahme unverdaulicher Bestandteile mit der Nahrung oder durch *„Rheumatismus der Muscularhaut"*¹⁶³ begünstigt werde und oftmals akut, durchaus aber auch rezidivierend oder chronisch verlaufen könne. Die Therapie basiere auf der rechtzeitigen Beseitigung der Fäkalmassenanhäufung, da es andernfalls zu einer Ulzeration und Perforation der (zumeist hinteren) Caecumwand mit nachfolgender Entzündungsausbreitung im Sinne einer Peritonitis kommen könne.¹⁶⁴ Unter Perityphlitis verstand ROKITANSKY – analog zu PUCHELT und seinen Schülern – die idiopathische Entzündung des pericaecalen Gewebes.¹⁶⁵ Die katarrhalische Entzündung des Wurmfortsatzes als 3. Variation rechtsseitiger Unterbaucherkrankungen ähnele der Typhlitis stercoralis und sei durch in dessen Lumen geratene Faecalmasse oder Fremdkörper verursacht.¹⁶⁶ Die Entzündung könne zurückgehen, komme es rechtzeitig vor einer Perforation zur Entfernung des Fremdkörpers, wobei ein vernarbter und verödeter Wurmfortsatz zurückbleibe. Komme es zu einer Ulzeration bzw. Perforation, folge ein *„Austritt des eitrig-jauchigen Contentums in den Bauchfellsack"* mit allgemeiner Peritonitis.¹⁶⁷

---

161 Ebd.
162 Rokitansky, Carl von: Handbuch der pathologischen Anatomie, Bd. 3. Wien 1842, S. 286.
163 Ebd.
164 Vgl. ebd.
165 Genauer definierte ROKITANSKY die Perityphlitis als *„die Entzündung des langfädigen, lockeren Zellgewebes über der Fascia iliaca"* (Ebd., S. 287).
166 Vgl. ebd.
167 Vgl. ebd. S. 288; Zitat ebd. Neben der Möglichkeit einer katarrhalischen Entzündung des Wurmfortsatzes merkte ROKITANSKY darüber hinaus noch zwei weitere

Rokitansky verzichtete zwar auf genauere Angaben zu den Therapiemöglichkeiten der drei Krankheitsformen, doch ist seine wie auch Burnes Darstellung der Erkrankungseinteilung deshalb erwähnenswert, da sie den Versuch widerspiegelt, die verschiedenen Erkrankungsvarianten in der Caecum-Appendix-Region voneinander abzugrenzen, zu strukturieren und mit unterschiedlichen klinischen Symptomen zu korrelieren. Mit der Bezeichnung „Typhlitis stercoralis" – analog dazu Burnes Begriff der „tuphlo-enteritis" – brachte Rokitansky in der Terminologiefindung für rechtsseitige Unterbaucherkrankungen einen weiteren Begriff ins Spiel. Obwohl bereits detailliertere Beobachtungen der Erkrankungsvorgänge im Caecum-Appendix-Bereich gemacht und andere Erkrankungen gezielt von der Wurmfortsatzentzündung durch differenzierte Namengebungen unterschieden wurden, hielt sich der von Goldbeck eingeführte Begriff der „Perityphlitis" bis zum Ende der achtziger Jahre. Auch wenn mit ihm ursprünglich nur die Entzündung des pericaecalen Gewebes beschrieben werden sollte, wurde er übergreifend oft – fehlerhaft – als Synonym für die Wurmfortsatzentzündung verwendet. Die Vielfältigkeit der Terminologie, die sich über mehrere Jahrzehnte entwickelte, spiegelt dabei wider, wie sehr man sich um einen inhaltlichen Erkenntnisgewinn bemühte: Die Unsicherheit über den tatsächlichen Auslöser dieser Krankheit im rechten Unterbauch (Caecum/pericaecales Gewebe/Appendix vermiformis) manifestiert sich in der Variabilität der Bezeichnungen. Erst 1886 sollte die Entzündung der Appendix vermiformis mit dem aus dem amerikanischen Raum stammenden Begriff „Appendizitis" ihren endgültigen Namen finden.[168]

Zeitgleich mit Rokitansky veröffentlichte der Würzburger Privatdozent Mohr zwei sehr ausführlich beschriebene Krankheitsverläufe bei perforierter Appendix vermiformis und leistete damit seinen Beitrag zu den zahlreichen Falldarstellungen.[169] Beide Kasuistiken, die eines 24- und eines 36-jährigen

---

Erkrankungsarten der Appendix vermiformis an: das hydropische Anschwellen durch Schleimaufstau bei vollständiger Verlegung des Lumen durch Fremdkörper/Fäkalmasse und die typhöse oder tuberkulöse Affektion (vgl. ebd., S. 288f.).

168 Vgl. ebd., S. 63f. Die Einführung des Begriffes „Appendizitis" und die diesbezüglichen kontroversen Diskussionen werden im chronologischen Verlauf dieses Kapitels noch eingehender beschrieben; Sprengel führte noch weitere Versuche in der Namensgebung auf, die sich jedoch letzten Endes nicht durchsetzten: „*Perityphlitis appendicularis*" (frz. „Périthylite appendiculaire" von Krafft (Schweiz. Chirurg; 1863–1921), 1888), „*Epityphlitis*" (von Küster, 1898), „*Scolecoiditis*" (von Nothnagel, 1898) und „*Scolectitis*" (u. a. von Edmund Rose (dt. Chirurg; 1836–1914), 1900). Vgl. hierzu ebd., S. 63.

169 Vgl. hierzu die Arbeit von Mohr: Zur Geschichte der Durchbohrung des Wurmfortsatzes. In: Wochenschrift für die gesamte Heilkunde, Nr. 42. Berlin 1842, S. 673–682.

Mannes, hatten trotz eingeleiteter konservativer Therapie[170] einen tödlichen, peritonitischen Verlauf, gaben allerdings keine neuen Erkenntnisse zu dem Krankheitsbild. Dennoch sind sie an dieser Stelle erwähnenswert, weil MOHR sehr detailliert den in Stadien stattfindenden Verlauf der Erkrankung aufzeigte. Zudem bestätigten die jeweils beigegebenen ausführlichen Sektionsbefunde eindeutig die Krankheitsursache im Wurmfortsatz.[171]

MOHR kann und soll an dieser Stelle als Stellvertreter des allgemeinen Wandels der Anschauung unter der internistischen Ärzteschaft angeführt werden: Die der entzündlichen Krankheit im rechten Unterbauch zugeschriebene Ursache verschob sich immer mehr weg von der „Dupuytren'schen Theorie" des Caecum bzw. des pericaecalen Gewebes hin zum Wurmfortsatz, der allmählich bis zur Mitte des 19. Jahrhunderts endgültig als korrekter, primärer Krankheitsursprung erkannt und anerkannt wurde.[172]

Ein Jahr nach ROKITANSKY und MOHR fand 1843 schließlich ein entscheidender Schritt in der Entwicklung der operativen Therapie der Wurmfortsatzentzündung statt: Der amerikanische Chirurg Willard PARKER (1800-1884) eröffnete einen perityphlitischen Abszess auf der Grundlage der klaren Diagnosestellung einer Wurmfortsatzentzündung allein anhand klinischer Symptome. Zwar sprach er nicht als Erster von der Notwendigkeit der Abszesseröffnung und Eiterableitung[173], jedoch war er es, der sich in seiner dann 1867 folgenden Schrift über Operationen bei Abszessen der Appendix vermiformis sehr genau mit der Abszesseröffnung beschäftigte.

Die Erkrankungen des Wurmfortsatzes teilte PARKER in folgende Formen ein: „*1. Gangrene. 2. Perforating Ulcer. 3. Abscess.*"[174] Er sah – wie seine Vorgänger

---

170 Bestehend aus der Gabe von Solutionen aus Bilsenkrautextrakt, Klistieren, Kataplasmen, Calomel sowie der Anwendung von Blutegeln und Durchführung von „Venae sectio" (Aderlass). Vgl. hierzu ebd., S. 674-679.

171 Im ersten Fall sei der Wurmfortsatz in „*der Mitte seiner vordern Fläche an einer stecknadelkopf- und erbsengrossen Stelle*" (Ebd., S. 677) perforiert und von „*zwei erbsen- und darüber grosse schwärzlichbraune, indurirte Kothmassen*" (Ebd.) vollkommen verlegt gewesen und im zweiten eine „*groschenstückgrosse scharfrandige Oeffnung*" (Ebd., S. 681) zu verzeichnen gewesen, durch die der ebenfalls in dem Bereich gefundene eitrige Erguss mit dem Darmkanal kommuniziert habe (vgl. ebd., S. 677-681).

172 Vgl. Sachs, Geschichte der operativen Chirurgie, Bd. 1, 2002, S. 188.

173 Vgl. hierzu die Beschreibungen RICHTERs bezüglich eines Drainageversuches bei bestehendem Abszess im Kap. 5.

174 Parker, Willard: An operation for abscess of the appendix vermiformis caeci. In: Medical record, New York 1887; 2: 25-27; S. 25.

auch – im Lumen der Appendix vermiformis befindliche Fremdkörper oder versteinerte Massen als Ursache an, die entweder durch ihre bloße Anwesenheit im Wurmfortsatz oder durch eine Behinderung der Blutzirkulation zu Irritationen und Entzündungen führten. Die gangränöse und perforierte Variante der Wurmfortsatzerkrankung sei dabei bevorzugt bei männlichen Kindern zu finden und in der Regel innerhalb von zwei bis fünf oder sechs Tagen ohne vorausgehende markante Symptome, in eine generalisierte Peritonitis übergehend, tödlich. Wurmfortsatzerkrankungen mit Abszessbildung finde man hingegen eher bei Erwachsenen, wobei diese schleichender verliefen und mit den klassischen in der Literatur schon beschriebenen Symptomen einhergingen.[175] PARKER betonte dabei jedoch die Schwierigkeit, die Wurmfortsatzentzündungen klinisch korrekt von Hernien und Mageninvaginationen zu unterscheiden, und fügte gleichzeitig an, dass dies nur danach differenziert werden könne, ob es mittels Abführmitteln zu einer Stuhlentleerung komme oder nicht.[176] Trotz einer schlechteren Prognose bei gangränöser Affektion und freier Perforation der Appendix vermiformis, könne auch die Abszessbildung dann zum Tod führen, wenn sich der Abszess ausdehne und Eiter in die Bauchhöhle gelange und dort eine generalisierte Peritonitis auslöse. Nur dann, wenn der entzündungsbedingt abgesonderte Eiter durch Verklebungen abgekapselt werde und er einen anderen Weg (z. B. über den Darm/Stuhl oder die Bauchdecke) der Entleerung finde, sei ein Genesungsprozess möglich.[177] Die Dauer einer Wurmfortsatzerkrankung hänge allgemein betrachtet von einer bestehenden oder nicht bestehenden Verklebung

---

175 PARKER nannte folgende Symptomatik: Schmerzen in den Eingeweiden, Appetitlosigkeit, Übelkeit und Erbrechen, febrile Temperaturen, Verstopfung, geschwollenes und tympanisches Abdomen, frequenter Puls, trockene und warme Haut, eine belegte Zunge und die Ausbildung eines umschriebenen Tumores in der rechten Fossa iliaca (vgl. ebd.).

176 Hernien und Invaginationen seien – nach PARKER – unumgängliche Obstruktionen im Darm, bei denen Abführmittel keine Stuhlentleerung hervorbringen könnten. Abszesse im Bereich des Wurmfortsatzes hingegen führten zu keiner derartigen Obstruktion (vgl. ebd.). Die Überlegung dahinter ist durchaus plausibel, wenn auch dieses Verfahren zur Differenzialdiagnose heute nicht mehr in der Form angewendet wird.

177 Vgl. ebd. PARKER merkte darüber hinaus an, dass die Lage des zu ertastenden Tumors bzw. Abszesses im rechten Unterbauch nicht immer gleich sei, sondern von der Lage des Wurmfortsatzes in Bezug auf das Caecum abhänge: Liege er eingerollt hinter dem Caecum, sei der Abszess an seiner gewohnten Stelle zu tasten, liege er entrollt entlang des Colon, könne der Abszess jedoch auch etwas höher tastbar sein (vgl. ebd. S. 26).

bzw. Abkapselung ab: Ergieße sich der Eiter frei in die Bauchhöhle, sterbe der Patient innerhalb von vier bis fünf Tagen, werde er suffizient abgekapselt, sei dies nicht der Fall, jedoch bestehe die Gefahr, dass dieser mit voranschreitender Größenzunahme (das Maximum sei am 12. Tag erreicht) aufbreche. Demnach sei ein letaler Ausgang durch eine Wurmfortsatzentzündung entweder innerhalb der ersten vier bis fünf Tage oder aber nach dem 12. Tag zu befürchten, wobei hier das Risiko wesentlich geringer sei. Als allgemeine Therapieempfehlung bei vorhandenem Abszess schlug PARKER absolute Bettruhe in Rückenlage, Opium und eine angemessene Ernährung vor. Als lokale Therapie, schlussfolgerte er aus seinen Beobachtungen, sei eine Eröffnung des Abszesses durch eine Inzision und mit intendierter und kontrollierter Eiterentleerung zur richtigen Zeit notwendig. Diese setzte er zwischen dem 5. und 12. Tag nach Symptombeginn an, um einem Aufbruch zuvorzukommen.[178]

Da PARKERS 1843 publizierte Kasuistik die historisch erste Beschreibung eines solchen operativen Eingriffes war, soll er im Folgenden kurz dargestellt werden[179]:

Ein männlicher Patient aus Brooklyn, New York City, klagte 1843 über Bauchschmerzen, Obstipation, Fieber, ein herabgesetztes Allgemeinbefinden sowie eine Druckschmerzhaftigkeit in der rechten Inguinal-Region. Bei der Untersuchung stellte PARKER eine fluktuierende Schwellung in der rechten Fossa iliaca fest. Den im Rahmen einer Wurmfortsatzentzündung vermuteten Abszess inzidierte und eröffnete er, wobei sich Eiter und kleine, rosinenkerngroße Konkremente ergossen. Der Patient genas.[180]

Ein weiterer Fall, von PARKER datiert auf das Jahr 1866, erlaubt genauere Aufschlüsse über seine Vorgehensweise:

Ein 40-jähriger Mann zeigte die üblichen Symptome: Bauchschmerzen in der rechten Darmbeingegend, Übelkeit, Erbrechen und Obstipation. Anschließend an die versuchte Selbsttherapie mittels „*blue-pills* [...] *Saratoga Empire water* [...] [und] *Mustard*"[181] wurden von der hinzugezogenen Hausärztin Blutegel,

---

178 Ein Zuwarten bis zum 5. Tag erklärte sich den Ausführungen PARKERS nach dadurch, dass erst ab dann von einer Abszessbildung ausgegangen werden könne. Überlebte der Patient die ersten fünf Tage nicht, spreche dies für eine freie Eiterausbreitung, die in einer generalisierten, tödlichen Peritoitis ende (vgl. ebd.).
179 PARKER beschrieb in seiner Schrift von 1866 detailliert drei weitere Fälle (zwei datiert auf das Jahr 1865, einen auf 1866).
180 Vgl. ebd., S. 25.
181 Ebd., S. 27. Bei den hier zitierten Mitteln handelte es sich vermutlich um Quecksilber Pillen („*blue-pills*") (vgl. Dieterich, Eugen/Dieterich, Karl: Neues pharmazeutisches

Opium und das Auflegen einer Eisblase auf den rechten Unterbauch verordnet. Die Symptome verschlimmerten sich jedoch zunehmend, sodass PARKER einen Patienten mit allen Anzeichen eines Wurmfortsatzabszesses vorfand. Um den Verdacht zu erhärten und mögliche Differenzialdiagnosen auszuschließen, verordnete er neben Opium vor allem Calomel und Rizinusöl, um eine Stuhlentleerung zu provozieren, die daraufhin schließlich auch eintrat. Als sich die Symptome am 9. Tag jedoch noch nicht gebessert hatten, entschloss sich PARKER mithilfe von Assistenten zur operativen Abszesseröffnung. Vorbereitend wurde dem Patienten Katzenminz-Tee zur Entblähung des Darmes gegeben.[182]

Im Folgenden schließt sich die sehr detaillierte Beschreibung des Operationsablaufes an:

> *„An incision six inches in length was made through the integument, commencing above, and about one inch from, the anterior superior spinous process of the ilium, running towards the symphysis pubis. About one inch of the incision was above an imaginary line drawn from one ant. sup. spin. proc. to the other, and five inches below. The incision was continued carefully down, and all structures found to be healthy, until the fascia transversalis was reached, which was found to be thickened. This was divided over a director, and right beneath a tumor was felt, which was about two inches long and an inch and a half in width. And exploring needle was introduced, when immediately there gushed up some thick, bad-smelling pus. The sac was now freely opened, and about four ounces of pus, in which there may have been a little faeces, discharged. A tent was introduced into the cavity, and the wound left to close up by granulations. The patient rallied well, after the operation [...]; wound discharging healthily. The after treatment consisted entirely of rest, opium, and nourishment. Perfect recovery took place in three weeks [...]."*[183]

Drei Jahre nach PARKERS Therapieempfehlung der operativen Abszesseröffnung gelangte das Krankheitsbild der Wurmfortsatzentzündung zunächst wieder in den Fokus der Internisten. Mit VOLZ, einem weiteren Schüler PUCHELTS, verbreitete sich die bereits von PÉTREQUIN in Frankreich eingeführte Opiumtherapie

---

Manual. Berlin [11]1913, S. 418), Heilwasser („*Saratoga Empire water*") und Senf („*Mustard*").
182   Vgl. ebd.
183   Ebd. Die Genauigkeit in dieser Beschreibung des sechs Inch (= ca. 15 cm!) langen Bauchschnittes ist bemerkenswert und die Erste in dieser Form: Ein ca. 15 cm langer Schnitt oberhalb der Symphysis pubis, beginnend ca. 2,5 cm von der Spina iliaca anterior superior dextra (fraglich, ob nach unten oder zur Unterbauchmitte hin gesehen) und in Richtung der Symphyse fortgeführt, wobei ca. 2,5cm des Schnittes oberhalb der gedachten Linie zwischen Spina iliaca ant. sup. dextra et sinistra und ca. 12,5 cm unterhalb dieser lag. Aus der Beschreibung lässt sich schlussfolgern, dass es sich um einen schrägen Schnitt von kranial nach kaudal handelte.

nun auch im deutschen Raum. Deren Anhänger bildeten mit der Zeit eine klare Opposition gegen die Befürworter der Applikation von Abführmitteln. Dies führte schnell zu internen Diskussionen unter den Internisten.

In seiner Schrift „Ueber die Verschwärung und Perforation des Processus vermiformis, bedingt durch fremde Körper" unterschied VOLZ 1846 zwischen drei Schleimhauterkrankungen des Wurmfortsatzes, die allesamt in einer Perforation enden könnten: die typhöse Affektion bei gleichzeitig vorliegendem Ileotyphus, die tuberkulöse Affektion bei gleichzeitig vorliegender Darm- und Lungentuberkulose und die katarrhalische Affektion, die durch Fremdkörper und Konkremente bedingt sei. Mit dieser Einteilung zeigte sich ein weiterer Strukturierungsversuch des Krankheitsgeschehens, wobei VOLZ den typhösen und tuberkulösen Prozessen an der Appendix vermiformis weniger Aufmerksamkeit und Wichtigkeit zusprach.[184] So betrachtete er vor allem die katarrhalische Entzündung des Wurmfortsatzes genauer und führte diesbezüglich mehrere Fallbeispiele an, die neben Krankheitsverläufen und Therapieregimen auch Sektionsbefunde enthielten. Gerade Letztere ließen ihn zu der Auffassung kommen, die Ursache für diesen Krankheitsprozess könne einzig und allein das Vorhandensein von Konkrementen im Lumen der Appendix vermiformis sein. Es handele sich hierbei – seinen chemischen Analysen nach – in der Regel um Faeces mit hohem Kalkgehalt. Zudem kam er aufgrund seiner Beobachtungen zu der Schlussfolgerung, das männliche Geschlecht weise eine besondere Prädisposition für die Erkrankung des Wurmfortsatzes auf, da diese 5-mal so häufig bei Männern vorkomme wie bei Frauen. Diese epidemiologische Angabe deckt sich mit der heutigen, nach der 1/3 mehr Männer eine akute Appendizitis erleiden. Die Ursache führte VOLZ auf die andere Anatomie des Beckens und der Appendix vermiformis bei Männern zurück, die ein höheres Risiko für das Vorkommen von Konkrementen bergen würden.[185] VOLZ erkannte – wie schon PÉTREQUIN – dass die freie Perforation des Wurmfortsatzes mit folgender generalisierter

---

184 Vgl. Volz, Adolph: Ueber die Verschwärung und Perforation des Processus vermiformis, bedingt durch fremde Körper. In: Archiv für die gesamte Medicin, Bd. 4. Jena 1843, S. 305f. VOLZ begründete dies damit, dass die Wahrscheinlichkeit einer Perforation bei diesen beiden Affektionen weniger wahrscheinlich sei (vgl. ebd. S. 306). Am Ende seiner Schrift fügte er zwei kurze Fallbeispiele diesbezüglich an (vgl. ebd., S. 332f.).

185 Vgl. ebd., S. 328f. Vorstellbar ist, dass VOLZ hier auf den kleineren Beckeneingang und den steileren Winkel (<90°) des Beckens beim Mann abzielt. Beides bedingt, im Vergleich zum weiblichen Becken, engere räumliche Verhältnisse für Becken-/ Unterbauchorgane. Ob dies nun ein Grund für das vermehrte Vorkommen von

Peritonitis zumeist einen tödlichen Ausgang nehme. Dieser sei nur abzuwenden, wenn die Perforation durch rechtzeitige Verklebungen des Bauchnetzes mit der Appendix vermiformis verhindert oder das Konkrement, welches nach einer erfolgten Perforation in die Bauchhöhle gelange, rechtzeitig eingekapselt oder entfernt werde.[186] Die einzige Möglichkeit zur Vermeidung des letalen Ausganges bei generalisierter Peritonitis sah VOLZ – wie auch PÉTREQUIN einige Jahre zuvor behauptete – in der rechtzeitigen Ruhigstellung des Darmes, um den Verklebungsprozess zu ermöglichen und dem Körper genügend Zeit zu geben, das Konkrement zu entfernen. Dies sei ausschließlich durch Ruhe, Vermeiden von Flüssigkeitsaufnahme, Gabe von Opium und Verzicht auf Abführmittel möglich[187]: *„Alles, was die Bewegung der Gedärme vermehrt, zerreißt die frischen, weichen Adhäsionen, und bringt das mit Fäcalmaterie gemengte Exsudat wieder mit neuen Stellen des Bauchfells in Berührung. Alle Fälle, welche als gewöhnliche Peritonitis mit Abführmitteln behandelt wurden, sind tödtlich abgelaufen."*[188]

Die Gabe eines Medikamentes, das außer zu einer Schmerzstillung auch die Motilität des Darmes hemmt, erscheint zunächst geeignet, wenn eine suffiziente Abszessbildung das alleinige Ziel in der Therapie einer bereits perforierten Appendix vermiformis ist. Gerade auf dem Hintergrund, dass PARKER kurz zuvor von der Letalität sprach, die von sich frei in der Bauchhöhle ausbreitendem Eiter ausgeht, erschien eine medikamentöse Unterstützung des Abkapselungsprozesses sicherlich sinnvoll. Dass hiermit allerdings der Entzündungsherd weder beseitigt noch die mögliche Gefahr eines späteren Abszessaufbruches verringert wurde, ist nicht abzustreiten.

Weiterführend hielt VOLZ den bisher als Standard geltenden Gebrauch von Blutegeln, Calomel und Abführmitteln (aus weiter o. g. Gründen) für fatal[189]

Konkrementen im Darm ist (z. B. bedingt durch langsameren Weitertransport der Faeces), bleibt zu hinterfragen.

186 Vgl. ebd., S. 321. Letzteres sei auf drei Wegen möglich: 1. Die Absonderung eines eitrigen Exsudates vom Wurmfortsatz beziehe die umliegenden Bauch- und Beckenmuskeln in die Abszessbildung mit ein, sodass sich der Abszess dann nach außen hin öffnet und sich der Eiter sowie das Konkrement entleeren können. 2. Es komme zu Verklebungen der Appendix vermiformis mit einer Darmschlinge, die dann perforiere und das Konkrement somit in den Darmkanal gelange, sodass es schließlich mit dem Stuhl den Körper verlasse. 3. Das frei in die Bauchhöhle gelangte Konkrement verwachse mit dem Omentum, sodass es regelrecht abgekapselt werde (vgl. ebd., S. 322f.).
187 Vgl. ebd., S. 330f.
188 Ebd., S. 330.
189 Vgl. ebd., S. 327.

und stieß damit eine kontroverse Diskussion unter den Internisten an, wobei er an seine Kollegen appellierte, die Verwendung von Opium der von Abführmitteln vorzuziehen.[190] Er vertrat dabei eine niedrigere Dosierung des Opiums als PÉTREQUIN und empfahl die Gabe von fünf Tropfen einer Opiumlösung[191] alle halbe Stunde bis zum Nachlassen der Schmerzen, auch wenn ein Schlaf einsetze. Die Obstipation als Nebenwirkung könne einige Tage ignoriert werden und solle erst dann mit Suppositorien und (Halb-)Klistieren behandelt werden, wenn sie unangenehme Symptome bereite. Entstehe im Verlauf der Erkrankung dann eine palpable Geschwulst im rechten Unterbauch, sei die Therapie höchstwahrscheinlich erfolgreich gewesen und deren Erweichung und Öffnung könne anschließend durch Kataplasmen gefördert werden.[192]

An dieser Stelle sei angemerkt, dass die „Mode" des Opium-Gebrauches im 19. Jahrhundert nicht zu missachten ist: Zum einen als Suchtmittel bzw. „Volksdroge", zum anderen als Medikament war Opium bereits weltweit verbreitet. Trotz der zahlreichen Nebenwirkungen, die aufgrund der anfangs unzulänglichen Dosierungen entstanden, wurde es in der Medizin (besonders in der konservativen Therapie) vor allem als Schmerz- und Schlafmittel flächendeckend eingesetzt.[193]

Abschließend ist der Anatom Joseph von GERLACH (1820–1895) zu erwähnen, der besonders in der Forschung zur Ätiologie der Wurmfortsatzentzündung bzw. der Wurmfortsatzperforation neue Gedanken entwickelte. In seiner Schrift über „Beobachtungen einer tödtlichen Peritonitis, als Folge einer Perforation des Wurmfortsatzes" von 1847 zeigte er eine detaillierte Fallbeschreibung mitsamt Sektionsbefund einer eindeutig perforierten Appendix vermiformis als Todesursache auf. Dieser fügte er u. a. eine kurze Abhandlung über seine ätiologischen Überlegungen bei. Mit Bezugnahme auf VOLZ betonte auch GERLACH die zwei ausschlaggebenden Risikofaktoren dieser Erkrankung: das männliche

---

190 Vgl. Sprengel, Appendicitis, 1906, S. 517. SPRENGEL führte in seiner Arbeit als wesentliche Befürworter der Opium-Therapie u. a. Eugen von BAMBERGER (österr. Internist; 1858–1921), NOTHNAGEL und Richard LENZMANN (dt. Internist; 1856–1927) an. Zu den Gegnern gehörten OCHSNER, Just LUCAS-CHAMPIONNIÈRE (frz. Chirurg; 1843–1913), C. TALAMON (frz. Internist; 1850–1929) und SPRENGEL selbst, der deshalb eine Gefahr in der Opiumgabe sah, da es den Schmerz als Kardinalsymptom für den Chirurgen verschleiere und ein rechtzeitiges chirurgisches Eingreifen verpasst werden könne (vgl. ebd., S. 512–520).
191 Tinctura Opii oder auch Laudanum genannt.
192 Vgl. Volz, Ueber die Verschwärung, 1843, S. 331f.
193 Vgl. Drewermann, Eugen: Atem des Lebens. Die moderne Neurologie und die Frage nach Gott, Bd. 1 (Das Gehirn. Grundlagen und Erkenntnisse der Hirnforschung). Düsseldorf 2006, S. 516ff.

Geschlecht und das Alter.[194] Die Ergebnisse seiner „statistischen" Fallauswertung veranlassten ihn dazu, sich die anatomischen und physiologischen Gegebenheiten des Wurmfortsatzes noch einmal genauer anzuschauen. Als einen wesentlichen Faktor in der Entstehung der Wurmfortsatzerkrankung sah GERLACH dabei die klappenartige Schleimhautfalte am Ostium der Appendix vermiformis, die – in seinen neun dazu untersuchten Patientenfällen – nicht bei allen gleichermaßen ausgeprägt vorzufinden war oder sogar ganz fehlten. Ihr Vorhandensein berge das verstärkte Risiko zur Konkrementbildung, da es durch eine zu enge Klappenöffnung zur Stagnation und Verhärtung von Fäkalmasse im Lumen des Wurmfortsatzes kommen könne.[195]

Der Problematik der korrekten Therapie einer Wurmfortsatzerkrankung widmete sich GERLACH selbst nicht, in der Fallbeschreibung eines von ihm mitbehandelten 15-jährigen Jungen finden sich nur einzelne Angaben im Sinne der bisher schon mehrfach beschriebenen konservativ-internistischen Therapieansätze sowie der Gabe einer niedrigen Dosis Opium.[196]

Mit ihm kommt auch die dichte Ansammlung von Fallbeispielen internistischer Ärzte zur Darstellung und Diskussion über eine geeignete konservative Therapie zum Erliegen. Durch die wachsende Erkenntnis der Pathogenese von Wurmfortsatzerkrankung (Fremdkörper und Stagnation von Fäkalmasse), die der genauen klinischen Beobachtung und der korrekten Korrelation mit Sektionsbefunden zu verdanken war, erregte das Krankheitsbild – dann sogar auch interdisziplinär bei den Chirurgen – immer mehr Aufmerksamkeit. Letzten Endes erfolgte allmählich eine Verschiebung des zuvor noch überwiegend internistischen Krankheitsbildes hin zu einem chirurgischen. SPRENGEL führte als wegweisenden Umstand an, dass sich aufgrund der Anhäufung tödlich endender Fälle, *„die Behandlung der Appendicitis durch innere Mittel [...] als völlig*

---

194 Von 21 Fällen (20 von VOLZ und der eine von GERLACH selbst) waren 17 männliche, vier weibliche Patienten, 13 Patienten waren zwischen 7–16 Jahre, sechs zwischen 20–24 Jahre alt und nur drei jenseits der 24-Jahrsgrenze (vgl. Gerlach, Joseph: Beobachtungen einer tödlichen Peritonitis, als Folge einer Perforation des Wurmfortsatzes. Mit 4 lithographierten Tafeln. In: Zeitschrift für rationelle Medizin, Bd. 6. Leipzig/Heidelberg 1847, S. 19f.).
195 Vgl. Gerlach, Beobachtungen, 1847, S. 20f. Zu den weiteren Untersuchungserkenntnissen GERLACHs zählten das Vorhandensein von blinddarmförmigen Drüsen in der Schleimhaut der Appendix vermiformis, deren abgesondertes Sekret sauer sei und in gewisser Weise der Verdauung diene; und die Unterschiede in der Länge des Wurmfortsatzes im Verhältnis zur allgemeinen Darmlänge (vgl. ebd., S. 21–23).
196 In Form von Einreibungen mit einer Opiumtinktur und der Gabe von einer Morphium enthaltenden Mandelemulsion (vgl. ebd., S. 13f.).

machtlos erwiesen hat"[197] und sich *„eine Ohnmacht der inneren Therapie"*[198] einstellte, die ihren Ausweg in dem Beginn der operativen Therapie fand.[199]

Den ersten Schritt hin zu einer operativen Behandlung machte insgesamt gesehen PARKER mit seinen differenzierten Überlegungen über den geeigneten Zeitpunkt zur Abszesseröffnung.

6.2 Die „akute Appendizitis" als chirurgisches Krankheitsbild – Einführung der operativen Therapie und Diskussion um den geeigneten Operationszeitpunkt

Die konservativen Therapieversuche der akuten Appendizitis in der ersten Hälfte des 19. Jahrhunderts, die grundlegend humoraltherapeutisch geprägt waren, wurden zwar durch die Einführung der Opiumgabe zur Behandlung von Wurmfortsatzerkrankungen erweitert, jedoch führte dies nicht zu den erhofften konstanten Erfolgen. Immer mehr an Bedeutung und Einfluss gewann so in der zweiten Hälfte des Jahrhunderts die Chirurgie, die einen Ausweg aus der *„Ohnmacht der inneren Therapie"*[200] in Bezug auf die akute Appendizitis aufzuzeigen schien. Was man bis dahin fast ausschließlich als internistisches Krankheitsbild angesehen hatte, wurde nun immer mehr zu einem chirurgischen, sodass es zu einer interdisziplinären Verschiebung kam.[201]

Bevor sich unter den Chirurgen die operative Entfernung des Wurmfortsatzes als bestmögliche Therapie etablierte und eine mehrere Jahre andauernde Diskussion über den korrekten Operationszeitpunkt im Krankheitsverlauf begann, lag der Fokus bis in die 90er Jahre größtenteils noch in der operativen Abszesseröffnung. Auch wenn PARKER bereits 1843 mehrere Fälle von Wurmfortsatzerkrankungen erfolgreich mittels einer chirurgischen Abszesseröffnung behandelt

---

197 s. Sprengel, Appendicitis, 1906, S. 524.
198 s. ebd.
199 Vgl. ebd., S. 525f. SPRENGEL führte an dieser Stelle den französischen Internisten Paul Georges DIEULAFOY (1839–1911) an, der diese Problematik 1889 am eindrücklichsten beschrieb. Hier stellt sich die Frage, warum es trotz der sich weiterentwickelnden Therapiemethoden und des verbesserten Verständnisses des Krankheitsbildes – nach SPRENGEL – zu einer Anhäufung tödlich endender Fälle kam. Es ist eher weniger anzunehmen, dass sich die Inzidenz verändert hatte, vielmehr waren es sicherlich die Ärzte, die differenzialdiagnostisch sensibilisiert waren. Zudem floss mitunter auch eine zunehmende Behandlung in Krankenhäusern mit ein, sodass die Ärzte eine größere Fallzahl verzeichneten.
200 Sprengel, Appendicitis, 1906, S. 524.
201 Vgl. ebd., S. 524f.

hatte, wurden diese jedoch erst 1867 veröffentlicht. Sein Verfahren – und die sich daran anschließende Propagierung einer Inzisionsindikation zwischen dem 5. und 12. Tag nach Symptombeginn – gerieten dann erst stärker in den Fokus der chirurgischen Diskussionen.

In der Zeit zwischen der Durchführung und der Veröffentlichung der Abszesseröffnungen PARKERS nahm auch der Chirurg Henry HANCOCK (1809–1880) einen Patientenfall von 1848 zum Anlass, um bei Abszessbildungen im Rahmen einer Wurmfortsatzerkrankung für eine frühzeitige chirurgische Eröffnung des Abdomens zu appellieren. Im Folgenden sei die Fallbeschreibung HANCOCKS kurz dargestellt:

Eine 30-jährige Frau, mit dem 5. Kind schwanger, litt im Jahr 1848 plötzlich unter ziehenden Schmerzen in der rechten Seite, die zunächst mit Bettruhe und Opium behandelt wurden. Einige Tage später kam es zur Frühgeburt mit letalem Ausgang für die Frucht. Einen Tag danach verspürte die Patientin weiterhin Schmerzen, nun im Bereich der rechten Leistengegend, die mit Beruhigungsmitteln, Einläufen, Blutegeln und warmen Umschlägen mit einer Kochsalz-Opiat-Mischung therapiert wurden, jedoch kontinuierlich an Intensität zunahmen und von einer sich bildenden palpablen, schnurförmigen Schwellung in der rechten Leistengegend begleitet wurden. Der erste hinzugezogene Arzt verordnete daraufhin zusätzlich Calomel, erzielte aber auch damit keine Besserung. HANCOCK selbst traf die Patientin in zunehmend sich verschlechterndem Zustand an und vermutete nach einer ersten schmerzbedingt eingeschränkten klinischen Untersuchung die Ursache in einer Erkrankung des Caecum oder des Wurmfortsatzes, konnte aber eine Leistenhernie als Differenzialdiagnose nicht vollständig ausschließen. Die fortgeführte Therapie aus Opium und warmen Umschlägen zeigte weiterhin keine Wirkung, sodass er am 15. Tag nach Symptombeginn eine operative Eröffnung der Geschwulst in der rechten Leistengegend als einzige rettende Option für den lebensbedrohlichen, peritonitischen Zustand der Patientin sah. Unter Chloroformeinfluss machte HANCOCK dann einen etwa vier Inch (ca. 10 cm) langen Schnitt, medial von der rechten Spina iliaca gelegen, kranial des Poupart'schen Bandes (und damit über der Stelle der palpablen Geschwulst) verlaufend, aus dem sich augenblicklich ein trübes Sekret, gemischt mit Luftblasen sowie fibrinösen und pseudomembranösen Bestandteilen ergoss. Anschließend wurde die Patientin für einen besseren Sekretabfluss seitlich gelagert, mit einer oralen Opiumgabe und mit Opiat-Einläufen begonnen und ein Umschlag auf die offene Wunde, die fortan frei sezernierte, gelegt. 15 Tage nach erfolgter Abszesseröffnung entleerten sich aus der entzündlich veränderten, schmerzenden Bauchwunde zwei Kotsteine, sodass HANCOCK daraus schlussfolgerte, dass diese aus der Appendix vermiformis stammten und dort zu Ulzerationen und einer Perforation geführt haben könnten. Die Therapie wurde mit Wiederaufnahme einer leichten Nahrung und noch weiterer Opiumgabe fortgeführt, dabei besserte sich der Zustand der Patientin stetig.[202]

38 Jahre nach HANCOCK sprach sich auch der deutsche Arzt Hermann KRAUSSOLD in seiner Arbeit „Ueber die Krankheiten des Processus vermiformis und des Coecum und ihre Behandlung, nebst Bemerkungen zur circulären Resection des Darms" (1881) für eine möglichst frühzeitige Inzision von Abszessen aus. KRAUSSOLD war der Meinung, dass eine Eiteransammlung[203], sofern sie klinisch durch Palpation, Verlaufsbeobachtung und eventuell auch durch eine „*vorsichtige Aspiration*"[204] als sehr wahrscheinlich angenommen werden könne, chirurgisch zu beheben sei, bevor es im Verlauf zu bedrohlichen Umständen (Abszessperforation mit folgender generalisierter Peritonitis) komme[205] – ganz in dem Sinne des lateinischen Leitsatzes: „*Ubi pus, ibi evacua*"[206].

Ob ein Abszess im Rahmen einer Wurmfortsatz- oder Caecumerkrankung vorliege, sei anhand der klinischen Beobachtungen und Untersuchungen festzustellen: Bei der Palpation könne der Untersucher einen „*mehr oder weniger grossen, länglichen oder ovalen Körper*"[207] in der Ileocaecalregion fühlen, der – je nach Lage des Caecum und der Appendix vermiformis – „*entweder mehr nach innen ins Becken hineinragt oder sich mehr ans Ligament. Poupartii hält oder der Crista der Darmbeinschaufel direct anliegend nach aussen und oben zieht.*"[208]

---

202 Vgl. Hancock, Henry: Disease of the appendix caeci cured by operation. In: The Lancet – A journal of british and foreign medicine, surgery, obestrics, physiology, chemistry, pharmacology, public health and news. London 1848; 2: 380–382; S. 380f.
203 Er bezog sich dabei sowohl auf Eiteransammlungen im Rahmen einer Erkrankung des Processus vermiformis als auch des Caecum.
204 Kraussold, Hermann: Ueber die Krankheiten des Processus vermiformis und des Coecum und ihre Behandlung, nebst Bemerkungen zur circulären Resection des Darms. In: Sammlung klinischer Vorträge. Innere Medizin, Bd. 64. Leipzig 1881, S. 1715. Hier ist zu vermuten, dass damit eine Art Punktion gemeint war.
205 Vgl. ebd., S. 1715 und S. 1720.
206 Ebd., S. 1715.
207 Ebd., S. 1712.
208 Ebd. KRAUSSOLD betonte, dass bei der Palpation nur vorsichtig und langsam Druck auf die Geschwulst ausgeübt werden dürfe, da ansonsten die Gefahr einer iatrogenen Abszessruptur bestehe (vgl. ebd.). An anderer Stelle geht er nochmals genauer auf die verschiedenen, von der Lage des Wurmfortsatzes abhängigen Möglichkeiten einer Abszesslokalisation ein: Die Lage nach unten ins kleine Becken könne eine parametritische, periproktitische oder perizystische Eiterung bedingen; eine nach

Er merkte gleichzeitig an, dass nicht jede palpable Geschwulst in der Ileocaecalgegend ein Abszess sein müsse, sondern diese durchaus nur ein Resultat einer entzündlichen Anschwellung der betroffenen Strukturen sein könne, ohne dass diese bereits in einen Eiterungsprozess übergegangen sei. Handele es sich allerdings doch um eine Eiteransammlung, sei diese in der Regel durch begleitendes Fieber, sich zunehmend verstärkende Schmerzen und eine palpable Fluktuation in der Tiefe zu erkennen. Des Weiteren diene auch die Perkussion des Abdomens in der klinischen Untersuchung der Diagnosesicherung, weil sie über der Geschwulst meist gedämpft bis gedämpft-tympanisch auffalle.[209] Bestehe die Geschwulst tatsächlich nur aufgrund einer entzündlichen Anschwellung, könne sie mittels Bettruhe, Eisblasenanwendung, Opiumgaben und strenger Diät behandelt werden, und es komme in günstigen Fällen innerhalb von sechs bis acht Tagen zur Genesung des Patienten.[210]

Erhärte sich hingegen der klinische Verdacht, bei der Geschwulst handele es sich um einen Abszess, sei die einzig richtige Therapie deren Inzision unter „*strengsten antiseptischen Cautelen*"[211] und unter Narkose, sodass der Eiter

---

oben geschlagene Appendix vermiformis eher eine perinephritische; auch eine Eitersenkung entlang des M. iliopsoas bis hin zum Lig. inguinale sei möglich (vgl. ebd., S. 1715).

209 Vgl. ebd., S. 1712f. KRAUSSOLD gab an, dass durch die Perkussion zudem auch festzustellen sei, ob sich eine Gasansammlung im Abszess befinde. Vorhandenes Gas deute dabei entweder auf eine stattgefundene Darmperforation hin – als Beispiel hier angeführt die Perforation des Endstückes der Appendix vermiformis – oder auf eine durch Zersetzungsprozesse stattfindende Gasentwicklung (vgl. ebd.).

210 Vgl. ebd., S. 1721. Bilde sich die Geschwulst auch nach längerer Zeit nicht restlos zurück, obwohl die Symptome abklingen, so sei feuchte Wärme und die Anwendung von Arzneipflastern, Salben oder Jod indiziert (vgl. ebd., S. 1721f.).

211 Ebd., S. 1722. Antiseptisches Operieren meinte – wie auch heute – eine Infektionsvermeidung durch Keimverringerung. Diese versuchte man im 19. Jahrhundert – zunächst noch nach den Vorstellungen LISTERS – überwiegend durch Karbolsäure zu erreichen: 2 oder 5%ige Karbolsäuresolution gebrauchte man zum Händewaschen der Operateure, zum Abwaschen des Operationsfeldes und von Wunden, zum Einlegen der chirurgischen Instrumente, zum Benetzen von Verbandsmaterialien und zum Befüllen eines Dampfsprays, mit dem die Karbolsäure zerstäubt und die Keimzahl vor allem in der Luft verringert werden sollte (Lister'sche Methode). Auch Chlorzinklösungen und Salicyl-Emulsionen wurden verwendet. Vgl. hierzu: von Nussbaum, Johann Nepomuk: Leitfaden zur antiseptischen Wundbehandlung inbesondere zur Lister'schen Methode. Stuttgart ²1879. Erst um 1890 begann man von der Lister'schen Methode Abstand zu nehmen und andere Desinfektionsmittel zu benutzen, da sich unter der Verwendung von Karbol schwere Nebenwirkungen zeigten.

abfließen und die Gefahr einer meist tödlich endenden Abszessperforation in die Bauchhöhle eingedämmt werden könne.[212] Liege die Abszesshöhle verhältnismäßig tief, sei dabei eine Drainage notwendig, um einen bestmöglichen Eiterabfluss zu ermöglichen, wobei das Drainrohr nach einigen Tagen wieder entfernt werden solle. Als allgemeine Empfehlung für die geeignete Schnittführung gab KRAUSSOLD *„die Stelle etwas über oder unter dem äusseren Theil des Lig. Poupartii"* an, *„von wo man, […] nach schichtenweiser Verstreuung der Fascien stumpf leicht nach oben dringen"* könne.[213]

Zu erwähnen ist auch KRAUSSOLDs Anmerkung, in der er betonte, man solle den Bauchschnitt möglichst gezielt über der Geschwulstlokalisation setzen und nicht zu groß wählen, da hiervon auch die Prognose des Eingriffes abhinge.[214]

Es ist also festzuhalten, dass sich mit HANCOCK und KRAUSSOLD zwar keine wesentlichen Neuerungen in der operativen Therapie bei Wurmfortsatzerkrankungen ergaben: Man blieb weiterhin noch bei der Abszesseröffnung als alleiniger Indikation für einen chirurgischen Eingriff. Dennoch beschrieben beide in ihren Falldarstellungen eine Schnittführung, die eine erste Vorstellung von der Eröffnung der Bauchhöhle zur Inzision eines Abszesses im rechten Unterbauch gibt. Beide Schnitte, davon ausgehend, dass sie schrägen und parallel zum Leistenband verlaufen, entsprechen am ehesten der heutigen Schnittführung zur

---

212 Vgl. Kraussold, Ueber die Krankheiten, 1881, S. 1723. KRAUSSOLD erläuterte zudem, dass sich mit dem Eiter auch Faeces entleeren könnten, wobei dies meist erst einige Stunden bis Tage zeitversetzt stattfinde und die Menge von der Perforationslage und -größe abhinge. Der Faecalaustritt könne dann im günstigen Fall nach einigen Tagen sistieren oder es bilde sich im ungünstigen Fall eine Darmfistel (vgl. ebd.).

213 Vgl. ebd.; Zitate ebd. KRAUSSOLD merkte an, dass der genaue Ort der Schnittführung je nach Lage des Abszesses auch variieren könne. Für gewöhnlich kämen alle Symptome der Eiterung nach Inzision binnen einiger Tage zum Erliegen und der Patient trete in den Genesungsprozess ein. Bleibe – ohne sonstige Symptome – weiterhin eine Geschwulst über Wochen oder Monate bestehen, sei an ein tumoröses Geschehen zu denken (vgl. ebd.). Am Ende seiner Arbeit erläuterte KRAUSSOLD den Fall eines 62-jährigen Patienten, der an einem Karzinom des Caecum und des Wurmfortsatzes litt, und stellte einen sehr detaillierten Operationsbericht dar, in dem die karzinombefallenen Darmabschnitte durch eine *„circuläre Resection"* (Ebd., S. 1724) entfernt und die Darmenden mithilfe von Lembert-Nähten anastomosiert wurden. Eine bildliche Darstellung der Anastomose findet sich am Ende seiner Arbeit (Fig. IX). Vgl. hierzu ebd., S. 1724–1727.

214 Vgl. ebd., S. 1729. Neben den hier aufgeführten Fakten aus KRAUSSOLDs Arbeit finden sich darin des Weiteren noch Ausführungen bezüglich der Ätiologie und der Differenzialdiagnosen bei Krankheiten des Caecum und des Wurmfortsatzes.

offenen Leistenhernienoperation. Hierdurch wird es sicherlich in vielen Fällen möglich gewesen sein, Zugang zu dem Eiterherd zu erlangen.

Ein Jahr vor KRAUSSOLD reihte sich in die bis dato auf die Abszesseröffnung beschränkten chirurgischen Eingriffe die erste planmäßige, erfolgreiche Appendektomie ein, die von dem englischen Chirurgen Robert Lawson TAIT (1845–1889) durchgeführt wurde. So wie AMYAND (1735)[215] die erste „ungeplante" Appendektomie im Rahmen einer Skrotalhernienoperation zugesprochen werden kann, so war es 1880 TAIT, der in London als Erster eine im Voraus geplante Entfernung eines entzündlich-gangränösen Wurmfortsatzes vornahm, nachdem er zuvor klinisch die Verdachtsdiagnose einer generalisierten Peritonitis bei perforiertem Caecum oder Wurmfortsatz gestellt hatte.

In einer Zusammenstellung von 24 durch ihn chirurgisch behandelten „Typhlitis-Fällen"[216] beschrieb er zwei geplante Appendektomien. Das therapeutische Eingreifen in den restlichen Fällen belief sich hingegen stets auf die Eröffnung der Bauchhöhle allein für eine Abszessspaltung und -drainage.[217] Die erste geplante Appendektomie auf dem Boden einer klargestellten klinischen Diagnose war die eines 17-jährigen Mädchens im Jahr 1880, die mit Schmerzen im rechten Unterbauch auffiel, die durch das Anheben des rechten Beines provoziert

---

215 Vgl. Kap. 5.
216 TAITS Vorwort seiner Arbeit über die chirurgische Behandlung von Typhlitisfällen ist zu entnehmen, dass er gegen die Bezeichnungen „Perityphlitis" und „Appendizitis" und für den Oberbegriff „Typhlitis" war, was er damit begründete, dass stets nur der pathologische Endzustand der Erkrankung während der Operation oder im Sektionssaal zu sehen, der genaue Ursprungsort der entzündlichen Affektion in der rechten Unterbauchgegend in dem klinisch manifesten Stadium jedoch nicht mehr zu detektieren sei (vgl. Tait, Robert-Lawson: The surgical treatment of typhlitis. In: Birmingham medical review. Birmingham 1890; 27: 26–88; S. 30). Generell stimmte er zwar besonders der Unterteilung BURNES zu, der – nach TAIT – drei (der Abhandlung zu BURNE in Kap. 6.1 zu entnehmen jedoch tatsächlich vier) verschiedene Erkrankungsvarianten unterschied. Der Aussage BURNES, man könne die verschiedenen Erkrankungsvarianten des Caecum/Wurmfortsatzes auch klinisch und in der körperlichen Untersuchung unterscheiden, widersprach TAIT jedoch ausdrücklich, da die Symptome aller Varianten nahezu gleich seien. Deshalb und aufgrund dessen, dass alle Varianten mit dem gleichen operativen Eingriff behandelt werden sollten, lohne sich eine genaue Unterscheidung nicht, genauso wenig unterschiedliche Termini, sodass der zusammenfassende Begriff der „Typhlitis" für die Erkrankung am sinnvollsten sei (vgl. ebd., S. 30).
217 Vgl. Tait, The surgical, 1890, S. 76–89.

werden konnten. Nach drei Monaten[218] bildete sich ein Tumor in der rechten Darmbeingrube, der bei der Palpation durch Krepitationen auffiel. Nachdem die Temperatur auf 39,2 °C und der Puls auf 140/Min. anstiegen, das gesamte Abdomen geschwollen und das Liegen für das Mädchen schmerzbedingt nur noch mit angezogenen Beinen möglich war, stellte TAIT die Verdachtsdiagnose einer generalisierten Peritonitis, aller Wahrscheinlichkeit nach bedingt durch eine Perforation des Caecum oder des Wurmfortsatzes. Aufgrund dessen entschied er sich unverzüglich für die Eröffnung der Bauchhöhle[219] mittels eines Schnittes in der Mittellinie. Bezüglich der Appendektomie schrieb TAIT folgendes: „*I then made an incision over the caecum, and opened a large abscess, [...] and laying bare in the cavity was the vermiform appendix. It was black and discoloured and gangrenous. I therefore snapped it off, and inverted the stump into the cavity, stitching the inverted peritoneal surfaces together with fine silk, then fastened a drainage tube deep into the pelvis, and closed the wound.*"[220] TAIT zufolge habe sich die Patientin nach diesem operativen Eingriff erholt und die Klinik mit komplett verheilter Wunde gesund verlassen.[221]

Ein gleiches Vorgehen zur Appendektomie beschrieb er bei einem Fall sechs Jahre später: Bei der Eröffnung der Bauchhöhle mit einem vier Inch (ca. 10 cm) langen Schnitt über der zuvor in der klinischen Untersuchung palpierten Schwellung im rechten Unterbauch habe er einen deutlich geschwollenen Wurmfortsatz aufgefunden, sodass er sich für eine Resektion entschied, da dieser seine Verdachtsdiagnose einer „Typhlitis" bestätigte.[222]

Die im ersten Fall beschriebene Vorgehensweise für den Hautschnitt zur Bauchhöhleneröffnung, eine Laparotomie mittels Mittellinienschnitt, unterscheidet sich von der Schnittführung HANCOCKS/KRAUSSOLDS zur Abszessinzision. Der Mittellinienschnitt (damit war aller Voraussicht nach die Medianlaparotomie entlang der Linea alba gemeint) entspricht dem heutigen Standard zur Bauchhöhleneröffnung bei generalisierter Peritonitis. Die Frage, ob auch TAIT diese Schnittführung aufgrund der fortgeschrittenen Peritonits wählte (z. B. um eine bessere Übersicht über den Situs und weiträumigere Operationsmöglichkeiten zu haben) oder ob er diesen eher unbewusst gewählt hatte, bleibt offen. Im zweiten Fall wendete er hingegen einen gezielten Schnitt in der Ileocaecalgegend

---

218 Über das Beschwerdebild in der Zwischenzeit liegen im Fallbeispiel keine Angaben vor.
219 Bezüglich präoperativer Maßnahmen finden sich keine Angaben.
220 Ebd., S. 84.
221 Vgl. ebd., S. 83f.
222 Vgl. ebd., S. 85.

über der manifesten Unterbauchgeschwulst an, wohl ähnlich dem zur Abszeseröffnung, vermutlich aufgrund der weniger ausgeprägten Klinik des Patienten. Darüber hinaus geht aus der Beschreibung des intraperitonealen Vorgehens zur Appendektomie hervor, dass der Wurmfortsatz weder vor noch nach seiner Resektion ligiert wurde. Der Appendixstumpf scheint unverschlossen geblieben, dafür aber in das Caecum versenkt und übernäht worden zu sein. Gerade letzteres Vorgehen wird auch heute noch angewendet (Stumpfversenkung mittels Tabaksbeutelnaht und Übernähung mittels Z-Naht zur Sicherung). Ebenso findet die Einlage einer Drainage in das rechte Becken nach erfolgter Appendektomie erstmals bei TAIT seine Erwähnung.

Interessant erscheint in TAITs Sammlung ganz besonders der von ihm zuletzt dargestellte Fall, der einen bis dato noch nicht beschriebenen, neuen operativen Ansatz zeigt:

Es stellte sich ein 27-jähriger Mann vor, der über mehrere Monate mit immer wiederkehrenden „*attacks of typhlitis*"[223] auffiel. Jede akute Episode wurde von einer eigroßen Schwellung im rechten Unterbauch begleitet, sodass er schließlich unter der Diagnose einer „Typhlitis" die Indikation für eine Operation unter Narkose erhielt. Zusammen mit zwei weiteren Chirurgen eröffnete TAIT die Bauchhöhle über dem Bereich des Caecum, „[…] *about three inches long and about an inch from the anterior superior spine of the ileum, dissecting carefully* […]."[224] Nach Eröffnung einer eitrigen Höhle im Bereich des Caecum habe er dann den Wurmfortsatz entdeckt, der auf das Dreifache seiner normalen Größe angeschwollen gewesen sei und hart erschien, als enthielte er einen Fremdkörper im Bereich der Mündung zum Caecum hin. Anstelle einer Resektion der Appendix entschied sich TAIT in diesem Fall für eine Drainage derselben: „*I slit open the vermiform appendix about half an inch from its free end, and gave exit to a small quantity of purulent fluid. I then passed a celluloid catheter, about No. 6 size, through the opening in the appendix as far as it would go. I found it was arrested just at the point where it seemed to me the canal was occupied by a foreign body. Gentle manipulation, with a little pressure, forced this foreign body into the caecum. I left the catheter in the canal of the appendix.*"[225]

Im Anschluss an diese „Katheter-Einlage" in den Wurmfortsatz platzierte TAIT auch eine Drainage in den Bereich der eröffneten Abszesshöhle und verschloss die Bauchhöhle bis auf die Austrittpunkte des Katheters und der Drainage. Drei

---

223　Ebd., S. 87.
224　Ebd., S. 87.
225　Ebd., S. 87f.

Tage nach der Operation wurde der Katheter gezogen, am 6. postoperativen Tag dann die Drainage, die Wunde verheilte komplikationslos und der Patient wurde geheilt aus der Klinik entlassen.[226]

TAIT betonte, in seinen Augen sei ein operativer Eingriff bei diagnostizierter Typhlitis umso besser für den Patienten, je früher er durchgeführt werde: „*The risk, therefore, of an incision which might have been unnecessary is so slight and the risk of a delayed incision, which was necessary, so enormous that I am disposed to lay down an imperative rule that as soon as diagnosis of typhlitis is established no attempt should be made by delay to ascertain which variety it belongs to, but that a surgical operation in search of pus should at once be made.*"[227]

Nach der guten Erfahrung, die TAIT mit der „Katheterisierung" der Appendix in seinem letzten Fall gemacht hatte, stellte er ebenfalls die Überlegung an, ob dieses Vorgehen – bei Fällen, die eine Intervention über eine Abszessspaltung hinaus erforderten – nicht sogar der Appendektomie vorgezogen werden solle, da es ein geringeres Operationsrisiko beinhalte.[228] Ein Grund, warum dieses Verfahren dennoch keine weite Verbreitung fand, kann die Tatsache sein, dass mit der postoperativen Entfernung des „Wurmfortsatzkatheters" eine offene Appendix vermiformis im Abdomen zurückbleibt und somit das Risiko besteht, dass sich durch Austritt von Faeces nachfolgend eine kotige Peritonitis entwickelt. Die Appendix vermiformis und damit die Erkrankungsursache zu entfernen, erschien auch mit dem Hintergrund, dadurch einen zweiten appendizitischen Krankheitsverlauf zu verhüten, sicherlich sinnvoller.

Drei Jahre nach der ersten Beschreibung einer geplanten Appendektomie durch TAIT führte der kanadische Arzt Abraham GROVES of Fergus (1847–1935) ebenfalls einen solchen Eingriff erfolgreich bei einem 12-jährigen Jungen durch: Am 10. Mai 1883 fand die Operation in einem Bauernhaus in Ontario, nahe Fergus, statt. Dort fand GROVES den Jungen – an rechtsseitigen Unterbauchschmerzen leidend – vor und sprach sich nach seiner Untersuchung für eine sofortige Operation aus[229]: „*On making an opening an inflamed appendix was found. This was removed by first ligating the organ at its origin and also the appendiceal mesentery, which was then cut through. The appendiceal stump was sterilized by means of a probe heated in the flame of a lamp, and after thoroughly*

---

226 Vgl. ebd., S. 88.
227 Ebd.,S. 89.
228 Vgl. ebd., S. 88.
229 Vgl. Harris, Charles W.: History of canadian surgery. Abraham Groves of Fergus: The first elective Appendectomy? In: The canadian journal of surgery, Bd. 4. Canada 1961, S. 407.

irrigating the abdominal cavity, the opening was closed in the usual manner, without drainage."[230] Der Junge erholte sich vollständig.

Diese Art der Operation, die Appendix vermiformis nach einer Ligatur abzusetzen, den Wurmfortsatzstumpf mit einer erhitzten Sonde zu sterilisieren und – scheinbar – unvernäht im Bauchraum zurückzulassen und die Bauchhöhle nach einer gründlichen Spülung ohne Platzierung einer Drainage zu verschließen, fand jedoch unter seinen kanadischen Kollegen weniger positive Resonanz. Das hinderte GROVES jedoch nicht daran, diese Methode weiterhin erfolgreich durchzuführen.[231] Die fehlende positive Resonanz, wie sie hier deutlich betont wird, erscheint zunächst nicht ganz nachvollziehbar. Anders als TAIT ligierte GROVES die Appendix vermiformis vor ihrer Resektion und sterilisierte (und kauterisierte) die Wundränder des Appendixstumpfes mit einer erhitzten Sonde (der Gedanke dahinter ist analog zur heutigen Stumpfdesinfektion mit einem Jodtupfer oder zur Punktkoagulation im laparoskopischen Verfahren zu sehen). Beides zeigte das Streben nach einem sicheren Verfahren, um eine nachfolgende Stumpfinfektionen bzw. postoperative Peritonitis zu verhüten, was als positiver Fortschritt gewertet werden muss. Die Ablehnung seitens der Kollegen GROVES kann am ehesten dadurch erklärt werden, dass der Appendixstumpf ohne Versenkung und Übernähung zurückgelassen wurde, was bisher vielleicht eher als Mittel zur Verhütung postoperativer Komplikationen angesehen wurde.

Zu der operativen Behandlungsmöglichkeit von Darmperforationen, zu denen auch die Perforation der entzündeten Appendix vermiformis gehörte, schrieb 1885 auch der Chirurg Johann von MIKULICZ (1850–1905) in seinem Aufsatz „Ueber Laparotomie bei Magen- und Darmperforation". Er deklarierte die bisherige konservative Therapie bei solchen Krankheitsgeschehen als unzureichend[232] und sprach sich deutlich dafür aus, die Bauchhöhle im Falle einer traumatischen sowie nicht-traumatischen Magen- oder Darmperforation zu

---

230   Ebd., S. 408.
231   Vgl. ebd.
232   Unterstützend für seine Aussage führte MIKULICZ den deutschen Internisten Ernst Viktor von LEYDEN (1832–1910) an, der im gleichen Jahr (1884) Folgendes anmerkte: „*Befriedigend sind diese Resultate (bei der spontanen Peritonitis) nicht, noch weniger bei der Perforations-Peritonitis oder bei der puerperalen. Ich kann daher nicht umhin, auszusprechen, dass mir seit geraumer Zeit der Gedanke im Kopfe herumgeht, ob es nicht möglich ist, der Peritonitis auf operativem Wege beizukommen.*" (Mikulicz, Johann von: Ueber Laparotomie bei Magen- und Darmperforation. In: Sammlung klinischer Vorträge. Chirurgie, Bd. 83, Nr. 262. Leipzig 1885, S. 2309).

eröffnen und die Stelle der Perforation mit einer Naht zu verschließen.[233] MIKULICZ führte in seinem Aufsatz drei detaillierte Fälle von Magen- und Darmperforationen an, die er selbst entsprechend operativ behandelte. Interessant für diese Arbeit ist lediglich sein zweiter Fall, den er selbst mit der Überschrift „Jaucheitrige Peritonitis infolge von Perforation des Wurmfortsatzes. Laparotomie. Tod nach 5 Tagen" betitelte:

MIKULICZ operierte 1883 einen 49-jährigen Patienten in der chirurgischen Klinik Krakaus, der sich zuvor mit den Symptomen einer Unterbauchperitonitis vorgestellt hatte und in der körperlichen Untersuchung eine palpable, nicht klar abzugrenzende Resistenz von der rechten Leistengegend bis hinauf zum unteren Leberrand aufwies.[234] In der Diagnosefindung zwischen einer Perityphlitis und einem Ileus durch Darminvagination schwankend, wurde die anderthalbstündige Laparotomie mit der Vermutung, eher Letzteres vorzufinden, wie folgt durchgeführt: *„Schnitt 15cm lang in der Linea alba vom Nabel bis zur Symphyse. Nach Eröffnung der Bauchhöhle floss über 1 Liter einer stinkenden, jauchig-eitrigen Flüssigkeit ab; die Därme zum grossen Theil mit einander verlöthet, an den freien Stellen intensiv geröthet, oder mit Fibrin bedeckt. Ich führte die Hand in die Gegend des Coecum und Colon ascendens ein, in der Erwartung [...] etwa eine Ileo-Colon-Invagination vorzufinden. Indessen konnte ich [...] keine tastbaren Veränderungen wahrnehmen. Nachdem ich die [...] Verklebungen [...] gelöst und die Bauchhöhle mittelst Schwämmen möglichst gereinigt hatte, vereinigte ich die Bauchwunde mit 3 tief greifenden Plattennähten, und einer oberflächlichen Kürschnernaht. Mässig comprimirender Verband."*[235] Ein Vermerk über eine krankhaft veränderte Appendix vermiformis fehlt, sodass zunächst davon aufgegangen werden muss, dass er diese während der Operation weder gesehen noch entfernt hat.

Die Erkenntnis über den perforierten Wurmfortsatz als Ursache für das Krankheitsgeschehen blieb MIKULICZ bis zu diesem Zeitpunkt noch verwehrt, erst das Protokoll der Sektion des am 5. postoperativen Tag verstorbenen Patienten machte auf den *„von mehreren kleinen Löchern durchsetzt[en]"*[236]

---

233 Vgl. Mikulicz, Ueber Laparotomie, 1885, S. 2308. MIKULICZ merkte hier an, dass ein operatives Vorgehen von den Chirurgen bisher nur im Notfall bei traumatisch bedingten Magen- und Darmperforationen durchgeführt wurde. Eine Indikationserweiterung schien noch bis in die 70er Jahre des 19. Jahrhunderts aus Angst vor der als lebensgefährlich eingeschätzten Eröffnung des peritonitischen Peritoneum unvorstellbar zu sein (vgl. ebd., S. 2308f.).
234 Vgl. ebd., S. 2313.
235 Ebd.
236 Ebd., S. 2314.

Wurmfortsatz als Ursache aufmerksam. Selbstkritisch führte MIKULICZ an, dass zum einen die zunächst vermutete, sich aber als fehlerhaft erwiesene Diagnose einer Darminvagination und zum anderen die vorgefundene, die Überlebensprognose stark limitierende eitrige Peritonitis das Übersehen der eigentlichen Ursache bedingt habe. Beides habe ihn dazu veranlasst, nicht genauer nach dem Erkrankungsherd zu suchen. Hätte er dies getan, so wäre ihm die perforierte Appendix vermiformis nicht entgangen und ihre Entfernung mit einem sich anschließenden Vernähen der dadurch entstehenden Caecalöffnung hätte vermutlich zur Rettung des Patienten geführt.[237] Ob dieses tatsächlich realistisch gewesen wäre, ist anzuzweifeln, wenn auch nicht ganz unwahrscheinlich: Mit dem Hintergrund, dass es sich zum einen um eine schon recht fortgeschrittene Unterbauchperitonitis handelte und zum anderen eine intra- und postoperative antibiotische Therapie noch nicht bekannt war, kann in keinem Fall davon ausgegangen werden, dass eine Appendektomie mit Sicherheit lebensrettend gewesen wäre. Dennoch zeigen die bis hierher dargelegten Einzelfallbeispiele, dass eine Genesung bei fortgeschrittener Appendizitis durchaus auch ohne antibiotische Therapie durch eine alleinige Appendektomie erreicht werden konnte.

Einen Grund für die noch immer mit etwas Zurückhaltung angegangene operative Behandlung von Darmperforationen sah MIKULICZ *„in der Schwierigkeit der frühzeitigen Diagnose"*[238]. Seiner eigenen Einschätzung nach machten die am Anfang oft noch stummen und erst mit der beginnenden Peritonitis auffallenden Baucherkrankungen ein rechtzeitiges Eingreifen vor dem peritonitischen Stadium zu einer Herausforderung; die Heilung bzw. der Rückgang einer bereits bestehenden Peritonitis werde dabei als kaum möglich angesehen, da die Erfahrung gezeigt habe, dass dieses entzündliche Geschehen fast immer einen tödlichen Ausgang nehme. MIKULICZ widmete sich der Fragestellung, ob eine bestehende oder gerade beginnende Peritonitis tatsächlich eine Kontraindikation für einen operativen Eingriff in der Bauchhöhle sei.[239] Seine Stellungnahme dazu bestand darin, dass die Peritonitis als solche kein Operationshindernis darstelle und eine Laparotomie

---

237 Vgl. ebd., S. 2314f. Ob tatsächlich eine Rettung des Patienten in diesem fortgeschrittenen Erkrankungsstadium (generalisierte, eitrige Peritonitis) möglich gewesen wäre, hätte er zusätzlich eine Appendektomie durchgeführt, ist fraglich. Hierzu hätte es darüber hinaus zumindest noch einer gründlicheren Spülung des Bauchraumes und einer Drainageeinlage bedurft.
238 Ebd., S. 2322.
239 Vgl. ebd., S. 2322f.

in jedem Stadium, außer im Endstadium der Peritonitis, stattfinden könne.[240] Das anzustrebende Ziel sei dabei, in einem möglichst frühen Stadium der Peritonitis zu operieren, es werde allerdings durch die bereits erwähnte Schwierigkeit in der frühzeitigen, korrekten Diagnosestellung erschwert.[241] Am Ende seines Aufsatzes fügte MIKULICZ noch eine Erläuterung der von ihm praktizierten Operationstechnik bei Magen- und Darmperforationen an, die an dieser Stelle für die Darstellung der ersten Operationsversuche einer Wurmfortsatzentzündung von größerem Interesse ist: Da sich Perforationsöffnungen gehäuft im Unterbauch befänden und ein Unterbauchschnitt eine bessere Situsübersicht ermögliche, bevorzuge er in den meisten Fällen einen Mittellinienschnitt entlang der Linea alba von dem Bauchnabel hinunter bis zur Symphyse[242]; im Falle der sicheren Diagnose einer Wurmfortsatzperforation sei es hingegen sinnvoller, *„einen schrägen mit dem Lig. Poupartii und dem Darmbeinkamm parallelen Schnitt entsprechend der Lage des Coecum zu führen"*[243]; kleinere Perforationsstellen seien folgend durch eine quer oder längs ausgerichtete Ulkusexzision mit anschließender *„doppelreihige[r] Naht"*[244] zu beheben; größere Perforationsstellen dagegen vorzugsweise in Querrichtung zu exzidieren und zu vernähen; anschließend solle die Einlage eines Drainagerohres für den Fall einer sich möglicherweise entwickelnden Kotfistel sowie eine Reinigung der Bauchhöhle folgen, wobei bei Letzterer auf starke Desinfektionsmittel

---

240 Das Endstadium der Peritonitis definierte MIKULICZ als Zustand mit hochfrequentem, fadenförmigem Puls, einer Körpertemperatur unter 36°C und einem hochgradig schlechten Allgemeinbefinden des Patienten (vgl. ebd., S. 2326). Diese Symptomatik ist gleichzusetzen mit einem septischen Befund.
241 Vgl. ebd., S. 2326. MIKULICZ machte diesbezüglich auf die fehlenden charakteristischen Symptome zu Beginn der Darmperforation sowie auf die Verwechslungsgefahr mit anderen Bauchraumerkrankungen wie Invaginationen oder Inkarzerationen aufmerksam (vgl. ebd. S. 2326f.). In Bezug auf diese Problematik betonte er darüber hinaus auch die Notwendigkeit der Zusammenarbeit mit den Internisten: *„Wir müssen dies den Herren Internisten überlassen, von welchen wir hier in jeder Richtung Unterstützung erwarten müssen; denn von ihnen wird es wesentlich abhängen, die Symptome im Allgemeinen und im einzelnen Falle zu analysiren; von ihnen wird es überhaupt abhängen, die zur Operation geeigneten Fälle uns zuzuweisen."* (Ebd., S. 2328f.).
242 Vgl. ebd., S. 2330.
243 Ebd.
244 Ebd., S. 2331. Als Nahtmaterial bei ersten peritonitischen Anzeichen in der Bauchhöhle bevorzugte MIKULICZ Seide anstatt Catgut aufgrund seiner nicht-resorbierbaren Eigenschaften.

verzichtet werden und eher Schwämme und keine Spülung verwendet werden sollten.[245]

Genauere Angaben darüber, auf was für ein Desinfektionsmittel verzichtet werden sollte, fehlen. So bleibt es hier fraglich, welche Mittel es im Speziellen zu vermeiden galt. Es ist vorstellbar, dass hier von der häufig verwendeten Karbolsäure (von LISTER 1867 eingeführt[246]) die Rede war, deren hautreizende und allergische Potentiale man zunächst mit zunehmendem Gebrauch bemerkte und diese erst später durch andere gewebeverträglichere (z. B. iodhaltige) ersetzte. Auch das Verfahren zur Appendektomie beschrieb MIKULICZ nicht genauer, sodass sich sogar die Frage stellt, ob er, wenn seine Ausführungen dahin gehend gedeutet werden, eine Exzision und Übernähung der Perforationsstelle am Wurmfortsatz der kompletten Resektion vorzog. Hierfür fehlen allerdings entsprechende Falldarstellungen.

Der Züricher Universitätsprofessor und Chirurg Rudolf Ulrich KRÖNLEIN (1847–1910) konnte ebenfalls 1883/84 aufschlussreiche Erfahrungen im operativen Umgang mit (Perforations-)Peritonitiden sammeln, die er ein Jahr später (1885) im Rahmen eines Vortrages in Zürich vorstellte und 1886 publizierte.[247] Zu Beginn seiner Ausführungen stellte KRÖNLEIN fest, dass durch die kurz zuvor erschienene Abhandlung MIKULCZ', die unabhängig von den Erkenntnissen KRÖNLEINs die gleichen operativen Vorgehensweisen deklarierte, wohl das Interesse für die Klärung der Frage nach der richtigen Behandlung einer (diffus-) peritonitischen Baucherkrankung unter den Chirurgen und auch Internisten erneut angestoßen wurde.[248] Wie auch MIKULICZ erklärte sich KRÖNLEIN die bisherige Zurückhaltung beim peritonitischen Krankheitsgeschehen damit, dass dem Peritoneum lange Zeit „*bezüglich seiner Vulnerabilität eine Ausnahmestellung*"[249] zugesprochen und als „*chirurgisches ‚Noli me tangere'*"[250] angesehen wurde. Diese

---

245 Vgl. ebd., S. 2331ff. Zur Einlage eines Drainagerohres führte MIKULICZ weiter aus, dass diese bei bestehender infektiöser Peritonitis unabdingbar sei, die Drainage einer nicht-infizierten Peritonealhöhle hingegen von großer Gefahr zeuge, da das Drainagerohr eine mögliche Eintrittsstelle für potentielle Keime bilde (vgl. ebd., S. 2333).
246 Vgl. hierzu z. B. Lister, Joseph: On the Antiseptic Principle in the Practice of Surgery. In: The Lancet 1867; 2: S. 353–356.
247 Vgl. Krönlein, Rudolf Ulrich: Ueber die operative Behandlung der acuten diffusen jauchig-eitrigen Peritonitis. In: Archiv für klinische Chirurgie, Bd. 33. Berlin 1886, S. 507–524.
248 Vgl. ebd., S. 507.
249 Ebd., S. 508.
250 Ebd. Lat. „noli me tangere" – dt. „berühre mich nicht" (Übers. v. M. K.).

Zurückhaltung habe man aber allmählich durch experimentelle und klinische Erfahrungen immer mehr abgelegt.[251] KRÖNLEIN betonte, zurück bleibe jedoch das Wissen um die Gefährlichkeit eitriger oder kotiger Flüssigkeitsansammlungen in der Bauchhöhle, weil Beobachtungen zeigten, dass diese „*in dem Maasse weit gefährlicher als analoge Ergüsse in anderen Körperhöhlen*"[252] seien. Dies liege an dem erhöhten Risiko einer Sepsis, die aufgrund der ausgeprägten Fähigkeit des Peritoneums zur Resorption von (entzündlichen) Bauchraumflüssigkeiten entstehen könne. Hieraus resultiere auch, dass gerade diffuse eitrig-jauchige Peritonitiden – insbesondere die auf einem Perforationsgeschehen basierenden – einen nahezu immer tödlichen Verlauf zeigten. Aus der Ohnmacht gegenüber dieser Bauchraumerkrankung entstehe jedoch gleichermaßen die Frage, ob ein operativer Eingriff auch im Endstadium der sich entwickelnden Peritonitis als ultima ratio versucht werden könne. Bisher hätten sich die operativen Eingriffe bei diffuser Peritonitis nur auf solche beschränkt, die sekundär nach zuvor erfolgten Bauchraumoperationen entstanden seien, nicht aber bei spontanen Peritonitiden oder Perforationsperitonitiden. Auch die Durchführungen von Bauchhöhlenpunktionen und Abszessinzisionen seien lediglich bei lokalen Peritonitiden durchgeführt worden.[253] Die Reserviertheit gegenüber der Operation bei diffuser Peritonitis sei dabei mit offensichtlichen Schwierigkeiten eines solchen Eingriffes zu erklären: KRÖNLEIN führte diesbezüglich den „*hochgradigen Collapszustand dieser Kranken,* [...] *die enorme Postration der Kräfte;* [...] *die Schwierigkeit einer exacten Diagnose* [...], *die multiloculäre Vertheilung der eiterigen oder jauchig-eiterigen Exsudatmassen* [...] [und] *die Schwierigkeit,* [...] *eine vorhandene Perforationsstelle zu finden und zu schliessen*"[254] an.

Er selbst führte in seinem Aufsatz drei Fälle an, in denen er den operativen Eingriff bei einer diffus eitrig-jauchigen Peritonitis durchgeführt habe, einen davon erfolgreich, zwei jedoch mit nicht abwendbarem tödlichem Ausgang. Bei seinem ersten Fall von 1884 handelte es sich um die Durchführung der Laparotomie bei einer diffusen Peritonitis durch eine Wurmfortsatzperforation mit anschließender Appendektomie: KRÖNLEIN fand dabei einen 17-jährigen Jungen vor, der – mit Opium bereits konservativ vorbehandelt – an starken Schmerzen in der Ileocaecalgegend, Erbrechen, Obstipation und zunehmend schlechter werdendem Allgemeinbefinden litt.[255] Die Diagnose war nicht eindeutig, sie

---

251 Vgl. ebd.
252 Ebd., S. 509.
253 Vgl. ebd., S. 509ff.
254 Ebd., S. 513.
255 Vgl. ebd., S. 514ff.

schwankte – wie auch in dem Fall von Mikulicz – zwischen einer Peritonitis als Folge einer Wurmfortsatzperforation oder als Folge eines akuten Ileus. Wegen des kotigen Erbrechens hielt Krönlein den Darmverschluss für wahrscheinlicher, eine Laparotomie sah er jedoch in beiden möglichen Fällen als indiziert an. Die Operation fand in der Wohnung des Patienten unter Chloroformnarkose und „*allen Forderungen der Antiseptik*"[256] statt, bei der sich zunächst das Bild eines Darmverschlusses als Ursache für die sichtbare Peritonitis zu bestätigten schien: Die Ileumschlinge schien im Bereich des Überganges zum Caecum durch Verklebungen des Omentum majus komprimiert zu sein. Bei der Lösung der Adhäsionen in der Ileocaecalgegend zeigten sich jedoch eine reichliche Ansammlung von jauchig-eitriger Flüssigkeit im kleinen Becken und der rechten Darmbeingrube sowie weitere stark affizierte Dünndarmschlingen. Letztere wurden – nach Vorlagerung vor die Bauchwunde – mit 2,5%igem Carbolwasser gesäubert und die Bauchhöhle selbst mit Schwämmen tupfend gereinigt. Durch das Bild, das sich Krönlein bot, revidierte er seine Vermutung dahin gehend, die Ursache der Peritonitis doch eher in der Perforation der Appendix vermiformis anzunehmen.[257] Diese stellte sich ihm stark infiltriert und mittig erbsengroß perforiert und gangränös dar, sodass sich sein Verdacht bestätigte. Krönlein entfernte den Wurmfortsatz „*nach doppelter Unterbindung an seiner Basis und isolirter Ligatur des Mesenteriolum*"[258], reinigte erneut die Bauchhöhle und verschloss die Bauchwunde mittels Knopf- und Plattennähten, ohne eine Drainage einzulegen. Am 2. postoperativen Tag verstarb der junge Patient, eine Sektion fand nicht statt. Obwohl der operative Eingriff in diesem Fall nicht den erhofften Erfolg brachte, zog Krönlein eine wichtige Erkenntnis aus den Beobachtungen während der Operation: Nicht jeder Anfall von Koterbrechen ermögliche die klare Diagnose eines Ileus, sondern es könne auch eine diffuse Perforationsperitonits dahinterstecken, bei der es sekundär durch Verklebungen zu Darmverengungen bzw. -verschlüssen kommen könne.

An der Variante Krönleins, die Appendix vermiformis vor der Resektion zweifach zu ligieren und eine eigenständige Ligatur des Mesenteriolum durchzuführen, spiegelt abermals wider, wie sehr die Verhütung einer postoperativen Blutung und eines Faecesaustrittes aus dem Appendixstumpf in den Fokus des operativen Vorgehens rückte.

---

256 Ebd., S. 515. Zur Antiseptik vgl. Anm. 218 dieses Kap.
257 Vgl. ebd.
258 Ebd., S. 516.

Als Beweis dafür, dass eine diffuse Peritonitis unterschiedlicher Genese – anders als im vorangegangenen Fall – durchaus durch einen operativen Eingriff behoben und der betroffene Patient gerettet werden könne, führte KRÖNLEIN seinen zweiten Fall an:

Er operierte 1885 einen 18-jährigen Jungen, der aufgrund seiner Symptomatik ebenfalls einen Ileus mit daraus resultierender diffuser Peritonitis oder einer diffusen Perforationsperitonitis vermuten ließ. KRÖNLEIN vollzog die Laparotomie in gleicher Vorgehensweise wie im ersten Fall, fand jedoch außer großen Mengen sich entleerender blutig-seröser und jauchig-eitriger Flüssigkeit keine Perforationsstelle.[259] Den erfolgreichen Ausgang der Behandlung dieses jungen Patienten nicht für möglich haltend, beendete KRÖNLEIN die Operation mit einer Desinfektion und Reinigung der Darmschlingen sowie der Bauchhöhle. Er verschloss die Bauchwunde mit tiefen und oberflächlicheren Nähten, auch hier ohne eine Drainage einzulegen. Unerwarteterweise überlebte der Patient und erholte sich innerhalb von fast vier Monaten vollständig. Mit diesem erfolgreichen Fall rief KRÖNLEIN dazu auf, die Scheu vor einem operativen Eingriff bei weit fortgeschrittener, aussichtslos erscheinender diffuser Peritonitis abzulegen und diesen zu wagen, da allein eine Entleerung des entzündlichen Exsudates sowie eine Desinfektion und Reinigung der Bauchhöhe in einigen Fällen schon das Leben des Patienten retten könne.[260]

Insgesamt ist es wichtig hervorzuheben, dass von KRÖNLEIN und MIKULICZ zum einen die Peritonitis als Operationshindernis infrage gestellt und eine Operation im frühen, aber auch noch im fortgeschritteneren Stadium für durchführbar postuliert wurde. KRÖNLEIN weitete die Möglichkeit zur Operation sogar auch auf generalisierte Peritonitiden aus. Dies kann ein entschiedener weiterer Anstoß dafür gewesen sein, dass sich allmählich die Scheu vor dem operativen Eingriff bei Peritonitis und damit auch bei fortgeschrittener Appendizitis verlor.

Auch dem Chirurgen Sir Charters James SYMONDS (1852–1932) wird im Jahr 1885 ein operativer Eingriff im Rahmen einer Appendizitis zugesprochen, wobei allerdings in seinem Fall noch keine Perforation und keine Perforationsperitonitis vorlagen. Interessant ist seine Vorgehensweise, denn er benutzte eine andere

---

259 Vgl. ebd., S. 515ff. KRÖNLEIN fügte an, dass sich die größte Menge der Flüssigkeit im kleinen Becken und in der rechten Darmbeingrube befand, sodass hier die Vermutung angestellt werden könne, ob es sich auch in diesem Fall um eine Peritonitis aufgrund einer Wurmfortsatzperforation gehandelt habe. Auch KRÖNLEIN versuchte im Rahmen der Operation die Appendix vermiformis aufzusuchen – jedoch erfolglos (vgl. ebd., S. 519f.).
260 Vgl. ebd., S. 520ff.

operative Technik als zuvor MIKULICZ und KRÖNLEIN – die Operation fand über einen extraperitonealen Zugang statt, die Appendix vermiformis wurde nicht entfernt, sondern nur eröffnet, um die darin vorhandenen Kotsteine zu entnehmen und sie im Anschluss wieder zu verschließen[261]:

Ein 23-jähriger Patient, der seit sechs Monaten immer wieder über Schmerzen in der rechten Unterbauchregion klagte, erhielt von Dr. Mahomed des Londoner Guy's Hospitals die Indikation zur Operation, der nach einer klinischen Untersuchung die Verdachtsdiagnose einer Appendizitis mit Abszessbildung stellte. Er plante bewusst eine Operation nach Abklingen der akuten Symptome, sodass man diesen Eingriff wohl als die erste sog. „Intervall-Operation" bezeichnen könnte, auf die im Verlauf dieses Kapitel noch weiter eingegangen wird. Bevor er diese jedoch durchführen konnte, verstarb Dr. Mahomed, sodass an seiner Stelle SYMONDS den elektiven Eingriff – nach der von Mahomed geplanten Methode – durchführte. Gewählt wurde ein seitlicher Schnitt für einen Zugangsweg, der das Peritoneum intakt ließ[262]: *„The incision used was almost exactly similar with that used in ligating the external iliac artery. The various structures were then divided, and as it was particularly wished to avoid the peritoneum, they were at once lifted out of place, when the lump was plainly felt as a hard round body. A vertical incision was then made down on to the mass and a hard calcareous body exposed and removed. No pus at all was seen, and the cavity from which the calculus was removed seemed smooth and free from deleterious material. The lining, which was soft and purplish, was evidently mucous membrane, and the tortuous cord-like appendix could be distinctly traced, so that there seemed no doubt that it had been laid open. The opening was closed and a large drainage-tube inserted. The peritoneum was not recognized, and, presumably, not opened.'*[263]

Trotz einer postoperativ aufgetretenen Darmfistel kam es zur vollständigen Genesung des Patienten. SYMONDS behauptete, dass dieser Eingriff der erste seiner Art sei, nämlich die operative Entfernung des Konkrements aus der

---

261 Vgl. Williams, G. Rainey: Presidential address: a history of appendicitis. With anecdotes illustrating its importance. In: Annals of Surgery 1983; 197 (5): S. 500.
262 Vgl. Kelly, Howard A.: The vermiform appendix and its diseases. Philadelphia/London 1905, S. 42. In einem Zitat dieser Quelle hieß es, Dr. Mahomed habe einen schrägen, seitlichen Leistenschnitt bevorzugt entgegen der Meinung SYMONDS, der zunächst noch einen vertikal-seitlichen Schnitt entlang der Linea semilunaris für besser hielt, die Operation jedoch im Sinne Dr. Mahomeds durchführte (vgl. ebd.).
263 Ebd.

Appendix vermiformis, ohne gleichzeitig einen Abszess zu eröffnen.[264] Dass er hiermit jedoch „Einzelgänger" blieb, zeigt sich dadurch, dass dieses Verfahren weder vor- noch nachher Erwähnung fand. Zudem ist anzumerken, dass eine Operation über einen extraperitonealen Zugang äußerst fragwürdig erscheint: In den meisten Fällen liegen die Appendix vermiformis und das Caecum intraperitoneal, eher seltener findet man abweichende Peritonealverhältnisse wie das Caecum fixum (sekundär retroperitoneale Lage von Caecum und Wurmfortsatz) oder eine primäre retroperitoneale Lage der Appendix veriformis bei fehlender Anlage einer Mesoappendix. Nur letztere Varianten ermöglichen einen Zugangsweg zur Appendix vermiformis, der ohne eine Eröffnung des Peritoneum auskommt. Andernfalls ist nur ein Zugang von extraperitoneal über eine Abszesshöhle vorstellbar, wenn die Appendix vermiformis bei fortgeschrittener Appendizitis in einem Entzündungskonglomerat seine ursprünglichen Peritonealverhältnisse verändert (Durchbruch des Konglomerats/des Abszessherdes nach retroperitoneal).

19 Jahre nach PARKER war es Reginald Heber FITZ (1843–1913), Professor für pathologische Anatomie, der sich im amerikanischen Raum für einen genauen Interventions- bzw. Operationszeitpunkt aussprach – dieses Mal jedoch nicht mehr bloß für den bestmöglichen Zeitpunkt einer Abszessinzision, sondern konkret für die Entfernung der Appendix vermiformis. In seiner 1886 verfassten Arbeit über perforierte Wurmfortsatzentzündungen verwendete FITZ nicht nur erstmals den heute geläufigen Terminus „Appendizitis", sondern er grenzte ihn anhand genauester klinischer Untersuchungen klar von den bisher häufig verwendeten Begrifflichkeiten „Typhlitis" und „Perityphlitis" ab. Hierzu stellte er ein Patientenkollektiv von 257 Fällen, die seiner Meinung nach an perforierten Appendiziditen litten, einem Kollektiv von 209 an Typhlitis oder Perityphlitis erkrankten Patienten gegenüber. Beide untersuchte er genauestens auf epidemiologische, ätiologische und klinische Aspekte. Dass es sich bei der entzündlichen Erkrankung im

---

264   Vgl. ebd. Dem kann hinzugefügt werden, dass es sich auch um den ersten Fall handelte, bei dem ein Eingriff an der erkrankten Appendix vermiformis durchgeführt wurde, diese jedoch in dem Zuge nicht entfernt, sondern organerhaltend operiert wurde. Anzumerken sind an dieser Stelle SACHS' Erläuterungen zum Fall von SYMONDS: Er erwähnte das Detail, die Appendix vermiformis sei mit einer Lembert-Naht verschlossen worden. Diese Angabe konnte im Rahmen dieser Dissertation in der diesbezüglich weiterführenden Literatur nicht verifiziert werden. Die Angaben SACHS' scheinen in diesem Fall sogar zum Teil in Bezug auf die angegebenen Lebensdaten, das Operationsdatum und den korrekten Namen SYMONDS fehlerhaft zu sein (vgl. Sachs, Geschichte der operativen Chirurgie, Bd. 1, 2002, S. 192).

rechten Unterbauch, um die sich die jahrelangen Diskussionen drehten, definitiv um Appendizitiden handelte und sein Terminus der korrekte sei, untermauerte FITZ damit, dass dieser den tatsächlichen Ursprungsort der entzündlichen Affektion ohne Zweifel klarstelle und jeder andere Begriff einen falschen vermuten lassen könne oder sogar eine gänzlich andere Erkrankung beschreibe.[265]

Bevor nun genauer auf FITZ' Ausführungen bezüglich des bestmöglichen Zeitpunktes für einen operativen Eingriff eingegangen wird, soll an dieser Stelle noch in aller Kürze gezeigt werden, dass sich der Terminus „Appendizitis" von nun an als führender und allgemeingültiger Begriff durchsetzte, dieses jedoch keinesfalls ohne Widerstand geschah. Gerade in Deutschland stieß die Begriffseinführung längere Zeit noch auf Ablehnung, die ihre Wurzeln in *„der ‚unzulässigen' Verbindung eines lateinischen Wortes (Appendix [...]) mit der aus dem Griechischen abgeleiteten Endung ‚-itis'"*[266] hatte. Beispielsweise verurteilte der Marburger Universitätschirurg Ernst Georg Ferdinand KÜSTER (1839–1930) diese „Wortneuschöpfung" und merkte 1898 zu dieser Problematik an, dass in Deutschland allein und nur aufgrund der unzulänglichen Sprachrichtigkeit weiterhin eher die ausschließlich aus dem Griechischen stammenden Termini „Perityphlitis" oder „Epityphlitis" bevorzugt werden sollten.[267]

Auf die detaillierte Ausführung der von FITZ gewonnenen Erkenntnisse im Rahmen seines Kollektiv-Vergleiches bezüglich Epidemiologie, Ätiologie, Pathogenese der Erkrankungen, Symptomcharakteristika und Krankheitsverläufe

---

265 Vgl. Fitz, Reginald Heber: Perforating inflammation of the vermiform appendix. With special reference to its early diagnosis and treatment. In: The american journal of the medical sciences, Bd. 92. New York 1886, S. 323ff.
266 Sachs, Geschichte der operativen Chirurgie, Bd. 1, 2002, S. 188. Hervorh. i. Original.
267 Vgl. ebd. SACHS brachte in seiner Arbeit folgendes Zitat KÜSTERS an: *„Es ist heutigen Tages kaum noch möglich, eine Nummer irgend einer medicinischen Zeitschrift in die Hand zu nehmen, ohne sofort auf den Ausdruck ‚Appendicitis' zu stoßen. Dieses Wortungeheuer, welches von Amerika aus in die Litteratur eingedrungen ist, hat langsam und allmählich die älteren Ausdrücke für die Krankheit verdrängt. [...] Das Wort Appendicitis ist unglücklich gewählt und erbärmlich in der Form. Die deutsche Anatomie bezeichnet den Wurmfortsatz als Processus vermiformis, während das Wort Appendices mit dem Beiwort epiploicae für die kleinen, beutelförmigen, mit Fett gefüllten Ausstülpungen des Bauchfells in der Umgebung des Dickdarms und Mastdarms gebrauchet wird. [...] Das könnte freilich noch hingehen; allein schlimmer, weil allen Gesetzen der Sprachbildung Hohn sprechend, ist die Form. Wieder einmal ist hier ein lateinisches Wort mit einer dem Griechischen entlehnten Endigung versehen."* (Ebd., S. 188f. Die bei SACHS angegebene Quelle hierfür: Küster, E. G. F. (1898): Appendicitis oder Epityphlitis? Centralbl. Chir. 25: 1241–1243).

wird an dieser Stelle verzichtet, da sich diese in ihren größten Anteilen mit denen seiner Vorgänger deckten.[268] Genauer eingegangen werden soll hier jedoch auf seine Ausführung zur operativen Intervention als Therapie bei einer perforierten Appendizitis. Auch FITZ ging von der Annahme aus, die Perforation einer entzündeten Appendix vermiformis könne den günstigeren Verlauf einer umschriebenen Peritonitis im Rahmen einer die Perforationsstelle deckenden Abszessbildung nehmen. Demgegenüber stehe der ungünstigere Verlauf einer offenen Perforation mit nachfolgender, lebensbedrohlicher generalisierter Peritonitis. Die Variante einer umschriebenen Peritonitis könne dabei wiederum durch Auflösung in Restitutio ad integrum oder aber ebenfalls sekundär in eine generalisierte Peritonitis nach spontaner intraperitonealer Abszessentleerung übergehen.[269] Anhand von Untersuchungen konnte FITZ feststellen, dass an den Tagen 2–4 nach Symptombeginn der Appendizitis die größte Gefahr für den Beginn einer generalisierten Peritonitis besteht und der tödliche Ausgang dieses Verlaufes sich insbesondere in den ersten fünf Tagen nach Symptombeginn ereignet.[270] Mit dem Ergebnis seiner Untersuchungen, dass etwa 34% der an einer perforierten Appendizitis erkrankten Patienten innerhalb der ersten fünf Tage nach Symptombeginn an einer generalisierten Peritonitis verstarben, nahm er Bezug auf die Empfehlungen PARKERs, der einige Jahre zuvor einen operativen Eingriff zur Abszessinzision erst ab dem 5. und bis zum 12. Tag empfahl. Beide sahen analog die Gefahr für einen tödlichen Ausgang vor allem in den ersten vier bis fünf Tagen nach Krankheitsbeginn. PARKER verfolgte mit seiner Empfehlung dabei allerdings das Ziel, den bestmöglichen Augenblick zur alleinigen Abszessinzision aufzuzeigen, FITZ bemühte sich hingegen, einen Zeitpunkt zur Appendektomie zu finden, der am ehesten den letalen Ausgang einer diffusen Peritonitis verhindert. Dennoch bezog FITZ die Stellung, dass der von PARKER empfohlene Zeitraum für eine operative Intervention zu spät gesetzt sei, vielmehr könne ein operativer Eingriff innerhalb der ersten drei Tage als eher gerechtfertigt angesehen werden.[271] Konkreter wurde er sogar noch dadurch, dass

---

268 Detailliert nachzulesen sind FITZ' Ausführungen diesbezüglich auf den Seiten 324–342.
269 Vgl. Fitz, 1886, S. 328ff. und S. 336f.
270 Vgl. ebd., S. 337.
271 Vgl. Fitz, Perforating 1886, S. 343f. Aus der von FITZ aufgestellten Statistik zum Todeszeitpunkt nach generalisierter Peritonitis kann entnommen werden, dass innerhalb der ersten drei Tage lediglich 16% der von ihm untersuchten Fälle mit generalisierter Peritonitis letal endeten, innerhalb der ersten fünf Tage waren es bereits 34% (vgl. ebd., S. 337).

er anführte, eine sofortige Operation schon nach den ersten 24 Stunden seit Symptombeginn durchzuführen, sofern sich die Peritonitis ausbreite und das Befinden des Patienten schlechter werde. Sollte dies nicht möglich sein[272], müsse der Darm ruhiggestellt, die Ausbildung einer umschriebenen Peritonitis abgewartet und erhofft werden.

FITZ' Arbeit zusammenfassend ist also festzuhalten, dass mit ihm erstmals ein konkreter Vorschlag geltend gemacht wurde, die akute Appendizitis frühzeitig, das heißt im günstigsten Fall innerhalb der ersten 24 Stunden, operativ durch eine Appendektomie zu behandeln. Ein rechtzeitiges Erkennen bzw. Diagnostizieren des Krankheitsbildes hob er dabei als unabdingbare Voraussetzung hervor. Dieses Verfahren stellte er als das geeignete zur Verhütung einer lebensbedrohlichen generalisierten Peritonitis dar. Nur für den Fall, dass ein operativer Eingriff nicht innerhalb des ersten Tages nach Symptombeginn durchgeführt werden kann, sah er ein abwartendes Verhalten bis zum 3. Tag als gerechtfertigt an– spätestens dann soll der umschriebene Abszess, der sich etwa in diesem Zeitraum zu bilden beginnt, zeitnah inzidiert werden, bevor er sich spontan entleert und sekundär in eine generalisierte Peritonitis übergeht. Mit diesem Therapieaufruf war er Vorreiter der etwas später als Standard festgelegten „Frühoperation" (Ausführungen folgen).

Mit FITZ – als erstem Chirurgen, der Überlegungen zum geeigneten Operationszeitpunkt anstellte – begann eine allgemeine Debatte unter den Vertretern der operativen Medizin, an deren Ende die Festlegung des günstigsten Momentes zur Appendektomie bei akuter Appendizitis stehen sollte. Eine sehr detailreiche Darstellung dieser Debatte lieferte der Braunschweiger Chirurg Otto SPRENGEL (1852–1915) 1906 mit seiner berühmten Monographie über die Appendizitis, in der er dem Forschungs- und Erkenntnisstand hauptsächlich in Amerika, Frankreich, England und Deutschland nachging. Er stellte eine umfangreiche Analyse der verschiedenen Operationsmethodiken an, bewertete sie kritisch und versuchte eine zusammenfassende, richtungsweisende, eigene Position einzunehmen, die zu Beginn des 20. Jahrhunderts dann als nahezu allgemeingültig anerkannt wurde.

Bevor zu der Zusammenfassung SPRENGELs übergegangen wird, sollen der Vollständigkeit und Chronologie halber noch zwei weitere Chirurgen erwähnt werden:

---

272 Gründe dafür, nicht innerhalb der ersten 24 Stunden operieren zu können, mögen beispielsweise eine zu späte Konsultation des Arztes/Chirurgen sein (der Beschwerdebeginn liegt über 24 Stunden zurück, bevor der Patient erstmals von einem Arzt gesehen wird) oder aber krankenhausintern logistische Hindernisse (Personal, Operationsräume).

Der Berliner Chirurg Max SCHÜLLER (1843–1907) vollzog 1889 die erste erfolgreiche Appendektomie in Deutschland bei bereits bestehender akuter Peritonitis durch eine perforierte Appendix vermiformis. Er operierte einen 31-jährigen Patienten in Narkose mit der zuvor durch die klinische Untersuchung gestellten Verdachtsdiagnose einer beginnenden Peritonitis durch Darmperforation oder Darminvagination in der Ileocaecalgegend. Über einen Mittellinienschnitt vom Bauchnabel bis zur Symphyse eröffnete er die peritonitische Bauchhöhle, in der sich ein im distalen Abschnitt perforierter, stark entzündeter Wurmfortsatz mit darin enthaltenen Fremdkörpern darstellen ließ (Abb. 26). Nach Unterbindung an der Basis entfernte SCHÜLLER die Appendix vermiformis, übernähte den Stumpf, desinfizierte die Bauchhöhle mit einer Sublimat-Chlornatrium-Spüllösung und verschloss diese mit vier Seidennähten, die durch alle Bauchwandschichten verliefen. Zusätzlich folgten noch mehrere Nähte durch Muskulatur und Haut sowie eine fortlaufende Oberflächennaht, eine antiseptische Wundreinigung und eine Abdeckung mit einem Sublimatwatteverband. Nach etwa drei Wochen trat die vollständige Genesung ein.[273]

1892 war es dann der Hamburger Chirurg Hermann KÜMMELL (1852–1937), der selbst acht erfolgreiche Wurmfortsatzresektionen vornahm und von diesen in seiner Abhandlung über die „operative Heilung der recidivierenden Perityphlitis"[274] berichtete und gleichzeitig beklagte, dass die Appendektomie als frühzeitige Therapie bei akuter Appendizitis in Deutschland, im Gegensatz zu Amerika, viel zu wenig praktiziert werde. Insgesamt konnte KÜMMELL zum Zeitpunkt seiner Veröffentlichung auf über 40 bekannt gegebene frühzeitige Wurmfortsatzresektionen zurückgreifen, die gezielt auf der Basis einer zuvor klinisch gestellten Appendizitisdiagnose stattfanden und von denen lediglich neun im europäischen Raum durchgeführt worden waren.[275] Er sprach sich am Ende seiner Arbeit dafür aus, *„dass die in Rede stehende Operation bald noch weiter ausgebildet und allgemeine Verbreitung in Deutschland haben möge, da sie im*

---

273 Vgl. Schüller, Max: Allgemeine acute Peritonitis infolge von Perforation des Wurmfortsatzes, Laparotomie und Excision des Wurmfortsatzes. In: Archiv für klinische Chirurgie, Bd. 39. Berlin 1889, S. 846–852.
274 KÜMMELL verwendete in seiner Arbeit weiterhin den Begriff „Perityphlitis", obwohl er den Terminus „Appendizitis" aufgrund der Pathogenese des Krankheitsbildes für gerechtfertigt hielt (vgl. Kümmell, Hermann: Weitere Erfahrungen über die operative Heilung der recidivierenden Perityphlitis. In: Archiv für klinische Chirurgie, Bd. 43. Berlin 1892, S. 467).
275 Vgl. Kümmell, Weitere Erfahrungen, 1892, S. 468f.

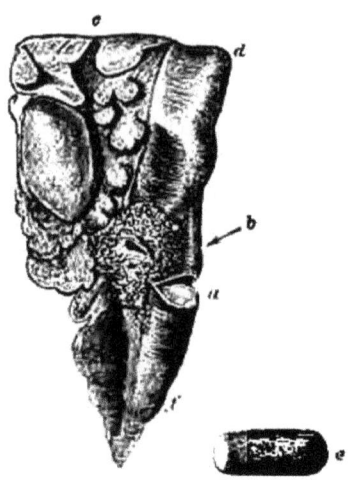

Der abgeschnittene Wurmfortsatz des Herrn R. d. Wurmfortsatz. b. Perforationsöffnung in demselben. c. Eiterig infiltrirtes, stark geschwollenes Mesenterium des Wurmfortsatzes. Bei a. ein nachträglich gemachter Querschnitt, in welchem die Kuppe eines Kothsteines sichtbar ist und durch welchen der Kothstein e. hervorgeholt wurde. Bei f. dritter Kothstein im Wurmfortsatze.

Abb. 26: *Entfernter Wurmfortsatz aus der Operation Schüller's 1889. Da die Bildunterschrift zum Teil nicht gut lesbar erscheint, wird diese hier nochmals wiedergegeben: Der abgeschnittene Wurmfortsatz des Herren R. d. Wurmfortsatz. b. Perforationsöffnung in demselben. c. Eiterig infiltriertes, stark geschwollenes Mesenterium des Wurmfortsatzes. Bei a. ein nachträglich gemachter Querschnitt, in welchem die Kuppe eines Kothsteines sichtbar ist und durch welchen der Kothstein e. hervorgeholt wurde. Bei f. dritter Kothstein im Wurmfortsatze. (Quelle: Schüller, 1889, S. 848)*

Stande ist, in relativ ungefährlicher Weise vielfach ein Leiden zu beseitigen, welches in allen seinen Stadien jährlich eine erschreckend grose [sic!] Anzahl Opfer fordert.'[276]

Die Wunschvorstellung KÜMMELLs, dass sich die operative Therapiemethode in Deutschland weiter etablieren und verbreiten möge, erfüllte sich zu einem großen Teil sowohl in seinem Land als auch international. Die Entwicklungen der darauffolgenden ca. 14 Jahre versuchte SPRENGEL 1906 in seiner Arbeit darzustellen. Sie ist als Art Kompendium einzigartig zu nennen, was angesichts der intensivierten länderübergreifenden Diskussion bezüglich des richtigen Operationszeitpunktes eine Herausforderung war.

---

276   Ebd., S. 484.

In einer zusammenfassenden Kritik an der Indikationsstellung machte er zunächst deutlich, dass sich vor allem in den beiden Dekaden vor und nach der Jahrhundertwende international drei große Lager bildeten. Diese zeigten unterschiedliche Anschauungen in Bezug auf die korrekte Therapiehandhabung bei akuter Appendizitis. Es kristallisierten sich die sog. *„Abstentionisten"*, die *„Opportunisten"* und die *„Interventionisten"* heraus.[277] Sie differierten bezogen auf das bevorzugte Vorgehen beim Eingreifen am Krankheitsbeginn: Die Abstentionisten – unter ihnen fast ausschließlich Internisten – nahmen eine konservativ-temporisierende Haltung ein und hielten die meisten Appendizitiden durch interne Behandlungen für bestmöglich therapiert. Ein Eingreifen im Frühstadium sahen sie nicht als notwendig an und eine Operation sollte nur im äußersten Notfall im Verlauf bei Abszessbildung oder freier Peritonitis ausgeführt werden.[278]

Die Opportunisten[279] verfolgten ein sehr individualisiertes Konzept: Durch die genaue Untersuchung und Stellung einer exakten Diagnose hielten sie es für möglich, schwere von nicht schweren Krankheitsverläufen zu unterscheiden und zu filtern, sodass individuell das passende Therapieregime verfolgt werden kann. Sie nahmen somit eine Position zwischen dem rein konservativ therapierenden und dem rein operativ therapierenden Lager ein, wobei sie jedoch keine absoluten Gegner der frühzeitigen Operation waren, diese aber auch nicht prinzipiell befürworteten, sondern die Operationsindikation individuell entscheiden wollten.[280] SPRENGEL kritisierte diese Anschauung dahingehend, dass eine exakte,

---

277 Sprengel, Appendicitis, 1906, S. 552.
278 Vgl. ebd., S. 553f. NOTHNAGEL, Internist und bekennender Vertreter der Abstentionisten, merkte nach SPRENGEL 1893 an, dass es durchaus Fälle gebe, in denen unvorhergesehen um den dritten Krankheitstag der Tod durch plötzliche Perforation und Peritonitis eintreten könne, dies aber noch lange nicht dazu veranlasse, von vorneherein jeden Fall zu operieren: „[…] *Aber wenn man nicht prinzipiell jeden Fall sofort operiert, welcher Arzt wird bei der eben gezeichneten Sachlage den chirurgischen Eingriff als unbedingt und sofort notwendig beweisen, und mit voller wissenschaftlicher Überzeugung von der Notwendigkeit Patient wie Angehörige zu demselben bestimmen können? Da muß man allerdings die Entscheidung für sich selbst getroffen haben, entweder grundsätzlich jeden Fall einer akuten Skolikoiditis und Perityphlitis sofort zu operieren, oder solche Vorkommnisse in den Kauf zu nehmen."* (Ebd., S. 554. SPRENGEL zitiert hier nach NOTHNAGEL).
279 Einer ihrer bekanntesten deutschen Vertreter war der Chirurg und Hochschullehrer Eduard Hermann Eduard SONNENBURG (1848–1915) (vgl. hierzu ebd., S. 553f.).
280 Die Haltung der Interventionisten, ausschließlich und immer zu operieren, verwarfen sie aus dem Grund, dass die wissenschaftlich belegten Mortalitätsziffern der damaligen Zeit zeigten, dass bei einer Mortalität von 12% etwa 88% der Fälle umsonst

zuverlässige Diagnosestellung nicht immer möglich sei, da die Erkrankten nicht immer im gleichen, eindeutig greifbaren Krankheitsstadium zum Arzt gelangten und Symptome von unterschiedlichen Ärzten unterschiedlich gedeutet werden könnten.

Die Interventionisten waren schließlich diejenigen, die eine prinzipielle Operation bei akuter Appendizitis befürworteten.[281] SPRENGEL, der sich selbst als Interventionist einstufte, macht in seiner Arbeit deutlich, dass es gerade innerhalb dieses Lagers wiederum große Diskussionen gab, die sich überwiegend um den günstigsten Operationszeitpunkt drehten.

Unterschieden wurden folgende vier Operationszeitpunkte:

- Die Frühoperation (Appendektomie in den ersten 48 Stunden)
- Die intermediäre Operation (Appendektomie an Tag 3, 4 oder 5 nach Symptombeginn)
- Die Spätoperation (Appendektomie ab dem 6. Tag nach Symptombeginn)[282]
- Die Intervalloperation (Appendektomie etwa einen Monat nach Abklingen der Symptome einer akuten Appendizitis, Operation dann im entzündungsfreien Intervall oder sofort als Frühoperation bei erneut auftretender Appendizitis).[283]

SPRENGEL selbst konzedierte dabei, dass er seit dem Jahr 1900 keinen Zweifel mehr daran hege, dass die Frühoperation die bestmögliche sei, wodurch er sich dem allgemeinen Tenor der amerikanischen Autoren angeschlossen habe.[284] In seiner

---

operiert würden, sollte in jedem Falle bei akuter Appendizitis von vorneherein operativ eingegriffen werden (vgl. ebd., S. 554).

281 Vgl. ebd., S. 552–556. Nach SPRENGEL lassen sich die Gründe für die Einwände gegen die prinzipielle (Früh-)Operation der Interventionisten wie folgt darstellen: Die Abstentionisten wiesen auf die hohe Zahl der Heilungen durch konservative Behandlungen hin und betonten zudem die Kräfte der Natur bei den Genesungsprozessen. Bei schwersten Fällen sahen auch sie die OP als gerechtfertigt, eine gewisse Mortalität sei aber unvermeidbar. Die Opportunisten stellten im Wesentlichen die zu hohe Anzahl von unnötigen Operationen (ca. 88%) heraus, die bei der Frühoperation anfielen (vgl. ebd., S. 553ff.).

282 Frühoperation, intermediäre Operation, Spätoperation: vgl. ebd., S. 575.

283 Vgl. ebd., S. 602.

284 Vgl. ebd., S. 560. An dieser Stelle soll ein kurzer internationaler Überblick über die Stellungnahme zu den Operationszeitpunkten gegeben werden: In Amerika war FITZ 1886 durchaus als einer der ersten Befürworter der Frühoperation zu sehen; ihm zur Seite trat u. a. MCBURNEY, der am 23.05.1888 seine erste Frühoperation durchführte, jedoch nicht ausschließlich auf positive Resonanz traf. So war es vor allem der amerikanische Chirurg John Benjamin MURPHY (1857–1916) 1889, der ebenso wie

Arbeit machte er ihren Vorzug gegenüber den anderen möglichen Operationszeitpunkten deutlich, konnte dabei seine Ansichten stichhaltig und wissenschaftlich begründen und somit ein Therapieregime deutlich ins Licht rücken, das im folgenden 20. Jahrhundert weithin in die chirurgische Medizin Eingang fand.

Den Kritiken seiner chirurgischen Kollegen an der Frühoperation räumte SPRENGEL dennoch großen Raum ein, ging diesen akribisch nach und widerlegte sie, sodass es ihm am Ende möglich war, deutlich zu machen, warum die von ihm unterstützte Frühoperation die sinnvollste Therapie bei diagnostizierter Appendizitis sei. Er fasste die wesentlichen Bedenken gegen die Frühoperation in mehreren Argumenten zusammen[285]:

- Die Frühoperation sei als von vorneherein prinzipiell durchgeführtes Konzept *„ein schablonenmäßiges, [...] unwissenschaftliches Verfahren"*[286] und schließe deshalb auch viele, eigentlich nicht notwendige Operationen mit ein.
- Die Frühoperation werde fatalerweise dann schon durchgeführt, bevor überhaupt die konkrete Diagnose einer akuten Appendizitis bestehe.

---

der Schweizer Chirurg Nicolaus SENN (1844–1908) 1889 eher die Intervalloperation favorisierte. Zu denen, die die individualisierte Operation vertraten, zählte SPRENGEL u. a. William Williams KEEN Jr. (amerik. Chirurg; 1837–1932) und Maurice Howe RICHARDSON (amerik. Chirurg; 1851–1912). Zusammenfassend stellte SPRENGEL fest, dass die Chirurgen Amerikas die frühzeitige, radikale Behandlung bevorzugten (vgl. ebd., S. 526–528). In England fand man nach SPRENGEL noch eher etwas konservativere Anschauungen; als Vertreter der Intervall- bzw. individualisierten Operation sind vor allem Sir Frederick TREVES (brit. Chirurg; 1853–1923) und Caesar Henry HAWKINS (brit. Chirurg; 1798–1884) zu nennen. An die Frühoperation näherten sich OWEN, Frederic SMITH und Charles MANSELL-MOULLIN an (vgl. ebd., S. 530–532). SPRENGEL betonte, dass in Frankreich die Diskussion um die Appendizitisfrage sehr intensiv geführt worden sei – ein klares Favorisieren eines bestimmten Operationszeitpunktes kristallisierte sich zunächst noch nicht heraus. Als französische Anhänger der Frühoperation nannte er vor allem u. a. Arnaud ROUTIER, Paul BERGER (frz. Chirurg; 1845–1908) und Louis-Félix TERRIER (frz. Chirurg; 1837–1908); als Befürworter der Intervalloperation führte er besonders Paul BROCA (frz. Chirurg; 1824–1880) an (vgl. ebd., S. 532–538). In Deutschland nannte SPRENGEL als besonders verdienstvoll KRAUSSOLD als Vertreter der Frühoperation, im Gegensatz dazu sah er SONNENBURG, der maßgeblich daran beteiligt war, dass die Frühoperation in Deutschland erst spät Anerkennung gefunden hat. Ihm widersprochen hatten allerdings u. a. REHN, ROSE und SPRENGEL selbst. Auf dem Chirurgiekongress von 1899 war die Frühoperation noch nicht anerkannt, ab 1901 begann sie sich dann – u. a. durch das Verdienst SPRENGELs – allmählich durchzusetzen. (vgl. ebd., S. 538–551).

285 Vgl. ebd., S. 560–565.
286 Ebd., S. 560.

- Die Appendektomie beinhalte im akuten Stadium in der Regel eine Eröffnung des entzündeten, vulnerablen Peritoneum. Ob und wie viel stärker dieses auf einen Eingriff reagiere und damit eine Gefahr der Infektion(sausbreitung) darstelle, stünde noch immer zur Diskussion.
- Die Frühoperation solle allein deshalb schon fallen gelassen werden, da sie niemals, weder unter den Ärzten noch unter den Patienten „*populär werden würde*"[287].
- Die Frühoperation als allgemeingültige Therapieoption sei deshalb nicht durchführbar, da es an ausreichend geschulten Chirurgen hierfür mangele. Die praktische Durchführbarkeit des Konzeptes sei damit infrage gestellt.

SPRENGEL widersprach den Ausführungen der Frühoperationsgegner mit folgenden Gegenargumenten[288]:

- In der Medizin komme es gerade darauf an, möglichst vielen Kranken ihr Leid zu nehmen, sie wohlmöglich zu heilen und vor weiteren Komplikationen zu schützen. Bei einer aus seiner Fallreihe errechneten Mortalität von 12% bei akut verlaufender Appendizitis sei es rechnerisch korrekt, dass bei einer hundertprozentigen Frühoperationsrate 88% der Patienten appendektomiert werden, obwohl diese wohlmöglich auch ohne Operation den Krankheitsverlauf überlebt hätten. Dennoch: „*Es würde niemandem der Vorschlag beikommen, 88 Prozent unnötige Operationen vorzunehmen, wenn er die 12 Prozent dem Tode verfallenen Fälle sicher heraussuchen könnte. Erst die immer wiederkehrende Erfahrung, daß wir dazu eben nicht zuverlässig im stande sind, und daß namentlich von den praktischen Ärzten eine hinlänglich präzise individualisierende Indikationsstellung nicht, jedenfalls heute noch nicht erwartet werden kann, hat die prinzipielle Frühoperation geschaffen.*"[289]
- Die Stellung der korrekten Diagnose sei durchaus schon zum Zeitpunkt der Frühoperation möglich, der Vorwurf, eine Operation ohne erhärteten Verdacht durchzuführen, sei fehlerhaft: „*Ich habe oben darzulegen versucht, daß die Schwierigkeit der Diagnose ‚Appendicitis' überschätzt wird. Sie ist meistens so leicht, daß sie auch der Anfänger in der Kunst des Diagnostizierens selten verfehlt, ganz besonders im Anfangsstadium, vorausgesetzt, daß er es sich zur Regel macht, bei jeder unter entzündlichen Erscheinungen auftretenden Unterleibserkrankung an die ‚grande maladie abdominale' zu denken. [...] Tatsächlich*

---

287 Ebd., S. 563.
288 Vgl. ebd., S. 560–565.
289 Ebd., S. 561.

werden aber diese diagnostischen Zweifel selten lange bestehen, wenn man auch nur einigermaßen in Unterleibsuntersuchungen geübt ist [...]: Wenn man in den ersten 24 Stunden im Zweifel ist, so handelt es sich nicht um Appendicitis."[290]
- Sich berufend auf die Arbeiten der beiden Chirurgen Bernhard RIEDEL (1846–1916) (1902) und MIKULICZ (1904)[291] seien die Bedenken gegen einen Eingriff am entzündeten Peritoneum infrage zu stellen. Aktuelle Lehrmeinungen basierten sogar eher auf dem Standpunkt, dass das entzündete Peritoneum widerstandsfähiger sei und von höherer Resistenzkraft zeuge. Die Angst vor einer Laparotomie bei entzündetem Peritoneum und einer dadurch möglicherweise verursachten iatrogenen Infektionsausbreitung sei demnach nicht mehr berechtigt.[292]
- Popularität sei kein Argument. Es sei nicht Aufgabe der Ärzte, immer nur genau das zu tun, was das breite Publikum verlange, sondern das, was nachweislich Heilung erziele; die Meinungen und das Ansehen dieser Methode werden sich von alleine dann ändern, je mehr erfolgreich durchgeführte Frühoperationen zu verzeichnen sind.
- Der Mangel an geeigneten Chirurgen für ein standardmäßiges Durchführen von Frühoperationen sei eine fehlerhafte Annahme, das Gegenteil liege vor. Dennoch sei es sehr wichtig, dass die Frühoperation nicht von einem gelegentlich operierenden Arzt, sondern vielmehr von einem fachkundigen, laparotomieerfahrenen Chirurgen in einem dafür ausgelegten Krankenhaus auszuführen sei. Liege beides nicht vor, sei das Unterlassen einer Frühoperation in Erwägung zu ziehen und abzuwarten.

Die Position SPRENGELs erscheint aus heutiger Sicht sehr überzeugend, so ihm in den meisten Punkten eine gute Argumentationsgrundlage zugesprochen werden kann. Die aufkommende Frühoperation als ein „schablonenhaftes und unwissenschaftliches Verfahren" zu bezeichnen, das viele unnötige Appendektomien verursacht, wirkt nicht gänzlich überzeugend. Zu vermuten ist, dass diese Haltung eher aus den Reihen der Internisten entstammte, die dieser neuen Therapieform zunächst sicherlich skeptisch gegenüberstanden und ihre Argumentation

---

290 Ebd., S. 563.
291 Bei SPRENGEL findet man hierzu folgende Quellenangabe: v. Mikulicz, Versuche über Resistenzvermehrung des Peritoneums gegen Infektionen bei Magen- und Darmoperationen. 33. Chirurgenkongreß 1904.
292 RIEDEL begründete die erhöhte Resistenzkraft eines entzündeten Peritoneum durch eine niedrigere Resorptionskraft (für pathologische Keime), MIKULICZ durch eine entzündungsbedingt vermehrte Abwehrkraft des Peritonealraumes (Einschwämmung von Abwehrzellen).

auf einen größeren Erfahrungsschatz ihrer konservativen Behandlungsmethoden stützten. Ein neu aufkommendes Verfahren in seinen Anfängen von vornherein als schablonenhaft und unwissenschaftlich zu kritisieren, scheint zu verkennen, dass gerade in einer Zeit, in der die Erstellung von Statistiken über Appendizitis-Fallsammlungen – vor allem in der Chirurgie – offenbar ein neues Instrument zur Sicherung der adäquaten Therapie wird.

Der Ansicht SPRENGELS, die Diagnose „Appendisitis" kann – entgegen der Kritik – sehr wohl schon zum Zeitpunkt der Frühoperation gestellt werden, ist zuzustimmen: Die ausführlichen Darstellungen der vorangegangenen Kapitel zeigen, wie intensiv die Auseinandersetzungen mit dem Krankheitsverlauf, der Symptomatologie und den Kardinalsymptomen der Erkrankung waren, sodass sich bis zum Ende des 19. Jahrhunderts eindeutige Kriterien zur Diagnosestellung herausstellten, die ein Erkennen auch schon im frühen Stadium möglich machen sollten.

Anders verhält es sich mit der Behauptung SPRENGELS, dass neuere Lehrmeinungen dem entzündeten Peritoneum eine größere Widerstandsfähigkeit zusprechen. Auch wenn die in der Kritik angesprochene Angst vor der Vulnerabilität des entzündeten Peritoneum sicherlich noch aus dem Diskurs um die Durchführbarkeit einer Laparotomie bei fortgeschrittener oder diffuser Peritonitis herrührt, so bleibt sie dennoch nicht unbegründet. Auch wenn eine Laparotomie bei entzündetem Peritoneum bzw. Peritonitis aus heutiger Sicht als nicht zu bezweifelnde Indikation zur Ursachenbehebung und Sepsisverhütung gesehen wird, so beinhaltet sie dennoch auch Risiken: Je fortgeschrittener die Peritonitis, desto fragiler reagieren Bauchorgane auf mechanische Manipulationen und desto größer ist das Risiko für intra- und postoperative Komplikationen.

Interessant ist der Kritikpunkt, der die „Popularität unter den Patienten" anspricht: Gemeint ist damit sicherlich nicht, dass die oben beschriebenen Behandlungsmethoden der Abstentionisten, Opportunisten und Interventionisten in ihren Details und Unterschieden unter den Patienten bekannt und geläufig waren. Dennoch kann davon ausgegangen werden, dass – wie heute auch – eine Kommunikation zwischen dem behandelnden Arzt und seinem Patienten stattfand, in der grob auch verschiedene Therapieoptionen aufgezeigt wurden. Aus Furcht vor einer Operation (mit unklarem Ausgang) könnte eventuell die geringe Popularität für eine prinzipielle Frühoperation unter der Bevölkerung erklärt werden, zumal die gesamte Medizin noch in ihren Anfängen der operativen Therapiemaßnahmen stand. Anzuführen sei in diesem Rahmen auch die geringe Akzeptanz von Krankenhausbehandlungen seitens der Patienten (altbewährt war die konservative Behandlung durch den Hausarzt) sowie eine noch immer bestehende „allgemeine Scheu" vor operativen Eingriffen (das „Image" der Chirurgie verbesserte sich wohl erst mit einem stetigen Zuwachs an Erfahrung).

Besonders die letzten beiden Punkte sprechen für SPRENGELs Argumentation, das Ansehen für das frühoperative Verfahren würde sich spätestens mit steigender Anzahl erfolgreich durchgeführter Operationen verbessern.

Mit seinem letzten Argumentationspunkt, der eher sogar einem Appell gleicht, wird abschließend noch einmal deutlich, dass sowohl personelle als auch krankenhausstrukturelle Voraussetzungen für eine Qualitätssicherung unabdingbar sind.

Der anhaltenden Skepsis seiner Gegner trat SPRENGEL weiterhin mithilfe eigener wissenschaftlicher Untersuchungen entgegen, sodass er anhand ihrer Auswertung die klaren Vorzüge der Frühoperation darzustellen versuchte. Bis 1905 führte SPRENGEL selbst 254 Appendektomien durch, davon 85 im Frühstadium der akuten Appendizitis und 169 nach dem 2. Tag seit Symptombeginn.

Auf dieser Grundlage kam SPRENGEL durch seine Fall- bzw. Operationsstatistik zu der Erkenntnis, dass die Frühoperation die Methode der Wahl sei, um bestmöglich die Entstehung einer lebensbedrohlichen Peritonitis zu verhüten. Die Gefahr, eine solche zu entwickeln, beginne am 2. Tag der Erkrankung und sei am 3. am höchsten, nach dem siebten hingegen nur noch gering vorhanden. Seine Ergebnisse deckten sich dabei nahezu gänzlich mit denen FITZ' 1886. Eine Operation in den ersten 48 Stunden führe demnach am sichersten zur Verhinderung einer diffusen Peritonitis.[293] Auch die Analyse der Mortalitätsraten seiner Fallreihe zeigte eindeutig, dass die Frühoperation der konservativ Therapie und der Spätoperation überlegen sei: Die von SPRENGEL errechnete Mortalität der Appendizitis unter der Frühoperation[294] betrage 4,7%, die der konservativen Therapie 12%, also mehr als doppelt so viel. Die Mortalität unter der Spätoperation (24,8%) sei hingegen sogar sechsmal höher.[295] Die Prognose der operativen

---

293 Von den 85 Fällen der Frühoperation zeigten 15 eine freie Peritonitis, von den 169 Spätoperationen waren 51 Fälle von einer Peritonitis appendicularis betroffen. Von diesen insgesamt 66 Fällen zeigte sich die Peritonitis bei 46 (ca. 2/3) zwischen dem 2. und 4. Tag der Erkrankung, 34 (ca. 1/2) zwischen dem 2. und 3., 20 nach dem 4. und zehn Fälle nach dem 7. Tag der Erkrankung (vgl. ebd., S. 565f.).
294 Die Zahl beziehe sich auf eine Frühoperation innerhalb der ersten 48 Stunden. Operiere man innerhalb der ersten 36 Stunden, sei die Mortalitätsziffer seiner Statistik nach sogar gleich Null (vgl. ebd., S. 568).
295 SPRENGEL merkte hierzu jedoch kritisch an, dass es bei dem Vergleich der Früh- und Spätoperation zu Verzerrungen kommen könne, da die Frühoperation innerhalb der ersten 48 Stunden die leicht verlaufenden Appendizitisfälle miteinbeziehe, wohingegen diese bei der Spätoperation oftmals herausfielen, da sie um den 3. Tag häufig schon in Remission seien; die schweren Fälle, die insbesondere ab dem 3. Tag mit hohem Risiko in eine diffuse Peritonitis übergingen, rechne man hingegen nur in die Mortalitätsziffer der Spätoperation hinein (vgl. ebd., S. 568f.).

Therapie bei bestehender diffuser Peritonitis werde umso schlechter, je später sie durchgeführt werde (Mortalität der Peritonitisoperation am 2. Tag 26,6%, am 3. Tag 50%, am 4. Tag 58%, ab dem 5. Tag 80%). Des Weiteren führte SPRENGEL an, dass die Frühoperation das Erfolg versprechendere Verfahren sei, um Spätkomplikationen (z. B. Abszesse und Pleuritiden) zu verhindern und durch die frühzeitige Exstirpation des Wurmfortsatzes einen 2. Krankheitsverlauf und Krankenhausaufenthalt in jedem Fall zu vermeiden. Zudem sinke das Risiko einer Hernie als postoperative Komplikation, je eher man eingreife und je umschriebener das Entzündungsgeschehen sei – je kleiner der operative Eingriff, umso größer die Möglichkeit für einen unkomplizierten, kompletten Verschluss der Bauchhöhle.[296] Zusammenfassend stellte SPRENGEL am Ende seiner Ausführungen zur Frühoperation fest: *„Es gibt zwei Formen der akuten Appendicitis, eine leichte, in etwa 24 Stunden in jedem Symptom abklingende, und eine schwere, nach dieser Zeit fortbestehende oder gar sich verschlimmernde. Bei der ersten ist in 24 Stunden die Sache abgetan; man wird sie demnach nicht operieren. Bei allen über 24 Stunden anhaltenden oder gar sich verschlimmernden Erkrankungen soll man die Operation im Frühstadium mit allem Ernst und Nachdruck anempfehlen."*[297]

Obwohl SPRENGEL die Frühoperation klar favorisierte, stellte er ebenso auch eine Zusammenschau der Forschungsergebnisse zur Intermediär-, Spät- und Intervalloperation dar und bezog diesbezüglich eindeutig Stellung. Eine intermediäre Operation (3.–5.-Tag)[298] sah er vor allem dann indiziert, wenn zu diesem Zeitpunkt bereits ausschließlich diffuse Symptome bestünden oder ein umschriebener Krankheitsverlauf, der nach erneuter Untersuchung und kurzer Beobachtung Symptome einer *„floride*[n] *Appendicitis"*[299] zeige – die Operation sei dann, wie auch bei der Frühoperation, in Form einer Appendektomie vorzunehmen.[300] Nahezu gleiche Indikationsstellungen vertraten u. a. auch die amerikanischen Chirurgen Maurice Howe RICHARDSON (1851–1912) (1888)[301] und

---

296 Vgl. ebd., S. 565–572.
297 Ebd., S. 574.
298 SPRENGEL merkte an, dass es sich bei dem Begriff des *„Intermediär-Stadiums"* um die Beschreibung eines Übergangsstadiums handele, in dem die vorliegende Erkrankung weder als umschrieben und leicht noch als diffus und potentiell lebensbedrohlich eingestuft werden könne (vgl. ebd., S. 575).
299 Ebd., S. 593. Anzunehmen ist, dass SPRENGEL unter einer *„floride*[n] *Appendicitis"* eine in ihren Symptomen vollständig ausgeprägte meinte.
300 Vgl. ebd.
301 RICHARDSON wollte vor allem dann im Intermediärstadium operieren, wenn sich die Beschwerden verschlimmerten oder nicht besserten sowie eindeutig Symptome

Albert John OCHNSER (1858–1925) (1904)[302], wobei beide betonten, dass im intermediären Stadium vor allem ein individualisierendes Verhalten angezeigt sei, was durchaus auch ein abwartend-konservatives Vorgehen bis zum Erreichen eines späteren Stadiums bzw. Spätstadiums beinhalten könne.[303] Der Grund für die etwas inkonsequentere Operationsindikation sei dabei der Annahme einer erhöhten Gefahr der Intermediäroperation zuzuschreiben. Diese bestehe jedoch nach SPRENGELS Erfahrungen nicht: Einer Auswertung der im Intermediärstadium operierten Fälle seines Patientenkollektives konnte er eine Mortalitätsziffer von etwa 3% entnehmen. Zwar widerspreche sie einem erhöhten Risiko der Intermediäroperation, hingegen sei die nach wie vor nicht wegzudiskutierende Gefahr einer möglichen Generalisierung der bis dato noch umschriebenen, lokalen Peritonitis nicht zu vergessen. Dies sei nach SPRENGEL eher ein Grund, den möglicherweise konservativen Weg beim individualisierten Vorgehen zu verwerfen und auch das Intermediärstadium bei oben genannten Indikationen in jedem Fall zu operieren[304]: *„In dubio pro operatione!"*[305]

In Bezug auf die Spätoperation (ab dem 6. Krankheitstag) legte er sich dahin gehend fest, dass die Indikationen die gleichen wie die der Intermediäroperation seien. Der Eingriff beschränke sich jedoch lediglich auf eine Abszessentleerung, eine Appendektomie solle nicht mehr vorgenommen werden.[306] Ob die Appendix vermiformis auch im Spätstadium noch reseziert werden solle, wurde unter den Chirurgen diskutiert, wobei die Mortalitätszahlen der Analysen der

---

einer Sepsis auftraten (vgl. ebd., S. 579). SPRENGEL gab hierfür folgende Quelle an: Richardson, M. H., The treatm. Of inflammations in the region of the ileo-caecal valve. Boston med. a. surg. Journ., Jan. 1888.
302 SPRENGEL gab hierzu folgende Quelle an: Ochsner, A review of the histories of 1000 consecutive cases of app. Operated an at the Augustana Hosp. During the 33 months from July 1, 1901, to April 1, 1904. Tri-State med. Soc. Chattanooga, Oct. 14. 1904.
303 Vgl. ebd., S. 578f. Neben den genannten drei Chirurgen zählten u. a. auch KÖRTE (dt. Chirurg; 1853–1937), KÜMMELL und v. EISELSBERG (österr. Chirurg; 1860–1939) zu den Vertretern dieser Ansicht (vgl. ebd., S. 582). Alle stützten dabei ihre Aussagen ebenfalls auf Auswertungen von Statistiken ihrer Appendizitis-Fallsammlungen.
304 Vgl. ebd., S. 584f.
305 Ebd., S. 586.
306 Vgl. ebd., S. 593. SRENGEL beschrieb drei mögliche Ausgangssituationen im Spätstadium: Entweder es bestünden noch Anzeichen eines lokalen Exsudates bei Rückgang aller Symptome – dann sei keine Operation indiziert; oder es bestünden Anzeichen eines lokalen Exsudates bei fortbestehenden Symptomen – dann sei ein operatives Eingreifen genau wie bei diffusen Symptomen indiziert (vgl. ebd., S. 586).

einzelnen Chirurgen eine Überlegenheit der alleinigen Abszessinzision zeige.[307] Das steigende Risiko bei Eröffnung der Bauchhöhle zur Appendektomie im Spätstadium basiere dabei auf der zunehmenden Anfälligkeit und der abnehmenden *„Widerstandskraft des freien Peritoneums"*[308]. Je weiter fortgeschritten das Krankheitsstadium und die evtl. bestehende diffuse Peritonitis sei, desto eher solle Appendektomie unter Eröffnung der Bauchhöhle nach Möglichkeit vermieden werden, wenngleich auch Ausnahmen die Regel bestätigen könnten.[309]

Als letzte mögliche operative Therapieoption diskutierte SPRENGEL die Intervalloperation, die er – wie weiter oben bereits schon beschrieben – als Appendektomie im symptomfreien Intervall, etwa einen Monat nach Remission der Wurmfortsatzentzündung definierte. Zu ihren wichtigsten Indikationen zählte er zum einen persistierende Beschwerden nach einer überstandenen Entzündung, zum anderen auch das Entstehen von Fisteln nach einer Operation im Entzündungsstadium.[310] Auch das Auftreten von ein bis mehreren leichten, nur wenige Tage andauernden Entzündungsphasen indiziere eine Operation im Intervall, die Schwere und die Häufigkeit des Entzündungsgeschehens müsse allerdings dabei, über die Zeit betrachtet, zunehmen.

Der englische Chirurg Sir Frederick TREVES (1853–1923) hatte erstmals 1887 die Intervalloperation vorgeschlagen, woraufhin diese dann von dem Chirurgen Nicolaus SENN (1844–1908) in Amerika und von KÜMMELL in Deutschland (1889) praktiziert wurde und von da an schnell an positiver Resonanz gewann. Die Vorteile der Intervalloperation sah man besonders darin, dass die Möglichkeit zur erneuten Erkrankung nach einer bereits überstandenen Wurmfortsatzentzündung genommen werde, der operative Eingriff sorgfältig vorbereitet werde, die Laparotomie im entzündungsfreien Intervall stattfinden könne und damit weniger gefährlich sei. Zudem könnten Hernien sicherer vermieden werden. Viele Chirurgen legten Fallreihen zur Intervalloperation an und werteten ihre Ergebnisse aus, um die Mortalität mit der von Operationen im direkten Entzündungsstadium zu vergleichen.[311] SPRENGEL selbst operierte in einer weiteren Fallreihe 232 Patienten im

---

307 Vgl. ebd., S. 588f. SPRENGEL führte hierzu die Ergebnisse KÖRTES (1905) und REHNS (1905) an. Nachzulesen ebd.
308 Ebd., S. 590.
309 Vgl. ebd.
310 SPRENGEL sprach von Fisteln nach einer sog. *„Operation im Anfall"* (Ebd., S. 600).
311 Bei SPRENGEL finden sich bei den Chirurgen, die Intervalloperationen durchgeführt haben, folgende Zahlen: u. a. TREVES (1887) mit 150, SONNENBURG (bei Sprengel o. J.) mit 827, OCHSNER (bei Sprengel o. J.) mit 540, KÜMMELL (1901) mit 123 und KÖRTE (bei Sprengel o. J.) mit 600 (vgl. ebd., S. 594).

Intervall und ermittelte eine Mortalitätsrate von 1%, die er, verglichen mit denen der anderen Chirurgen, als die durchschnittliche betrachtete. Gleichzeitig merkte er jedoch auch an, dass eine solch niedrige Mortalität leicht dazu verleiten könne, die Intervalloperation als weniger gefährlich zu betrachten und die Frühoperation zu verwerfen, was er jedoch als fehlerhaft deklarierte: In dem Zeitintervall bis zur Operation bestünde eben doch noch immer die Gefahr einer möglicherweise erneut auftretenden, vielleicht sogar schwereren Entzündung. Dennoch sei nicht abzustreiten, dass die Intervalloperation als Mittel der Wahl betrachtet werde, sobald der Patient eine akute Appendizitis ohne Operation überstanden habe. Ob und nach wie vielen Rezidiven im Intervall operiert und welcher zeitliche Abstand zum (letzten) akuten Entzündungsstadium eingehalten werden solle, wurde ebenfalls unter den Chirurgen intensiv diskutiert, wobei sich die Ansichten oftmals nur marginal unterschieden. SPRENGEL kam zusammenschauend zu der Ansicht, generell etwa einen Monat nach Abklingen der Symptome zu operieren, wenngleich auch durchaus ein individuelles Vorgehen vertretbar sei. Lediglich bei einer Abszessbildung während des entzündlichen Stadiums, nach sehr schweren und langandauernden Appendizitiden sowie bei Appendizitiden, die schon mehr als zwei Jahre in der Anamnese zurückliegen, solle auf eine Intervalloperation verzichtet werden.[312]

Zusammenfassend lässt sich festhalten, dass die Lager der Chirurgen hinsichtlich des günstigsten Interventionszeitpunktes bei akuter Appendizitis gespalten waren, sich schließlich jedoch die Methodik der Frühoperation aufgrund der statistisch gesehen niedrigsten Mortalitätsrate und der besseren Möglichkeit zur Verhütung von postoperativen Komplikationen und gefährlichen peritonitischen Verläufen durchsetzte.

Ähnlich kontrovers wie die geschilderten Diskussionen um den richtigen Zeitpunkt und die Art der Operation wurde auch die Frage nach der zu wählenden Schnitttechnik zum Gegenstand der Auseinandersetzung zwischen den Chirurgen. Dieser nachzugehen, soll Aufgabe des folgenden Kapitels sein.

6.3 Entwicklung der Operationstechnik zur Appendektomie

6.3.1 Die Bauchhöhleneröffnung

Neben der weitreichenden Diskussion bezüglich des richtigen Operationszeitpunktes setzten sich die Chirurgen um die Jahrhundertwende gleichermaßen auch mit der Frage auseinander, welche Hautschnitttechnik zur Eröffnung der

---

312 Vgl. ebd., S. 593–602.

Bauchhöhle und welches intraperitoneale Vorgehen sich am ehesten eigneten, um ein bestmögliches Resultat bei der Operation einer Wurmfortsatzentzündung zu erreichen.

In der Zeit, in der sich die operativen Eingriffe rein auf die Inzision bzw. Entleerung des Eiterherdes/Exsudates bei Appendizitis beschränkten, ist vor allem eine Technik zu nennen, die erstmals 1857 von dem amerikanischen Chirurgen Gordon BUCK (1807–1877) erwähnt[313] und später durch PARKER (1866) entsprechend bei akuter Appendizitis durchgeführt und schließlich dann auch empfohlen wurde – in Amerika seitdem als *„the Willard Parker operation"*[314] bekannt: Der Hautschnitt zur Eröffnung der Bauchhöhle wurde etwa 2 cm über dem Lig. inguinale, parallel zu diesem in einer Länge von ca. 9 cm durchgeführt und mit ihm alle Bauchdecken- und Muskelschichten bis hin zur Fascia transversalis durchtrennt. Anschließend wurde dann mittels einer Punktionsnadel die Lage des Abszesses bestimmt, um diesen im Anschluss mit einem Messer – die Punktionsnadel dabei als Leitsonde benutzend – zu inzidieren, sodass sich der Eiter aus ihm entleerte (vgl. Kap. 6.1).[315] Nach SPRENGEL ist die Technik BUCKS/PARKERS bis in die 1870er/80er Jahre länderübergreifend verwendet worden. Im deutschen Sprachraum waren es vor allem KRAUSSOLD und der Chirurg Charles Emile KRAFFT (1863–1921), die diese Schnitttechnik empfahlen.

In Anbetracht der operativen Indikationen, die sich in der Zeit parallel herauskristallisierten, unterschieden sich nach und nach auch die bevorzugten

---

313 Hier als Empfehlung für Abszesse der (rechten) Darmbeingrube im Allgemeinen, nicht speziell für Abszesse im Rahmen einer Appendizitis.
314 s. Sprengel, Appendicitis, 1906, S. 606.
315 Vgl. Parker, An operation, 1887, S. 27. Ob sich der Eiter nach Abszesseröffnung frei in die Bauchhöhle entleerte und ob bzw. wie genau der Eiter aus der Bauchhöhle entfernt wurde, geht aus PARKERS Falldarstellung nicht hervor. Folgendes Vorgehen nach der Abszesshöhleneröffnung wurde diesbezüglich beschrieben: *„A tent was introduced into the cavity, and the wound left to close up by granulations."* (Ebd.) Mit *„tent"* könnte hier die Einlage von Gaze in die Bauchhöhle bzw. Abszesshöhle gemeint sein. Des Weiteren erwähnte SPRENGEL in seiner Arbeit, dass bereits der französische Chirurg Augustin GRISOLLE (1811–1869) 1839 einen Schnitt parallel zum Lig. inguinale (von ihm synonym als Poupart'sches Band bezeichnet) bei Eiterungen in der rechten Darmbeingrube vorgeschlagen habe, dieser zunächst aber wieder in Vergessenheit geraten sei (vgl. hierzu Grisolle, Augustin: Histoire des tumeurs phlegmoneuse des fosses iliaques. In: Archives générales de médicine. Paris 1839; 4: 34–61). Als Instrumentarium zur Abszessentleerung wurden im Allgemeinen mehrheitlich das Messer, aber auch der Troikart sowie Ätzpaste verwendet (vgl. Sprengel, Appendicitis, 1906, S. 605). Bezüglich „Troikart" vgl. Anm. 67, Kap. 5.

Schnittführungen: je nachdem, ob es sich um eine Appendektomie im Zuge einer Früh-, Spät- oder Intervalloperation, um die alleinige Entleerung eines circumskripten Abszesses oder um einen operativen Eingriff bei diffuser Peritonitis handelte. In erster Linie wurden Appendektomien durch laterale Längsschnitte, Abszessinzisionen im rechten Unterbauch durch laterale Schrägschnitte und diffuse Peritonitiden durch mediane Laparotomien behandelt.[316]

Eine Übersicht über alle gängigen Schnittführungen gab SPRENGEL in folgender schematischer Zeichnung (Abb. 27):

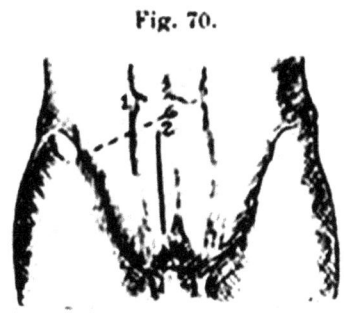

Abb. 27: *Übersicht über die einzelnen Schnitttechniken. (Quelle: Sprengel, 1906, S. 608)*

---

316 Vgl. Sprengel, Appendicitis, 1906, S. 605ff.

6.3.1.1 Die Längsschnitte

Zu den allgemein angewendeten Längsschnitten bei einer Appendektomie gehörte zum einen der Schnitt von SCHÜLLER (Abb. 27, **Fig. 71, Schnitt 2**), den er 1889 beschrieb und der in Frankreich praktiziert wurde, in Deutschland jedoch keine Verbreitung fand. Er erläuterte diesen wie folgt: „*Er verläuft, fingerbreit einwärts von der Mitte einer die Spina ant. sup. und die Symphysenmitte verbindenden Linie gerade nach aufwärts parallel mit der Medianlinie des Bauches*'."[317] Hierdurch erreiche man die Ileocaecalgegend auf kürzestem Wege.

Zum anderen ist der sog. „pararektale Schnitt" (Abb. 27, **Fig. 70, Schnitt 1**) zu nennen, der in Amerika von STIMPSON, in Frankreich von ROUTIER, in Deutschland von Max SCHEDE (1844–1902) und in England von William Henry BATTLE (1855–1936) unabhängig voneinander Verwendung fand. Hierbei handelte es sich um eine Schnittführung, bei der die Mitte des Schnittes auf die Mitte einer gedachten Linie zwischen der rechten Spina iliaca ant. sup. und dem Bauchnabel fällt, von dort nach oben und unten entlang der Linea alba lateralis (auch „Linea semilunaris") verläuft und nach Möglichkeit die Rektusscheide nicht eröffnet.[318]

Eine Modifikation des Battle'schen Schnittes (Abb. 27, **Fig. 70, Schnitt 2**) wurde zwei Jahre später (1897) in Frankreich durch Adolphe JALAGUIER (1853–1924) und in Amerika von KAMMERER – hier unter dem Namen „Trapdoor-incision"[319] bekannt – beschrieben, 1898 ebenso dann auch in Deutschland durch Karl Gustav LENNANDER (1857–1908). Dieser hielt die Verwendung der Schnittführung in nahezu allen Appendizitisfällen für möglich. Ausnahmen sah er in Lagevarianten, bei denen der Wurmfortsatz in der Lumbalgegend oder der lateralen Fossa iliaca festgewachsen oder eine Drainageeinlage unumgänglich ist.[320] In einem Aufsatz im Centralblatt für Chirurgie stellte LENNANDER seinen modifizierten lateralen Längsschnitt, der ein transrektaler war und den er in 40 Fällen anwendete, wie folgt dar: „*Der Schnitt […] wird ½–1 ½ (höchstens 2) cm medial vom Rande des M. rectus dexter angelegt je nach der Auffassung, die man von der Lage des Coecum, der Appendix und der rechten Adnexe hat. […] Danach wird der Rand des M. rectus frei gemacht und nach der Mittellinie zu verschoben. Nun sieht man 1 oder 2 Nerven, von*

---

317 Ebd., S. 611. SPRENGEL zitierte hier SCHÜLLER.
318 Vgl. ebd., S. 611f.
319 Engl. „trapdoor" – dt. „die Falltür".
320 Vgl. Lennander, Karl Gustav: Über den Bauchschnitt durch eine Rectusscheide mit Verschiebung des medialen oder lateralen Randes des Musculus rectus. In: Centralblatt für Chirurgie. Leipzig 1898; 25 (4): 90–94; S. 90.

Gefäßen begleitet, schräg über das Operationsfeld zum Muskel verlaufend. Die Gefäße werden zerschnitten und mit feinem Katgut unterbunden. Die Nerven können bei allen leichteren Operationen gelöst und leise gedehnt werden. Sie werden dann nach oben oder unten an das Ende der Wunde geführt. Dann wird die hintere Rectusscheide und das Peritoneum in sagittaler Ebene, ziemlich dem Hautschnitt entsprechend, geteilt. Wird das Peritoneum mit ein paar Suturen nach vorn in den Wundwinkel angeheftet, so liegen die gedehnten Nerven während der Operation gut verwahrt."[321]

Den M. rectus abdominis nicht zu durchschneiden, sondern ihn während der Operation nach medial zu ziehen, zeigte – nach LENNANDER – folgende Vorteile:

- die Schonung der dort verlaufenden Nerven
- keine Durchtrennung der Vasa epigastrica inferiora
- ein Zugangsweg durch ein besser durchblutetes Gewebe (mit konsekutiv besserer Heilungstendenz als beim pararektalen Schnitt und weniger Risiko für einen Untergang der Aponeurosen)
- geringere Gefahr für postoperative Hernien[322]

Warum lange Zeit laterale Längsschnitte – und dabei allen voran die pararektale Inzision – standardmäßig für Appendektomien verwendet wurden, ist nicht

---

321 Ebd., S. 91f. Als Verfahren für den anschließenden Bauchhöhlenverschluss gab LEN-NANDER an: „*Bei der Bauchnaht wird das Peritoneum und die hintere Rectusscheide fortlaufend mit Katgut No. 2 oder 3 genäht, dabei werden die Nerven wieder in ihre Lage gebracht. Danach wird der Muskelrand wieder nach außen gezogen und durch dicht angelegte Knotensuturen aus Katgut No. 3 am Rande seiner Scheide fixirt. Dann wird mit fortlaufender Naht aus Katgut No. 3 oder 4 die vordere Rectusscheide zusammengenäht, die sich stets in 2 Blätter spaltet, deren Ränder genau an einander gepasst werden müssen. Die fortlaufende Naht wird oft mit einer Schlinge nach hinten fixirt. Die Haut wird mit tiefen und oberflächlichen Nähten aus Silkwormgut genäht, von denen die tiefen auch die Rectusscheide fassen. Wenn das Fettlager besonders mächtig ist oder mehr als gewöhnlich kontundirt worden ist, kann man die Hautwunde mit steriler Gaze tamponiren und sekundär nähen oder an ein paar Stellen mit steriler Gaze oder Drainröhren […] drainiren. Bei leichter Operation dürfte man mit einem (5) 6, höchstens 7 (8) cm langen Bauchschnitt auskommen können, wenn er in der richtigen Höhe an der Bauchwand angebracht wird.*" (Ebd., S. 92).
322 Zu den aufgeführten Vorteilen vgl. ebd., S. 91f. Das höhere Risiko für postoperative Hernien bei scharfer Durchtrennung des M. rectus abdominis resultiere daraus, dass alle Nähte der durchschnittenen Bauchwandebenen (Peritoneum, hintere Rektusscheide, Rektusmuskel, vordere Rektusscheide, Haut) ihrem Verlauf nach genau übereinander liegen und dieser Umstand weniger standhaft gegenüber erhöhtem intraperitonealen Druck sei (vgl. ebd.).

klar zu eruieren, wusste man – den Ausführungen LENNANDERs zufolge – doch schon in weiten Teilen um die Risiken und Nachteile, die solche Schnittführungen aufweisen können. Die Variante von SCHÜLLER, den Längsschnitt möglichst weit lateral im Unterbauch anzusetzen, resultierte wahrscheinlich überwiegend aus der oben schon erwähnten Annahme, dass hierdurch ein Zugang unmittelbar im Bereich der Caecalgegend erzielt wurde. Aus den vorliegenden Quellen SCHÜLLERS zwar nicht konkret zu entnehmen, ist jedoch zu vermuten, dass bei dieser Schnittvariante auch die schrägen Bauchmuskeln in diesem Bereich längs und nicht entsprechend ihres natürlichen Faserverlaufs durchtrennt wurden. Der Umstand, dass genau dieses wenig gewebeschonend ist, die anschließende Verschlussnaht Defizite in der Stabilität gegenüber abdominellen Drücken (Nahtdehiszenz, Herniengefahr) aufweisen und die Heilungstendenz dadurch mitunter schlechter sein kann, ist sicherlich ein Grund, der ausschlagend für die Überlegung der para- und transrektalen als weiteren Längsschnittvarianten war: Diese befanden sich – wenn auch weiter entfernt vom Ort des Geschehens – im druckstabilsten Bereich der Bauchwand, dort, wo der M. rectus abdominis in seiner Rektusscheide verläuft. Der transrektale Schnitt, den JALAGUIER und KAMMERER bevorzugten, kann jedoch durchaus als ein nicht minder invasiver Zugangsweg angesehen werden, auch wenn diese Schnittführung im Faserverlauf der geraden Bauchmuskulatur und im Bereich des muskelstärksten Bauchwandbereiches erfolgte. Der Grund, warum LENNANDER eine rektusschonendere Variante des transrektalen Schnittes empfahl und auch der pararektale Schnitt als schließlich bevorzugte Variante aufkam, kann aus den oben schon angedeuteten Nachteilen einer solchen transrektalen Schnittführung deutlich werden: Die scharfe Durchtrennung des M. rectus abdominis führt unweigerlich zur Verletzung von gut vaskularisiertem Muskelgewebe, die intraoperative Blutungsgefahr ist dadurch erhöht, genauso auch das Risiko, während der weiterführenden, tieferen Bauchdeckeneröffnung die unter dem Rektusmuskel in der Plica umbilicalis lateralis verlaufenden, epigastrischen Gefäße versehentlich zu eröffnen. Die Variante LENNANDERs, den Rektusmuskel zur Seite zu ziehen, umging dabei lediglich die scharfe Trennung der Muskelfasern und ein geringeres intraoperatives Blutungs- und postoperatives Nahtdehiszenz-/Hernienrisiko. Mit der Überlegung, den Schnitt etwas mehr lateral als pararektalen Schnitt durchzuführen, ging man jedoch einen Schritt weiter: Die Inzision ist nicht nur weiter entfernt von der Gefahrenzone der epigastrischen Gefäße und wiederum etwas näher an der Caecalgegend, die Eröffnung der Bauchwandschichten erfolgte zudem über die Durchtrennung der Linea semilunaris. Diese wenig durchblutete Muskel-Sehnen-Grenze, in der sich die Aponeurosen der geraden und schrägen Bauchmuskulatur verflechten, bietet eine gewebeschonendere Zugangsmöglichkeit, auch der anschließende Verschluss der Sehnenplatte ist stabiler durchführbar. In der Gesamtschau erscheint es demnach nachvollziehbar, dass diese Variante zunächst lange Zeit als Standardzugangsweg zur Appendektomie gewählt wurde.

Die Frage, warum es allerdings gerade die Längsschnitte waren, die bevorzugt als Zugangsweg für Appendektomien verwendet wurden, lässt die Hypothese zu, dass diese bei entsprechender Notwendigkeit besser und einfacher (nach kranial oder kaudal) erweiterbar waren. Anders verhält es sich bei den Schrägschnitten, die wesentlich begrenzter erweiterbar sind (z. B. durch die eishockeyschlägerförmige Erweiterung), dafür aber unmittelbar über der Ileocaecalgegend geführt werden können. Gerade Letzteres kann ausschlaggebend dafür gewesen sein, dass sie zunächst gerade für alleinige Inzisionen perityphlitischer Abszesse verwendet wurden. Auch die Notwendigkeit einer Erweiterung des Operationsfeldes ist bei dieser Indikation wesentlich unwahrscheinlicher als bei einer Appendektomie.

6.3.1.2 Schrägschnitte

Unter den mehrheitlich angewendeten Schrägschnitten galt die Schnittführung nach César ROUX (schweiz. Chirurg; 1857–1934) (1889) und SONNENBURG (1890) (Abb. 27, **Fig. 69, Schnitt 1**) als die am weitesten verbreitete, entsprechend ihrer chirurgischen Vertreter besonders in Frankreich und Deutschland. ROUX präferierte dabei einen 15–18 cm langen Schnitt, parallel zum Lig. inguinale, etwa 2 cm oberhalb von diesem, wobei die Spina iliaca ant. sup. die Mitte des gesamten Schnittes bildete und alle Ebenen der Bauchwand in derselben Richtung durchtrennte.[323] SONNENBURG verwendete eine nahezu deckungsgleiche Technik, jedoch nicht nur ausschließlich für Abszessinzisionen, sondern auch zur Appendektomie im Intervall.

Im selben Jahr wie ROUX machte der amerikanische Chirurg Charles MCBURNEY (1845–1913) ebenfalls eine Schnitttechnik bekannt (Abb. 27, **Fig. 69, Schnitt 2**), die sich kurz darauf in Amerika unter dem Namen „Gridironincision"[324] verbreitete und in einigen Punkten sowohl dem Roux'schen als auch dem Sonnenburg'schen Schnitt ähnelte.[325] Während seiner Assistenz bei dem amerikanischen Chirurgen Henry Berton SANDS (1830–1888) entwickelte er in

---

323 Die Schnittführung von ROUX ähnelt sehr der von BUCK/PARKER.
324 Engl. „gridiron" – dt. „der Bratrost".
325 Vgl. Sprengel, Appendizitis, 1906, S. 608ff.

der frühoperativen Behandlung von zahlreichen Appendizitisfällen nicht nur einen neuen Ansatz zur Schnittführung, sondern auch eine neue diagnostische Untersuchungsmethode: den noch bis heute in der körperlichen Untersuchung routinemäßig angewendeten McBurney-(Druckschmerz-)Punkt.[326]

Nach MCBURNEY ist dies eines der wichtigsten Symptomkriterien, das zu einer klaren Appendizitisdiagnose führt und auf eine Operationsindikation hinweist.[327]

Bezüglich seiner Schnitttechnik zur Eröffnung der Bauchhöhle nach Diagnosestellung führte MCBURNEY an: *„The incision should be a liberal one, for much room may be required, and a five-inch cut in the adult is not too much. It should follow as nearly as possible the right edge of the rectus muscle, and the center of the incision should lie opposite to or a little below the anterior iliac spine, on a line drawn to the umbilicus. When the external oblique aponeurosis is cut through by this incision, the aponeurotic structure, in which the other abdominal muscles end, comes into view, and is easily divided without cutting muscular fiber. Then the fascia transversalis, the subperitoneal fat, and the peritoneum are cut in succession."*[328] (vgl. Abb. 28)

---

326 Vgl. Kap. 2.5.
327 Vgl. McBurney, Charles: Experience with early operative interference in cases of disease of the vermiform appendix. In: New York medical journal, Bd. 50. New York 1889, S. 678. MCBURNEY beschrieb den Druckschmerzpunkt 1889 wie folgt: *„I have found in all of my operations that it lay, either thickened, shortened, or adherent, very close to its point of attachment to the caecum. This, of course, must, in early stages of the disease, determine the seat of greatest pain on pressure. And I believe that in every case the seat of greatest pain determined by the pressure of one finger, has been very exactly between an inch and a half and two inches from the anterior spinous process of the ilium on a straight line drawn from that process to the umbilicus."* (Ebd.) Herv. i. Original. Er merkte hierzu jedoch gleichzeitig auch an, dass der Punkt auf den Bereich der Appendixbasis nahe des Caecum falle, was jedoch nicht heiße, dass hier auch der Fokus der Entzündung liege: Abszesse, Konkremente und Zysten können durchaus auch basisferner liegen, das Punctum maximum des Schmerzes könne dann stets an diesem Punkt ausgelöst werden (vgl. ebd., S. 683).
328 Ebd., S. 683. Nach SPRENGEL sei der Schnitt in einer weiteren Veröffentlichung MCBURNEYS 1894 noch weiter konkretisiert und als eine ca. 10 cm lange Inzision beschrieben, die *„von außen oben nach unten innen, die Spinanabellinie 2 ½ cm nach einwärts von der Spina derart kreuzend, daß 3cm des Schnitts nach oben, 7cm nach unten von derselben fallen."* (Sprengel, Appendicitis, 1906, S. 610).

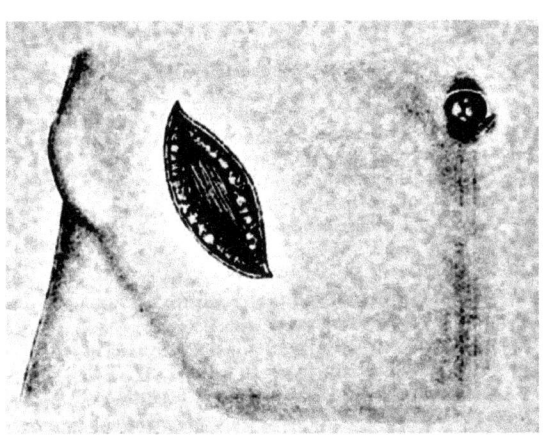

Abb. 28: Eröffnung nach McBurney – Durchtrennung von Cutis, Subcutis und Externusaponeurose; Blick auf den M. obliquus externus abdominis. (Quelle: Deaver, Appendicitis, 1905, PLATE XLI)

Je weniger sich die Lage seines Hautschnittes von ROUX und SONNENBURG unterschied, desto mehr unterschied sich das Vorgehen bei der Durchtrennung der Bauchmuskulatur: MCBURNEY legte einen besonderen Schwerpunkt auf ein „stumpfes" Durchtrennen, wobei jeder Muskel nicht mit dem Skalpell, sondern mit den Fingern oder mit geeignetem Operationsbesteck in der jeweiligen Faserverlaufsrichtung durchtrennt wurde (vgl. Abb. 29).

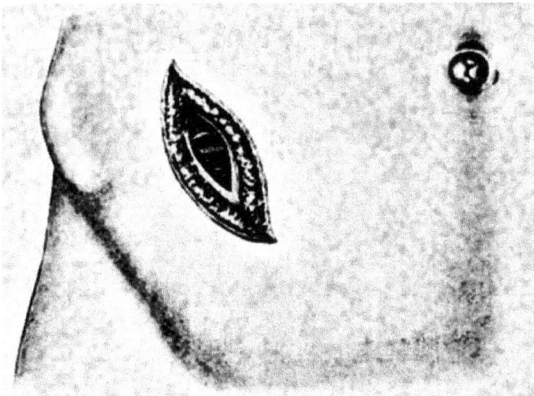

Abb. 29: Eröffnung nach McBurney – Stumpfe Durchtrennung des M. obliquus internus abdominis und des M. transversus abdominis in Faserrichtung; Blick auf die Fascia transversalis. (Quelle: Deaver, Appendicitis, 1905, PLATE XLIII)

Der Vorteil lag hierbei in einer Risikominimierung von Bauchbrüchen, der Nachteil hingegen in einer begrenzteren Eröffnungsfläche mit dadurch etwas eingeschränkterer Sicht auf das Operationsgebiet. So versuchten sich einige Chirurgen (u. a. SPRENGEL selbst im Rahmen seiner Fallstudie, RIEDEL 1902) an der Variante, den Schnitt nach schräg innen über den Rand des M. rectus abdominis hinaus zu verlängern.[329]

Zur Komplettierung der Methoden zur Schräginzision seien noch drei weitere Varianten angegeben: zum einen ein Schnitt, der am lateralen Rand des M. sacrolumbalis[330] entlangläuft und kaudal auf Höhe der Spina iliaca ant. sup. nach medial zieht, der von J. M. GRINDA 1897 (Abb. 27, *Fig. 71, Schnitt 1*) beschrieben und vorwiegend für postero-parietale Exsudate verwendet wurde. Zum anderen der winkelartige Schnitt (Abb. 27, *Fig. 72, Schnitt 2*) des amerikanischen Chirurgen George Ryerson FOWLER (1848–1906) aus dem Jahr 1891, der genau genommen kein Schrägschnitt war, diesem jedoch im weitesten Sinne zugeordnet wurde: *„Er beginnt etwas nach einwärts von der Spina ant. sup., verläuft bis an den Rand des Rektus und wendet sich in abgerundetem Winkel nach abwärts, dem Rande des Rektus folgend. Der so gebildete Lappen wird nach außen unten gezogen, um die Aponeurose des Obliquus externus in möglichster Ausdehnung freizulegen."*[331]

Der dritte und letzte zu erwähnende Schrägschnitt war die in Amerika als „Hockey-stick-incision" bekannte und verwendete Variante des deutschen Chirurgen Willy MEYER (1854–1932), der diese 1900 als einen Schnitt zur Eröffnung der Bauchhöhle bei Appendizitiden beschrieb, bei denen die Lage der Appendix vermiformis als eine weit in das kleine Becken reichende angenommen wurde. Anfangspunkt des Schnittes war die Mitte zwischen der Spina iliaca ant. sup. und dem McBurney-Punkt, weiter fortgeführt wurde er nach kaudal entlang des Verlaufes des M. obliquus externus abdominis und etwa auf Höhe der Arteria iliaca interna horizontal nach medial beendet (Abb. 27, *Fig. 71, Schnitt 3*).

Wie oben bereits angeführt, unterschieden sich die Schrägschnittvarianten nach ROUX/SONNENBURG und MCBURNEY nur marginal in Schnittlänge und

---

329 Die vordere Rektusscheide werde hierbei schräg und quer durchtrennt, der M. rectus abdominis selbst mit einem Haken nach medianwärts gezogen, sodass der Schnitt durch das Peritoneum in etwa um die Rektusbreite verlängert werden könne (vgl. Sprengel, Appendicitis, 1906, S. 610).
330 Synonym: M. iliocostalis lumborum.
331 Sprengel, Appendicitis, 1906, S. 610f.

-lage (McBurney-Schnitt ggf. etwas weiter medial und kaudal), viel bedeutsamer war der Unterschied in der Durchtrennung der schrägen Bauchmuskulatur, der schließlich auch dazu beitrug, dass der Schnitt nach MCBURNEY als der geeignetere Schrägschnitt zur Abszessinzison und im Verlauf auch als der am besten verwendbare für eine Appendektomie angesehen wurde.

Die Begründungen hierfür sollen folgend durch die Argumentation SPRENGELS deutlich werden, der die wesentlichen Vorteile des Schnittes erkannte, in seiner Arbeit anführte und diesen dann auch erstmals als Standardzugangsweg für (unkomplizierte) Appendektomien empfahl.

Die Schnittvarianten nach GRINDA, FOWLER und MEYER entstanden vermutlich aus der einfachen Überlegung, die Inzision der zu erwartenden Abszess-/Appendixlage anzupassen. Den vorliegenden Quellen nach zu urteilen, gerieten sie jedoch angesichts des mcburneyschen Schnittes in den Hintergrund.[332]

6.3.1.3 Mediane Laparotomie

Bevor auf SPRENGELS Ausführungen bezüglich des zu bevorzugenden Hautschnittes eingegangen wird, soll hier in Kürze noch die mediane Laparotomie (Abb. 27, *Fig. 71, Schnitt 4*) erwähnt werden, die neben den Längs- und Schrägschnitten vor allem bei zweifelhaften Diagnosefragen oder bei vorliegender diffuser Peritonitis im fortgeschrittenen Stadium einer Appendizitis ihre Anwendung fand. Bei gewöhnlicher, unkomplizierter Appendizitisoperation wurde von dieser Variante in der Regel kein Gebrauch gemacht.

Dieser Schnitt, vom Bauchnabel senkrecht nach kaudal Richtung Symphyse verlaufend, kann eigentlich auch mit zu den Längsschnitten gezählt werden, wobei er jedoch (bis heute) aufgrund seiner bevorzugten Verwendung bei Notfalloperationen mit weit fortgeschrittenem Befund der Appendizitis eine Sonderstellung einnahm. Der durch die Linea alba verlaufende Zugangsweg ist (aus gleichen Gründen wie bei dem Pararektalschnitt) weniger traumatisch und risikoärmer bezüglich postoperativer Komplikationen. Viel wichtiger erscheint allerdings der (schon damals wie heute bekannte) Vorteil, dass diese

---

332 Von der Lage und Länge (nicht aber von dem winkelartigen Verlauf) der Hautinzision ähnelte der Schnitt nach MEYER dabei am ehesten von allen hier aufgeführten Schrägschnittvarianten dem heute gängigen Zugangsweg bei konventioneller, offener Appendektomie ohne Schnitterweiterung.

Schnittvariante bei Bedarf leicht nach kranial erweiterbar ist, eine sehr gute Sicht auf den Situs und das Operieren in Richtung aller vier Quadranten des Abdomens ermöglicht.

In Bezug auf die beste Methodik der Schnittführung für die Laparotomie bei unkomplizierter Appendizitis kam SPRENGEL in seiner Arbeit nun zu dem Ergebnis, entgegen dem allgemeinen Tenor weniger einen lateralen Längsschnitt bei Frühoperationen, sondern vielmehr einen lateralen Schrägschnitt zu bevorzugen.[333]

Zusammengefasst stellte er folgende Nachteile bei der Verwendung eines lateralen Längsschnittes heraus:

- ein höheres Risiko für postoperative Hernien
- die Unmöglichkeit zur Platzierung einer Drainage am tiefsten Punkt des Infektionsherdes
- die Notwendigkeit einer anschließenden teilweise offenen Wundbehandlung

1906 sprach sich SPRENGEL dann aufgrund seiner Ergebnisse aus den Fallstudien dafür aus, den Schrägschnitt für alle Frühoperationen und Operationen mit kleinen Exsudaten im Intermediärstadium zu wählen, den Längsschnitt hingegen nur bei komplizierteren Intervalloperationen.[334] Er präferierte dabei den Schnitt, der durch MCBURNEY als „Gridiron-incision" bekannt, von RIEDEL 1903 „Zickzackschnitt" und von SPRENGEL selbst 1906 „Wechselschnitt" (Abb. 30) benannt wurde, und beschrieb ihn wie folgt nochmals sehr detailliert: *„Schrägschnitt, etwas oberhalb der Spina ant. sup., ungefähr 2 cm medialwärts von derselben beginnend und nach unten je nach Lage des Exsudats und der angenommenen Lage des Wurmfortsatzes verschieden weit, immer parallel dem Ligamentum inguinale verlaufend. Der Musc. obliquus externus wird in einer Länge von etwa 10 cm, der Faserrichtung entsprechend, durchtrennt, wobei etwa 2/3 des Schnittes auf die Aponeurose, 1/3 auf die Muskelsubstanz entfallen. Dann wird der Muskel durch flache, das intermuskuläre Zellgewebe sanft durchtrennende Schnitte von der tiefen Muskelschicht gelöst und – nach dem Riedelschen* [Herv. i. Original] *Vorschlag – der obere und untere Muskellappen*

---

333 Den lateralen Längsschnitt hatte SPRENGEL in Form von pararektalen und transrektalen Varianten viele Jahre selbst durchgeführt, dann sogar 1901 als den Schnitt deklariert, der am ehesten zur übersichtlichen Freilegung der rechten Darmbeingrube geeignet sei.
334 Vgl. Sprengel, Appendicitis, 1906, S. 610–615.

straff nach oben und unten verzogen und durch einige Nähte an der Haut provisorisch fixiert. Es folgt die Durchtrennung der tiefen Muskelschichten in der Faserrichtung des Obliquus internus. Ich pflege auch diese mit scharfen Messerzügen vorzunehmen [...]. Auf die Verlaufsrichtung des M. transversus nehme ich keine Rücksicht; ich durchtrenne ihn, ebenfalls scharf, in der Richtung des Obliquus internus. Es folgt das Gewebsblatt der Fascia transversalis [...]. Sobald man bis auf das Peritoneum vorgedrungen ist, kann man mit hakenförmig in den Schlitz der tiefen Muskelplatte eingesetzten Fingern die Wunde in geradezu erstaunlicher Weise auseinanderdrängen."[335]

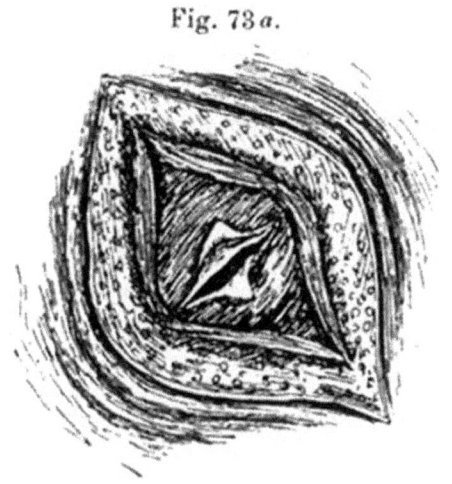

Fig. 73 a.

Abb. 30: *Zeichnung eines Wechselschnittes. (Quelle: Sprengel, 1906, S. 616)*

Wie ersichtlich wird, unterschied sich die Schnitttechnik SPRENGELs nicht sonderlich von der MCBURNEYs, außer dass er – anders als MCBURNEY – die scharfe Durchtrennung der Muskelfasern gegenüber der stumpfen bevorzugte.[336] Die

---

335 Ebd., S. 615f.
336 In der Literatur wird oftmals von dem „Wechselschnitt MCBURNEYs" gesprochen – genau genommen werden hierbei aber zwei Fakten vermischt: Die Schnitttechnik beruhte auf der erstmaligen Beschreibung MCBURNEYs 1889/1894, die Bezeichnung dieser Technik als „Wechselschnitt" stammte jedoch von SPRENGEL 1906. Die heute verwendete Technik des Wechselschnittes beinhaltet dabei die stumpfe Muskeldurchtrennung nach MCBURNEY.

Patienten wurden dabei in einer Beckenhochlagerung (45° zur Horizontalen) positioniert, die SPRENGEL 1901 empfahl, da hierdurch die Darmschlingen aus dem Operationsfeld gelangten und sich ein besseres Sichtfeld ergab. Zudem ist eine Erweiterung des Wechselschnittes bei komplizierteren intraperitonealen Umständen durch eine Spaltung der tiefen Muskelschichten quer zu ihrer Faserverlaufsrichtung nach kranial und/oder kaudal möglich, sodass ein größeres Sichtfeld erreicht werden kann.

Die bis hierhin erfolgten detaillierten Ausführungen der verschiedenen Schnittvarianten verdeutlichen die breite Diskussion unter den Chirurgen um die geeignetste Bauchhöhleneröffnung zur Appendektomie. Ein erster allgemeiner Konsens zeichnete sich allmählich zu Beginn des 20. Jahrhunderts durch die Schnittführung nach SPRENGEL (bzw. MCBURNEY; vgl. **Anm. 344 dieses Kap.**) ab, welche die häufig verwendeten lateralen Längsschnitte (Para-/Transrektalschnitt) zurückdrängte. SPRENGEL war es, der in den frühen Jahren des 20. Jahrhunderts anmerkte, dass die „standardisierte" Verwendung von lateralen Längsschnitten aufgrund der oben aufgeführten, potentiellen Nachteile überdacht werden müsse und die geeignetere Variante möglicherweise der laterale Schrägschnitt (resp. die Schnitttechnik nach MCBURNEY bzw. der „Wechselschnitt") sein könnte. Dass er mit seiner Annahme wohl richtig lag, sollte sich hingegen erst mit der einheitlichen Verwendung des Wechselschnittes im Verlauf der folgenden Jahrzehnte zeigen.

Resümierend können zu den wesentlichen Vorteilen dieses Schnittes, der bis heute den am besten geeigneten Zugangsweg für eine konventionelle Appendektomie darstellt, gezählt werden:

- die Nähe zur Ileocaecalgegend
- der Abstand zu den epigastrischen Gefäßen
- das minimierte postoperative Nahtdehiszenz-/Hernienrisiko durch die stumpfe/scharfe Muskeldurchtrennung im jeweiligen Faserverlauf und die daraus folgenden, versetzt zueinander liegenden Etagennähte
- der (wahrscheinlich aber erst später in den Vordergrund rückende) kosmetische Vorteil der resultierenden Narbe

Abschließend sei – in Bezug auf die Techniken zur Eröffnung der Bauchhöhle – noch der Miniaturschnitt des amerikanischen Chirurgen Robert T. MORRIS (1857–1945) erwähnt, der diesen 1902 beschrieb. Er stellte eine weniger invasive Abwandlung des Wechselschnittes dar. Dieser Schrägschnitt, auch als „week-and-a-half confinement" oder „inch-and-a-half incision" bekannt, war eine kurze, vom Außenrand des M. rectus abdominis nach außen oben reichende

Hautinzision, bei der die einzelnen Muskelschichten ebenfalls in Faserrichtung durchtrennt wurden. Das Ziel dabei war klar die Minimierung des Risikos für Bauchbrüche durch eine kleinere Inzision, doch das deutlich eingeschränktere Sichtfeld bei dieser Variante führte dazu, dass der „normale" Wechselschnitt bevorzugt wurde.[337]

6.3.2 Das intraabdominelle Vorgehen und der Bauchhöhlenverschluss

Was das intraabdominelle Vorgehen bei einer Frühoperation betraf, kristallisierte sich nach SPRENGEL am Ende des 19. und zu Beginn des 20. Jahrhunderts ebenfalls eine bevorzugt verwendete Methode heraus. Die Operationsmethodik unterschied sich dabei je nach intraoperativem Befund (Appendizitis ohne Peritonitis/mit zirkumskripter bzw. diffuser Peritonitis).

6.3.2.1 *Vorgehen bei einer akuten Appendizitis ohne Begleitperitonitis*

Nach der Durchtrennung aller Bauchwandschichten samt der Fascia transversalis wird im üblichen Verfahren zunächst das Peritoneum in Richtung des tiefen Bauchmuskelschnittes eröffnet, um anschließend eine erste Orientierung über die intraabdominellen Verhältnisse erlangen zu können. Das Caecum liegt in der Regel ganz in der Nähe des Operationsfeldes, sodass dieses mithilfe eines Gazeschleiers gegriffen, dessen Mobilität geprüft, entsprechend die Appendix vermiformis aufgesucht und in das Sichtfeld gebracht werden kann. Um zu verhindern, dass während der Mobilisierung zuvor nicht bemerkte, eitrig-infektiöse Exsudate entleert und in der Bauchhöhle verteilt werden, soll die caeco-appendiculare Umgebung vor der Lageveränderung mit sterilen Gazeschleiern nach lumbal, medial und zum kleinen Becken hin tamponiert werden. Finden sich leichte Adhäsionen des Omentum majus an der Appendix vermiformis, sind diese zu entfernen, um den medialen Gazeschleier korrekt einlegen zu können. Adhäsionen – sofern es sich um frische der ersten Stunden bzw. Tage handelt – lassen sich in der Regel leicht stumpf entfernen (mit dem Finger oder einem Gazetupfer), ältere Verwachsungen benötigen hingegen stumpfe Instrumente (Kocher'sche Sonde, Cooper'sche Schere[338]) oder vorsichtige, flache Schnitte mit dem Messer. Nach Auffinden, Mobilisieren der Strukturen und Freilegen der Appendix vermiformis wird als nächstes das

---

337 Vgl. Sprengel, Appendicitis, 1906, S. 617ff.
338 Cooper-Schere ist eine aufgebogene, stumpfe Präparierschere.

Mesenteriolum ligiert (vgl. Abb. 31) und oberhalb der Ligatur mit einer Schere oder einem Messer durchtrennt (vgl. Abb. 32).

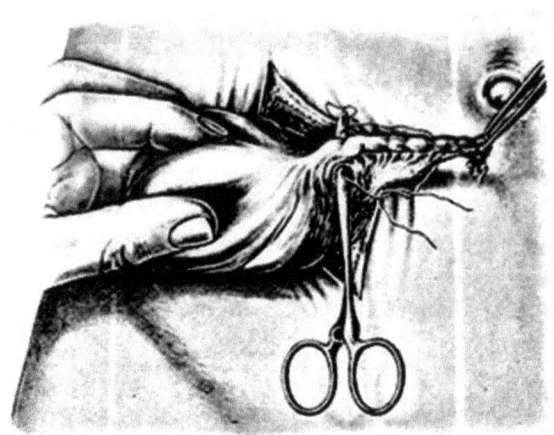

Abb. 31: Basisnahe Ligierung des Mesenteriolum. (Quelle: Deaver, Appendicitis, 1905, PLATE LI)

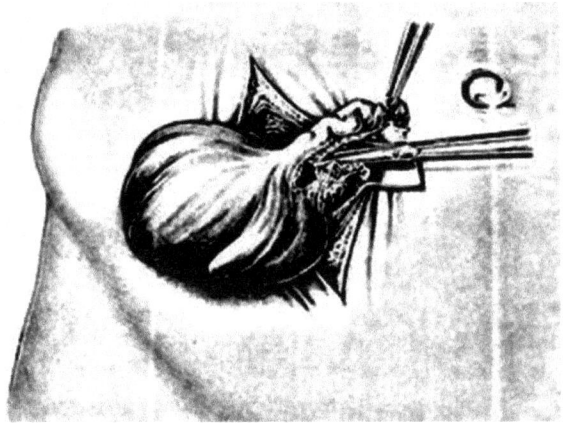

Abb. 32: Durchtrennung des Mesenteriolum oberhalb der Ligatur. (Quelle: Deaver, Appendicitis, 1905, PLATE LII)

Anschließend folgt die Appendektomie in der Weise, dass man die Appendix vermiformis, nach basisnaher Abklemmung und Ligatur, mit einem Knopfmesser resiziert und den Appendixstumpf anschließend mit einem Sublimatbäuschen abtupft. Mittels feiner Darmnähte wird die Mucosa des Appendixstumpfes gesondert verschlossen, in das Caecum eingestülpt und mit drei bis vier weiteren Darmnähten versenkt.[339] (vgl. Abb. 33–35).

---

339 Vgl. ebd. 620ff. Sublimat ist ein anderer Name für Quecksilber(II)-chlorid. Aufgrund ihrer antiseptischen Eigenschaft wurde diese Substanz lange als Desinfektionsmittel benutzt. SPRENGEL bemerkte, dass es neben dieser am weitesten verbreiteten Methodik noch weitere Modifikationen gab. Nennenswert ist darunter u. a. das Verfahren des Schweizer Chirurgen Emil Theodor KOCHER (1841–1917) (1900), der die Appendektomie mittels Manschettenbildung durchführte: „*Man durchtrennt durch einen Zirkelschnitt die äußere oder die beiden äußeren Wandschichten etwa 2cm von der Basis des Wurmfortsatzes entfernt und schiebt sie soweit wie möglich gegen das Cöcum zurück; darauf bindet man die zurückgebliebene Wandschicht mit Katgut oder Seide ab und vereinigt nun Serosa oder Serosa und Muscularis über dem Stumpf der tiefsten Wandschicht.*" (Ebd., S. 623) Genauso auch die Variante SONNENBURGS (1889), der den Wurmfortsatz an seiner Basis mit einer Nadel durchstach, ligierte und den Stumpf nach Abtragung versenkte und in der Wand des Caecum befestigte. Die Chirurgen DEAVER (1898) und Oskar Friedrich Heinrich ZELLER (1903) wiederum schnitten die Appendix elliptisch aus dem Caecum heraus und verschlossen anschließend das Loch im Caecum mit einfacher Darmnaht (vgl. ebd.). RIEDEL beschrieb 1903 folgende Methode: „*Ablösung des Mesenteriolums, provisorische Umschnürung eines Katgutfadens um die Abgangsstelle der Appendix. Abtragung des Wurmfortsatzes 1cm distalwärts davon, nachdem ein Seidenfaden jenseits angelegt ist; Ausschneidung der Schleimhaut, Verschluß des Stumpfes durch drei Seidenknopfnähte. Darauf wird die provisorische Katgutligatur gelöst und der Stumpf durch doppelreihige Naht in die Cöcalwand versenkt.*" (Ebd., S. 624f.). MCBURNEY beschrieb 1889 ein Vorgehen, bei dem die Appendektomie basisnah zwischen zwei gelegten Ligaturen (aus Seide oder Katgut) stattfinde und der Stumpf, ohne ihn im Caecum zu versenken, danach mit einer Bichlorid-Lösung desinfiziert und mit Iodoform eingerieben werde. Nach Desinfektion der unmittelbaren Umgebung sowie Einlage eines Drains und in Iodoform getränkter Gaze werde die Bauchhöhle verschlossen; in einigen Fällen könne die Einlage einer weiteren, größeren Drainage über einen separaten Zugang über oder hinter der Spina iliaca ant. sup. sinnvoll sein (vgl. McBurney, Experience, 1889, S. 683). Als neuer Ansatz galt die Abquetschmethode des Schweizer Chirurgen Otto LANZ (1865–1935) 1904: „*Abbindung des Mesenteriolums, eventuell nach vorheriger Furchenbildung durch Anlegung des Angiotribs; Ablösung vom Wurmfortsatz, Abquetschung des Wurmfortsatzes und Ligatur durch die Quetschfurche; Übernähung durch sero-seröse Naht der Cöcalwand.*" (Sprengel, Appendicitis, 1906, S. 626) Vermutet werden kann hierbei, dass es sich bei dem Instrument für das Abquetschen um eine Art Arterienklemme gehandelt hat.

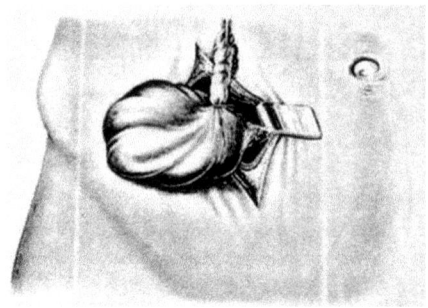

Abb. 33: Ligatur der Appendixbasis. (Quelle: Deaver, Appendicitis, 1905, PLATE LV)

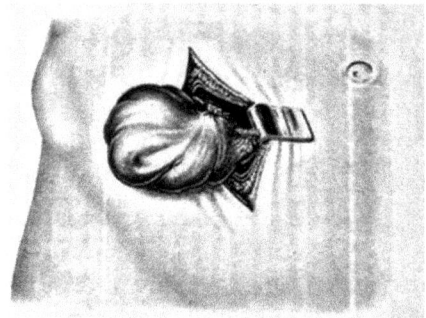

Abb. 34: Resizierte Appendix distal der Ligatur. (Quelle: Deaver, Appendicitis, 1905, PLATE LVI)

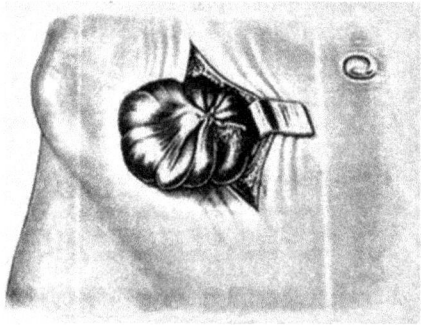

Abb. 35: Versenkter Appendixstumpf. (Quelle: Deaver, Appendicitis, 1905, PLATE LVIII)

Im Falle einer basisnahen Perforation der Appendix oder bei gangränös verändertem Caecum/Wurmfortsatz ist ein Versenken des Appendixstumpfes mitunter nicht möglich, da die Caecalnähte zur Übernähung in dem entzündlichen Gewebe nicht halten – hier sollte lediglich ein einfaches Abbinden und Abtragen der Appendix sowie ein Übernähen möglicher Defekte des Caecum vorgenommen werden.[340]

Nach erfolgreicher Appendektomie wird die Bauchhöhle in Etagen bzw. schichtweise vollständig verschlossen: zunächst das Peritoneum, die Fascia transversalis und die Muskelschichten, wobei die einzelnen Muskeln entsprechend ihres jeweiligen Schnittverlaufes genäht werden (ist das Einlegen eines Drains notwendig, tritt dieser durch den Kreuzpunkt der Naht des M. obliquus internus und externus hindurch nach außen). Eine gesonderte Naht gilt der vorderen Aponeurose allein, bevor dann der Verschluss durch eine Subkutannaht und eine Hautnaht vollendet wird.[341]

6.3.2.2 Vorgehen bei einer akuten Appendizitis mit Begleitperitonitis

Wird die Appendizitis nicht im peritonitisfreien Früh-, sondern im Intermediär- oder Spätstadium operiert, sodass diese bereits von einer zirkumskripten oder sogar diffusen Peritonitis begleitet wird, so unterscheidet sich die intraabdominelle Operationstechnik:

Wird die Bauchhöhle mit der Indikation zur Appendektomie und Eiterentleerung bei zirkumskripter Peritonitis eröffnet, zeigen sich keine wesentlichen Unterschiede zu dem Vorgehen bei der Frühoperation (hier im Sinne des Vorgehens bei Appendizitis ohne Begleitperitonitis). Lediglich der Zugangsweg durch die Bauchdecke kann abweichend gewählt werden: Ein Para- oder Transrektalschnitt ermöglicht am ehesten eine Eröffnung im nicht-entzündlichen Bereich, der ansonsten übliche Wechselschnitt ist aber oftmals ebenso geeignet. Bei umschriebener Peritonitis ist das sorgfältige Austamponieren der Bauchhöhle bzw.

---

340 Vgl. ebd., S. 626f.
341 Als allgemeine Empfehlung des zu verwendenden Hautnahtmaterials nannte SPRENGEL bei Wechselschnitten stärkeres Katgut, bei paramedianen oder medianen Schnitten Seide oder Zwirn. Als Ligaturmaterial empfahl er bevorzugt Katgut, für Nähte in der Bauchhöhle feinen Zwirn (vgl. eda, S. 622ff.). Katgut – auch Catgut – ist der Name von resorbierbarem Fadenmaterial aus Schafs-, Rinder- oder anderen Naturdärmen, die im 20. Jahrhundert unter sterilen Kautelen hergestellt, ab den 30er/40er-Jahren jedoch immer mehr durch synthetisch hergestellte Nahtmaterialien abgelöst wurden. Aufgrund des potentiellen BSE-Risikos (= Bovine spongiforme Enzephalopathie), das von aus Rinderdärmen hergestelltem Catgut ausgehen kann, wird es in Deutschland nicht mehr verwendet und es steht ein globales Herstellungs- und Verwendungsverbot zur Diskussion.

des Operationsgebietes mit (doppelten) Gazeschleiern von besonders großer Bedeutung, um nicht-affizierte Areale der Bauchhöhle während der Operation vor dem Kontakt mit entzündlich-infektiösem Material zu schützen und eine weitere Verteilung und Ausbreitung der Peritonitis zu verhindern. Die entzündliche Mitreaktion des Peritoneum bzw. die mögliche umschriebene Abszessformation findet sich in der Regel unmittelbar im Bereich des Wurmfortsatzes, des Caecum oder in der Nähe von Nachbarorganen, an den angrenzenden Dünndarmschlingen, am Uterus oder am Blasendach. Eiter entleert sich oft bereits schon dann von alleine, wenn die Appendix vermiformis und das Caecum bei deren Mobilisation von frischen, entzündlichen Adhäsionen stumpf gelöst wird, ein gezieltes Aufsuchen und Eröffnen von Abszesshöhlen ist nicht immer notwendig.[342] Die Technik der Appendektomie unterscheidet sich anschließend nicht von der oben beschriebenen im Frühstadium ohne peritonitische Beteiligung, nur die Versenkung des Stumpfes ist in vielen Fällen nicht möglich, da die entzündlich verdickte und instabile Wandung des Caecum einem Übernähen oftmals nicht standhalten kann, sodass ein einfaches Abbinden des Stumpfes genügen muss. Am Ende der Operation steht dann die Entfernung aller Gazeschleier, das Einlegen eines Drains und eines Gazetupfers auf den Stumpf sowie das Abdecken des Infektionsherdes mit frischen Gazekissen. Zusätzlich wird anschließend eine weitere Drainage mitsamt Tamponade jeweils lumbalwärts und in Richtung des kleinen Beckens eingelegt.

Der Verschluss der Bauchhöhle gestaltet sich – wie oben beschrieben – ebenfalls in Etagen mit eventuell offengelassenem Durchtrittspunkt einer Drainage. Bei größeren Abszessen und weiträumigeren Peritonitiden sollte hingegen überlegt werden, auf einen Verschluss der Bauchhöhle zu verzichten und eine offene Wundbehandlung anzustreben.

Liegt eine weiträumigere (aber noch nicht diffuse) entzündliche Peritonealbeteiligung vor bzw. seien größere Abszesse oder Exsudate bei Diagnosestellung zu vermuten, soll das Hauptaugenmerk auf der kontrollierten Entleerung des Exsudates und der unbedingt vollständigen Ausräumung des Abszesses liegen, die Appendektomie dabei im Hintergrund stehen und nur dann stattfinden, wenn die Durchführung ohne große Schwierigkeiten möglich ist.[343] Der Zugang kann hierbei auf zwei Arten gewählt werden: entweder ein Wechselschnitt über dem am deutlichsten zu tastenden Abszessbereich (Ileocaecal-, Lumbal-,

---

342 Vgl. ebd., S. 628ff.
343 Vgl. ebd., S. 631f.

suprapubische Gegend) oder aber ein para-/transrektaler Schnitt, der auch hier eine Eröffnung im „gesunden Bereich" ermöglicht.[344]

Aufgrund der größeren Ausdehnung der Abszedierung und des fortgeschritteneren Entzündungsstadiums entleert sich hierbei häufiger der Eiter direkt nach Eröffnung des Peritoneum, als dies bei kleineren Abszessen und zirkumskripter Peritonitis der Fall ist. Selten muss der Abszessherd erst noch aufgesucht werden. Eine Appendektomie erfolgt nur dann, wenn die Appendix vermiformis nach Entleerung der Abszesshöhle darstellbar und mobilisierbar ist, auf eine Stumpfversenkung und -übernähung muss auch hier aus oben genannten Gründen verzichtet werden, nicht aber auf das Einlegen mehrerer Tamponaden und Drainagen in die Abszesshöhle.[345]

Gelangt der Patient erst im späten Stadium mit einer diffusen Peritonitis in die operative Behandlung, beschränkt sich der Eingriff im Allgemeinen nur auf eine Laparotomie mit anschließender Spülung oder Austrocknung (mittels Tamponierung) der Bauchhöhle, wobei die Frage nach der besseren Methode zur Entfernung des eitrig-entzündlichen Exsudates immer noch einen Streitpunkt unter den Chirurgen am Ende des 19. und am Anfang des 20. Jahrhunderts darstellte.[346] Der deutsche Chirurg Ludwig REHN (1849–1930), der die Spülung der Bauchhöhle als die geeignetere Methode ansah, beschrieb das Vorgehen 1900 wie folgt: „[…] [es] *wurde in Beckenhochlagerung durch ausgiebige mediane Laparotomie die Bauchhöhle geöffnet und unter fortwährender Berieselung mit warmer physiologischer Kochsalzlösung der gesamte Peritonealinhalt eventriert. Die eventrierten Darmschlingen wurden in feuchte Kompressen eingeschlagen und von*

---

344 Letztere Variante führte SPRENGEL standardmäßig durch: „*Beckenhochlagerung, transrektale oder pararektale Eröffnung und Ausräumung des Abszesses; Tamponade und provisorischer Verschluß des letzteren; sorgfältige Reinigung der Bauchdecken. Verlängerung des Hautschnittes nach oben. Eingehen in das gesunde Peritoneum nach oben vom Infiltrat. Abdämmung der Darmschlingen; Vordringen gegen den Herd und Abtragung des Wurmfortsatzes; Versorgung der Bauchhöhle je nach Befund, meist unter ziemlich weitgehender offener Behandlung.*" (Ebd., 634) Er merkte hier an, dass er zum Zeitpunkt seiner Arbeit auch in diesen Fällen zum Wechselschnitt übergegangen sei, solange eine Abszessausräumung mit zusätzlicher Appendektomie angestrebt wurde.
345 Vgl. ebd., S. 633. SPRENGEL ging in seiner Arbeit weiterführend noch genauer auf die operativen Zugänge verschiedener Abszessloki ein (retroperitoneale, retrofasziale, subphrenische Abszesse, Abszesse im kleinen Becken und multiple Abszesse) – hierzu vgl. ebd., S. 636–644, eine detaillierte Darstellung erfolgt im Rahmen dieser Arbeit nicht.
346 Vgl. ebd., S. 644.

Zeit zu Zeit mit Kochsalzlösung übergossen. Darauf wurde die Bauchhöhle mit großen Mengen (30–40 Liter) Kochsalzlösung ausgeschwemmt unter besonderer Berücksichtigung der Milz-, Leber- und Beckengegend. […] Reposition der Darmschlingen, […] Drainrohr durchgezogen, welches, quer durch die Bauchhöhle verlaufend, durch je eine seitliche Inzision nach außen geleitet wurde. Weitere Drains wurden nach Befund von den seitlichen und medianen Öffnungen nach Milz-, Leber- und Beckengegend vorgeschoben, worauf die Bauchhöhle mit durchgreifenden Peritonealfasziennähten geschlossen wurde. Durchspülen durch die Drains, um die Luft aus dem Peritoneum zu verdrängen […]. Der Kranke wurde mit erhöhtem Kopfteil gelagert und 2–3mal täglich wurden Kochsalzspülungen mit 1–1 ½ Liter Flüssigkeit vorgenommen."[347]

Ein Verfahren ohne Spülung wurde von SPRENGEL favorisiert, der sich mit den Jahren an verschiedensten Techniken der operativen Behandlung diffuser Peritonitiden bei Appendizitis versuchte. Dieses wendete er sowohl für frühzeitige als auch für späte Fälle der diffusen Peritonitis an und verzeichnete hiermit insgesamt eine Mortalitätsrate von 58,3%.[348] Er empfahl: die Eröffnung der Bauchhöhle durch den üblichen Wechselschnitt (mit eventueller Erweiterung je nach Befund, um einen möglichst guten Ausfluss des freien Eiters zu gewährleisten); Abdämmen der Darmschlingen mit Gazeschleiern; fakultative Entfernung der Appendix vermiformis; Einlage einer Gummidrainage und eines Gazeschleiers auf das Stumpfbett sowie einen zweiten Drain mit Tampon in das kleine Becken; Ausfüllen der ganzen Wunde mit Gaze und Vorschub eines weiteren Drains und/oder Gazetampons über einen zusätzlichen linksseitigen Wechselschnitt. Am Ende stand stets eine

---

347 Ebd., S. 645. Fünf Jahre nach Beschreibung dieser Methode war einer anderen Publikation von REHN zu entnehmen, dass er sein Verfahren dahingegen modifiziert hatte, dass er auf die mediane Laparatomie verzichtete und lediglich zwei seitliche Inzisionen durchführte, durch die die Drainagen in das kleine Becken vorgeschoben werden konnten (vgl. ebd.). Der Begriff „eventrieren" bedeutet hier soviel wie das zeitweise Vorlagern des Darmes aus der Bauchhöhle auf die Körperoberfläche. Auch MCBURNEY beschrieb schon 1895 ein Spülverfahren mit heißer Kochsalzlösung: „*Schräginzision längs dem Ligamentum inguinale, Austupfen des erreichbaren Sekrets, Ausspülen mit heißer Kochsalzlösung unter pumpenden Bewegungen mit großen Stielschwämmen, bis alles klar abfließt. Darauf Austrocknen und Einlegen eines dicken Glasrohrs mit seitlichen Öffnungen ins kleine Becken. Das Rohr wird mit Gaze gefüllt, die ebenso auch in Form von Streifen nach allen Richtungen eingeführt wird. […] Die Nachbehandlung besteht darin, daß man zuerst alle paar Stunden das Rohr im Becken reinigt, nach 24–36 Stunden entfernt und durch Gazestreifen ersetzt.*" (Ebd., S. 645f).
348 Die Methode nach REHN wies hingegen nach SPRENGEL eine Gesamtmortalität von 81% auf (vgl. ebd., S. 647).

offene Wundbehandlung.[349] Die postoperative Versorgung sekundär heilender Bauchwunden nach Appendektomie oder Peritonitisoperation beinhaltete nach dem Verbandswechsel am 2. postoperativen Tag[350] die Gazeschleierlockerung und den Tamponadenwechsel am 4. postoperativen Tag, bis diese dann meistens an Tag 8 nach Operation entfernt wurden. Die Drainageentfernung folgte hingegen keiner zeitlichen Regel, sie hing von der Sekretionsstärke und -qualität ab.[351]

Wie bisher ersichtlich etablierte sich als allgemeingültige Technik zur Ableitung des Eiters bzw. Exsudates aus der Bauchhöhle nach außen die Verwendung von Drainagen und Tamponaden, wobei hierfür überwiegend Gummidrainagen und Gazematerialien verwendet wurden.[352] Um die Jahrhundertwende war vor allem die Bauchhöhlentamponade durch von MIKULICZ eingeführte Gazetampons[353] in Deutschland und im Ausland weit verbreitet, genauso wie der Draintampon, eine Kombination aus Drainage und Gazetamponade.[354] SPRENGEL selbst favorisierte eine strikt getrennte Einlage von Drainage und Tamponade, da diese ein einzelnes Entfernen ermöglichte[355].

Der Vollständigkeit halber soll nun abschließend kurz auf die zu der Zeit allgemeingültige Operationstechnik bei Intervalloperationen eingegangen werden, die sich im Wesentlichen nicht von der der Frühoperation unterschied. Die Schwierigkeit des Verfahrens liegt allein darin, dass stattgefundene und abgeklungene Wurmfortsatzentzündungen mehr oder weniger stark ausgeprägte Adhäsionen bedingen können. Diese gilt es, intraoperativ – stumpf

---

349 Vgl. ebd., S. 647ff.
350 In der Regel wurde ab dem 2. Tag ein Verbandswechsel im zweitägigen Intervall vorgenommen (vgl ebd., S. 654).
351 Vgl. ebd., S. 653ff.
352 Von einigen Chirurgen wurden auch – wie von MCBURNEY beschrieben – Glasrohre für die Drainage verwendet, was jedoch nicht ganz ohne Kritik aufgrund der zerbrechlichen und sehr starren Eigenschaften blieb (vgl. ebd., S. 652).
353 MIKULICZ benutzte hierbei einen größeren Gazeschleier, den er mit kleineren und größeren Gazestücken füllte, bis dass der zu tamponierende Bauchhöhlenbereich gänzlich ausgefüllt war. SPRENGEL modifizierte dieses Vorgehen dahingehend, dass er nur einen großen Gazestreifen zur Tamponierung benutzte, um das anschließende Entfernen zu erleichtern und die Übersicht der verwendeten Stückzahl zu vereinfachen (vgl. ebd., S. 651).
354 MIKULICZ' Entwicklung stellte eine mittelstarke Drainage dar, die durch einen mit Gazestücken gefüllten „Mikulicz'schen Deckschleier" geführt und mit Fäden befestigt wurde (vgl. ebd., S. 651).
355 Vgl. ebd., S. 650ff.

oder scharf – zu lösen.[356] Wenn sich hierbei Schwierigkeiten zeigen sollten, so kann in einigen Fällen eine Erweiterung des Wechselschnittes von Nutzen sein. Die Entfernung von ganzen Darmabschnitten mit einer anschließenden „Enteroanastomose" oder einer „lateralen Ileo-Colostomie" ist darüber hinaus immer dann zu überlegen, wenn schwerwiegendste Fälle von Adhäsionen vorliegen.[357]

Die bis hierhin erfolgte detaillierte Wiedergabe zeigt den ersten Standard des operativen Arbeitens im Bauchraum zu Beginn des 20. Jahrhunderts. Kurz zusammengefasst sollen die wesentlichen Punkte noch einmal herausgestellt werden:

1. Vorgehen bei einer Appendizitis ohne Peritonitis (i.d.R. Operation im Frühstadium)
Wesentliches Operationsziel: Appendixresektion
   - Wechselschnitt zur Bauchhöhleneröffnung
   - Mobilisierung des Caecum und der Appendix vermifomis
   - Lösung leichter Adhäsionen
   - Austamponierung der Caecalregion
   - Ligatur und Durchtrennung des Mesenteriolum und der Appendix (basisnah)
   - Desinfektion des Appendixstumpfes mit Sublimattupfer
   - Übernähung und Versenkung des Appendixstumpfes (Verzicht bei perforierter Appendix oder starker Affektion des Caecum)
   - Vollständiger Verschluss der Bauchhöhle mittels Etagennaht

2. Vorgehen bei Appendizitis mit zirkumskripter bzw. Abszessbildung
Wesentliches Operationsziel: Abszessentleerung; Appendektomie fakultativ
   - Wechselschnitt oder Para-/Transrektalschnitt zur Bauchhöhleneröffnung
   - Sorgfältige Austamponierung der Bauchhöhle mittels Gazeschleiern
   - Eröffnung und Ausräumung der Abszesshöhle
   - Fakultative Appendixresektion wie oben, i.d.R. ohne Übernähung und Versenkung
   - Einlage von Drainagen und Tamponaden in die Bereiche des Stumpfbettes und des Douglas-Raumes
   - Inkompletter Verschluss der Bauchhöhle (Durchtritt der Drainage) oder offene Wundversorgung

---

356 Vgl. ebd., S. 659.
357 Vgl. ebd., S. 662f.

3. Vorgehen bei Appendizitis mit diffuser Peritonitis (i.d.R. Operation im Spätstadium)
Wesentliches Operationsziel: Spülung/Tamponierung der Bauchhöhle; Appendektomie fakultativ
- Laparotomie durch ggf. erweiterte Schnittführungen (Wechsel-/Para-/Transrektalschnitt)
- Kochsalzspülung oder trockenes Austamponieren der Bauchhöhle
- Fakultative Appendektomie (nur bei Durchführung ohne Komplikation)
- Einlage mehrerer Drainagen und Tamponaden (durch ggf. zusätzliche Schnitte)
- Obligatorische offene Wundbehandlung

Im Vergleich zu dem gegenwärtigen Management einer akuten Appendizitis lässt sich festhalten, dass die ersten Standards, die sich zu Beginn des 20. Jahrhunderts herausstellten, in weiten Teilen dem heutigen stadiengerechten Vorgehen entsprechen. Die detaillierte Operationstechnik einer konventionellen Appendektomie, wie sie heute standardisiert durchgeführt wird, ist dem Kap. 8 dieser Arbeit zu entnehmen; die einzelnen technischen Abweichungen im Verfahren werden im Vergleich deutlich. Anders verhält es sich mit der Notwendigkeit der Appendixresektion: Während diese bei zirkumskripter und fortgeschrittener/diffuser Peritonitis damals als fakultativ angesehen wurde, ist eine Entfernung der Appendix vermiformis als Entzündungsherd heute in jedem Erkrankungsstadium vorgesehen, um den abdominellen Infektfokus chirurgisch zu sanieren. Derzeitiger Standard zur operativen Behandlung einer diffusen Peritonitis ist das ausgiebige Spülen (Peritoneallavage) der gesamten Bauchhöhle, die Entfernung von Eiter, Nekrosen und/oder Fibrinbelägen (Débridement), Einlage von großlumigen Drainagen und/oder Einlage von Spülkathetern, eine breite antibiotische Abdeckung und ggf. eine geplante operative Revision („Second-Look").

Abschließend sei angemerkt, dass eine ausführliche Hinwendung zu den Vorgehensweisen bei der operativen Behandlung von akuten Appendizitiden, wie sie bis hierher erfolgt ist, an dieser Stelle dahin gehend angebracht erscheint, da sie zum einen den historischen Ablauf der Entwicklung erster operativer Standards zu klären vermag, zum anderen aber auch als Grundlage dafür dient, die tatsächliche klinische Umsetzung im Rahmen von Fallaktenauswertungen zu untersuchen und darzustellen.

7 Zur Geschichte der Etablierung der konventionell-offenen Technik im 20. Jahrhundert

In der bis hierher standardisierten Operationstechnik zur offenen Appendektomie ergaben sich in den nächsten Jahren bis zur Einführung der Laparoskopie in der operativen Medizin durch den deutschen Gynäkologen Kurt Karl Stephan Semm (1927–2003) in den 1980er Jahren keine wesentlichen Neuerungen oder Veränderungen. Hier soll zunächst ein Blick auf die tatsächliche praktische Anwendung bzw. Umsetzung des Operationsverfahrens gerichtet werden, um zu sehen, wie die Routine in der Chirurgie aussah. Hierfür eignen sich chirurgische Krankenakten der Universitätsklinik sowie Sektionsprotokolle des Pathologischen Institutes Marburg. Diese gestatten einen Einblick in die Arbeitsweise der (Marburger) Chirurgen zur Zeit des Ersten Weltkrieges und bieten gleichzeitig die Möglichkeit zur Erweiterung der Ebene des fachlichen Erkenntnisstandes um die Dimension der Patientengeschichte.

Daran anschließend folgt ein ausführlicher Abschnitt über die historische Entwicklung der laparoskopischen Technik mit besonderem Augenmerk auf die Person und die wegweisenden Arbeiten Semms. Die Etablierung der Technik der laparoskopischen Appendektomie, wie sie heute als Standardverfahren in allen Kliniken angewendet wird, erfolgte keinesfalls selbstverständlich: Sie und das Verfahren der Laparoskopie sowie ihr spezieller Einsatz bei Appendektomie durchschritten einen langen, schwierigen Weg der technischen Innovationen und bedurften eines großen Engagements Semms, um sich schließlich gegen länderübergreifende Widerstände durchzusetzen.

7.1 Die klinische Praxis – Auswertung von Krankenakten und Sektionsprotokollen der Universitätsmedizin Marburg

Wurde bis jetzt versucht, die Theoriebildungen zum richtigen Zeitpunkt der Appendektomie, zur Operationsart sowie zu den angebrachten Schnitttechniken aufzuzeigen und die Einigung auf Standards bei den Operationen darzulegen, so soll im Folgenden durch einen patientengeschichtlichen Zugang der Auswertung von chirurgischen Krankenakten und Sektionsprotokollen der Pathologie der Universitätsklinik Marburg von 1913–1918 eine weitere Dimension des

Standes der Therapie bei akuter Appendizitis mit einbezogen werden.[1] Die angeführte Methodik dient an dieser Stelle der genauen Betrachtung der klinischen Umsetzung der sich entwickelnden Operationsstandards zu Beginn des 20. Jahrhunderts. Sowohl für die Chirurgische Klinik wie das Pathologische Institut in Marburg ist die Quellenlage in Form einer großen, lückenlosen und in Teilen gut erhaltenen Sammlung an chirurgischen Fallakten und Sektionsprotokollen für diese Fragestellung sehr geeignet.

Es wurden diesbezüglich 498 Operations- und Krankenakten (mit verzeichneter Einweisungsdiagnose einer akuten, subakuten oder chronischen Appendizitis) sowie 30 Sektionsprotokolle (von Obduktionen im Zusammenhang mit Appendiziditen; häufiger Status post laparotomiam) aus den Jahren 1913–1918 gesichtet und nach folgenden Aspekten ausgewertet:

- Prozentuale Verteilung der erfolgten Appendektomien in den Jahren 1913–1918
- Durchführende Operateure und Anzahl an Operationen des jeweiligen Chirurgen (im jeweiligen Jahr)
- Geschlechter- und Altersverteilung der operierten Patienten
- Einzugsgebiete der operierten Patienten (Landkreise Hessens von 1913–1918)
- Berufsstand (zivil/militärisch) der Patienten und Verteilung in den einzelnen, zivilen Berufsgruppen
- Prozentuale Verteilung der Diagnosebezeichnungen bei Einweisung der Patienten
- Zeitintervall vom anamnestischen Symptombeginn/Aufnahmetag bis zur endgültigen, operativen Versorgung
- In Marburg favorisierte Operationstechniken (Hautschnitt und intraperitoneales Vorgehen) und Vergleich mit dem zeitgenössischen Diskussionsstand
- Allgemeiner postoperativer Verlauf nach erfolgter Appendektomie (geheilt entlassen vs. verstorben)
- Einweisungsdiagnosen der entsprechenden Todesfälle
- Korrelation mit den entsprechenden Sektionsprotokollen des Pathologischen Instituts Marburg

---

1 Vgl. Chirurgische Krankenakten: Emil-von-Behring-Bibliothek. Arbeitsstelle für Geschichte der Medizin der Philipps-Universität Marburg. Krankenakten der Marburger Chirurgischen Universitätsklinik Jg. 1913–1918; Pathologie-Akten: Archiv des Pathologischen Instituts der Universität Marburg, Sektionsprotokolle, Jg. 1913 (Fallnr.: 123, 180), 1914 (Fallnr.: 24, 50, 51, 55, 62, 70, 104, 115, 116, 151, 165, 222), 1915 (Fallnr.: 114, 154), 1916 (Fallnr.: 70, 85, 119, 185), 1917 (Fallnr.: 28, 68, 98, 151, 165, 201, 263), 1918 (Fallnr.: 59, 71, 82).

- Anzahl der Todesfälle im jeweiligen Operationsjahr von 1913-1918
- Liegezeit der operierten Patienten und Liegezeitveränderung über die Jahre 1913-1918

7.1.1 Fallzahlen der Chirurgischen Klinik in den Jahren 1913-1918

Beginnend mit der genauen Betrachtung, wie viele Appendektomien pro Jahr in dem Zeitraum von 1913-1918 stattgefunden haben, ist zunächst festzuhalten, dass sich die Anzahl der operierten Fälle in den Jahren 1913 (131 Fälle), 1914 (144 Fälle) und 1917 (126 Fälle) in etwa in der gleichen Größenordnung befand, wohingegen in den beiden Jahren 1915 (17 Fälle) und 1916 (14 Fälle) insgesamt nur 31 und im Jahr 1918 nur 66 Appendektomiefälle verzeichnet werden konnten. Die prozentuale Verteilung wird anhand der Graphik in der Abb. 36 ersichtlich.

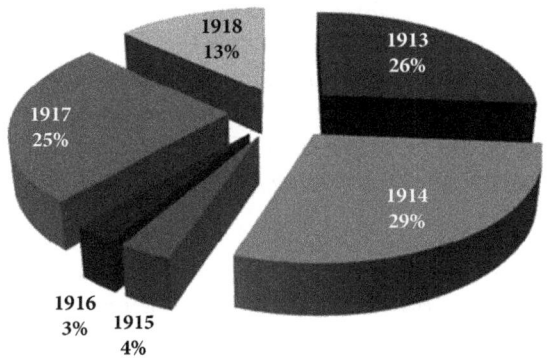

Abb. 36: Darstellung der prozentualen Verteilung der 498 Appendektomiefälle über die Jahre 1913-1918. (Quelle: Eigene Erhebung und Darstellung)

Ursächlich für die doch deutlich verminderte Operationszahl (an Appendektomien[2]) in den Jahren 1915/16 dürfte der Erste Weltkrieg gewesen sein: Mit dessen Beginn im August 1914 kam es zu deutlichen strukturellen Veränderungen an der Philipps-Universität Marburg und ihrem Universitätsklinikum,

---

2   Ob die allgemeine Operationszahl (Anzahl an Operationen insgesamt) in der Marburger Universitätsklinik korrelierend zu der verminderten Appendektomiezahl ebenfalls erniedrigt war, ist im Rahmen dieser Arbeit nicht ermittelt worden.

nicht nur die universitäre Lehre und die Forschung mussten gezwungenermaßen zurückgefahren, zum Teil sogar ganz eingestellt werden³, auch die personellen und strukturellen Gegebenheiten der chirurgischen Klinik unterlagen einem Wandel: *„Die Klinik wurde zum Reservelazarett, 60 chirurgische Betten wurden in der Anatomie aufgestellt und von der Klinik ärztlich versorgt."*⁴ Der Schwerpunkt der Chirurgie in Marburg verlagerte sich hin zur Behandlung von Kriegsverletzten (sog. Kriegschirurgie), für deren medizinische Versorgung zusätzliche Lazarette eingerichtet, medizinisches Personal rekrutiert und sogar neu ausgebildet wurde. Die Hauptklientel der Patienten war dabei eine orthopädisch-chirurgische⁵, sodass vermutet werden kann, dass die Viszeralchirurgie etwas in den Hintergrund rückte und viszeralchirurgische Fälle vermehrt in umliegenden Kliniken operiert/behandelt wurden. Hinzu kam, dass nicht nur Studenten, sondern auch viele Dozenten und Chirurgen zum Sanitätsdienst an der Front eingezogen wurden, sodass auch personelle Engpässe eine Rolle gespielt haben könnten. Tab. 2 zeigt die in den ausgewerteten Krankenakten dokumentierten Chirurgen und deren jeweilige Gesamtanzahl an Appendektomien in den Jahren 1913–1918.

Einer historischen Abhandlung über die Marburger Medizinische Fakultät ist zu entnehmen, dass der Klinikdirektor Prof. Friedrich König und mit ihm die Assistenten Dr. Kehl, Dr. Magnus und Prof. Hagemann bereits zu Beginn des Ersten Weltkrieges an die Front gingen, die Direktion in der Zeit von dem Oberarzt Prof. Hohmeier übernommen wurde.⁶ In der tabellarischen Darstellung der

---

3   Vgl. Lauer, Hans H.: Der Lehrkörper der Fakultät (1918 bis 1933). In: Aumüller, Gerhard/Grundmann, Kornelia/Krähwinkel, Esther et al. (Hrsg.): Die Marburger Medizinische Fakultät im „Dritten Reich" (Academia Marburgensis. Beiträge zur Geschichte der Philipps-Universität Marburg, Bd. 8), München 2011, S. 34f.

4   Hermelink, Heinrich/Kaehler, Siegried August: Die Philipps-Universität zu Marburg, 1527–1927. Fünf Kapitel aus ihrer Geschichte (1527–1866); die Universität Marburg seit 1866 in Einzeldarstellungen. Marburg ²1977, S. 634.

5   Die häufigste Kriegsverletzung im Ersten Weltkrieg war die Extremitätenverwundung (63,5%), insbesondere die Oberschenkelschussfraktur mit Amputationsnotwendigkeit; die zweithäufigste waren Kiefer- und Gesichtsverletzungen. Insgesamt lag aber die Zahl der erkrankten Soldaten (z. B. Typhus, Tetanus, Tuberkulose) wesentlich höher als die der kriegsverwundeten (vgl. Korte, Peter Hermann-Josef: Die Tätigkeit des Marburger Pathologischen Instituts unter Leonhard Jores und Walther Berblinger 1913–1918. Diss. Philipps-Universität Marburg 2014, S. 116ff.).

6   Vgl. Hermelink/Kaehler, Die Philipps-Universität, 1977, S. 634f. Hier ebenfalls zu entnehmen ist, dass Prof. König bereits im Laufe des Jahres 1915 aus dem Krieg nach Marburg zurückkehrte und die Arbeit wieder aufnahm, bis der dann 1918 als

Anzahl an Operationen der jeweiligen Chirurgen pro Jahr ist die beschriebene Personalsituation wiederzuerkennen.

	1913	1914	1915	1916	1917	1918	Σ Operatonen (1913–1918)
Prof. Friedrich König (1866–1952; Direktor d, chir, Klinik)	14	11	----	3	9	3	40
Prof. Friedrich Hohmeier (1876–1950; Oberarzt)	22	29	2	----	----	1	54
Prof. Richard Hagemann	16	13	1	3	40	15	88
Dr. Carl Wiemann (1883–1942; Assistenzarzt)	----	1	1	6	35	20	63
Dr. Georg Magnus (1883–1942; Assistenzarzt)	10	18	----	2	24	14	68
Dr. Lazarraga	28	1	----	----	----	----	29
Dr. Bernhard v. Kamptz	14	11	----	----	----	----	25
Dr. Dohmen	----	----	----	----	5	1	6
Dr. Steuemagel	----	----	----	----	----	4	4
Dr. Hermann Kehl (1886–1967); Assistenzarzt	----	1	----	----	----	----	1
Dr. Maschke	1	----	----	----	----	----	1
Prof. Hohmeier & Dr. Wiemann	----	2	10	----	----	----	12
Prof. Hagemann & Dr. Wiemann	----	----	1	----	----	----	1
Prof. Hagemann & Dr. v. Kamptz	1	----	----	----	----	----	1
Dr. Wiemann & Dr. v. Kamptz	----	----	1	----	----	----	1

Tab. 2: Darstellung der Anzahl an operierten Fällen pro Operateur der Universitätsklinik Marburg in der Zeit von 1913–1918. (Quelle: Eigene Erhebung und Darstellung)

Von Prof. König sind für das Jahr 1914 noch elf Appendektomien verzeichnet, wobei die Letzte auf den 17.08.1914 datiert ist[7], die fehlenden Operationszahlen

---

beratender Chirurg des XI. Armeekorps erneut am Krieg teilnahm. Über die Dauer der Abwesenheit der anderen angemerkten Ärzte ist weiterführend nichts erwähnt.

7 Beginn des Ersten Weltkrieges war der 28.07.1914.

im Jahr 1915 und die wenigen bis März 1918[8] unterstreichen seine oben beschriebene Abwesenheit. Gleiches gilt für die erwähnten Assistenzärzte Dr. Kehl (eine Operation kurz vor Beginn des Krieges), Dr. Magnus (letzte Appendektomie im Jahr 1914 am 25. Juli) und Prof. Hagemann (letzte Appendektomie im Jahr 1914 am 26. August), wobei Magnus (nächste verzeichnete Appendektomie Mitte August 1916) im Jahr 1916 und Hagemann wie König bereits im Jahr 1915 (nächste verzeichnete Appendektomie im Anfang Mai 1915) von der Front zurückgekehrt sein müssten. Einen deutlichen Anstieg der Operationszahlen Magnus' und Hagemanns lassen sich jedoch erst wieder in dem Jahr 1917 erkennen. Auffallend sind auch die ausbleibenden Operationszahlen von Dr. Lazarraga und Dr. v. Kamptz, für beide ist die jeweilige letzte Appendektomie 1914 noch vor Beginn des Krieges dokumentiert. Fraglich bleibt, ob sie ebenfalls an die Front gingen und danach die Arbeit an dem Marburger Universitätsklinikum nicht mehr aufnahmen/aufnehmen konnten oder aber die Klinik aus anderen Beweggründen verließen.

Die Möglichkeit eines zeitweise bestehenden personellen Engpasses während des Ersten Weltkrieges als Ursache für die rückläufige Appendektomiezahl kann hierdurch also untermauert werden.

7.1.2 Epidemiologische Betrachtungen

Bezogen auf die Geschlechter- und Altersverteilung unter den operierten Patienten lässt sich zeigen, dass die geringe Mehrheit (56% = 277 Fälle) der 498 ausgewerteten Fälle den appendektomierten Patientinnen zufiel (Abb. 37). Auffällig ist hierbei, dass das hieraus zu errechnende Verhältnis Frauen/Männer von 1,25: 1 weder den Annahmen am Ende des 19. Jahrhunderts[9] noch den heutigen epidemiologischen Daten entspricht (vgl. Kap. 2.1), sondern sich spiegelbildlich darstellt. Dieses kann möglicherweise damit begründet werden, dass gerade die männliche Bevölkerung (hier speziell die der Landkreise Hessens) im prädisponierenden Alter als Soldaten im Krieg standen. Es lässt sich dadurch vermuten, dass die generelle Anzahl an Männern unter der Bevölkerung Hessens eine verminderte war, sodass hieraus ein verzerrendes Moment für die genaue Analyse der Geschlechterverteilung resultieren könnte.[10]

---

8 Ende des Ersten Weltkrieges war der 11.11.1918.
9 Vgl. hierzu z. B. Fitz, Perforating, 1886, S. 327.
10 Frauen als Kriegsbeteiligte waren während des Ersten Weltkrieges allgemein nur wenige eingesetzt, hierzu gehörten u. a. Krankenschwestern in Lazaretten und

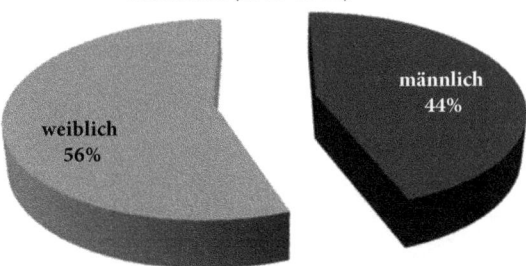

Abb. 37: *Darstellung der prozentualen Geschlechterverteilung der 489 Appendektomiefälle. (Quelle: Eigene Erhebung und Darstellung)*

Der prozentualen Altersverteilung in der Abb. 38 ist zu entnehmen, dass sich über die Hälfte (51% = 256 Fälle) der operierten Patienten in einem Alter von 10–20 Jahren befanden, insgesamt 81% (404 Fälle; 46 >10 Jahre, 256 zwischen 10–20 Jahre, 102 zwischen 20–30 Jahre) erkrankten in den ersten drei Lebensdekaden an einer im Verlauf operierten akuten/subakuten/chronischen Appendizitis. Anders als bei der Geschlechterverteilung entspricht der Häufigkeitsgipfel zwischen dem 10.-20. Lebensjahr der Lehrmeinung am Übergang vom 19. zum 20. Jahrhundert und dem heutigen Wissensstand, auch die abnehmende Inzidenz nach dem 30. Lebensjahr (vgl. Kap. 2.1) ist deckungsgleich.[11]

Etappenhelferinnen (Schreibkräfte, Küchen- und Wäschereipersonal) sowie Funkerinnen, Fernsprecherinnen und Telegraphistinnen (ab 1918).

[11] Allgemein betrachtet muss an dieser Stelle jedoch auch erwähnt werden, dass in der Zeit der ersten Hälfte des 20. Jahrhunderts die Patientenklientel eine recht junge war: Über 50% der Patienten in der Marburger Chirurgischen Klinik (unabhängig von ihrer Erkrankung) waren unter 30 Jahre alt oder im erwerbsfähigen Alter (17–50 Jahre), was eine Tendenz hin zur Behandlung derjenigen zeigt, die schnellstmöglich dem Arbeitsmarkt wieder zur Verfügung stehen sollten (vgl. Grundmann, Kornelia: Die Entwicklung des Krankenhauses in der ersten Hälfte des 20. Jahrhunderts am Beispiel der Marburger Chirurgischen Universitätsklinik. In: Aumüller, Gerhard/ Grundmann, Kornelia/ Vanja, Christina (Hrsg.): Der Dienst am Kranken. Krankenversorgung zwischen Caritas, Medizin und Ökonomie vom Mittelalter bis zur Neuzeit: Geschichte und Entwicklung der Krankenversorgung im sozioökonomischen Wandel /Veröffentlichungen der Historischen Kommission für Hessen, Bd. 68, Marburg 2007: 309-307; S. 331).

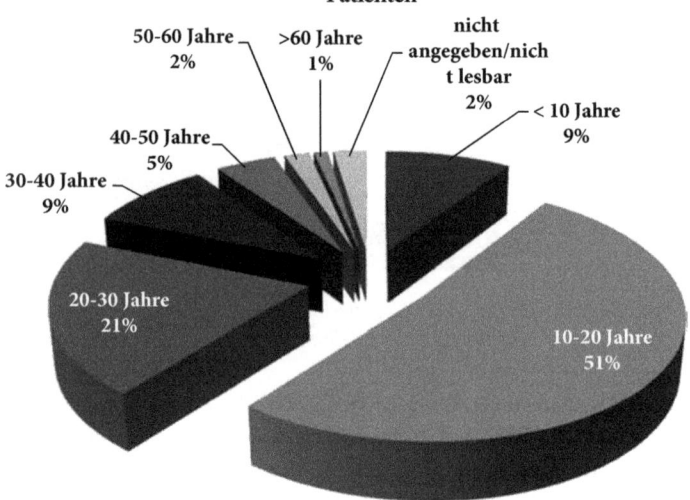

Abb. 38: Darstellung der prozentualen Altersverteilung der 489 Appendektomiefälle. (Quelle: Eigene Erhebung und Darstellung)

Ausgewertet wurden im Zuge der Analyse der chirurgischen Krankenakten auch die Einzugsgebiete der operierten Patienten. Die Ermittlung des genauen Herkunftsortes konnte aufgrund der zum Teil lückenhaften Dokumentation nicht in allen Fällen erfolgen, sodass sich eine Darstellung der Verteilung auf die angegebenen Landkreise des Wohnsitzes der Patienten als geeigneter herausstellte. Hier ergab sich, dass der höchste Prozentanteil (36,3%; 181 von 498 Patienten) aus dem Kreis Marburg (Hessen) kam, gefolgt von den unmittelbar angrenzenden Kreisen Biedenkopf (Hessen), Kirchhain (Hessen), Ziegenhain (Hessen), Wittgenstein (NRW) und Frankenberg (Hessen). Die angegebenen Landkreise beziehen sich auf die zeitgenössische Kreiseinteilung in Hessen in den Jahren 1913–1918.[12]

Für die Betrachtung des Berufsstandes der jeweiligen in der Marburger Klinik operierten Patienten wurde zunächst eine Unterteilung in zivil- und militärgebundene Berufsgruppen vorgenommen. Da die Fallreihe in den Zeitraum des Ersten Weltkrieges fällt, schien eine Betrachtung diesbezüglich lohnenswert, um

---

12 Vgl. hierzu die Verwaltungseinteilung 1866/69 und 1918, Karte 25b (1: 900.000) mit Sonderkarte „Verwaltungs- Einteilung 1869–1885", Lieferung 10, 1966 in: Geschichtlicher Atlas von Hessen (http://www.lagis-hessen.de/de/subjects/idrec/sn/ga/id/47).

zu ermitteln, ob sich aufgrund der Kriegssituation von 1914–1918 vermehrt Soldaten, Kriegsgefangene und allgemein am Krieg Beteiligte unter den operierten Patienten befanden.

Von den insgesamt 498 Appendektomierten beider Geschlechter konnten 99% (495 Patienten) einer zivilen Berufsgruppe zugeordnet werden, worunter auch Kinder, Schüler, Studenten und Frauen/Männer ohne Beruf/Berufsangabe fallen. Bei 1% (drei Patienten) der analysierten Fälle wurde ein militärischer Berufsstand dokumentiert: darunter ein Reserve-Infanterist (25 Jahre alt, Marburg), ein Unteroffizier (28 Jahre alt, Liegnitz) und ein Kriegsfreiwilliger (19 Jahre, Marburg).

Demnach ist festzuhalten, dass unter die in Marburg operierten Fälle nur vereinzelt dem Militär zugehörige Personen fielen, bei der absoluten Mehrheit handelte es sich hingegen um zivile Patienten, was für den weiter oben beschriebenen strukturellen Wandel der chirurgischen Klinik hin zu einem Reservelazarett während des Krieges zunächst doch eher unerwartet erscheint. Eine Begründung könnte wie folgt aussehen: Reservelazarette, als militärische Krankenhäuser außerhalb des Kriegsgebietes, befanden sich oftmals mehr oder weniger weit entfernt von der Front[13], im Gegensatz zu sog. Feldlazaretten (bewegliche Versorgungseinheiten im hinteren Bereich der Front) und Kriegslazaretten (feste Versorgungsstationen im hinteren Bereich der Front), die sich unmittelbar im Kriegsgebiet befanden.[14] Akute Erkrankungen und Verletzungen der Soldaten und Kriegsbeteiligten, die einer unmittelbaren Versorgung bedurften und mit der dortigen klinischen Ausstattung

---

13 Die Front des Ersten Weltkrieges verlief durch Belgien und Frankreich, Marburg als nordhessische Stadt eher zentral in Deutschland gelegen, lag demnach eher frontfern.
14 Erkrankte oder verwundete Soldaten wurden zunächst in sog. Truppenverbandsplätzen erstversorgt und ersteingeschätzt. Anschließend fand eine Art „Sortierung" statt: Leicht verwundete Soldaten wurden zu den Leichtverwundetensammelplätzen übermittelt, auf denen – je nach Diagnose und Verlauf – ein Wiederzuführen der Soldaten zu den kämpfenden Truppen oder ein Weitertransport zu den Kriegs-/Feldlazaretten stattfand. Schwerwiegender verwundete oder erkrankte Soldaten wurden nach Herstellung einer ersten Transportfähigkeit auf dem Truppenverbandsplatz den Hauptverbandsplätzen zugeführt, die eine Art Übergangsstation zu den Kriegs-/Feldlazaretten darstellten. Fand wiederum ein weiterer Transport zu letzteren statt, erfolgte in diesen in der Regel dann eine endgültige operative Versorgung der Verwundeten/Erkrankten sowie deren Pflege, bis sich entweder eine Genesung und damit ein Wiedereinsatz einstellte oder aber ein Weitertransport in rückwärtigere Lazarette (z. B. Reservelazarette) möglich war (vgl. Eckhardt, Sabine: Die Gefäßchirurgie im Ersten Weltkrieg. Diss. med. Universität Marburg 2013 (Beiträge zur Wissenschafts- und Medizingeschichte. Marburger Schriftenreihe, Bd. 1). Frankfurt am Main 2014, S. 41–50).

und personellen Ausbildung schnellstmöglich bewältigt werden konnten, wurden in der Regel unmittelbar frontnah (Truppenverbandsplätze, Kriegs-/Feldlazarette) behandelt. Jeden Transport – ob zwischen den frontnahen Sanitätseinrichtungen oder in entferntere Reservelazarette – versuchte man zu umgehen, vor allem um eine Gefährdung der Erkrankten/Verwundeten oder gar ein Versterben während des Transportes zu vermeiden. Den tätigen Chirurgen in Schaltstellen wie den Truppenverbandsplätzen oblag damit die wichtige Aufgabe, sichere Diagnosen und Prognosen zu stellen, um schließlich beurteilen zu können, in welcher Zeitspanne eine (operative) Behandlung erfolgen musste und ob ein Weitertransport möglich bzw. unumgänglich war. Ebenso entschieden sie, welche rückwärtigere Einrichtung angesteuert werden solle und ob die Verlegung in eine bestimmte Fachabteilung für die Behandlung notwendig war.[15] Transportfähige Soldaten mit Kriegsverletzungen oder Erkrankungen, die eine spezielle Behandlung benötigten oder eine sichere (postinterventionelle) Berufsunfähigkeit mit sich bringen konnten (z. B. Amputationen), wurden vermutlich in die frontfernen Reservelazarette verlegt, ebenso konnte eine erschöpfte Kapazität in den Feldlazaretten/Kriegslazaretten ein weiterer Grund für einen Weitertransport sein. Zu erwähnen sei an dieser Stelle, dass sich das Sanitätswesen in den verschiedenen Kriegsphasen (Bewegungs-/Stellungskrieg) leicht voneinander unterschied: Gerade im Bewegungskrieg versuchte man die erkrankten und verwundeten Soldaten aus den Kriegs-/Feldlazaretten schnellstmöglich frontferner weiter zu transportieren, um die eigene Beweglichkeit beibehalten zu können. Im Stellungskrieg hingegen konnte eine weitreichendere Behandlung der Soldaten vor Ort ermöglicht werden, weil die eigene Mobilität nicht so sehr im Vordergrund stand.[16] Betrachtet man nun das Krankheitsbild „akute Appendizitis", so können folgende Überlegungen angestellt werden: Die Wahrscheinlichkeit, dass ein Soldat bei einer Inzidenz von 100/100.000 Ew./Jahr und einem kumulierten Lebenszeit-Erkrankungsrisiko von 7% ausgerechnet während des Einsatzes an der Front an einer akuten, operationsbedürftigen Appendizitis erkrankte, ist in jedem Fall geringer, als eine (lebens)bedrohliche Kriegsverletzung zu erleiden. Die Anzahl an Appendizitisfällen speziell unter den Kriegsbeteiligten sollte im Verhältnis also eine geringe gewesen sein. In Anbetracht der epidemiologischen Gegebenheiten, dass allerdings gerade die Inzidenz für Männer, im Alter von 10–20 Jahren an einer akuten Appendizitis zu

---

15 Vgl. Eckhardt, Die Gefäßchirurgie, 2013, S. 36–40.
16 Vgl. Korte, Die Tätigkeit, 2014, S. 73.

erkranken, am höchsten ist, erlaubt andererseits aber ebenso die Annahme, dass gerade Soldaten und Kriegsgefangene betroffen gewesen sein können.[17]

Trat der Erkrankungsfall ein, musste er schnell operiert werden, um einen letalen Ausgang zu vermeiden, zudem war der Eingriff aufgrund der schon erreichten ersten Operationsstandards relativ leicht und mit guter Prognose durchzuführen – in der Zeit des Ersten Weltkrieges lag eine Mortalitätsrate bei angewendeter Frühoperation bei etwa 5%.[18] Demnach ist die akute Appendizitis eher geeignet für eine frontnahe Behandlung, die Verlegung hinaus in ein Reservelazarett, wie die Chirurgische Klinik in Marburg eines war, erscheint hier weniger sinnvoll.

Eine genaue Betrachtung der in den 498 Fallakten angegebenen, zivilen Berufsgruppen und die jeweilige Anzahl der zugehörigen Patienten ergab eine auffallend hohe Zahl an Patienten ohne Berufsangabe (396 Fälle ohne Berufsangabe). Dieses vermag daraus resultieren, dass ein Großteil der Operierten in dieser Gruppe zu den 60% der Patienten $\leq$ 20 Jahren gehörte, demnach also noch zur Schule ging oder (noch) kein berufsfähiges Alter erreicht hatte (Kinder, Jugendliche). Zudem fallen unter diese Fallzahl auch viele Frauen, die zur Zeit des Ersten Weltkrieges oftmals keinen Beruf ausübten und als Hausfrauen die Familien versorgten. Ebenfalls anteilig, wenn auch in geringerem Ausmaß, sind hierbei auch Männer/Frauen ohne dokumentierte bzw. aufgrund des Zustandes mancher Fallakten nicht mehr lesbare Berufsangaben. Dementsprechend kann aufgrund der hier erfolgten krankheitsspezifischen Betrachtung die Berufsfeldverteilung nicht als eine allgemein repräsentative für den Marburger Raum angesehen werden. Bei einer Diagnose übergreifenden Betrachtung der Fallakten der Chirurgischen Klinik Marburg konnte hingegen eine Berufsstruktur der Marburger Patienten ermittelt werden: Die Anzahl an Arbeitern war aufgrund der fehlenden Industrie in Marburg und im Marburger Umland eher gering, aus den ländlichen Einzugsgebieten kamen meist Landwirte, aus der Stadt Marburg selbst großenteils Handwerker. Trotz der Tatsache, dass Marburg mit seiner

---

17 Als wehrfähig galt jeder Mann ab dem vollendeten 17. Lebensjahr, bis zum vollendeten 20. Lebensjahr gehörte er zum I. Aufgebot des Landsturmes. Dienstpflichtig war er insgesamt ab dem vollendeten 20. Lebensjahr bis zum 31. März des Jahres, in dem das 39. Lebensjahr beendet war (vgl. hierzu: Gesetz über den Landsturm vom 12. Februar 1875, Reichsgesetzblatt 1875, Nr. 7, S. 63–64 und Gesetz, betreffend Aenderungen der Wehrpflicht vom 11. Februar 1888, Reichsgesetzblatt 1888, Nr. 4, S. 11–21).

18 Hier wurde die Mortalitätsziffer aus SPRENGELs im letzten Kap. dargestellter Fallanalyse verwendet.

Universität einen großen Anteil an Bürgern mit akademischem Berufsstand aufwies, war deren Anzahl unter den Patienten eher gering[19]

7.1.3 Auswertungen zu den Klinikeinweisungen

Im Zuge der Auswertung erschien es für die Thematik dieser Arbeit sinnvoll, die angegebenen Einweisungsdiagnosen der Patienten eingehend zu betrachten. Da die archivierten chirurgischen Fallakten zunächst nur anhand einer eingetragenen Appendektomie gesichtet und ausgewählt wurden, ist eine weiterführende Betrachtung der anamnestisch und klinisch gestellten Einweisungsdiagnose notwendig, um im Verlauf ausschließlich die operative Therapie der akut verlaufenden Appendizitiden zu untersuchen und mit den gültigen Standardlehrmeinungen zu Beginn des 20. Jahrhunderts zu vergleichen. Ebenfalls basieren die noch folgenden Analysen der Zeitintervalle vom Symptombeginn und vom Aufnahmetag bis zur operativen Versorgung allein auf Fallakten einer dokumentierten akut verlaufenden Appendizitis, um die Tendenz des Operationszeitpunktes (Früh-, Intermediär-, Spätoperation) ermitteln zu können. Der Abb. 39 ist zu entnehmen, welche Einweisungsdiagnosen in den 498 Fallakten verzeichnet waren und wie sich die dazugehörige prozentuale Verteilung gestaltete. 18% (92 Fälle) wurden mit einer chronisch verlaufenden Appendizitis in die Marburger Klinik überwiesen, sodass der Grund der Aufnahme in die chirurgische Abteilung weniger ein akuter war. 1% (drei Fälle) der Fallakten konnte aufgrund der lückenhaft dokumentierten Daten keine Einweisungsdiagnose entnommen werden. Daraus resultiert, dass 81% (403 Fälle) der untersuchten Patienten mit einer akuten Symptomatik bei Appendizitis vorstellig wurden – hierunter fallen alle Stadien einer akuten Appendizitis: katarrhalisch, purulent, ulzero-phlegmonös, gangränös und perforiert. Ebenfalls mit eingeschlossen in die 81% sind Patienten, für die Einweisungsdiagnosen einer subakuten Appendizitis, allgemein gehaltene Angaben wie „Appendizitis", „Appendizitis mit Abszess/Peritonitis", „Verdacht auf Appendizitis" sowie Angaben von Mischdiagnosen (z. B. Appendizitis + Hernie) dokumentiert wurden. Nach Durchsicht der jeweilig zugehörigen Anamnesen und Operationsberichte konnten aber auch diese den akut verlaufenden Appendizitiden zugeordnet werden.

Bei der isolierten Auswertung der 403 Fälle, die mit einer sub-/akut verlaufenden Appendizitis eingeliefert wurden, war die Bestimmung des genauen Zeitintervalls vom Symptombeginn der Erkrankung bis hin zur endgültigen operativen Versorgung von Interesse. Der Zeitpunkt des Symptombeginnes ist dabei aus den jeweiligen den Krankenakten zugehörigen Anamnesen entnommen.

---

19 Vgl. Grundmann, Die Entwicklung, 2007, S. 332.

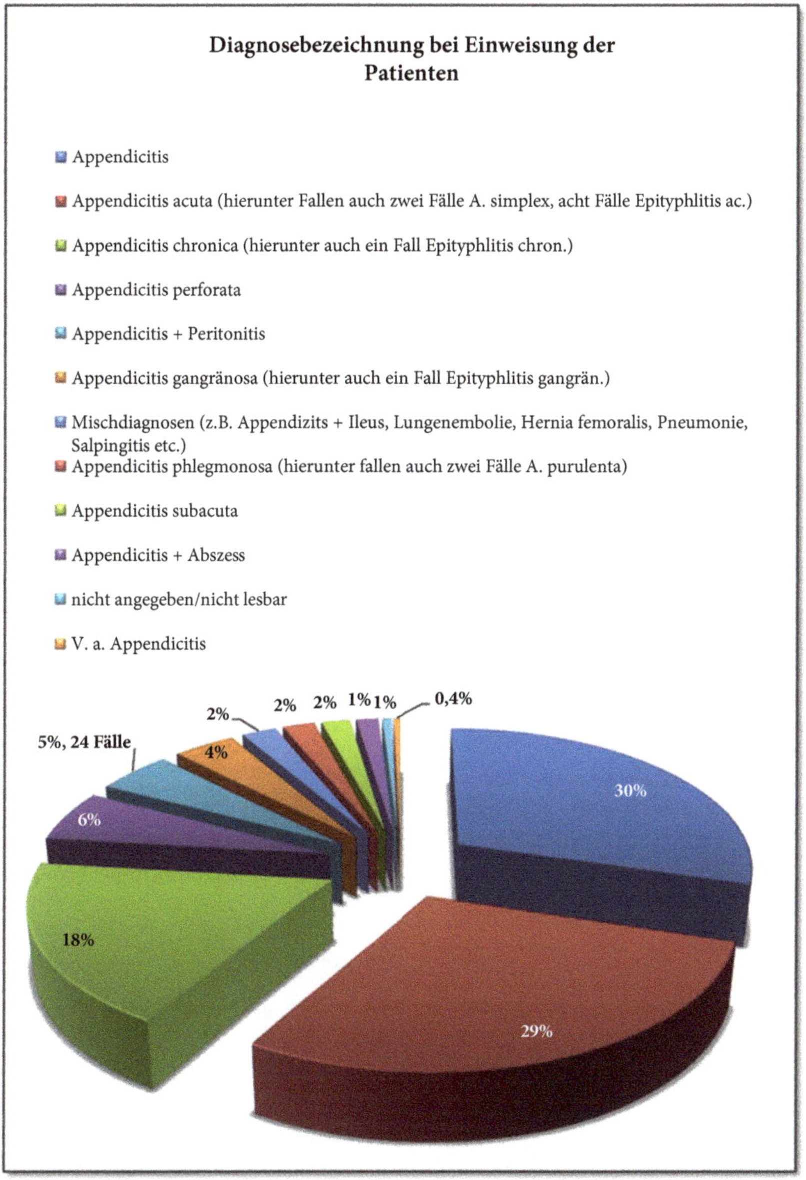

Diagnosebezeichnung bei Einweisung der Patienten

- Appendicitis
- Appendicitis acuta (hierunter Fallen auch zwei Fälle A. simplex, acht Fälle Epityphlitis ac.)
- Appendicitis chronica (hierunter auch ein Fall Epityphlitis chron.)
- Appendicitis perforata
- Appendicitis + Peritonitis
- Appendicitis gangränosa (hierunter auch ein Fall Epityphlitis gangrän.)
- Mischdiagnosen (z.B. Appendizits + Ileus, Lungenembolie, Hernia femoralis, Pneumonie, Salpingitis etc.)
- Appendicitis phlegmonosa (hierunter fallen auch zwei Fälle A. purulenta)
- Appendicitis subacuta
- Appendicitis + Abszess
- nicht angegeben/nicht lesbar
- V. a. Appendicitis

Werte: 30%, 29%, 18%, 6%, 5% (24 Fälle), 4%, 2%, 2%, 2%, 1%, 1%, 0,4%

Abb. 39: Darstellung der unterschiedlichen Einweisungsdiagnosen und deren prozentuale Verteilung unter den 498 Appendektomiefällen. (Quelle: Eigene Erhebung und Darstellung)

Wie in Abb. 40 zu sehen ist, erfolgte in der Mehrzahl der Fälle die operative Versorgung innerhalb der ersten 48 Stunden, also in der Zeitspanne der im vorangegangenen Kapitel dargestellten Frühoperation (157 Fälle entsprechen unter Ausschluss der 35 Fälle ohne Zeitangabe ca. 42,7%). Auch wenn diese Zahl zeigt, dass die Frühoperation in der Marburger Klinik nicht als absolutes Standardverfahren durchgeführt wurde, lässt sich doch eine Tendenz hin zu deren Präferenz erkennen (Intermediäroperationen wurden in 33,9% (125) und Spätoperationen in 23,4% (86) der Fälle durchgeführt). Mit ausschlaggebend dafür, in welchem Zeitintervall operiert wurde bzw. werden konnte, waren sicherlich die vorangehende Symptomdauer vor dem Erstkontakt mit dem einweisenden Arzt sowie die Koordination zwischen diesem und der operierenden Klinik. Nicht jeder Patient stellte sich direkt mit Symptombeginn bei einem Arzt vor – eher war das Gegenteil die Regel.

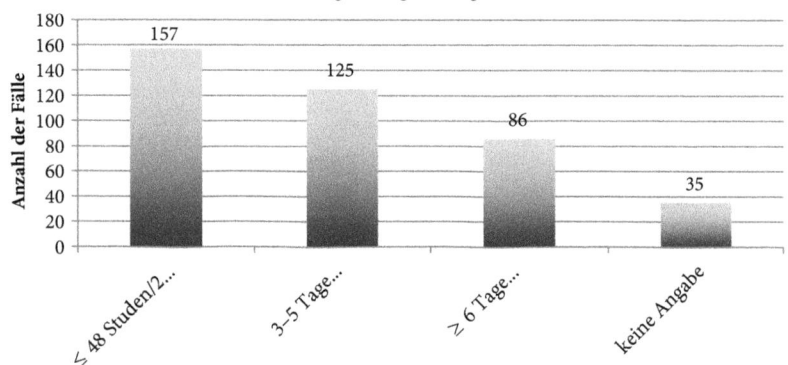

Abb. 40: Darstellung der unterschiedlichen Zeitintervalle vom anamnestischen Symptombeginn bis zur definitiven operativen Therapie. Verteilung der 403 ausschließlich akut- bis subakut-appendizitischen Fälle. (Quelle: Eigene Erhebung und Darstellung)

Ob eine Frühoperation erfolgte bzw. möglich war, schien demnach immer noch abhängig davon zu sein, wie schnell sich die Patienten bei einem Arzt vorstellten, wie rasch und sicher dieser die Diagnose einer akuten Appendizitis zu stellen vermochte und schließlich zur Operation in die Klinik überwies.

Ergänzend zu dieser Analyse ist weiterführend noch untersucht, in welchem Zeitraum nach Aufnahme der o. g. 403 Fälle in die Marburger Chirurgische Klinik die Appendektomie erfolgte (Abb. 41). Abzüglich zweier Fälle ohne Angabe des Operationszeitpunktes waren es 336 Fälle, die direkt am Aufnahmetag appendektomiert wurden, was 83,8% und damit der absoluten Mehrheit entspricht. Daraus lässt sich schlussfolgern, dass die Dringlichkeit der akuten Appendizitis gesehen und in den meisten Fällen eine sofortige operative Versorgung nach Einweisung ermöglicht werden konnte.[20]

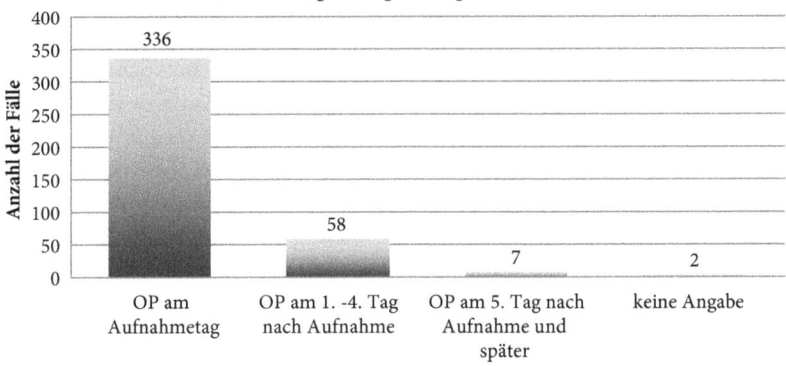

Abb. 41: *Darstellung der unterschiedlichen Zeitintervalle vom Aufnahmetag bis zur definitiven operativen Therapie. Verteilung der 403 ausschließlich akut- bis subakut-appendizitischen Fälle. (Quelle: Eigene Erhebung und Darstellung)*

7.1.4 Betrachtung angewendeter Operationstechniken in der Chirurgischen Klinik

Bevor nun anhand der Auswertung des postoperativen Verlaufes die Erfolgsrate der durchgeführten Appendektomien beurteilt werden soll, erfolgt zunächst noch die Betrachtung der in der Marburger Chirurgischen Klinik angewendeten Operationstechniken. Insgesamt ist ein detaillierter Vergleich des Standards in

---

20 Nur in 14,5% (58) der Fälle wurde innerhalb der ersten vier Tage operiert, in 1,7% (7) am 5. Tag nach Aufnahme oder später.

Marburg mit dem von SPRENGEL beschriebenen zu Beginn des 20. Jahrhunderts in einigen Teilen schwierig und auch nicht immer möglich, da die Dokumentation in den Krankenakten – gerade auch, was die einzelnen Operationsschritte und die Operationstechniken anlangt – oftmals sehr kurz und oberflächlich gehalten wurde. Ausführlicher ging man dafür häufig auf die Beschreibung des jeweiligen vorgefundenen Situs ein. Folgendes konnte jedoch nach sorgfältiger Analyse der Akten ermittelt werden: In Bezug auf die bevorzugte Verwendung der Schnitttechnik zeigt sich, dass in 169 von 498 Fällen der rechtsseitige Pararektalschnitt angewendet wurde (ca. 34%), in 323 Fällen (ca. 65%) fehlt jegliche Angabe bezüglich der durchgeführten Schnittführung. Anders als der von SPRENGEL präferierte und im Verlauf auch standardisierte Wechselschnitt verwendeten die Marburger Chirurgen den zuvor lange Zeit favorisierten pararektalen Längsschnitt. In einem weiteren Fall ist die Lennander'sche Technik durchgeführt worden[21], in zwei anderen Fällen sind die weniger präzisen Angaben eines Schnittes „parallel der rechten Crista iliaca" und eines Schnittes „rechts direkt neben der Mittellinie" zu finden.[22] Bei dem Ersten kann es sich dabei um einen para- oder transrektalen Schnitt handeln, letzterer ist vermutlich ein transrektaler Schnitt gewesen, letzten Endes ist dieses den Akten aber nicht eindeutig zu entnehmen. Der Wechselschnitt als eigentlicher Standardschnitt wurde nur in einem Fall[23] dokumentiert. Ebenfalls einmalig erwähnt ist die Verwendung des Medianschnittes, hier allerdings im Rahmen einer akuten Appendizitis bei perforierter Appendix vermiformis ohne ausgedehnte Peritonitis. Dieser wurde dann aber im Verlauf durch einen quer zur Medianlaparotomie verlaufenden Schnitt erweitert, um den Wurmfortsatz besser erreichen zu können.[24]

Was die intraabdominelle Operationstechnik angeht, deckt sich das Vorgehen der Marburger Chirurgen weitestgehend mit den stadienabhängigen Operationsschritten, wie sie im vorangegangenen Kapitel ausführlich dargestellt wurden (vgl. Kap. 6.3.2), auch wenn diese Beurteilung auf größtenteils eher weniger ausführlichen Operationsberichten basieren muss. Zur Veranschaulichung eines solchen Operationsberichtes sei hier als Beispiel ein Ausschnitt aus einer der Krankenakten angeführt:

---

21 Vgl. Krankenakte, Jg. 1918, Nr. 2919.
22 Vgl. Krankenakten, Jg. 1917, Nr. 2140 und Jg. 1918, Nr. 2631.
23 Vgl. Krankenakte, Jg. 1917, Nr. 733.
24 Vgl. Krankenakte, Jg. 1914, Nr. 415.

"Narkose. Abgekapselter Abszess; mit Exsudat zur Leber hin. Appendix gangränös u. perforiert. Appendektomie u. Stumpfversorgung. Drain zum Douglas u. zur Leber. Vioformgazedrainage zum Stumpfbett hin. Situationsnaht."[25]

Speziell soll an dieser Stelle der Vergleich zwischen den dokumentierten Operationstechniken der 24 Fälle, die bereits mit einer bestehenden diffusen Peritonitis bei fortgeschrittener Appendizitis in die Klinik eingeliefert wurden (vgl. Abb. 48), und den Ausführungen SPRENGELs bezüglich des zu bevorzugenden Standardverfahrens durchgeführt werden. Eine Übersicht über die Standardempfehlungen SPRENGELs sind dem Kap. 6.3 zu entnehmen.

In den oben genannten 24 Fällen wurde wie folgt gehandelt:

Eröffnet wurde in zwei Fällen über einen Wechselschnitt, in einem Fall über eine Medianlaparotomie, in zwei Fällen über einen verlängerten Pararektalschnitt, in neun Fällen über einen nicht-verlängerten Pararektalschnitt, zehn Fälle bleiben ohne Angabe. Eine Eröffnung, wie SPRENGEL sie bei diffuser Peritonitis empfahl, findet sich demnach nur in drei Fällen. Intraoperativ ist in allen Fällen der Wurmfortsatz entfernt worden, in zwei Fällen wird explizit eine Stumpfversorgung bzw. -übernähung erwähnt, in elf Fällen ist das Spülen mit Kochsalzlösung angegeben, in sechs Fällen das (Aus)Tamponieren der Bauchhöhle anstelle oder vor einer Spülung, in 18 Fällen wurde die Verwendung von Gummidrains und/oder Gazestreifen dokumentiert. Der Bauchdeckenverschluss erfolgte in fünf Fällen durch einen teilweisen Verschluss (bis auf den/die Austrittspunkt/e der/des Drain/s), in einem Fall mit einer Situationsnaht (vgl. Zitat), in zwei Fällen ist nur „Verschluss" angegeben (fraglich, ob teilweise oder ganz), in 14 Fällen fehlt auch hier jegliche Angabe. Lediglich in zwei Fällen ist ein Offenlassen der Wunde dokumentiert. Ein insgesamt vergleichbares Verfahren (zur Eröffnung, zum intraabdominellen Vorgehen und zum Verschluss) wie das von SPRENGEL postulierte ist nur in zwei Fällen wiederzuerkennen.

---

25 Krankenakte, Jg. 1917, Nr. 1195. Die hier aufgeführte Vioformgaze kommt in den Fallakten häufig zur Anwendung. Hierbei handelt es sich um Mullstreifen mit Vioformpulver und Glyzerin, getränkt in 80%igem Spiritus und Wasser. Vioform – oder auch Clioquinol – ist ein Mittel aus dem Bereich der Antiinfektiva, in seiner Wirkung antibakteriell, antimykotisch und amöbozid (vgl. Pschyrembel, Klinisches Wörterbuch, 2011, S. 329); früher häufig innerlich angewendet bei Amöbiasis oder Durchfall, heute – aufgrund der neurotoxischen Nebenwirkungen – nur noch äußerlich in Form von Cremes und Salben in der Dermatologie eingesetzt. Diskutiert und klinisch geprüft werden jedoch auch mögliche Einsatzgebiete in der Therapie von malignen Erkrankungen und der Alzheimerkrankheit.

7.1.5 Analyse des postoperativen Verlaufes und Korrelation mit Sektionsprotokollen im Todesfall

Die ebenfalls erfolgte genauere Betrachtung des postoperativen Verlaufes aller 498 appendektomierter Patienten (Abb. 42) dient der Evaluation der Indikationsstellung und der angewendeten Operationstechniken in Marburg. Mit insgesamt 94% (467 Fälle) gesund entlassener Patienten ist eine deutliche Erfolgsrate verzeichnet. Lediglich 20 Fälle (4%) endeten trotz erfolgter Appendektomie im Exitus letalis.

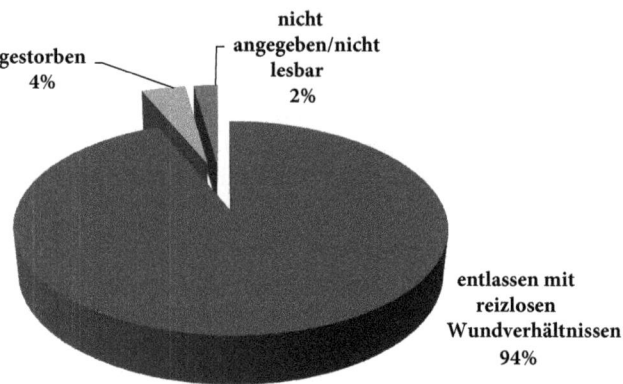

Abb. 42: *Darstellung der prozentualen Verteilung des postoperativen Verlaufes (entlassen/ verstorben). (Quelle: Eigene Erhebung und Darstellung)*

Um nachzuvollziehen, welche Umstände möglicherweise ursächlich für die letalen Ausgänge in diesen 20 Fällen gewesen sein können, sind zunächst folgende Faktoren zu berücksichtigen: zum einen die jeweiligen Einweisungsdiagnosen, zum anderen das jeweilige Zeitintervall vom Erkrankungsbeginn bis zur operativen Versorgung, darüber hinaus aber auch die angewendete Operationstechnik. Zur Klärung können hier zudem neun Fälle – die korrelierenden Sektionsprotokolle des Marburger Pathologischen Instituts – hinzugezogen werden.[26]

---

26 Anzuführen wären noch weitere Fragestellungen, die für eine Klärung der Ursache für die letalen Ausgänge herangezogen werden könnten: So ist der *Tab. 2* zu entnehmen, dass für einige der Marburger Chirurgen nur sehr wenige Appendektomie-Operationszahlen in den Jahren 1913–1918 zu verzeichnen sind. Ob eine Korrelation zwischen

Die Betrachtung der jeweiligen Einweisungsdiagnose ist sinnvoll, da das Erkrankungsstadium, in dem die Patienten in die Chirurgische Klinik eingeliefert wurden, mit Sicherheit für den weiteren Verlauf nicht unerheblich gewesen ist:

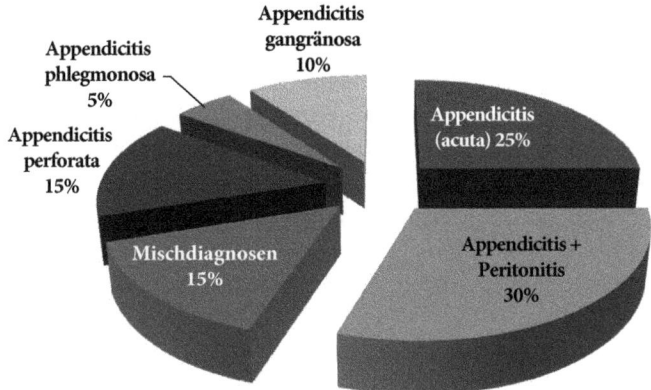

Abb. 43: *Darstellung der prozentualen Verteilung der 20 Todesfälle unter den verschiedenen Einweisungsdiagnosen. (Quelle: Eigene Erhebung und Darstellung)*

Wie in Abb. 43 ersichtlich, wurden 30% (sechs Fälle) der 20 später verstorbenen Patienten mit dem Vermerk auf eine schon bestehende diffuse Peritonitis eingeliefert, ebenfalls 30% (sechs Fälle) mit der Diagnose eines komplizierten Appendizitisstadiums (phlegmonös, gangränös, perforiert), 25% (fünf Fälle) mit dem einfachen Hinweis auf eine (akute) Appendizitis und 15% (3 Fälle) mit einer Mischdiagnose.

Den Ausführungen Sprengels zufolge, die im vorangegangenen Kapitel detailliert dargestellt wurden, bestand am Übergang vom 19. zum 20. Jahrhundert eine von ihm ermittelte Mortalitätsrate für Operationen bei bestehender diffuser Peritonitis von 26,6% am 2. Tag, von 50% am 3. Tag, von 58% am 4. Tag und von 80% ab dem 5. Tag nach Symptombeginn (vgl. Kap. 6.2). Betrachtet man nun die sechs Fälle, die bereits mit einer diffusen Peritonitis bei akuter Appendizitis eingeliefert wurden hinsichtlich des genauen Operationszeitpunktes nach Symptombeginn, so

---

fehlender Operationspraxis und letalem Ausgang im postoperativen Verlauf besteht, bleibt letzlich fraglich. Auch bedürfte es mehr Datenmaterial, um eine fundierte Aussage darüber treffen zu können, ob gerade die prekären Arbeitsbedingungen zur Kriegszeit eine Rolle für den postoperativen Verlauf spielten oder aber die Verläufe unabhängig von äußeren Faktoren zu sehen sind.

lässt sich Folgendes zeigen: Lediglich ein Fall wurde am 2. Tag nach Beschwerdebeginn operiert, ein Fall am 3. Tag, einer am 5., einer am 11., einer sogar erst nach 3 Wochen, der 6. Fall läuft weniger genau unter der Angabe von „mehreren Tagen" nach eingesetzter Symptomatik. Die Wahrscheinlichkeit, dass in diesen Fällen also letale Komplikationen trotz eines operativen Eingriffes eintraten, war demnach sehr hoch – nur zwei der sechs Fälle wurden zu einem Zeitpunkt operiert, in dem – nach SPRENGEL – noch von einer Mortalitätsrate ≤50% ausgegangen werden konnte, die vier übrigen fielen bereits in den Bereich mit einer Mortalitätsrate von ≥80%.

Für fünf der sechs letal geendeten Fälle mit diffuser Peritonitis liegen die entsprechenden Sektionsprotokolle vor, in allen Fällen konnte im Rahmen der Obduktion die diffuse Peritonitis bestätigt werden, die postoperativ dann in einen paralytischen Ileus, eine Sepsis und/oder Organversagen überging und zum Tode führte.[27]

Der Abb. 43 zu entnehmen und wie weiter oben bereits erwähnt, sind für 25% (fünf Fälle) der Todesfälle eine Appendizitis acuta (im Sinne eines katarrhalischen Stadiums) als Einweisungsdiagnose verzeichnet, für 30% der Fälle eine Appendizitis in fortgeschritteneren Stadien (5% (ein Fall) im phlegmonösen, 10% (zwei Fälle) im gangränösen und 15% (drei Fälle) im perforierten Stadium). Nach Analyse der genauen Operationsprotokolle dieser elf Fälle verhielt sich das Verhältnis jedoch etwas abweichend von den Einweisungsdiagnosen: Tatsächlich zeigten nur ein Fall intraoperativ ein katarrhalisches Stadium, zwei Fälle eine gangränös veränderte und acht Fälle eine perforierte Appendix vermiformis.[28] In einem Fall war gar keine Appendix vermiformis auffindbar. Die Fälle mit perforierter Appendix vermiformis befanden sich dabei noch in einem umschriebenen Stadium mit abgekapselten Abszessen in der Caecalgegend und/oder kleineren Mengen an klarem bis eitrigem Exsudat in der Bauchhöhle oder im Douglasraum. Warum es in diesen noch nicht ganz so fortgeschrittenen Fällen schließlich dennoch zum Tod kam, lässt sich nur schwer nachvollziehen, lediglich für drei der elf Fälle liegt ein zugehöriges Sektionsprotokoll vor:

Der 11-jährige H. K. wurde am 02.08.1917 in die chirurgische Klinik aufgenommen und am gleichen Tag appendektomiert (am 2. Tag nach Symptombeginn

---

27 Vgl. Pathologie-Akten, Jg. 1914, Nr. 24, 115 und 151 sowie Jg. 1917, Nr. 28 und 151.
28 In einem Fall konnte die Appendix vermiformis intraoperativ nicht dargestellt werden. Die prozentuale Verteilung der tatsächlichen Diagnosen bei den verstorbenen Patienten müsste demnach wie folgt aussehen: 32% diffuse Peritonitis bei fortgeschrittener Appendizitis, 16% Exitus durch Komplikation nach Appendektomie, 10% gangränöse Appendizitis, 40% perforierte Appendizitis mit umschriebener Peritonitis, 5% ohne Angabe über den Zustand der Appendix vermiformis intraoperativ.

= Frühoperation). Intraoperativ fand sich eine perforierte Appendix vermiformis sowie ein Douglasabszess, über die intraabdominelle Operationstechnik ist nichts verzeichnet worden, lediglich die Einlage einer Drainage in den Douglasraum ist vermerkt. Im postoperativen Verlauf traten Fieber und starke Schmerzen im linken Unterbauch auf, sodass am 19. postoperativen Tag eine Re-Laparotomie über einen linken Pararektalschnitt erfolgte, der die Sicht auf einen Situs mit geblähten, geröteten und fibrinbelegten Darmschlingen darstellte, der im Anschluss mit Kochsalz gespült und mit einer weiteren Drainage versorgt wurde. Ohne Befundverbesserung verstarb der Patient jedoch vier Tage nach dem 2. operativen Eingriff.[29] Die pathologisch-anatomische Diagnose im zugehörigen Sektionsprotokoll lautete: *„eitrige venöse Peritonitis".*[30]

Die Appendektomie der 35-jährigen E. W. erfolgte am 11.03.1918, dem Aufnahmetag und dem 2. Tag nach Symptombeginn (= Frühoperation). Ohne Angabe über die Schnitttechnik ist hier lediglich protokolliert, dass sich intraabdominell freies und viel trübes Exsudat im Douglasraum fand, die gerötete Appendix wurde entfernt und eine Drainage im Douglasraum platziert. Auch die anschließende Dokumentation des postoperativen Verlaufes ist spärlich, nur von einem schlechten Allgemeinbefinden und einer stark belegten Zunge ist die Rede, bis dann sechs Tage nach Operation der Exitus dokumentiert wurde.[31] Die pathologisch-anatomische Diagnose im Sektionsprotokoll lautete hier: *„diffuse eitrige fibrinöse Peritonitis; starke Blähung des Dickdarms und des Magens; septische Blutungen im Peritoneum, in der Darmserosa und im Herzendokard; Sepsis".*[32]

Im Fall des 42-jährigen H. B., der am Aufnahmetag und acht Tage nach Symptombeginn (= Spätoperation) am 09.03.1918 operiert wurde, zeigte sich nach Eröffnung der Bauchhöhle über einen rechten Pararektalschnitt – entgegen der eher erwarteten diffusen Peritonitis – ein großer Abszess (ohne Lagebeschreibung), der stumpf geöffnet wurde, der Wurmfortsatz wurde trotz ausgiebiger Adhäsiolyse nicht gefunden und demnach auch nicht entfernt. Zum weiteren Vorgehen ist nur das Austamponieren der Bauchhöhle dokumentiert, weitere Angaben zum eventuellen Wundverschluss etc. fehlen. Im postoperativen Verlauf stellten sich Schmerzen in der rechten Brust, Dyspnoe, Husten mit eitrig-blutigem Auswurf und Fieber ein, bis der Patient 18 Tage nach Operation verstarb.[33] Entsprechend lautete hier die pathologisch-anatomische Diagnose des Sektionsprotokolles:

---

29 Vgl. Krankenakte, Jg. 1917, Nr. 1095.
30 Vgl. Pathologische Akte, Jg. 1917, Nr. 201.
31 Vgl. Krankenakte, Jg. 1918, Nr. 2721.
32 Vgl. Pathologische Akte, Jg. 1918, Nr. 71.
33 Vgl. Krankenakte, Jg. 1918, Nr. 2698.

„*Status post laparotomiam. Chron. Appendicitis mit Obliteration d. freien Endes des Wurmfortsatzes u. Hydrops oberh. d. Obliteration. Subphrenische Eiterung. Abgesackter extrapulmonaler intrapleuraler Abszess r. Eitrig-fibrinöse Pleuritis. Lungenabszess l. Bronchopneumonische Herde mit Übergang in eitrige Einschmelzungen. Sepsis. Akute Milzhyperplasie. Alter Käseherd in d. lk. Lungenspitze.*"

Im Protokoll vermerkt fand sich ein ampullenförmig erweiterter Wurmfortsatz ohne Perforation sowie ein blandes Caecum ohne Schleimhautveränderung. Zwischen den Darmschlingen des unteren Ileums zeigte sich eine Eiteransammlung, genauso auch hinter dem rechten Leberlappen. Fraglich bleibt hier, ob die Ursache des tödlichen Ausganges in dem Fortgang der chronischen Appendizitis lag, in deren Verlauf es zur Ausbildung der beschriebenen Abszessherde und möglicherweise davon ausgehend auch zu einer septischen Streuung kam oder ob die Ursache in den vermerkten Lungenbefunden lag und die Appendizitis dabei eher als Nebenbefund betrachtet werden kann. Letzteres erscheint in diesem Fall – auch aufgrund des eher unauffälligen Wurmfortsatzbefundes – wahrscheinlicher.[34]

Bei Nichtberücksichtigung dieses Falles aufgrund der nicht erfolgten Appendektomie und der pulmonalen Erkrankung als wahrscheinlichere Hauptdiagnose lässt sich festhalten, dass die anderen beiden Fälle trotz anfänglich lokal beschränkten Befundes in einer tödlichen generalisierten Peritonitis endeten. Hier kann die Frage gestellt werden, was letzten Endes zu der Entstehung der diffusen Peritonitis bzw. zum Exitus post operationem geführt hat. Möglich sind sicherlich Unzulänglichkeiten in der Operationstechnik, die zu Komplikationen wie z. B. der Appendixstumpfinsuffizienz führen können, oder auch iatrogene Infektionen durch unzureichende Sterilität während der Operation. Ohne Weiteres nachzuvollziehen ist dieses anhand der chirurgischen Krankenakten und der Sektionsprotokolle jedoch nicht, da die angewendete Technik der Schnittführung und des intraabdominellen Vorgehens lückenhaft dokumentiert wurde. Ebenso infrage kommen darüber hinaus aber auch postoperative Komplikationen (z. B. Nachblutungen, mechanischer/paralytischer Ileus, Sepsis/Multiorganversagen/Herz-Kreislaufversagen, Thrombose/Embolie, (Wund)Infektionen) oder während des stationären Aufenthaltes hinzukommende nosokomiale Erkrankungen (z. B. Pneumonie).[35]

---

34 Vgl. Pathologische Akte, Jg. 1918, Nr. 82.
35 Nach Durchsicht des dokumentierten postoperativen Verlaufes der anderen acht Fälle, für die kein zugehöriges Sektionsprotokoll vorhanden ist, lässt sich für zwei Fälle ein mechanischer/paralytischer Ileus mit Multiorganversagen/Sepsis, für einen Fall die diffuse Peritonitis mit Sepsis, für einen Fall ein kardio-pulmonales Versagen und für

Abschießend soll hier noch auf die 15% (drei Fälle) der Verstorbenen mit Mischdiagnosen eingegangen werden: Dies meint die Diagnose einer Appendizitis mit zusätzlicher Diagnose (in den hier genannten Fällen: Sepsis, Ileus, Lungenembolie), die letztlich dem Verlauf der chirurgischen Krankenakten und den korrelierenden Sektionsprotokollen zufolge nach erfolgter Appendektomie als postoperative Komplikation zum Tod geführt hat. In keinem dieser Fälle bestand bereits bei Einlieferung eine lebensbedrohliche diffuse Peritonitis (nach den Operationsprotokollen lagen jeweils ein gangränöses, ein purulentes und ein perforiertes Appendizitisstadium vor, begleitet von einer zirkumskripten Peritonitis und/ oder einem perityphlitischen Abszess). Der entsprechende Vermerk einer „zweiten Diagnose" im (Einweisungs)Diagnosefeld der Chirurgischen Krankenakten ist aller Wahrscheinlichkeit nach erst im postoperativen Verlauf oder sogar erst post mortem nachgetragen worden.

Auch hier liegen für zwei der drei Fälle die korrelierenden Sektionsprotokolle aus dem Marburger Pathologischen Institut vor:

Im Fall der 12-jährigen T. H. erfolgte die Aufnahme am 04.03.1914 mit der Diagnose „*Appendizitis, Ileus*". Die Appendektomie erfolgte noch am Aufnahmetag und insgesamt zwei Tage nach Symptombeginn (= Frühoperation). Es fanden sich geringe Mengen freie Flüssigkeit in der Bauchhöhle, ein großer abgekapselter Abszess (ohne genaue Lageangabe) und eine beginnend gangränöse Appendix vermiformis, die abgetragen wurde. Genaue Angaben zur Operationstechnik fehlen, lediglich das Tamponieren der Wunde ist dokumentiert. Weiter in der Verlaufsdokumentation: reichlich Wundsekretion, Entstehung eines Bauchdeckenabszesses unter der Situationsnaht, Temperaturanstieg und Koterbrechen. Re-Laparotomie 14 Tage nach Erstoperation über Medianschnitt, Adhäsiolyse eines Bridenileus, Darmpunktion und Einnähen der Punktionsstelle in die Bauchwunde. Tod noch am gleichen Tag der Re-Laparotomie (vgl. Abb. 44, 45).[36]

Dem korrelierenden Sektionsprotokoll ist folgender Befund zu entnehmen: Im rechten Unterbauch fand sich eine 6 cm lange OP-Wunde durch Gaze verschlossen, zudem ein 9 cm langer Medianschnitt, durch Naht verschlossen bis auf eine Öffnung für ein einliegendes Drainrohr. Sektionsbefund: Abknickung des Colon und der untersten Ileumschlinge durch Verwachsung an einer Operationswunde.

---

einen Fall ein Leberabszess mit septischer Streuung als Todesursache vermuten. Den letzten zwei Fällen sind keine genaueren Angaben zu entnehmen. Auch hier sind die Angaben zum intraoperativen Vorgehen gering, es lässt sich jedoch mutmaßen, dass es der „Standardtechnik" des entsprechenden Erkrankungsstadiums entsprach, wie es vorausgehend dargestellt wurde.

36 Vgl. Krankenakte, Jg. 1914, Nr.. 2008.

Abb. 44: Exemplarische Darstellung der Krankenakte des Falles T. H., 1914 (Seite 1). (Quelle: Emil-von-Behring-Bibliothek. Arbeitsstelle für Geschichte der Medizin der Philipps-Universität Marburg. Krankenakten der Marburger Chirurgischen Universitätsklinik, Jg. 1914, Nr. 2008)

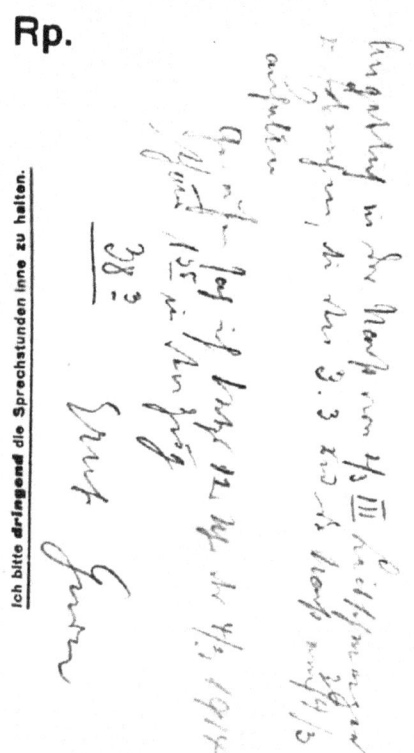

Abb. 45: Exemplarische Darstellung der Krankenakte des Falles T. H., 1914 (Seite 2). (Quelle: Emil-von-Behring-Bibliothek. Arbeitsstelle für Geschichte der Medizin der Philipps-Universität Marburg. Krankenakten der Marburger Chirurgischen Universitätsklinik, Jg. 1914, Nr. 2008)

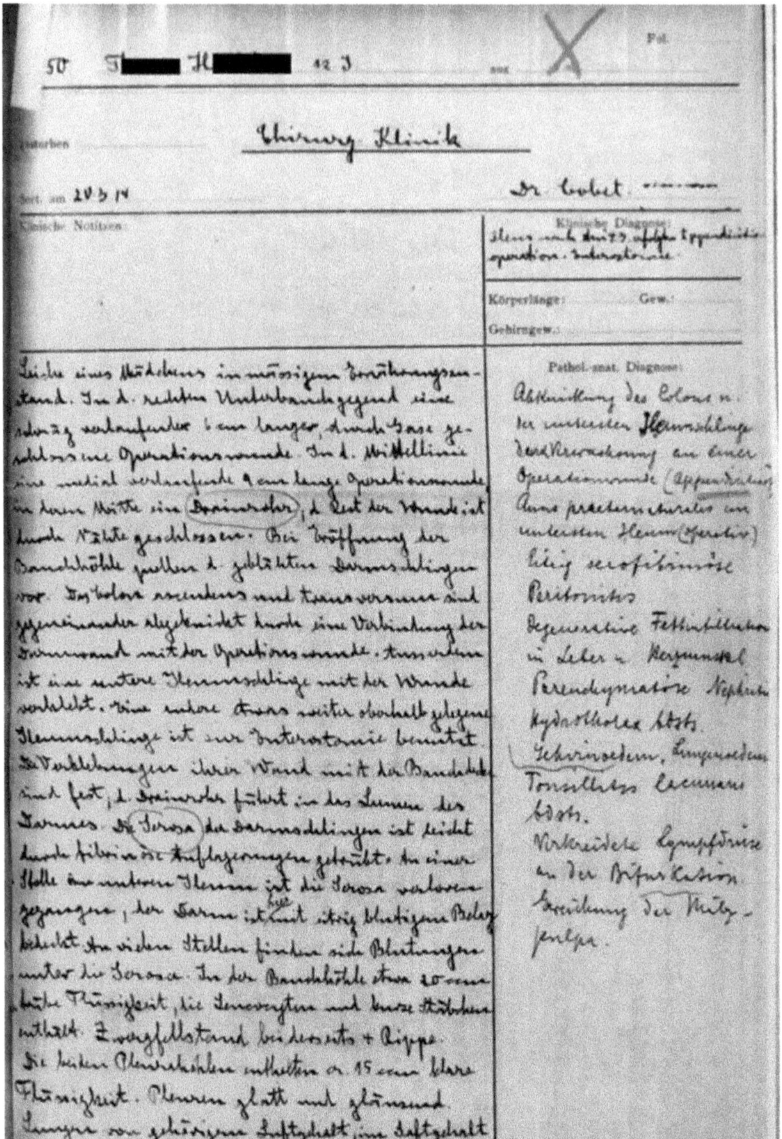

Abb. 46: Exemplarische Darstellung Pathologieakte des Falles T. H. (vgl. Abb. 45, 46); die Patientin verstarb am 18.03.1914 in der Chirurgie (Seite 1). (Quelle: Archiv des Pathologischen Instituts der Universität Marburg, Sektionsprotokoll Jg. 1914, Nr. 50)

Anus praeternaturalis im untersten Ileum (operativ). Eitrig serofibrinöse Peritonitis (vgl. Abb. 46, 47).[37] Diesen Angaben zufolge trat der Tod der Patientin infolge eines Brideileus nach Appendektomie mit vermutlich sich anschließendem Kreislaufschock durch Volumenmangel, diffuser Peritonitis und/oder Sepsis ein. Die Erwähnung des Koterbrechens im postoperativen Verlauf passt zu diesem Befund. Dem Sektionsprotokoll ist ebenfalls die im Vergleich zur Krankenakte veränderte klinische Diagnose „*Ileus nach der 4.3. erfolgten Appendizitisoperation. Enterostomie*" zu entnehmen.

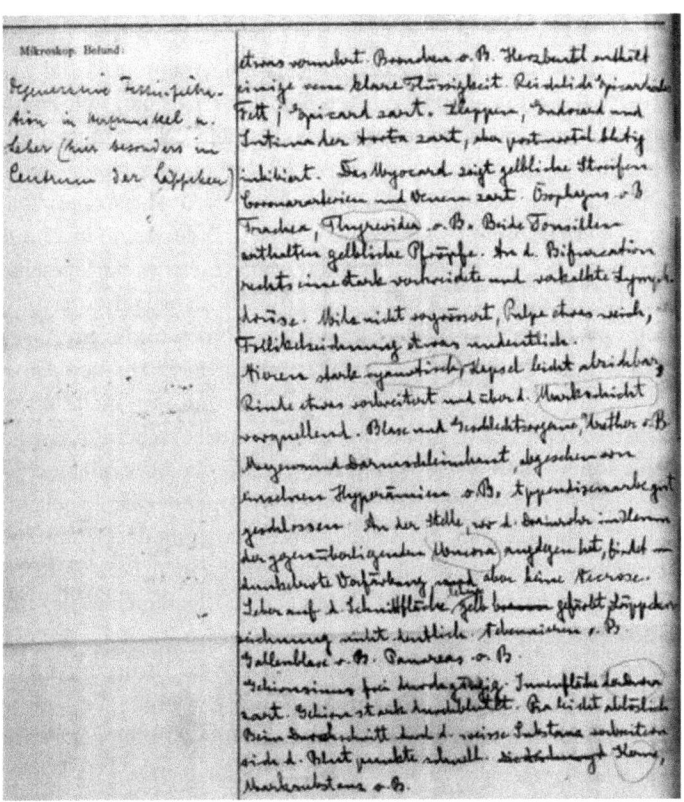

Abb. 47: *Exemplarische Darstellung Pathologieakte des Falles T. H. (vgl. Abb. 45, 46), die Patientin verstarb am 18.03.1914 in der Chirurgie (Seite 2). (Quelle: Archiv des Pathologischen Instituts der Universität Marburg, Sektionsprotokoll Jg. 1914, Nr. 50)*

---

37 Vgl. Pathologische Akte, Jg. 1914, Nr. 50.

Im Fall des 3 ½-jährigen J. G. erfolgte die Aufnahme am 11.12.1913 mit der Diagnose „*Appendicitis acuta*" und (vermutlich nachgetragener) „*Sepsis*". Die Appendektomie erfolgte ebenfalls noch am Aufnahmetag, es war der 3. Tag nach Symptombeginn (= Intermediäroperation). Die Laparotomie wurde über einen Pararektalschnitt durchgeführt, es fand sich kein freies Exsudat in der Bauchhöhle, dafür aber ein abgekapselter Abszess (auch hier keine genaue Lageangabe) sowie ein an der Spitze perforierter, gangränöser Wurmfortsatz, der abgetragen wurde (keine Angabe über genauen Hergang). Anschließend Draineinlage (ohne Lageangabe) und Tamponierung der Wunde sowie ein teilweiser Verschluss der Bauchdecke. Am Tag nach der Operation dann Kollaps, in der Untersuchung kaum hörbare Herztöne mit starkem Herzgeräusch, Abdomen dabei weich und nicht schmerzhaft. Exitus noch am selben Tag.[38] Die pathologisch-anatomische Diagnose im dazugehörigen Sektionsprotokoll lautete: „*Status post Appendectomiam. Hypertrophia cordis triusque ventriculi*". Neben dem vergrößerten Herz zeigten sich erweiterte Dünndarmschlingen, keine freie Flüssigkeit, Tampon in Caecalgegend, Omentum mit Caecum verwachsen, Peritoneum in Wundgegend gerötet, mesenteriale Lymphknoten, besonders am Caecum, stark geschwollen.[39] Die genaue Todesursache des Jungen ist hierdurch nicht klar zu ermitteln. Ob eine Sepsis im postoperativen Verlauf ursächlich für den tödlichen Ausgang war (oder ob der Junge bereits mit einer Sepsis bei fortgeschrittener Appendizitis eingeliefert wurde) oder aber Herzversagen der Grund war, bleibt offen. Deutliche Hinweise auf eine Sepsis gibt es nicht, eher unwahrscheinlich ist auch eine postoperative Komplikation oder ein letaler Verlauf der Appendizitis.

Im dritten Fall des 34-jährigen W. H. fand die Appendektomie bei akuter Appendizitis am 27.08.1914 statt, am Tag der Aufnahme und des Symptombeginns (= Frühoperation). Die Laparotomie erfolgte über einen Pararektalschnitt, es fanden sich geringe Mengen seröser Flüssigkeit in der Bauchhöhle, ein fingerdicker, stark injizierter, mit Fibrin belegter Wurmfortsatz, der abgetragen und dessen Stumpfende mit einer Tabaksbeutelnaht versenkt wurde. Bauchdeckenverschluss mittels Etagennaht. Der anschließende stationäre Verlauf gestaltete sich zunächst komplikationslos, die Wunde verheilte gut, bis der Patient dann am 14. postoperativen Tag tot im Bett aufgefunden wurde. Das korrelierende Sektionsprotokoll fehlt an dieser Stelle, ein kurzer Vermerk zum Obduktionsbefund in der Krankenakte beschreibt jedoch einen vollständigen Verschluss

---

38 Vgl. Krankenakte, Jg. 1913, Nr. 1475.
39 Vgl. Pathologische Akte, Jg. 1913, Nr. 180.

beider Pulmonalarterien durch Embolie als Todesursache bei unauffälligem Bauchbefund (vgl. Abb. 48, 49 und 50).⁴⁰

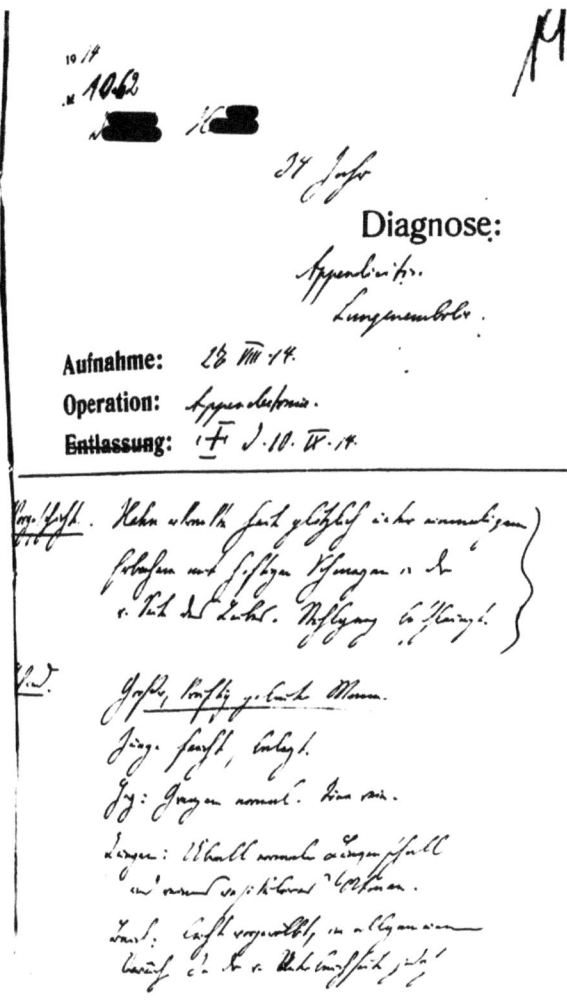

Abb. 48: *Exemplarische Darstellung der Krankenakte des Falles W. H., 1914 (Seite 1). (Quelle: Emil-von-Behring-Bibliothek. Arbeitsstelle für Geschichte der Medizin der Philipps-Universität Marburg. Krankenakten der Marburger Chirurgischen Universitätsklinik, Jg. 1914, Nr. 1062)*

---

40 Vgl. Krankenakte der Marburger Chirurgischen Universitätsklinik, Jg. 1914, Nr. 1062.

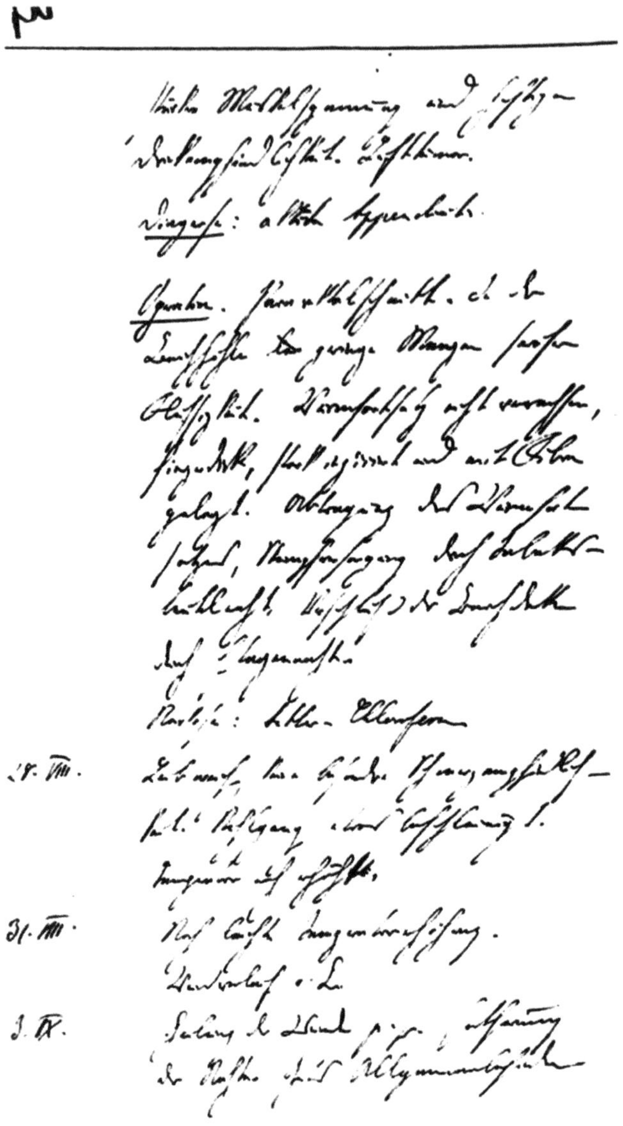

Abb. 49: Exemplarische Darstellung der Krankenakte des Falles W. H., 1914 (Seite 2).
(Quelle: Emil-von-Behring-Bibliothek. Arbeitsstelle für Geschichte der Medizin der Philipps-Universität Marburg. Krankenakten der Marburger Chirurgischen Universitätsklinik, Jg. 1914, Nr. 1062)

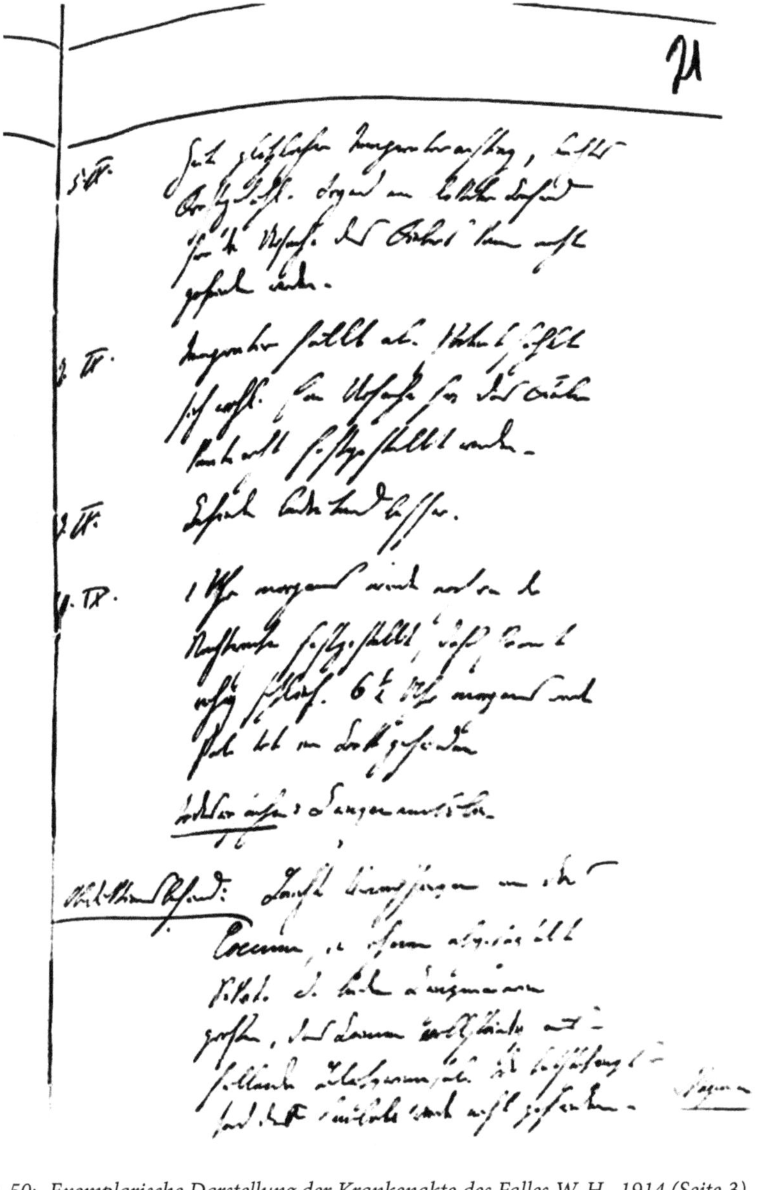

Abb. 50: Exemplarische Darstellung der Krankenakte des Falles W. H., 1914 (Seite 3).
(Quelle: Emil-von-Behring-Bibliothek. Arbeitsstelle für Geschichte der Medizin der Philipps-Universität Marburg. Krankenakten der Marburger Chirurgischen Universitätsklinik, Jg. 1914, Nr. 1062)

Weiterführend soll an dieser Stelle noch auf eine ergänzende Auswertung der 20 Todesfälle hingewiesen werden: Abb. 51 zeigt die Verteilung der Fallanzahl auf die Jahre 1913–1918. Die meisten Todesfälle bei akuter Appendizitis sind demnach für 1914 und 1918 verzeichnet, in den Jahren 1915/1916 sind hingegen keine dokumentiert.

Anzahl der Todesfälle in den Jahren 1913–1918

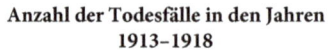
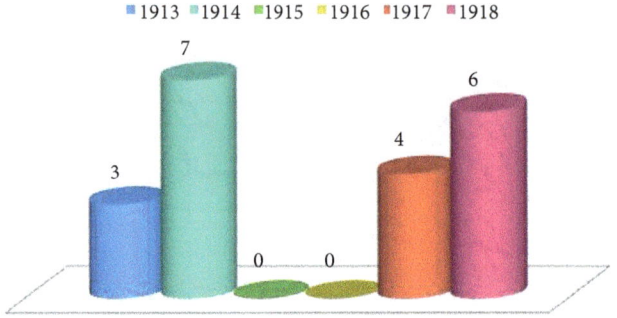

Abb. 51: Darstellung der Verteilung der 20 Todesfälle auf die jeweiligen Jahre 1913–1918. (Quelle: Eigene Erhebung und Darstellung)

Fehlende Todeszahlen für die Jahre 15/16 müssen an dieser Stelle in Verbindung mit der deutlich niedrigeren Gesamtfallzahl in diesen beiden Jahren betrachtet werden (1915 = 17 Fälle, 1916 = 14 Fälle. Vgl. Abb. 36). Diese sind – den vorangegangenen Ausführungen des Kap. 7.1.1 zu entnehmen – sicherlich im Kontext des Ersten Weltkrieges zu interpretieren. Entsprechend wahrscheinlicher ist das Vorkommen von Todesfällen bei den deutlich höheren Gesamtfallzahlen in den Jahren 1913 (insgesamt 131 Appendizitis-Fälle), 1914 (insgesamt 144 Appendizitis-Fälle), 1917 (insgesamt 126 Appendizitis-Fälle) und 1918 (insgesamt 66 Appendizitis-Fälle). Gleiches gilt für die zu errechnenden Letalitätsraten (Anzahl der Todesfälle bei Appendizitis/Anzahl aller Appendizitis-Erkrankten) in der Chirurgischen Klinik Marburg für die einzelnen Jahre, die wie folgt lauten:

```
1913 = 0,023 (3/131) = 2,3%
1914 = 0,049 (7/144) = 4,9%
1915 = 0,0          = 0%
1916 = 0,0          = 0%
1917 = 0,032 (4/126) = 3,2%
1918 = 0,091 (6/66)  = 9,1%
```

7.1.6 Statistische Angaben zur Krankenhausverweildauer

Abschließend soll nun noch kurz auf die Auswertung der Liegezeit der appendektomierten Patienten eingegangen werden, was als weitere ergänzende Information angesehen werden kann. Abb. 52 zeigt die prozentuale Verteilung der 478 entlassenen Patienten auf die hier gewählten Zeitintervalle:

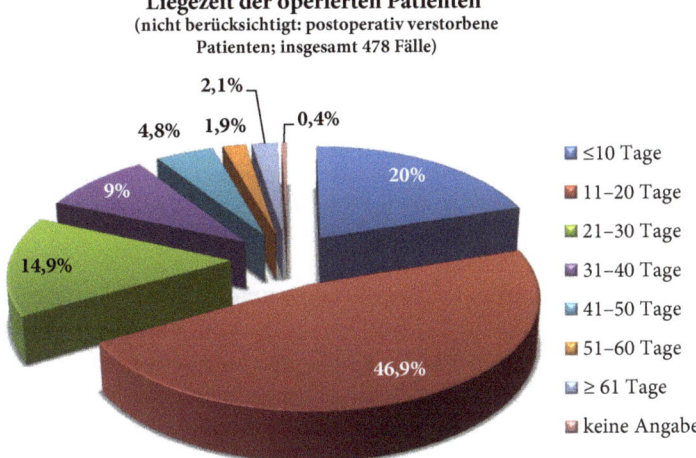

Abb. 52: Darstellung der prozentualen Verteilung aller (gesund) entlassenen Patienten mit Appendizitis in den unterschiedlichen Liegezeitintervallen. Insgesamt 478 Fälle. (Quelle: Eigene Erhebung und Darstellung)

Der größte Anteil (46,9% = 224 Fälle) der Patienten verweilte zwischen 11–20 Tagen in der Chirurgischen Klinik, insgesamt 81,8% (391 Fälle) wurden innerhalb eines Monats entlassen. 43 Fälle (9%) blieben zwischen 31–40, 23 Fälle (4,8%) zwischen 41–50, neun Fälle (1,9%) zwischen 51–60 Tagen und zehn Fälle (2,1%) über zwei Monate. Wie sich die langen Liegezeiten >30 Tage erklären, ist den Krankenakten nicht immer zu entnehmen. Häufig sind jedoch Angaben zu finden, die Hinweis auf postoperative Komplikationen geben, die eine Entlassung aus der Chirurgischen Klinik verzögert haben (z. B. Anhaltende Wund-/Drainsekretion, Wundheilungsstörungen wie Kotfisteln/Nahtdehiszenzen/Wundentzündungen, eine notwendige Revision, Pneumonie).

In Abb. 53 ist die gemittelte Liegezeitdauer aller operierten Patienten (bei Appendizitis) in einem Jahr sowie die Liegezeitveränderung über die Jahre 1913–1918 dargestellt.

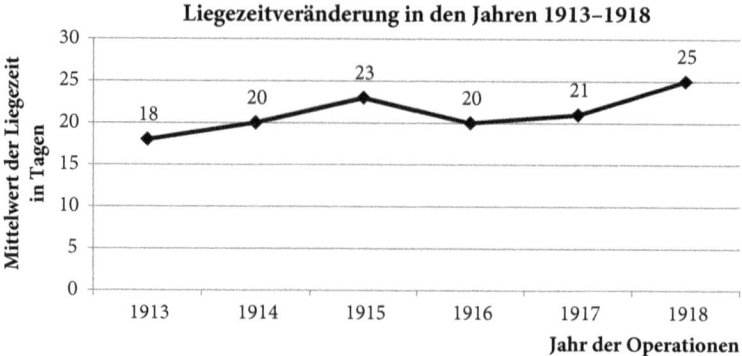

Abb. 53: Darstellung der durchschnittlichen Liegezeitveränderung bei operativ therapierter Appendizitis über die Jahre 1913–1918. Auswertung der 478 gesund entlassenen Fälle. (Quelle: Eigene Erhebung und Darstellung)

Hier ist eine Veränderung der Liegezeit über die untersuchten Jahre zu erkennen: Der Unterschied zwischen durchschnittlich 18 Tagen im Vorkriegsjahr 1913 und durchschnittlich 25 Tagen im Jahr 1918 zeigt eine Liegezeitverlängerung von einer Woche. Interessant ist auch der Vergleich zu heutigen Verweildauern bei akuter Appendizitis: Die mittlere Verweildauer bei akuter Appendizitis ohne Peritonitis liegt nach heutigem Stand bei vier Tagen, die obere Grenzverweildauer bei max. sieben Tagen. Die Zahlen bei akuter Appendizitis mit Peritonitis liegen entsprechend bei sechs und elf Tagen.[41]

---

41 Die Verweildauer ist unabhängig von der Operationstechnik (konservativ offen vs laparoskopisch). Der Begriff der „Verweildauer" wird seit der Einführung des G-DRG-Klassifikationssystemes (German Diagnosis Related Groups) 2003 geführt. In diesem Klassifikationssystem werden Akutkrankenhausfälle über diagnoseorientierte Fallpauschalen abgerechnet. Dieses Abrechnungssystem beinhaltet u. a., dass die Kosten für ein Krankenhaus steigen, je länger die Patienten im Krankenhaus stationär liegen, während der Erlös der gleiche bleibt. Um möglichst wirtschaftlich orientiert arbeiten zu können, wurde die sog. „vergütete Verweildauer" eingerichtet, die für jede Fallgruppe (abhängig von Hauptdiagnose, Nebendiagnosen, durchgeführten Prozeduren) variiert: Dies bezeichnet eine durchschnittliche Liegezeit mit oberer und unterer Verweildauergrenze, die gewinnbringend vergütet wird (der Aufnahmetag zählt dabei bereits als Liegetag, nicht aber der Entlass-/Verlegungstag). Liegezeiten über der Grenzverweildauer bedeuten dementsprechend eine Berechnung von tagesbezogenen Zuschlägen, Liegezeiten unter der Grenzverweildauer Abschläge (vgl. Institut für Entgeltsystem im Krankenhaus (InEK) gGmbH (Hg.): G-DRG Fallpauschalenkatalog 2008. Fallpauschalenvereinbarung 2008 mit Abrechnungsbestimmungen, Fallpauschalen-Katalog,

Eine fundierte Interpretation der – im Vergleich zu heute – generell längeren Liegezeit bei Appendizitis und der Liegezeitveränderung über die Jahre 1913–1918 ist nur schwer möglich. Eine Erklärung ließe sich eventuell über die Entwicklungen der Verweildauer bei anderen chirurgischen Erkrankungen erschließen. Wichtige Aspekte, die hier mit einfließen könnten, sind Änderungen des wirtschaftlichen Interesses der Krankenhäuser, in den Therapiekonzepten, in den Krankenhausstrukturen (räumlich/personell) und vielleicht auch im Versicherungsstatus.

7.1.7 Zusammenfassung der Analysen

Die wesentlichen Ergebnisse der Auswertung aller 498 Krankenakten der Chirurgischen Klinik Marburg und der 30 Sektionsprotokolle des Marburger Pathologischen Institutes:

Zu der Anzahl der erfolgten Appendektomien in den Jahren 1913–1918 ist festzuhalten, dass für die Jahre 1915/1916 auffallend weniger Operationszahlen zu verzeichnen sind, die Zahlen für die Jahre 1913, 1914, 1917 (und 1918) fallen hingegen höher aus. Als Erklärungsversuch können hier kriegsbedingt strukturelle Veränderungen im Universitätsklinikum und personelle Engpässe herangezogen werden.

Bezüglich der Geschlechter- und Altersverteilung der operierten Patienten fällt auf, dass sich das aus den Analysen errechnete Verhältnis Männer/Frauen 1,25: 1 spiegelbildlich sowohl zu den Annahmen am Ende des 19. Jahrhunderts als auch zu gegenwärtigen epidemiologischen Angaben verhält. Die Ergebnisse bezüglich des Häufigkeitsgipfels (10.-20. Lebensjahr) im Erkrankungsalter und der abnehmenden Inzidenz ab dem 30. Lebensjahr zeigen sich hingegen deckungsgleich.

In Hinblick auf die Einzugsgebiete der operierten Patienten, konnte die genaue Analyse des Herkunftsortes der appendektomierten Patienten aufgrund der lückenhaften Dokumentation nicht erfolgen. Eine stattdessen vorgenommene Einteilung in die Landkreise Hessens ergibt, dass der Großteil der Patienten dem Einzugsgebiet der Kreise Marburg, Biedenkopf, Kirchhain und Ziegenhain entstammte.

Die Analyse des Berufsstandes (zivil/militärisch) der Patienten und der Verteilung in den einzelnen, zivilen Berufsgruppen zeigt: Trotz der Kriegssituation fielen 99% der Appendektomiefälle auf zivile Patienten. Nur 1% waren Patienten,

---

Zusatzentgelte-Katalog., sowie: Deutsche Kodierrichtlinien 2008. Düsseldorf 2007, Deutsche Krankenhaus Verl.-Ges.).

die dem Militär zugehörig waren. Die Auswertung der Berufsgruppen aller zivilen Patienten ergab eine auffallend hohe Anzahl an Fällen ohne Berufsangabe (79,5%). Aus den angeführten Gründen kann die Berufsfeldverteilung im Rahmen dieser erfolgten krankheitsspezifischen Betrachtung nicht als eine allgemein repräsentative für den Marburger Raum angesehen werden.

Die prozentuale Verteilung der Diagnosebezeichnungen bei Einweisung der Patienten ergab, dass 81% (403 Fälle) der Patienten mit einer akuten Appendizitis in die Marburger Chirurgische Klinik eingewiesen wurden, 18% entfielen auf Fälle mit einem eher chronischen Verlauf (1% blieb ohne Angabe).

Eine Auswertung der Dauer vom Symptombeginn bis zur Operation zeigt eine Tendenz zur Frühoperation in den ersten 48 Stunden (42%), was dem Standard am Ende des 19. und Beginn des 20. Jahrhunderts entsprach. Die Betrachtung der Dauer vom Aufnahmezeitpunkt bis hin zum operativen Eingriff macht deutlich, dass eine Appendektomie bei akuter Appendizitis als dringliche Operation angesehen wurde (83,8% der Patienten wurden noch am Aufnahmetag operiert).

Die Analyse der in Marburg favorisierten Operationstechniken (Hautschnitt und intraperitoneales Vorgehen) und der Vergleich mit dem zeitgenössischen Diskussionsstand ergab: Anders als der sich allmählich etablierende Standard eines Wechselschnittes zur Eröffnung der Bauchhöhle kann den Analysen der Fallakten der Chirurgischen Klinik Marburg eine deutliche Tendenz hin zur Verwendung des rechtsseitigen Pararektalschnittes entnommen werden. Nur in einem Fall wurde explizit der Gebrauch des empfohlenen Wechselschnittes erwähnt. Anders verhält es sich mit dem intraabdominellen Vorgehen: Wenn auch auf nur wenig detaillierten Operationsberichten basierend, ist das stadienabhängige Vorgehen kongruent zu den Empfehlungen SPRENGELs am Beginn des 20. Jahrhunderts.

In Bezug auf den allgemeinen postoperativen Verlauf nach erfolgter Appendektomie konnte gezeigt werden, dass 94% der eingewiesenen Patienten die Klinik geheilt bzw. im guten Wundheilungszustand verließen. In 20 Fällen ist ein tödlicher Ausgang verzeichnet, was einer Gesamtletalität von 4% in der Chirurgischen Klinik Marburg entspricht. Von den 20 Todesfällen ist für 30% eine diffuse Peritonitis im Rahmen der Appendizitis als Einweisungsdiagnose angegeben, für weitere 30% die Diagnose einer komplizierten Appendizitis (phlegmonös, gangränös, perforiert). Für neun der 20 Todesfälle liegen korrelierende Sektionsprotokolle des Pathologischen Instituts Marburg vor, die für den Versuch der Ermittlung einer genauen Todesursache in diesen Fällen herangezogen werden konnten. Aufgrund dessen, dass nicht für jeden Todesfall ein zugehöriges

Sektionsprotokoll vorliegt, stellt sich die Frage nach einer konsequenten Obduktionsindikation: Da ein fortlaufend erfassendes Protokollbuch aus dem Pathologischen Institut Marburg vorliegt, ist ein Verlust einzelner Sektionsberichte eher unwahrscheinlich. Demnach ist zu überlegen, ob eine obligatorische Routine überhaupt anzunehmen ist, eine Obduktion nur in besonders unklaren Fällen vorgenommen wurde oder ob es auch hier kriegsbedingte Kapazitätsengpässe gab. Zu diesem Sachverhalt ist derzeit keine sichere Erklärung zu geben, hierzu müsste die Sektionspraxis noch genauer analysiert werden.

Die Mehrzahl der 20 letalen Ausgänge fällt auf die Jahre 1914 und 1918, keine Todesfälle sind für 1915/16 dokumentiert. Letzteres muss in Verbindung mit der deutlich niedrigeren Gesamtfallzahl betrachtet werden.

Die Analyse der Liegezeit über die untersuchten Jahre zeigt einen Unterschied zwischen durchschnittlich 18 Tagen im Vorkriegsjahr 1913 und durchschnittlich 25 Tagen im Jahr 1918. Somit ergibt sich eine Liegezeitverlängerung von einer Woche. Insgesamt handelt es sich um eine deutlich längere mittlere Liegezeit im Vergleich zu heute.

8 Von der konventionell-offenen zur laparoskopischen Appendektomie

Nachdem sich am Übergang vom 19. zum 20. Jahrhundert eine nahezu einheitliche (Lehr-) Meinung bezüglich der operativen Therapie bei akuter Appendizitis unter den Chirurgen etabliert und die Appendektomie als offen-chirurgisches Verfahren ihre Standardtechnik gefunden hatte, die allenfalls in Teilschritten kleinste Abweichungen unter den durchführenden Operateuren aufwies, endete allmählich auch der Diskussionsbedarf bezüglich der geeigneten operativen Technik. Der umfassenden Darstellung SPRENGELs in seiner Monographie 1906 zufolge erzielten die Indikationsstellung, der präferierte Operationszeitpunkt und die angewendeten Operationstechniken offenbar ausreichend gute Endergebnisse und Erfolgsraten, sodass kein offensichtlicher weiterer Handlungsbedarf gegeben war. Weil gravierende, gehäuft auftretende intra-/postoperative Komplikationen fehlten, war eine Evaluation und Revision der Verfahren zunächst nicht erforderlich. Der damit erreichte Standard in der Therapie der Appendizitis korreliert mit dem Befund, dass sich in den folgenden Jahrzehnten kaum Publikationen zu dem Thema nachweisen lassen. Erst in den 80er Jahren erfolgte durch das Aufkommen der Möglichkeit zur laparoskopischen Appendektomie ein wegweisender Wandel in der Operationstechnik, der dem deutschen Gynäkologen Kurt Karl Stephan SEMM (1927–2003) zugeschrieben werden kann. Nachdem man sich in der Zwischenzeit das Ziel gesetzt hatte, Routine und Professionalität in der konventionell-offenen Appendektomie zu erlangen, beruhte die Entwicklung der minimal-invasiven Chirurgie (MIC) sicherlich auf dem zeitgenössischen Streben nach technischen Innovationen[1], nach einem

---

1 Der nach dem Zweiten Weltkrieg in den 50ern, vor allem aber in den 60er und 70er Jahren einsetzende technische Fortschritt ist bemerkenswert. Wesentlich angetrieben wird dieser sicherlich in vielen Bereichen durch den Wettlauf der beiden Großmächte USA und UdSSR im Militärischen und in der Raumfahrt. Zu erwähnen seien hier exemplarisch die Nutzbarmachung der Kernenergie sowie die Entwicklungen in der Mikro-, Computer- und Kommunikationstechnologie. Auch im Bereich der Medizin zeigten sich im oben genannten Zeitraum rasante Fortschritte, hier vor allem im Bereich der Mikrochirurgie, der Pharmazie und der Anästhesie. Anzuführen seien beispielhaft die Schlüsselloch-Chirurgie, der Einsatz von Herz-Lungen-Maschinen seit 1954, die Verwendung von Ultraschall ab 1957, die erste Herztransplantation von Christiaan BARNARD (südafrikanischer Herzchirurg; 1922–2011) 1967 sowie die Verwendung des CTs und MRTs in der Diagnostik ab 1972/73. Pharmazeutisch sind zu

noch geringeren Operations-/Komplikationsrisiko und nach Verkürzung der Liege- bzw. der Genesungszeit. Hinzu kam die immer präsenter werdende Nachfrage des Patientenklientels nach verbesserten postoperativen, kosmetischen Ergebnissen. Der Weg hin zur Übernahme der laparoskopischen Appendektomie in das standardisierte Repertoire der Chirurgie soll im Folgenden dargestellt werden. Hierzu ergab sich die Gelegenheit, spezielles Quellenmaterial nutzen und in die Darstellung mit einbeziehen zu können. Verwendet wurden hierfür verschiedene Quellenformen: Zum einen ist im Rahmen der Aufarbeitung dieser Thematik klassischerweise auf die diesbezüglich vorliegenden, schriftlichen Quellen zurückgegriffen worden, zum anderen aber auch auf die sogenannte „Oral History", eine weitere, lohnende Methode der Geschichtswissenschaft. Mit der Erarbeitung und Bearbeitung mündlicher Quellen von Zeitzeugen gelang es durch die methodische Instrumentalisierung der erstellten Interviews, diese Arbeit mit Quellen lebensgeschichtlichen Charakters zu bereichern und zu erweitern. Es konnten zwei Zeitzeugen gefunden werden, die für ein Gespräch bereit waren und über das Leben und Wirken Kurt SEMMS sowie zu seiner Einführung und Entwicklung der Laparoskopie in der Medizin berichteten, sodass die Erzeugung mündlicher Quellen („Oral History")[2] möglich wurde. Zudem konnte

---

erwähnen die Einführung hochwirksamer Antibiotika, der Anti-Baby-Pille, Forschungen im Bereich der Molekularbiologie, die aufkommende Gentechnik und die (Weiter-) Entwicklung von Impfstoffen (vgl. Kaiser, Walter: Technisierung des Lebens seit 1945. In: Propyläen – Technikgeschichte. Berlin/Frankfurt am Main 1992, S. 283–532).

2 Unter „Oral History" versteht man eine Methodik in der moderneren Geschichtsschreibung, die auf dem freien Erzählen von Zeitzeugen bezüglich der entsprechenden Thematik und auf der Herstellung sowie anschließenden Verarbeitung/Transkription eines mittels Tonband oder Videoaufzeichnung festgehaltenen Interviews basiert. Eingang in die Geschichtswissenschaft fand diese Methodik nach dem Zweiten Weltkrieg, dabei zunächst vor allem im angelsächsischen Raum (insbesondere in den USA). Erst Ende der 70er Jahre etablierte sie sich, trotz zunächst großer Skepsis, durch den deutschen Historiker Lutz NIETHAMMER dann auch in Deutschland. Die Skepsis unter den Geschichtswissenschaftlern beruht(e) dabei auf der Frage nach der Validität der erzielten Ergebnisse: Zu den wesentlichen Schwierigkeiten bei der Verwendung dieser Quellenform zählt zum einen der retrospektive Charakter der Informationen, die durch die individuellen und subjektiven Wahrnehmungen, Interpretationen und Erfahrungsmuster der Interviewten geprägt sind. Gleichzeitig unterliegen diese Informationen verschiedensten Prozessen, die in der Zeit zwischen Erleben und Erzählen stattfinden (z. B. Überlagerungen, Deckerinnerungen, Prozesse der Erlebniswahrnehmung/-verarbeitung, Prozesse der erzählenden Rekonstruktion, subjektive und gesellschaftliche Blickveränderung/-verengung). Zum anderen ist das neu gewonnene Quellenmaterial zu einem gewissen Teil auch abhängig und beeinflusst von der Interviewpraxis selbst

hierbei auch weiteres Quellenmaterial wie ein reproduziertes Gedächtnisprotokoll damaliger Operationsberichte und ein Filmdokument (Videosequenzen laparoskopischer Eingriffe SEMMs) zur Verfügung gestellt werden.
Bei den Zeitzeugen, die jeweils einen Beitrag zur Darstellung der Zeit SEMMs leisten konnten, handelt es sich um folgende Personen:

1. Dr. med. Wolfgang DRÜNER (geb. 1938), deutscher Gynäkologe. 1957–1963 Studium der Humanmedizin an der Universität Heidelberg; 1965 Promotion an der Universität Heidelberg; Medizinalassistenz am Krankenhaus Eberbach (Chirurgie) und am St. Josefskrankenhaus Heidelberg (Gynäkologie); 1967–1970 Assistenzarzt der Gynäkologie am Universitätsklinikum Mannheim der Ruprecht-Karls-Universität Heidelberg; hier 1971 Erlangung des Facharztes für Gynäkologie; 1971–1978 1. Oberarzt der Frauenklinik Ev. Krankenhaus Mülheim/Ruhr; ab 1978 Chefarzt des städt. Krankenhauses Emden; Ruhestand seit 2003.

(z. B. Fragemuster, Objektivität), von der notwendigen, vorausgehenden Forschungsarbeit des Interviewenden sowie von den Beziehungsstrukturen zwischen Interviewer und Interviewten (z. B. eventuell bestehende Unterschiede im Alter und in der Lebenserfahrung) (vgl. Pandel, Hans-Jürgen/Schneider, Gerhard/Becher, Ursula A. J. (Hg.): Handbuch Medien im Geschichtsunterricht. Schwalbach/Taunus ⁵2010, S. 483–499). Diese Schwierigkeiten verdeutlichen zwar die Grenzen möglicher Interpretationen der erhaltenen Informationen, zeigen aber gleichzeitig auch die Möglichkeiten einer bereichernden Verwendung auf: *„Diese Erzählungen sind, auch wenn einige vielleicht als chronologische Geschichte persönlicher Erinnerungen an bestimmte Ereignisse aufgebaut sind, weder Autobiographien noch Biographien oder Erinnerungen. Die auf Tonband aufgezeichneten Gespräche der Oral History […] sind Produkte einer kooperativen Anstrengung, die durch die historischen Perspektiven beider Interviewteilnehmer geformt und organisiert werden und deshalb […] keine Autobiographien im eigentlichen Sinne sind. Ungeachtet der jeweiligen Konstruktion der Erzählung ist das von uns geschaffene Produkt eine Erzählung in Gesprächsform und kann deshalb nur über die in dieser Struktur enthaltenen Beziehungen verstanden werden."* (Grele, Ronald J.: Ziellose Bewegung – Methodologische und theoretische Probleme der Oral History. In: Niethammer, Lutz: Lebenserfahrung und kollektives Gedächtnis. Die Praxis der „Oral history". Frankfurt am Main 1985. S. 205). Als Quellenform, die – genauso wie andere Quellenarten auch – einer angemessenen und methodisch-kritischen Interpretation bedarf, kann die Oral History in Zusammenschau und im Zusammenhang mit anderen Quellen der weiterführenden Rekonstruktion von Gegebenheiten, der Erlangung neuer Erkenntnisse, dem Aufzeigen der Verarbeitung des Erlebten und dem Schließen von Lücken des gesamtgeschichtlichen Bildes der jeweiligen Thematik dienen.

Herr Dr. med. DRÜNER nahm als Chefarzt der Gynäkologie des städtischen Krankenhauses Emden erstmals auf einem gynäkologischen Kongress in Münster Kontakt zu SEMM auf und hörte ihn dort über die operative Pelviskopie referieren. Bereits zuvor in seiner Zeit als Oberarzt in Mannheim gewann DRÜNER als Beauftragter der diagnostischen Laparoskopie viel an Erfahrung auf dem Gebiet der endoskopischen Eingriffe, sodass sein Interesse an der Übernahme des endoskopischen Operierens in der Gynäkologie groß war. DRÜNER veranlasste daraufhin nicht nur abteilungsinterne Fortbildungen für Laparoskopie in Kiel bei SEMM selbst, sondern etablierte als einer der ersten deutschen Gynäkologen die Laparoskopie im städtischen Krankenhaus Emden. In einem strukturiert geführten Interview (aufgezeichnet als Tonmaterial) am 02.08.2014 berichtete DRÜNER über den Kontakt zu SEMM, die Person SEMM selbst, die Einführung der Laparoskopie in Emden, die Kritik der (chirurgischen) Ärzteschaft an der Methodik sowie über eigene Erfahrung bezüglich der operativ-endoskopischen Eingriffe in seiner gynäkologischen Fachabteilung.

2. Prof. Dr. med. Liselotte METTLER (geb. 1939 in Wien), deutsch-österreichische Gynäkologin und Hochschullehrerin. 1959–1965 Studium der Humanmedizin an den Universitäten Tübingen, Wien und Kiel; 1967 Promotion in Kiel; 1968–1973 gynäkologische Weiterbildung unter Kurt Semm; 1976 Habilitation in Kiel; 1981 Ernennung zur stellvertretenden Klinikdirektorin der Universitätsfrauenklinik Kiel; Emeritierung 2007; Leiterin der Sektion „Gynäkologische Endokrinologie und Reproduktionsmedizin" 2002 bis 2007; 2007–2017 Consultant German Medical Center Dubai, Dubai Healthcare City (DHCC); 2016–2017 Stellvertretende Leiterin des Universitären Kinderwunsch-Zentrums Kiel, Schirmherrin der Kieler Schule für Gynäkologische Endoskopie.

Frau Prof. Dr. med. METTLER war als ehemalige Kollegin SEMMs an der Universitätsfrauenklinik Kiel bei der ersten laparoskopischen Appendektomie am 12. September 1980 dabei und assistierte darüber hinaus bei zahlreichen folgenden Appendektomien. Im Rahmen eines engen Telefon- und Schriftkontaktes gab sie einen Einblick in das Arbeiten mit SEMM und rekonstruierte in Form eines Gedächtnisprotokolles die damals üblichen Operationsberichte für Appendektomien. Außerdem ermöglichte METTLER mir den Zugang zu einem VHS-Filmdokument aus dem Jahr 1993, das sie mir leihweise zur Verfügung stellte. Neben mehreren Videosequenzen vornehmlich gynäkologischer (laparoskopischer) Eingriffe, die in der Art eines Lehrfilmes von SEMM selbst kommentiert wurden, wird auch eine laparoskopische Appendektomie gezeigt und erläutert.

8.1 Voraussetzungen für laparoskopische Eingriffe

Das Bestreben, die Inspektion und Behandlung der Körperhöhlen des Menschen ohne eine große Eröffnung durch die Haut durchführen zu können, war keinesfalls eine Neuheit des 20. Jahrhunderts. Schon seit der Antike fanden sich immer wieder Hinweise auf erste Versuche von Spiegelungen der – zunächst natürlichen – Körperöffnungen mithilfe von Spekula und Sonnenlicht.[3] Die Suche nach der geeigneten Lichtquelle stellte sich dabei lange Zeit als der limitierende Faktor dar[4], bis schließlich die Erfindung der Glühbirne durch den Amerikaner Thomas Alva EDISON (1847–1931) 1879 den Einsatz von elektrischem Licht möglich machte.[5] Die erste „Laparoskopie" im Sinne einer – zunächst immer noch rein diagnostischen – Spiegelung der Bauchhöhle über eine nicht-natürliche Körperöffnung (transabdominell) erfolgte dann jedoch erst 1901 durch den deutschen Gastroenterologen und Chirurgen Georg KELLING (1866–1945). Er verwendete zur Inspektion des Magens und des Ösophagus das Zystoskop von NITZE (eingeführt über einen Optiktrokar) zusammen mit seiner Luftinsufflationspumpe

---

3 HIPPOKRATES wird die erste endoskopische Rektumuntersuchung zugeschrieben, der arabische Chirurg ALBUCASIS von Cordoba (936–1013) verwendete für die Untersuchung von Körperöffnungen (resp. des Vaginalkanales und des Gebärmuttermundes im Sinne einer Kolposkopie) gynäkologische Spekula und Spiegel zur Tageslichtfokussierung (vgl. Carus, Thomas: Operationsatlas Laparoskopische Chirurgie. Berlin/Heidelberg ³2014, S. 4).
4 Der Venezianer Giulio Cesare ARANZI (1530–1589) verwendete 1587 als Lichtquelle – ähnlich wie ALBUCASIS von Cordoba – Tageslichtstrahlen, die er durch eine kugelförmige, wassergefüllte Glasflasche bündelte und mit denen er im Sinne einer „Camera obscura" zum Beispiel Nasenhöhlen inspizierte. Der deutsche praktische Arzt Philipp BOZZINI (1773–1809) versuchte sich über zwei Jahrhunderte später 1805 erstmals an der Verwendung einer anderen Lichtquelle als der des Tageslichtes: Er bündelte Kerzenlicht über einen konkaven Spiegel und leitete dieses über ein starres, röhrenförmiges System in die entsprechende Körperöffnung (Vagina, Rektum, Mundhöhle), wobei über einen parallelgeschalteten Leiter das beleuchtete Bild reflektiert und mit dem Auge eingefangen werden konnte – einige Quellen sprechen hier von der Entwicklung des ersten „Endoskopes", das, wenn auch mit noch zu schwacher Lichtquelle und zu stark eingeschränktem Sichtfeld, die internationale Diskussion und Entwicklung weiterer Endoskope anstieß (vgl. ebd.).
5 Das erste elektrisch beleuchtete Endoskop wurde von dem deutschen Urologen Maximilian NITZE (1848–1906) 1879 entwickelt. Dieses, zunächst noch als Zystoskop verwendet, initiierte die Etablierung der Endoskopie in die routinemäßige Untersuchung von Körperhöhlen (vgl. ebd.).

(Insufflation über eine Insufflationsnadel, dem „Fiedlerschen Trokar").[6] Das von KELLING als „Coelioscopie" bezeichnete Verfahren stellte den Grundbaustein für die sich nun weiterentwickelnde diagnostische und operative Laparoskopie dar.[7] Diese allmählich immer häufiger unter den Chirurgen zum Einsatz kommende Technik[8] diente zunächst der Sammlung von Erfahrungen und dem vorsichtigen Herantasten an diese Art der Diagnostik, sodass schnell auch deutlich wurde, welche Gefahren und Komplikationen die anfängliche Laparoskopie beinhalten konnte: Neben Darmverletzungen beim Einbringen der Optik und der Insufflationsnadel stellte auch die Verwendung von gefilterter Raumluft für das Pneumoperitoneum (Explosionsgefahr bei gleichzeitiger Verwendung von Koagulationsinstrumentarium) und die hohen Insufflationsdrücke (Gefahr der Gasembolie bei Eröffnung von Gefäßen) ein Problem dar, sodass nach und nach verbessertes und erweitertes Instrumentarium[9] entwickelt und die Verwendung von CO_2 (als schneller resorbierbar und mit weniger Explosionsgefahr) zur Insufflation etabliert wurde.[10] Mit zunehmender Verbesserung der Technik und Erweiterung des Instrumentariums wurden neben rein diagnostischen Spiegelungen auch erste vereinzelt operative möglich: 1933 konnten eine laparoskopische Adhäsiolyse durch den deutschen Arzt Carl FERVERS (1898–1972), 1934 Leberbiopsien durch den amerikanischen Internisten J. C. RUDDOCK und 1936

---

6   Ursprünglich verfolgte KELLING mit der Insufflation von Luft in das Abdomen unter hohem Druck das Ziel der intraabdominellen Blutstillung in Form einer „Lufttamponade", die er mittels Zystoskop beurteilen wollte (vgl. Kreienberg, Rolf/Ludwig, Hans: 125 Jahre Deutsche Gesellschaft für Gynäkologie und Geburtshilfe. Werte, Wissen, Wandel. Berlin/Heidelberg 2011, S. 147).
7   Vgl. ebd. und Mettler, Liselotte (Hg.): Endoskopische Abdominalchirurgie in der Gynäkologie. Stuttgart/New York 2002, S. 5–8.
8   „Laparothorakoskopie" des schwed. Internisten Hans Christian JACOBAEUS (1879–1937) 1910, „Organoskopie" des amerik. Chirurgen Bertram Moses BERNHEIM (1880–1958) 1911, „Peritoneoskopien" des amerik. Arztes Benjamin H. ORNDORFF (1881–1971) 1920. Hingewiesen werden soll an dieser Stelle auf die Vielfalt der Termini für das Verfahren der Bauchspiegelung. Bis heute durchgesetzt hat sich der (Teil-)Begriff „Laparoskopie" von JACOBAEUS (vgl. Kreienberg/Ludwig, 125 Jahre, 2011, S. 148).
9   Beispielhaft seien hier der 3-kantige Trokar 1920 von ORNDORFF, die doppelwandige Insufflationskanüle (entsprach nahezu der Veres-Kanüle, die 1938 von dem ungar. Internisten János VERES (1903–1979) eingeführt wurde) 1918 und der über eine Fußpumpe gesteuerte Insufflator 1921 von dem dt. Chirurgen Otto GOETZE (1886–1955) erwähnt. Ebenso auch die 135°-Optik 1929 von dem dt. Internisten Roger KORBSCH (1886–?) (vgl. ebd. S. 148f.).
10 Der Schweizer Gynäkologe Richard ZOLLIKOFER (1871–1963) ersetzte 1924 erstmals Raumluft durch CO_2 (vgl. ebd., S. 149).

die erste Tubensterilisation mittels Koagulationszange durch den Schweizer Gynäkologen P. F. BOESCH erfolgen.

Anders als sich vielleicht vermuten ließ, fand die Laparoskopie zunächst eher wenige Befürworter unter den Chirurgen, vielmehr waren es die Gynäkologen, die in dieser Technik eine gewinnbringende Innovation für ihr Fach sahen: Zu den Pionieren der gynäkologischen Laparoskopie zählten der Amerikaner Albert DECKER (1896–1988), der Franzose Raoul PALMER (1904–1985) und die deutschen Gynäkologen SEMM (Kiel) und Hans FRANGENHEIM (1920–2001) (Wuppertal). PALMER verwendete das laparoskopische Verfahren in Frankreich überwiegend zur Sterilisationsdiagnostik, für Ovarienbiopsien, Zystenpunktionen und zur Adhäsiolyse.[11] DECKER führte 1946 in Amerika die sogenannte „Kuldoskopie" ein (auch unter Douglaskopie zu finden), die das Einbringen eines Endoskopes transvaginal über das dorsale Scheidengewölbe in den Douglasraum meint. Dieses Verfahren, das – im Gegensatz zu der transabdominellen Laparoskopie – nach DECKER weniger Verletzungsgefahr aufweise, fand zwar zunächst seine Verbreitung in Amerika, konnte sich letztlich jedoch nicht gegen die transabdominelle Laparoskopie durchsetzen.[12] FRANGENHEIM, der – nach einer Hospitation bei PALMER – eine deutliche Überlegenheit der Laparoskopie über die Kuldoskopie sah und ihr bevorzugtes Anwenden dieser empfahl, widmete sich in Deutschland vor allem der Einführung eines Gasinsufflators, der es ermöglichte, den intraabdominellen Druck von bisher 50mmHg auf kontinuierliche 15 mmHg zu senken sowie der photographischen Dokumentation endoskopischer Eingriffe und der Weiterentwicklung des Instrumentariums.[13] Der endgültige Durchbruch der Laparoskopie und die Geburtsstunde der modernen endoskopischen Chirurgie sind aber erst dem Wirken Kurt SEMMS an der Universitäts-Frauenklinik Kiel zu verdanken, der – angeregt durch die Arbeiten von PALMER und FRANGENHEIM – sein Ziel darin sah, die bisher fast ausschließlich zur reinen Diagnostik verwendete Technik zu erweitern und sie darüber hinaus

---

11 Er war es auch, der 1943 einen ersten CO_2-Insufflator entwickelte, der es ermöglichte, einen konstanten intraabdominellen Druck aufrechtzuerhalten (vgl. ebd., S. 150).
12 Begründet wurde dies von FRANGENHEIM dadurch, dass die diagnostischen Ergebnisse bei der transabdominellen Laparoskopie die deutlich besseren seien und die „Lithotomie-Position" bzw. die „Steinschnittlage" während der Untersuchung die praktikablere sei im Gegensatz zu der Knie-Schulter-Position bei der Kuldoskopie (vgl. Litynski, Grzegorz S.: Hans Frangenheim – Culdoscopy vs. Laparoscopy. The first book on gynecological endoscopy, and "cold light" In: Journal of the Society of Laparoendoscopic Surgeons 1997; 1: 357–361; S. 360).
13 Vgl. Mettler, Endoskopische, 2002, S. 11f.

zu einer operativen zu machen, sodass sowohl visuell-diagnostische als auch therapeutische Maßnahmen gleichzeitig während eines Eingriffes möglich gemacht werden können.[14] SEMM, der vor Antritt seines Medizinstudiums an der Ludwig-Maximilians-Universität München eine Feinmechanikerlehre absolvierte, hatte dabei das Privileg, für die dafür obligate technische Weiterentwicklung das erforderliche Wissen mitzubringen, um den größten Teil des notwendigen Instrumentariums selbst zu entwickeln. PALMER äußerte sich diesbezüglich 1984: „*Er ist ein wirkliches Genie des Instrumentenbaues, dank seiner Kenntnisse auf dem Gebiet der Physik und Mechanik, die den meisten von uns fehlen. Er hat eine Erfindungskraft von unaufhörlicher Vitalität.*"[15] DRÜNER charakterisierte SEMM als einen sehr netten, gebildeten und interessierten Menschen, in der Klinik autoritär, als Operateur außerordentlich mutig, mit unglaublicher Kondition und mit unbeirrbarer Ruhe beim Operieren. Er sei mitteilungsbedürftig und stets überzeugt von seinen Ideen gewesen. Er habe definitiv Pionierarbeit geleistet, wobei er immer zunächst seine Instrumente entwickelte und danach erst die Indikation für ihren Einsatzbereich.

Die genauen Gründe, warum die Laparoskopie bis dahin zunächst noch sehr verhalten auch zu operativen Zwecken verwendet wurde, stellte SEMM in seinem Buch über die „Operationslehre für endoskopische Abdominal-Chirurgie" 1984 wie folgt zusammen:

> „*1. 63 Die abdominale Blindpunktion zum Anlegen des Pneumoperitoneum, d.h. der primäre Blindeinstich, stellte ohne die heute mögliche elektronische Gasfluß- und Druckkontrolle ein unabgrenzbares Risiko für den Patienten dar.*
> *2. Die nachfolgende Perforation der Bauchdecken mit einem etwa daumendicken Trokar für die Optik in das druckmäßig nicht kontrollierte Abdomen mußte als wesentlich risikoreicher betrachtet werden als die Durchführung einer Laparotomia explorativa.*
> *3. Die am Endoskopende befindliche, d.h. proximale Lichtquelle barg die Gefahr von Verbrennungen beim Touchieren des Darmes in sich. Diese lassen sich bei Blickrichtung in das kleine Becken niemals vermeiden (im Gegensatz zur Oberbauchlaparoskopie).*
> *4. Die am Endoskopende befindliche Lichtquelle erforderte zwangsläufig die 90°-Blickwinkelablenkung. Dies führte bei operativen Maßnahmen zu Orientierungsschwierigkeiten, insbesondere beim massiven Verwachsungsbauch.*
> *5. Das in bezug auf Druck- und Volumen unkontrollierte Pneumoperitoneum warf für die Anästhesie Probleme auf, zumal damals die Endotrachealnarkose noch unbekannt war.*

---

14 Vgl. Kreienberg/Ludwig, 125 Jahre, 2011, S. 151.
15 Semm, Kurt: Operationslehre für endoskopische Abdominal-Chirurgie. Operative Pelviskopie, operative Laparoskopie. Stuttgart 1984, S. V (Geleitwort von Raoul Palmer).

6. *Das meist noch mit atmosphärischer Luft erzeugte Pneumoperitoneum barg für operative Maßnahmen mit der Gefahr von Gefäßeröffnungen ein unabwägbares Embolierisiko in sich.*
7. *Blutstillungsmethoden waren praktisch unbekannt. Selbst die kleinste persistierende Netzblutung zwang zur Laparotomie.*
8. *Eine Laparotomie im Zusammenhang mit einer Laparoskopie bot Anlaß zu forensischen Schritten gegen den Operateur."*[16]

SEMM machte es sich zur Aufgabe, jeder einzelnen o. g. Schwachstelle im System der Methode nachzugehen und sie durch technische Verbesserungen auszuräumen, sodass einer Etablierung der operativen Laparoskopie in die chirurgischen Routineverfahren nichts mehr im Wege stehen sollte. Um deutlich zu machen, dass er mit seinen Neuerungen auch ein neuartiges Verfahren entwickelte, führte er einen neuen Terminus zur Abgrenzung von der bisher durchgeführten, rein diagnostischen Endoskopie ein: Seine Methode der endoskopischen Abdominalchirurgie bezeichnete er als „operative Pelviskopie", um diese von der internistischen „Laparoskopie", verstanden als rein diagnostische Bauchspiegelung, zu unterscheiden und abzuheben.[17]

Um das intraoperative Komplikationsrisiko in Bezug auf das blinde Einführen der Trokare in die nicht optimal insufflierte Bauchhöhle zu senken, entwickelte SEMM 1964 zunächst einen CO_2-Insufflator, den sog. „CO_2-PNEU", der erstmals die vollautomatische, zeit-, druck- und volumenkontrollierte Anlage eines Kapnoperitoneums ermöglichte. Dieser Insufflator fand internationale Verbreitung im Original (als WISAP-CO_2-PNEU[18]) und in Nachbauten.[19]

Der Problematik der Verbrennungen durch die Lichtquelle an der Spitze des Endoskopes (intrakorporales Licht) konnte bereits etwas früher – wenn auch

---

16 Ebd., S. 1.
17 Vgl. ebd., S. 15. SEMM macht hier darauf aufmerksam, dass die Begrifflichkeiten, so wie er sie gewählt hat, auch in dem Wörterbuch von PSCHYREMBEL 1983 zu finden seien. Bis heute hat sich daran nichts geändert (vgl. Pschyrembel, Klinisches Wörterbuch, 2011, S. 1382 (Pelviskopie), S. 1008 (Laparoskopie)). Im alltäglichen klinischen Sprachgebrauch wird der Begriff „Laparoskopie" sowohl für den diagnostischen als auch für den operativen Eingriff synonym verwendet.
18 SEMMs Vater sowie auch sein Bruder als Eigentümer der Firma WISAP Medical Technology, die 1959 von SEMM selbst gegründet wurde, waren dabei eigens involviert, den Insufflator und alle weiteren von ihm entwickelten Geräte zu produzieren (vgl. Litynski, Grzegorz S.: Kurt Semm and the Fight against Skepticism: Endoscopic Hemostasis, Laparoscopic Appendectomy, and Semm's Impact on the "Laparoscopic Revolution". In: Journal of the Society of Laparoendoscopic Surgeons 1998; 2 (3): 309–313; S. 310).
19 Vgl. Semm, Operationslehre, 1984, S. 55.

nicht durch Entwicklungen SEMMs selbst – entgegnet werden: 1960 entwickelte die Firma KARL STORTZ GmbH&Co.KG die sog. „Kaltlichtquelle", mit der ab 1965 sämtliche produzierten Endoskope versehen wurden. Hierbei handelte es sich um zwei Halogenlampen mit einer Joddampf-Wolfram-Glühdraht (75–250 Watt), die sich in einer Entfernung von 1,50 m zum Objektiv im Endoskop befanden (extrakorporales Licht; vgl. Abb. 54) und deren erzeugte, Wärme produzierenden Infrarotlichtstrahlen herausgefiltert wurden, bevor das Licht über Glasfasern zur Endoskopspitze gelangte. Diese Neuerung ermöglichte zum einen eine bessere Ausleuchtung des Abdomens, zum anderen aber auch einen geringeren Durchmesser der Optik sowie die Vermeidung der Verbrennungsgefahr durch eine sich erhitzende Lichtquelle an der Spitze des intrakorporal befindlichen Endoskopes.[20]

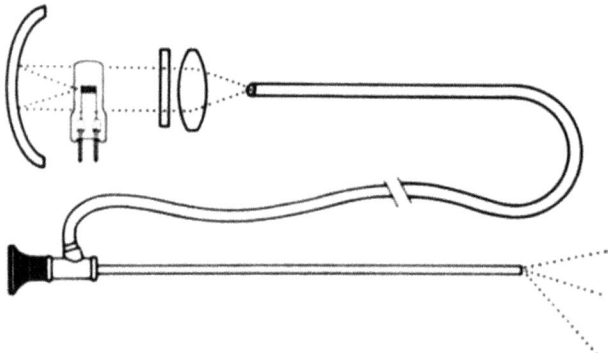

Abb. 54: *Endoskop-Lichtquelle für extrakorporales Licht. (Quelle: Semm, 1984, S. 41)*

Beides – der CO_2-PNEU und die Kaltlichtquelle – führte aufgrund der Risikominimierung dann ab 1965 in Deutschland zu einer rasanten Verbreitung der Laparoskopie – vor allem in der Gynäkologie – zum Zwecke der Diagnostik der weiblichen Sterilität. Die operative Pelviskopie, wie SEMM sie anstrebte, fand jedoch seinen Anfang zunächst in Amerika, wo die verbesserte Technik dazu verwendet wurde, das genau entgegengesetzte Ziel zu verfolgen: Nicht das Vorliegen bzw. die Ursache einer weiblichen Sterilität sollte diagnostiziert,

---

20 Vgl. ebd., S. 41f. und Kirschniak, Andreas/Granderath, Frank Alexander: Laparoskopie in der chirurgischen Weiterbildung. Grundtechniken und Standardeingriffe. Berlin 2017, S. 3.

sondern vielmehr eine Eileitersterilisation durchgeführt werden. Die ab 1970 dann in Amerika einsetzende Verbreitung dieses operativen Verfahrens basierte dabei auf der steigenden Nachfrage nach einem patientenschonenden Sterilisationsverfahren. Schnell zeigten sich hier jedoch auch vermehrt unvermeidliche Komplikationen und die Grenzen dieser noch nicht vollständig ausgereiften Operationstechnik: Die bis dahin routinemäßig (zur Blutstillung und Koagulation der Eileiter) verwendeten monopolaren[21] Hochfrequenzstromkoagulationsgeräte führten zu häufigen Verbrennungen (vor allem des Darmes), was auf die unkontrollierte Ausbreitung des erzeugten elektrischen Stromes im Abdomen zurückzuführen war.[22] Als Lösung hierfür entwickelte SEMM 1971 ein Instrument, das nicht mehr mit der Destruktion durch elektrischen Strom arbeitete, sondern vielmehr mit der Erzeugung von Wärme durch Wärmeleitung: Der Endokoagulator, gesteuert über einen stromlosen, pneumatischen Fußschalter, war ein eigens für die endoskopische Anwendung entwickeltes Steuergerät, das eine „*gezielte und dosierte Eiweißkoagulation*"[23] über daran angeschlossene, unterschiedliche Koagulationsinstrumente (Krokodilklemme,

---

21 Monopolare Hochfrequenzstromablation basiert auf folgender Technik: Ein Pol der Hochfrequenzstromquelle wird mit dem Instrument (aktive Elektrode), der andere Pol mit einer Gegenelektrode (Neutralelektrode) am Patienten verbunden. Der Strom fließt dann von der Aktiv- zu der Neutralelektrode, der thermische Effekt findet in der unmittelbaren Nähe zur Aktivelektrode statt.
22 Die Hochfrequenzkoagulation wurde aus der Allgemeinchirurgie, hier angewendet zur Blutstillung auf der Körperoberfläche, zunächst noch unbedacht in die operative Pelviskopie, hier angewendet im geschlossenen Abdomen, übernommen. Nicht bedacht wurde jedoch der sog. „Skin-Effekt", der bei der intraabdominellen Verwendung von Hochfrequenzstrom zu unkontrollierter Stromausbreitung führen kann: Strom, der im Körper überwiegend von Elektrolyten durch Stromleiter wie z. B. Nerven, Gefäße, Muskeln und Darminhalt geleitet wird, wird mit steigender Frequenz gezwungen, aus dem Stromleiterinneren an dessen Oberfläche zu strömen – der Strom wandert also nicht mehr durch die Zellen bzw. durch das Gewebe, sondern entlang ihrer Oberfläche. Gewünschte Reaktionen wie Elektrolyse oder Nervenreizung finden nicht mehr statt, sondern der Strom wird reaktionslos weitergeleitet, immer entlang der elektrolytreichen Gewebe, wobei gleichzeitig destruktive Wärme erzeugt wird. Da der Elektrolytgehalt der leitenden Gewebe des Körpers stark schwanken kann, ist eine verlässliche Voraussage über die Menge der erzeugten destruktiven Wärme nicht zu treffen. Das Darmgewebe ist dabei aufgrund seines hohen Elektrolytgehaltes prädestiniert dafür, den Strom zu konzentrieren und durch dadurch erzeugte Verbrennungen Schäden zu nehmen (vgl. Semm, Operationslehre, 1984, S. 73–85).
23 Ebd., S. 87.

Punktkoagulator, Myomenukleator) millimetergenau ermöglichte, wobei die Erhitzung des Gewebes kontrolliert durch Strahlungs- und Konvektionswärme erzeugt wurde. Die dabei erhitzte Metallmasse am jeweiligen Instrumentarium war dabei so klein, dass ein Abkühlen des Instrumentes nach Verwendung sofort gewährleistet und das Verbrennungspotential bei Gewebetouchierung erheblich verringert wurde[24]: „*Die gewünschte Koagulationstemperatur ist zwischen 90–120°C stufenlos vorwählbar* […], *ebenso wie die akustisch signalisierte Koagulationszeit. Der Operateur achtet ausschließlich auf den mit der Temperatur an- oder abfallenden Heulton. Dieser informiert ihn über die Koagulationstemperatur und die Dauer der Koagulationszeit. Schaltet sich der Heulton automatisch aus, so ist die Instrumenttemperatur* […] *wieder unter 60°C abgekühlt.*"[25]

SEMM merkte jedoch trotz seiner technischen Neuerung auch deren Grenzen für die operative Pelviskopie an: Das Endokoagulationsverfahren, das Hämostase und Gewebedurchtrennung durch Denaturierung von Proteinen mittels Wärmeerzeugung erreiche, stelle bei intraabdominellen Blutungen eher ein Hilfsmittel als eine definitive, stets verlässliche Lösung dar. Blutungen aus (größeren) Gefäßen sind mitunter schwierig zu beherrschen, da die erzeugte destruktive Wärme allenfalls „*über die spiralige Retraktion des Gefäßes*"[26] zu dessen Verschluss führe, die Wiedereröffnungs- und Nachblutungsgefahr sei jedoch aufgrund der fehlenden Eiweißkoagulation (bedingt durch den geringen Eiweißgehalt der Gefäße) groß.[27] Hieraus ergab sich für SEMM die Notwendigkeit, 1977 zusätzliches Instrumentarium zu entwickeln, mit dem es möglich wurde – deckungsgleich zur offenen Abdominalchirurgie – Blutungen auf klassischem Weg durch endoskopisches Nähen, Knoten und Ligieren zu stillen. Das notwendige Nahtmaterial bedurfte dabei einer Einbringung in das Abdomen mittels spezieller Applikatoren, um im Anschluss dann entweder durch vorgefertigte Schiebeschlingensysteme oder mithilfe von endoskopischen Nadelhaltern und intra- und extrakorporaler Fadenknotung zur Blutstillung verwendet werden zu können. Die Schlingenligatur konnte dabei mit einem sog. ETHI-Binder[28] durchgeführt werden, ein von SEMM entwickeltes endoskopisches Instrument, das den

---

24 Vgl. ebd., S. 86f.
25 Ebd., S. 86.
26 Ebd., S. 88.
27 Vgl. ebd.
28 Hergestellt von der Firma Ethicon, mit der SEMM – neben der Firma WISAP – kooperierte.

„ROEDER-Knoten" bzw. die „ROEDER-Schlinge"²⁹ in verschiedenen Katgutstärken mit einem Fadenschieber kombinierte (Abb. 55). Damit war es möglich, das Nahtmaterial – in dem Fall die Schiebeschlinge – über einen Applikator durch eine 5mm-Trokarhülse einzuführen, die Schlinge um die zu ligierende Struktur zu legen und mittels des Fadenschiebers zuzuziehen und damit zu ligieren.

Abb. 55: ETHI-Binder steril verpackt. (Quelle: Semm, 1984, S. 89)

Verwendet wurde der ETHI-Binder von SEMM zunächst hauptsächlich zur Ovarektomie, Adnektomie und Tubektomie, im Verlauf dann auch zur Ligierung von blutendem Netzgewebe bei Adhäsiolyse und zur Appendektomie.³⁰ Für Situationen, in denen die Blutstillung durch das Anlegen einer Schlingenligatur nicht möglich war,³¹ oder auch zum Ligieren von Geweben noch vor dessen Durchtrennung entwickelte SEMM zusätzlich die sog. „offene ROEDER-Schlinge" bzw. die „ETHI-Endonaht": *„Es handelt sich dabei um einen sterilen Catgut-Faden von ca. 80cm Länge, der mit dem Plastik-Knotenschieber geliefert wird und mit einer 3cm langen, 0,8 mm dicken Nadel bewehrt ist."*³² Für endoskopische Ligaturen schneide man dabei die Nadel ab, bringe den nadellosen Faden dann mithilfe eines Nadelhalters über den Nadelapplikator nach intraabdominell ein, wo er durch einen Zweiten übernommen werde, um die zu ligierende Struktur und wieder über den Applikator aus dem Abdomen heraus geführt werde. Die Fadenknotung könne dann extrakorporal erfolgen, wobei der Knoten mittels des Knotenschiebers wieder unter optischer Sicht nach intraabdominell zur Ligatur vorgeschoben werde (vgl. Abb. 56–58).³³

---

29 Die sog. ROEDER-Schlinge wurde am Ende des 19. Jahrhunderts von dem deutschen Hals-Nasen-Ohren-Arzt Oscar ROEDER (1862–1954) zur Tonsillektomie bei Kindern entwickelt und angewendet (vgl. ebd.).
30 Vgl. ebd., S. 88f.
31 weil z. B. die entsprechende Struktur nicht durch die Schlinge gezogen oder wieder aufgefunden werden konnte.
32 Ebd., S. 90.
33 Vgl. ebd., S. 91.

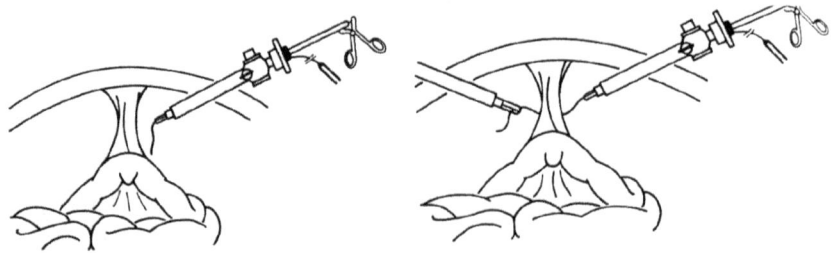

Abb. 56: Endoligatur mit extrakorporaler Knotung. Einführen des Fadens und Übernahme durch Nadelhalter. (Quelle: Semm, 1984, S. 90)

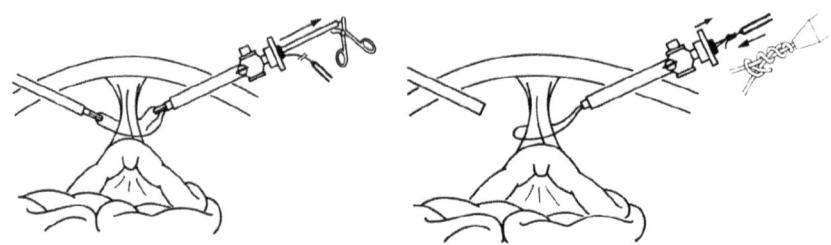

Abb. 57: Endoligatur mit extrakorporaler Knotung. Legen der Ligatur und Herausführen des Fadens, extrakorporale Knotung. (Quelle: Semm, 1984, S. 90)

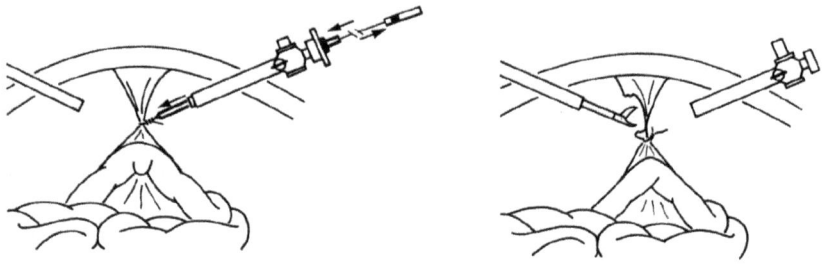

Abb. 58: Endoligatur mit extrakorporaler Knotung. Vorschieben des Knotens, Ligatur und Durchtrennung des Fadens und des Gewebes. (Quelle: Semm, 1984, S. 91)

Belasse man die Nadel an der steril verpackten ETHI-Endonaht und führe sie zusammen mit dem Faden über den Applikator in das Abdomen ein, so sei zudem auch ein intraabdominelles Nähen unter optischer Sicht möglich, das Ein-, Aus- und Umstechen von Gewebestrukturen erfolge dabei ebenfalls mithilfe von zwei Nadelhaltern. Die Knotung könne dann entweder auch extrakorporal erfolgen oder aber – entsprechend dem üblichen Instrumentenknoten in der offenen Chirurgie – intrakorporal unter optischer Sicht. Als weitere Möglichkeit zur Blutstillung während einer operativen Pelviskopie kam darüber hinaus noch die Verwendung von resorbierbaren Clips infrage, für die SEMM einen entsprechenden Clip-Applikator entwickelte (Abb. 59).³⁴

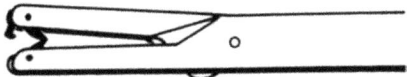

Abb. 59: Applikator für resorbierbare Clips von Ethicon®. (Quelle: Semm, 1984, S. 104)

Indem SEMM nun also geeignete Methoden und geeignetes Instrumentarium entwickelt hatte (und stetig auch noch weiterentwickelte und verbesserte), um den Hauptrisiken eines endoskopischen Operierens entgegnen zu können, konnte nach und nach das Spektrum der möglichen endoskopischen Operationen erweitert werden. Waren bisher überwiegend die Adhäsiolyse, Leberbiopsien und vor allem Tubensterilisationen gängige Indikationen für die operative Pelviskopie, erweiterte SEMM diese zunächst vor allem im Bereich der gynäkologischen Eingriffe, sodass nun ein erheblicher Prozentsatz der zuvor nur offen-chirurgisch durchgeführten gynäkologischen Operationen durch das endoskopische, minimal-invasive Verfahren übernommen werden konnte.³⁵ Hierzu zählten: Myomenukleation, Koagulation von Endometrioseherden, Fimbrioplastik, Salpingostomie, Salpingolyse, Tubektomie, Adnektomie, Eileitersterilisation, radikale oder konservierende Operation bei Eileiterschwangerschaft, Refertilisierung nach Eileitersterilisierung, Ovarialzystenpunktion, Ovarialzystenresektion, Ovariolyse und Ovarektomie. Aber auch im Bereich der Viszeralchirurgie sah SEMM eine gewinnbringende Erweiterung des möglichen Indikationskataloges: Das endoskopische Verfahren könne bei (postoperativen) Netz- und Darmverwachsungen, Subileuserscheinungen,

---

34 Vgl. ebd., S. 95.
35 Interessant ist hierbei die rasante Erweiterung des endoskopischen Operationskataloges: Sprach SEMM 1983 noch davon, dass 30–40% aller gängigen gynäkologischen Eingriffe durch die operative Pelviskopie übernommen werden könnten (vgl. Semm, Kurt: Die endoskopische Appendektomie. In: gynäkologische praxis. Zeitschrift für Frauenheilkunde und Geburtshilfe. München 1983; 7 (1): 131–140; S. 139), gab er bereits 1985 65% (vgl. Semm, Kurt: Universitäts-Frauenklinik Kiel – ihre Bedeutung für die Frauenheilkunde 1805 bis 1985. Eine medizinhistorische Studie zum 180 jährigen Bestehen. Geretsried ³1985, S. 170) und 1989 schließlich sogar 75% an (vgl. Semm, Kurt: Der Wandel von der Laparotomie zur minimal invasiven Chirurgie: hier Pelviskopie. In: Archives of Gynecology and Obstetrics. 1989; 245 (1–4): 19–21; S. 20).

Appendizitis-Verdacht, Verdacht auf postoperative Nahtinsuffizienzen oder Nachblutungen, postoperativen Metastasenkontrollen, Erfolgskontrollen der zytostatischen Therapien von Intestinalkarzinomen und präoperativer Situssichtung zur Operationsplanung die Durchführung einer (Re-)Laparotomie vermeiden bzw. ersetzen.[36]

Wichtig seien für die erfolgreiche Durchführung des immer größer werdenden endoskopischen Operationsspektrums nach SEMM die unabdingbaren Voraussetzungen von großer manueller Geschicklichkeit, endoskopisch-diagnostischer Vorbildung/Vorerfahrung und ein hoher Grad an allgemeinchirurgischer Ausbildung, da der Operateur während der Laparoskopie nach wie vor drei wesentlichen, arbeitstechnischen Einschränkungen unterliege:

> „1. Der endoskopische Operateur ist einäugig, räumliches Sehen ist ausgeschlossen;
> 2. wechselnder Objektivabstand läßt die betrachtenden Organe in unterschiedlicher Größe erscheinen, so daß ihre tatsächliche Größe nur aufgrund von Erfahrungswerten oder im Vergleich zu eingeführten Instrumenten oder Meßstäben feststellbar ist;
> 3. das Bewegen, Greifen, Schneiden und Manipulieren, z. B. Nähen, ist dadurch eingeschränkt, daß alle Bewegungen durch fixierte, nur um einen Drehpunkt bewegliche Trokarhülsen durchführbar sind."[37]

Um das manuelle Handling im Vorfeld trainieren zu können, entwickelte SEMM später (1985) den sog. „Pelvitrainer" (Abb. 60), mit dem – zu Demonstrations-, Aus- und Weiterbildungszwecken – das laparoskopische Operieren in dafür entsprechenden Kursräumen simuliert und trainiert werden konnte.[38]

DRÜNER selbst nahm an mehreren der zahlreich angebotenen Operationskursen von SEMM in Kiel teil, in denen er mit dem Pelvitrainer das Handling üben konnte. Als wahrscheinlich einer der Ersten in Deutschland, der das laparoskopische Operieren übernahm und in seiner Klinik in Emden etablierte, schilderte er das Vorgehen wie folgt: *„Dort gab es künstliche Bäuche,[…] eine Glaskiste, die zugehängt wurde, mit typischen Laparoskopieöffnungen, an denen dann mehrere Kurse stattfanden, in denen wir beispielsweise an Obst operierten oder Schnitzel aneinandergenäht haben. Man konnte das Handling ein wenig üben, aber so etwas wie heute, dass man zum Beispiel Schweine operierte, das gab es nicht. Man musste sich langsam herantasten und dann haben wir im Klinikum einfach angefangen – das war dann „Learning by Doing".* […]

---

36 Vgl. Semm, Operationslehre, 1984, S. 27–32.
37 Ebd., S. 23.
38 Vgl. Kirschniak/Granderath, Laparoskopie, 2017, S. 3.

Abb. 60: Semm an einem Pelvitrainer. (Quelle: Archiv der Klinik für Gynäkologie und Geburtshilfe der Christian-Albrechts-Universität zu Kiel, o. J.)

Man muss sich vorher einfach genau Anlesen, wie man es macht: dazu gab es ein Operationsbuch von Semm, *mit Operationsanweisungen und Bildern bis ins Detail.*"[39]

Die Bemerkung Semms, dass das laparoskopische Operieren den in der Bauchchirurgie erfahrenen Ärzten vorbehalten sein solle, bestätigte Drüner aus eigener Erfahrung: Die Operationskurse wurden nur von erfahrenen Gynäkologen/Chirurgen besucht, anders als es sich heute verhalte. Heute werden schon die Jungassistenten von Anfang an mittels Simulatoren an die Laparoskopie herangeführt, ohne ein gewisses Maß an offen-chirurgischer Routine vorauszusetzen.

---

[39] Dr. med. Drüner, Wolfgang: Interview vom 02.08.2014. Neben dem selbstständigen Üben am Pelvitrainer war auch das Teilnehmen an laparoskopischen Eingriffen durch Semm Teil der Operationskurse. Nach Drüner wurde es meist ermöglicht, dass 20–30 Ärzte Semm in den Operationssaal begleiten durften, um dann im Folgenden das Operationsgeschehen (zu dem Zeitpunkt schon als Videoübertragung auf einem Monitor) zu verfolgen. Mit zunehmendem Interesse der ärztlichen Kollegen stiegen auch die Teilnehmerzahlen für die Operationskurse, wobei es darüber hinaus auch zu Live-Übertragungen der Operationen in Hörsäle kam.

Aber auch das Lernen durch unmittelbare Operationsassistenz wurde im weiteren Verlauf möglich: War der Operateur, bedingt durch das monokulare Sehen durch die endoskopische Optik, lange Zeit zunächst der Einzige, der das Operationsgeschehen verfolgte, konnte mit der 1965 entwickelten Gliederoptik, dem sog. „Spion", ein Zweitblick für den chirurgischen Assistenten realisiert werden, sodass das Verfolgen und Erlernen der einzelnen Operationsschritte möglich gemacht wurde (Abb. 61).

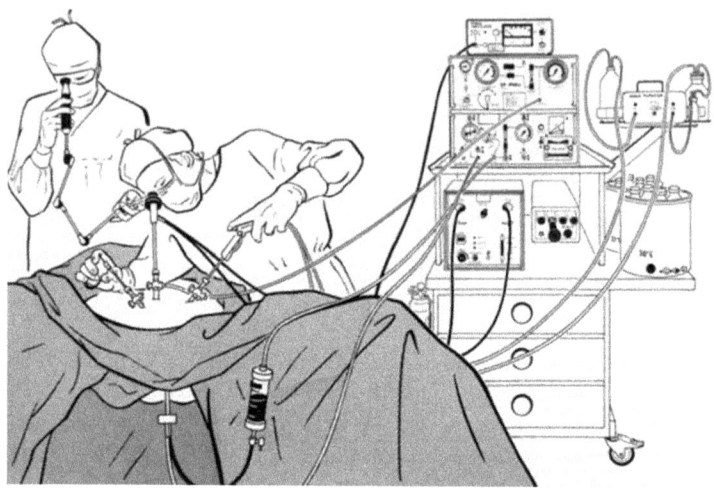

Abb. 61: Endoskopischer Operateur und Assistenz mit Gliederoptik im Operationsgeschehen. (Quelle: Semm, 1984, S. 23)

Der Nachteil dieser auch als „Teaching Instruments" bezeichneten Gliederoptiken war jedoch ein verkleinertes Gesichtsfeld und ein Lichtstärkeverlust von 50–90% für die Optik des Operateurs. Diese „optische Einbuße" zum einen, aber auch das Streben nach optimaleren Operationsbedingungen und verbesserten Lehrmethoden (auch für außerhalb des Operationssaales) waren Anreize für die (Weiter-)Entwicklung der Photographie- und Videotechnik des endoskopischen Operierens: Das Ziel dabei waren endoskopische Kamerasysteme, die Bilder und Videos[40] auf im Operationssaal für alle gleichzeitig einsehbare Monitore

---

40 Begonnen hatte er Anfang der 80er Jahre zunächst mit Spiegelreflex- und Schmalfilmkameras, die auf das Okular des Endoskops aufgesetzt und mit denen erste Diapositive und 16-mm-Filme erzeugt wurden. Zunächst entstanden kreisrunde Bilder in oftmals ungenügender Ausleuchtung, im Verlauf gelang es jedoch durch die Verwendung von

übertrugen, zum einen eine verbesserte Lehr-/Ausbildungsmöglichkeit für den Assistenten, zum anderen aber auch eine Optimierung der Sicht sowie ein beidhändiges Operieren für den Operateur ermöglichten.

8.2 Die erste laparoskopische Appendektomie durch Semm am 12.09.1980

Auch wenn die technische Weiterentwicklung durch SEMM immer schwierigere operative Eingriffe möglich machte, stieß er mit seiner Methodik zunächst noch auf viel Kritik und Ablehnung unter seinen gynäkologischen, vor allem aber chirurgischen Kollegen: Zum einen fiel die aufkommende minimal-invasive Operationstechnik in eine Zeit, in der es ebenfalls zu wegweisenden Fortschritten im Bereich der Pharmazie, Intensivmedizin und Anästhesie kam[41], sodass verbesserte Narkoseführungen und neu eingesetzte Medikamente die Durchführung großer, konventionell-offener Operationen (z. B. Laparotomien) mit einer deutlich niedrigeren Mortalität und Morbidität ermöglichten.[42] Zum anderen sahen viele Chirurgen ein vermeidbares Risiko darin, gut etablierte und funktionierende konventionelle Operationsmethoden zu verlassen und durch eine technisch anspruchsvollere, in vielen Fällen noch nicht routinierte Methode zu ersetzen.[43] Gerade mit diesem zuletzt erwähnten Einwand sah sich SEMM besonders in dem

---

Kameras mit größerer Brennweite und in Kombination mit synchron geschalteten Blitzröhren, formatfüllende und besser belichtete Fotos und Filme aufzunehmen. Später entwickelte, an das Endoskop anzuschließende Lichtleitkabel sorgten schließlich für eine bessere Ausleuchtung über die Optik. Die Dreiröhren-Farbfernsehkamera ermöglichte dann erstmals eine Projektion der Aufnahme auf einen entsprechenden Monitor. Durch die Projektion der Aufnahmen auf einen Monitor im Operationssaal wurde somit zum einen das Verfolgen des Operationsgeschehens in Echtzeit möglich, zum anderen konnten nach Bearbeitung und Schnitt des Materials Lehrvideos angefertigt werden, um sie später dann sowohl im Rahmen von klinikinternen und -externen Weiterbildungen als auch auf Kongressen zu zeigen (vgl. Semm. Operationslehre, 1984, S. 229–234).

41 Hierzu zählen u. a. die Einführung der (orotrachealen) Intubationsnarkose ab 1978 und der medikamentösen Erweiterung in der inhalativen und intravenösen Anästhesie.

42 Vgl. Kirschniak/Granderath, Laparoskopie, 2017, S. 3 und Mettler, Endoskopische, 2002, S. 13.

43 Vgl. Mettler, Endoskopische, 2002, S. 13. Dem doch nicht ganz zu verkennenden Erfolg SEMMS vor allem im Rahmen seiner gynäkologischen Eingriffe mittels Laparoskopie wurde in den chirurgischen Reihen zum Teil auch mit Skepsis entgegnet: Vermutungen kamen auf, dass SEMM wohlmöglich seine Operationen zunächst laparoskopisch beginne, schließlich aber doch auch als konventionelle Laparotomie beende (vgl. Litynski, Kurt Semm, 1998, S. 310).

Moment konfrontiert, als er am 12.09.1980 die weltweit erste laparoskopische Appendektomie an der Universitätsfrauenklinik Kiel durchführte und danach öffentlich empfahl.[44] Hinzu kam, dass sich SEMM als Gynäkologe durch seine laparoskopische Appendektomie in das (viszeral)chirurgische Fachgebiet vorwagte und damit eine Grenze überschritt, was zu zum Teil heftigstem Gegenwind und zu Anfeindungen seitens seiner gynäkologischen und der chirurgischen Kollegen führte: *„Many surgeons believed that gynecologists had ‚operation envy', that ‚real' operations were exclusively the domain of surgery, not gynecology. […] Additionally, surgeons had an aversion to granting outsiders competency in their field. A gynecologist teaching a surgeon how to perform an operation was simply unthinkable."*[45]

Die Kritik, der er sich ausgesetzt sah und die er selbst als die heftigste seiner Karriere empfand, führte mitunter dazu, dass SEMMs Bemühen, die Operationsmethode der laparoskopischen Appendektomie zu veröffentlichen, in mehreren Anläufen fehlschlug und die Publikation schließlich erst drei Jahre nach dem durchgeführten Eingriff 1983 erfolgen konnte.[46]

DRÜNER schilderte im Gespräch, dass er die Haltung der Chirurgen gegenüber SEMM und seinem neuen Operationsverfahren zum damaligen Zeitpunkt ebenfalls als eine zurückhaltende und zu großem Teil sogar sehr feindselige empfand: *„Die Chirurgen haben sogar irgendwann verlangt, SEMM aus der deutschen Gesellschaft für Gynäkologie zu schmeißen."*[47]

Dieses schien SEMM allerdings nicht zu beeindrucken, im Gegenteil, je mehr Gegenwind er bekommen habe, desto aktiver sei er, so DRÜNER, auf Kongressen gegen die Kritik vorgegangen: *„SEMM hat unglaubliche Öffentlichkeitsarbeit geleistet, um seine Weiterentwicklung weiterzutragen. […] Er hat unglaublich stark Werbung gemacht und dabei trotzdem immer alle Türen für die Chirurgen offen gehalten, indem er sie unbeirrt zu Kongressen, Fortbildungen und Operationskursen*

---

44 Assistiert wurde die laparoskopische Appendektomie durch Prof. Dr. med. Johannes DIETL (geb. 1948), dt. Gynäkologe und Geburtshelfer, derzeit tätig in der Frauenklinik und Poliklinik des Universitätsklinikums Würzburg. Noch im gleichen Jahr erfolgte, ebenfalls durch SEMM, die weltweit erste laparoskopische Adnexektomie mittels ROEDER-Schlinge.
45 Litynski, Kurt Semm, 1998, S. 311.
46 Vgl. hierzu die englischsprachige Veröffentlichung: Semm, Kurt: Endoscopic Appendectomy. In: Endoscopy 1983; 15: 59–64 und die deutschsprachige Veröffentlichung: Semm, Die endoskopische Appendektomie, 1983, S. 131–140.
47 Dr. med. Drüner, Wolfgang: Interview vom 02.08.2014.

eingeladen hat. [...] *Er war so öffentlichkeitswirksam, dass die Chirurgen gar nicht an ihm vorbei kamen. Aber es hat lange gedauert!*"⁴⁸

Doch auch durch die Publikation fand die endoskopische Wurmfortsatzresektion noch immer keine Zustimmung, lediglich zwei Kollegen, die Chirurgen Prof. Dr. med. Friedrich GÖTZ und Dr. med. Arnold PIER, waren es, die als erste aus den chirurgischen Reihen öffentlichkeitswirksam die Technik und das Instrumentarium SEMMS übernahmen, um die laparoskopische Appendektomie als Operationsverfahren – vor allem dann auch bei der Indikation der akuten Appendizitis – in den frühen 90er Jahren zu etablieren und zu perfektionieren. Erst als Prof. Dr. med. Erich MÜHE (1938–2005) 1985 als Chefarzt des Kreiskrankenhauses Böblingen mit dem Instrumentarium SEMMS die weltweit erste laparoskopische Cholezystektomie durchführte, konnte allmählich das Interesse auch unter den Allgemein- und Viszeralchirurgen geweckt werden.⁴⁹ Dass die laparoskopische Cholezystektomie generell möglich sei, hatte SEMM bereits zwei Jahre zuvor auf einem Endoskopie-Kongress in Erlangen ausgeführt, auf dem er seine Technik und sein weiterentwickeltes Instrumentarium sowie sein Verfahren zur Appendektomie präsentierte.⁵⁰ 1988 dann konnte SEMM auf einem gynäkologischen Kongress in Baltimore das erste Demonstrations- und Lehrvideo seiner laparoskopischen Appendektomie präsentieren. Das Interesse der amerikanischen Kollegen sowohl für das Verfahren der laparoskopischen Appendektomie als auch für die von SEMM dort ebenfalls erwähnte laparoskopische Cholezystektomie⁵¹ war groß und deutlich unvoreingenommener, sodass eine rasante Übernahme, Einführung und Verbreitung der Technik schnell erfolgte. DRÜNER bestätigte dieses mit der Anmerkung, dass SEMM seinerzeit der einzige deutsche Gynäkologe gewesen sei, der in Amerika bekannt war, weil er – die unkonventionellere und offenere

---

48 Ebd.
49 Innerhalb von zwei Jahren (bis 1987) führte MÜHE ca. 97 Cholezystektomien auf laparoskopischem Weg durch (vgl. Mettler, Endoskopische, 2002, S. 14).
50 Hieraus wird deutlich, dass SEMM die Technik und die Operationsschritte für eine laparoskopische Cholezystektomie schon länger konzeptionell fertig hatte. Aufgrund der heftigen Kritik und der Androhungen, mit denen er sich bereits nach der laparoskopischen Appendektomie konfrontiert sah, hielt er sich mit der Durchführung dieser Operation jedoch zunächst noch zurück.
51 SEMM motivierte auf diesem Kongress den Chirurgen J. Barry MCKERNAN und den Gynäkologen William B. SAYE dazu, die erste laparoskopische Choezystektomie in Amerika durchzuführen (vgl. Litynski, Kurt Semm and the Fight against Skepticism, 1998, S. 312).

Haltung der Amerikaner bezüglich seiner Methode erkennend – regelmäßig einflog, um Vorträge zu halten und Operationskurse anzubieten.

Die positive Resonanz im amerikanischen Raum, die sich nun auch immer mehr international verbreitete, führte schließlich zu einer „laparoskopischen Revolution", sodass SEMM und seine Technik in kürzester Zeit immer mehr in den Vordergrund rückten.[52] Seine Publikationen bezüglich der laparoskopischen Appendektomie und der operativen Pelviskopie im Allgemeinen wurden in mehrere Sprachen übersetzt und fanden weltweite Verbreitung. Auch seine mit der Zeit immer zahlreicher angefertigten endoskopischen Filme dienten dabei internationalen Lehrzwecken.[53]

Als Beispiel für die lange Zeit sehr zögerliche Etablierung und Übernahme der laparoskopischen Operationstechnik in Deutschland schilderte DRÜNER im Rahmen der Gesprächsführung die Geschehnisse im Klinikum Emden, in dem er zu dem Zeitpunkt als Chefarzt der Gynäkologie tätig war: Wie bereits erwähnt, nahm DRÜNER selbst 1985 an einem der zahlreichen Operationskurse SEMMS in Kiel teil. Veranlasst wurde diese Fortbildung allerdings nicht durch das Klinikum Emden, sondern sie sei von DRÜNER selbst arrangiert und auch selbst finanziert worden: *„Ich habe mir gedacht, wenn SEMM sagt, dass das laparoskopische Operieren jeder erlernen kann, dann möchte ich es auch versuchen."*[54] Die Neugier, das Eigeninteresse und der eigene Ehrgeiz hätten ihn also veranlasst, sich gegen die reservierte Einstellung und das Desinteresse seiner Klinik zu verhalten. Nach Rückkehr von der Fortbildung in Kiel seien die laparoskopischen Instrumente schließlich dann auch in der gynäkologischen Fachabteilung eingeführt worden, das Klinikum habe dabei – jedoch mit anfänglichem Widerstand – die Anschaffung weniger Instrumente finanziert. Als Beispiel für die kontroverse Haltung der Klinik zu Beginn führte DRÜNER an: *„Vor der Anschaffung der Instrumente durch die Klinik habe ich einmal eines von einer Firma gesponsert bekommen. Die Sterilisation* [gemeint hier: Zentralsterilisation (krankenhausintern oder extern), als Aufbereitungseinheit für Medizinprodukte (Reinigung, Desinfektion, Sterilisation und Sortierung von z. B. Operationsbesteck)] *hat sich dann geweigert, dieses Instrument zu sterilisieren."*[55] Erst mit der Drohung DRÜNERS, die Klinik zu verlassen, hätten sich die Operationsbedingungen für die operative Laparoskopie verbessert, so sei es schließlich

---

52 Bereits zu Beginn der 90er Jahre galt das laparoskopische Verfahren an deutschen Kliniken als der Standardeingriff zur Cholezystektomie (vgl. Carus, Operationsatlas, 2014, S. 5).
53 Vgl. Litynski, Kurt Semm, 1998, S. 312.
54 Dr. med. Drüner, Wolfgang: Interview vom 02.08.2014.
55 Ebd.

zur Anschaffung aller notwendigen Instrumente gekommen. Die Assistenten der Gynäkologie in Emden, die unter DRÜNER arbeiteten, hätten die mitgebrachte laparoskopische Operationstechnik begeistert aufgenommen, auch in der chirurgischen Fachabteilung Emdens sei sie gut angenommen worden. Er selbst habe zunächst ein paar Appendektomien durchgeführt und demonstriert, und zwar immer dann, wenn die chirurgischen Kollegen ihn damit beauftragt hätten und es eine entsprechende Indikation gegeben habe. Auch bei den ersten Cholezystektomien sei er als Operateur dabei gewesen, das Anlernen seiner Kollegen in der Gynäkologie sowie in der Chirurgie sei also schnell in sein Aufgabengebiet gefallen. Einige Zeit später hätten die Chirurgen dann selbstständig die laparoskopischen Operationsverfahren durchgeführt.

Ein besonderes Interesse dieser Arbeit beruht auf der expliziten Darstellung der ersten Veröffentlichung SEMMs über die endoskopische Appendektomie (1983):

Die Laparoskopie in Intubationsnarkose als operatives endoskopisches Verfahren, das in etwa die gleiche physische Belastung wie das diagnostische und eine geringere als die Laparotomie für den Patienten habe, bedeute nach SEMM wesentliche Vorteile: Zum einen sei das Auftreten von postoperativen Verwachsungen nicht zu erwarten (im Gegensatz zu der Appendektomie per laparotomiam, bei der in ca. 70% der Fälle postoperative Adhäsionen auftreten[56]), zum anderen sei durch das mikrochirurgische Arbeiten unter 2–6-facher Vergrößerung ein exakteres und feineres Operieren möglich.[57] Dank der instrumentellen Weiterentwicklung seien zudem sämtliche bisher bekannten und routinierten Operationsschritte nach MCBURNEY oder SPRENGEL auch im endoskopischen Verfahren möglich, sodass sich diese nicht großartig von der offenen Appendektomie unterschieden und damit nicht neu erlernt werden müssten.[58] Auch die Hospitalisierungszeit sowie die Zeit bis zur Schmerzfreiheit und Wiederherstellung der Arbeitsfähigkeit könnten durch das minimal-invasive Verfahren deutlich reduziert werden – Letztere betrage in der Regel im Durchschnitt ca. 1

---

56 In seiner englischsprachigen Veröffentlichung in der Zeitschrift „Endoscopy" sprach SEMM sogar von Verwachsungen in 90% aller konventionell-offenen Appendektomien (vgl. Semm, Endoscopic Appendectomy, 1983, S. 64).
57 Vgl. Semm, Die endoskopische Appendektomie, 1983, S. 131 und S. 140.
58 SEMM selbst hat vor allem in den ersten Jahren strikt nach MCBURNEY und SPRENGEL operiert, vermutlich, um den Chirurgen weniger Angriffsfläche zu bieten, da er so seine laparoskopische Appendektomie regulär wie die offene vollzog.

Woche.[59] Bei folgenden Indikationen sah SEMM eine laparoskopische Appendektomie für gerechtfertigt[60]:

- Postoperative Verwachsungen der Appendix (z. B. bei Patientinnen nach einer Sterilitätsoperation)
- elongierte Appendices, die bis ins kleine Becken hineinreichen
- Endometriose der Appendix
- „familiäre Disposition" für appendizitisches Leiden[61]
- Rechtsseitige, chronische Adnexbeschwerden ohne entsprechenden pelviskopischen Befund bzw. anatomisches Korrelat
- Appendicitis subacuta und chronica

Die (per)akute Appendizitis (d.h. insb. Appendizitiden im fortgeschrittenen Stadium mit z. B. Organperforation/Perforationsperitonitis) sah SEMM hingegen zur Zeit seiner Veröffentlichung *„durch einen endoskopischen Eingriff nicht sanierbar"*[62], sie könne aber durch laparoskopische Eingriffe oben genannter Indikationen frühzeitiger entdeckt und demnach auch die Indikation zur Laparotomie schneller gestellt werden, sodass eine Senkung der Mortalitätsrate durchaus möglich sei.[63] Die Laparoskopie als Standardverfahren auch bei akuter Appendizitis (ausgenommen bei fortgeschrittener, diffuser Mehrquadrantenperitonitis) fand ihre Etablierung, wie oben bereits erwähnt, erst in den 90er Jahren.

Bevor nun auf die genaue Beschreibung der Operationstechnik SEMMS eingegangen werden soll, sei hier noch eine Zusammenstellung des dafür notwendigen Instrumentariums angeführt:

- Der oben erwähnte WISAP-CO_2-PNEU für das elektronisch gesteuerte Pneumoperitoneum (Abb. 62)
- Ein Endokoagulationsapparat (Abb. 63)

---

59 Vgl. Semm, Endoscopic Appendectomy, 1983, S. 63 und Semm, Operationslehre, 1984, S. IX (Vorwort).
60 Vgl. Semm, Endoscopic Appendectomy, 1983, S. 63. Entweder als planmäßige Operation für eine entsprechende, im Vorfeld erhärtete Verdachtsdiagnose oder als zusätzlich durchgeführte Operation bei Zufallsbefunden während einer Laparoskopie aus anderer Indikation.
61 Fraglich ist, ob SEMM hier an eine genetische Prädisposition dachte.
62 Semm, Operationslehre, 1984, S. 31.
63 Vgl. ebd.

- Eine 7 mm Ø – Optik (10,5 mm Ø – Optik für Anfänger geeigneter) mit 2–6-fach vergrößernde Aufstecklupe
- Weitere Zusatzinstrumente (Abb. 64; *die nachfolgende Reihenfolge entspricht der Nummerierung in der Abbildung*)[64]:
  1. Atraumatische Greifzangen
  2. Ein 11 mm und zwei 5 mm Ø Operationstrokar/e mit Trompetenventil
  3. Krokodilklemme
  4. ROEDER-Schlinge (ETHI-Binder, s.o.)
  5. ETHI-Endonaht (s.o.)
  6. Hakenscheren
  7. 2-zahnige Biopsiezange
  8. Appendix-Extraktoren
  9. Ethicon-PDS (Polydioxanon)-Naht 4–0 für Tabaksbeutel- und Z-Naht
  10. 3 mm und 5 mm Ø Nadelhalter
  11. Nahtapplikatoren

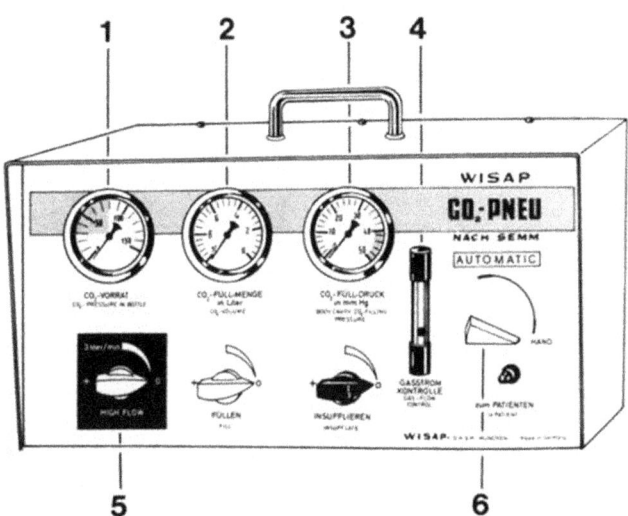

Abb. 62: WISAP-CO2-PNEU-Automatik. (Quelle: Semm, 1984, S. 56)

---

64 Vgl. hierzu auch Semm, Endoscopic Appendectomy, 1983, S. 60f.

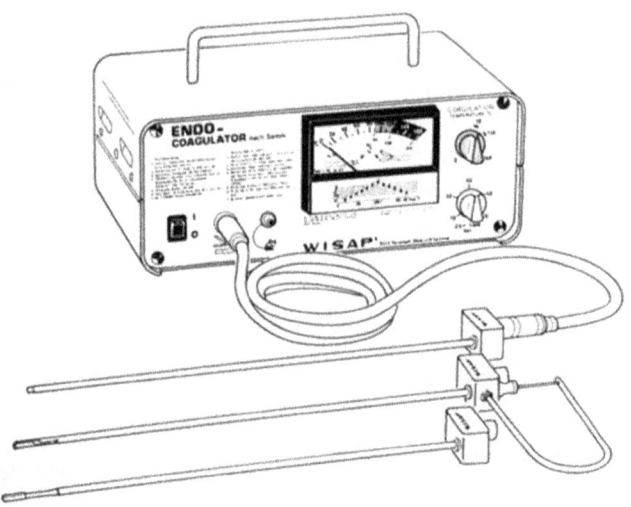

Abb. 63: Endokoagulator (WISAP). (Quelle: Semm, 1984, S. 86)

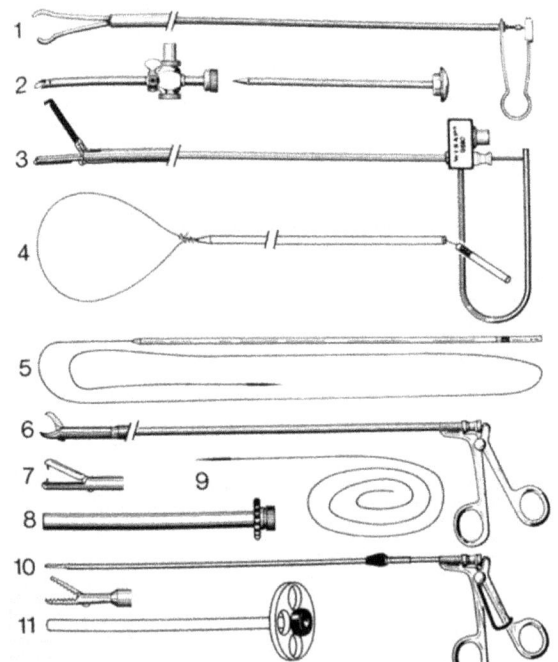

Abb. 64: Appendix-Instrumenten-Set. (Quelle: Semm, 1984, S. 207)

Die genaue Beschreibung der Operationsschritte veröffentlichte SEMM wie folgt[65]:

Nach gründlicher Desinfektion der gesamten Bauchdecke, insbesondere auch der Nabelgrube, wird zunächst das Pneumoperitoneum angelegt, indem man die Veres-Nadel möglichst senkrecht im Bereich der unteren Nabelgrube einsticht und blind durch alle Bauchdeckenschichten vorsichtig bis ins Peritoneum vorschiebt. Nach Prüfung der korrekten Nadellage wird dann das Pneumoperitoneum über den Insufflator automatisch und kontrolliert aufgefüllt. Nach Erreichen eines intraabdominellen Gasdruckes von etwa 12 mmHg kann im nächsten Schritt dann – in 15° Trendelenburglagerung (Kopftieflage zum Zurückfallen der Därme in den Oberbauch) – das Anlegen der geeigneten Zugänge nach intraabdominell erfolgen, was durch vier genau platzierte kleine Schnitte geschieht, durch die die nachfolgenden Einstiche der Arbeitstrokare möglich werden (Abb. 65).[66] Der erste Zugang erfolgt als Z-Einstich in der unteren Nabelgrube: Hierzu wird mit einem 6 mm-Skalpell ein kurzer, senkrechter Schnitt im Bereich der Punktionsstelle der Veres-Nadel gemacht, durch den man den Optiktrokar in Z-Stich-Technik vorsichtig vorschiebt (Abb. 66).[67] Nach gelungenem Einstich erfolgt dann die Entfernung des Trokars aus der Trokarhülse, die Konnektierung des Insufflationsschlauches an eben diese (für das fortgeführte Pneumoperitoneum) sowie die Einführung der Optik zur Überprüfung des Situs (diagnostischer 360°-Rundblick, vgl. Abb. 67) und zum Ausschluss von intraabdominellen Verletzungen durch die zuvor blinde Einführung von Optiktrokar und Veres-Nadel.[68]

---

65 Vgl. Semm, Endoscopic Appendectomy, 1983, S. 61ff. oder Semm, Die endoskopische Appendektomie, 1983, S. 132–138.
66 Die bis hierhin erwähnten Arbeitsschritte wurden von SEMM nicht gesondert in seiner Erstveröffentlichung 1983 angeführt. Der Vollständigkeit halber sind sie jedoch hier ebenfalls – entnommen aus SEMMs Lehrbuch für endoskopische Abdominalchirurgie – dargestellt worden (vgl. Semm, Operationslehre, 1984, S. 120–130).
67 Der konische Trokar werde hierbei ca. 1 cm senkrecht Richtung Körperachse durch den Hautschnitt eingestochen. Man schiebe ihn dann unter Anhebung der Bauchdecke 2–3 cm nach rechts oder links vor, um im Anschluss wieder senkrecht durch die Bauchmuskulatur bis ins Peritoneum vorzustechen. Durch die Z-Technik werde die Nabelplatte bzw. die Linea alba nicht perforiert. Der Einstich durch die lateral davon gelegene Muskelschicht sei einfacher und verschließe sich nach Entfernung des Trokares kulissenartig, sodass eine Naht im Nabelbereich nicht notwendig werde, eine Hautklammernaht reiche aus (vgl. Semm, Operationslehre, 1984, S. 131f.).
68 Vgl. Semm, Operationslehre, 1984, S. 119–139.

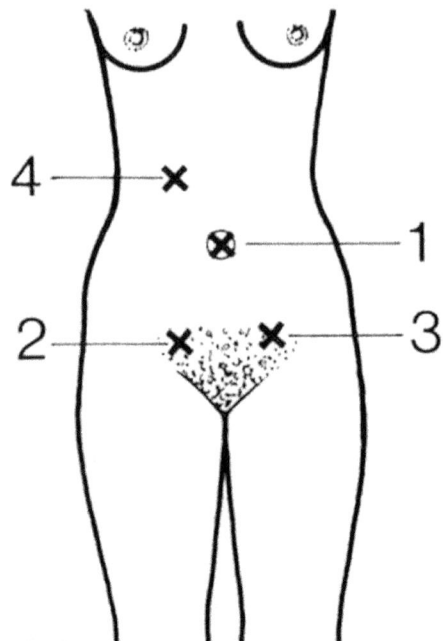

Abb. 65: Schematische Darstellung der Zugangswege zur Appendektomie. Die Nummerierung entspricht dem Erst- bis Viert-einstich. (Quelle: Semm, 1984, S. 203)

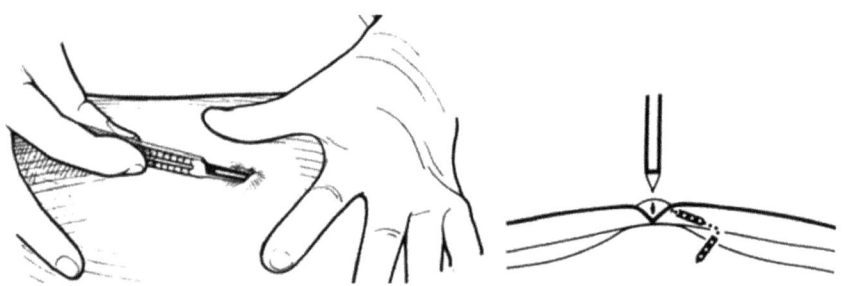

Abb. 66: Blindeinstich des Optiktrokars in Z-Stich-Technik. Einschnitt im Bereich der Veressnadel-Perforationsöffnung und Vorschub des Optiktrokars in Z-Technik. (Quelle: Semm, 1984, S. 131)

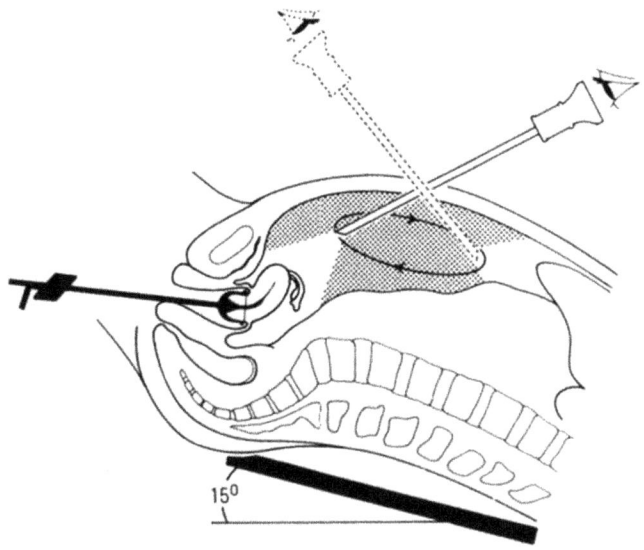

Abb. 67: *Orientierender 360°-Rundblick im gesamten Abdomen. (Quelle: Semm, 1984, S. 134)*

Oftmals wird zunächst ein 5 mm-Ø-Trokar eingeführt, durch dessen Hülse man entsprechend eine 5 mm-Ø-Optik für den vorgeschalteten Rundblick einbringt. Im Anschluss ist oftmals die Optik und die Trokarhülse entfernt und der Einstich in der unteren Nabelgrube so erweitert bzw. dilatiert worden, dass das Einbringen einer 11 mm-Ø-Trokarhülse und -optik (mit dem Vorteil einer verbesserten Ausleuchtung) möglich wird.[69] Der Zweiteinstich mit einem 5 mm-Ø-Arbeitstrokar erfolgt im Anschluss unter optischer Sicht (Abb. 68) im Schamhaarbereich des rechten Unterbauches, ebenfalls in Z-Stich-Technik nach vorausgehender, kleiner Inzision der Haut durch das Skalpell.

Nach Entfernung des Trokares wird dann eine atraumatische Greifzange durch diese Trokarhülse eingeführt, mit deren Hilfe zunächst die Appendix vermiformis am Caecum aufgesucht wird. Ist eine Einschätzung des unmittelbaren Operationsgebietes und Operationsausmaßes erfolgt, so folgt in gleicher Weise ein Dritteinstich im rechten Oberbauch (etwa eine Handbreit unter dem rechten Rippenbogen) für eine weitere 5 mm-Ø-Arbeitstrokarhülse sowie ein Vierteinstich im Schamhaarbereich des linken Unterbauches für eine 11 mm-Ø-Trokarhülse, durch die nun der Extraktor eingeführt wird. Durch diesen wird im Anschluss die

---

69 Vgl. ebd., S. 139f.

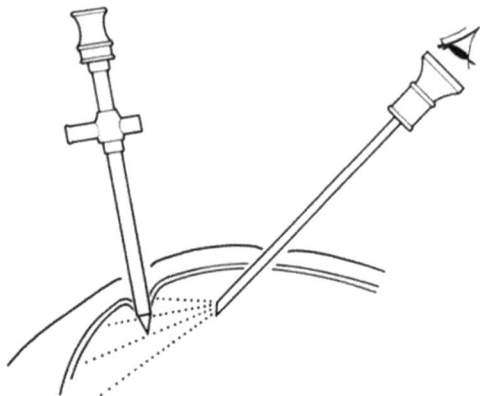

Abb. 68: Einstich der anderen Arbeitstrokare unter optischer Sicht. (Quelle: Semm, 1984, S. 139)

ROEDER-Schlinge vorgeschoben, mit der man die Spitze der Appendix vermiformis, gehalten durch die atraumatische Greifzange, anschlingt. Nachdem die ROEDER-Schlinge abgehängt, der ETHI-Binder wieder aus dem Extraktor entfernt und dafür ein 5 mm-Ø-Nadelhalter eingeführt worden ist, kann die Appendix an dem so entstandenen, etwa 4 cm langen Haltefaden ohne große Verletzungs-/ Perforationsgefahr mobilisiert und gestrafft werden (Abb. 69 *(Zeichnung 1, links)* und Abb. 70 + 71).[70]

Hierdurch kann nun auch die genaue Darstellung des Mesenteriolum mitsamt der A. appendicularis erfolgen. Mithilfe einer ETHI-Endonaht, die über den Zugang im rechten Oberbauch nach intraabdominell gebracht wird, durchsticht man dann die Radix mesenterii und ligiert die A. appendicularis mittels eines extrakorporalen Knotens (Abb. 69 *(Zeichnung 2, mittig)* und Abb. 72 + 73).

---

70 SEMM beschrieb ein Jahr später (1984) in seinem Lehrbuch für endoskopische Abdominal-Chirurgie die Applikation der ersten Arbeitsinstrumente leicht abweichend: Die atraumatische Greifzange werde nicht, wie oben beschrieben, durch die Trokarhülse im rechten Oberbauch vorgeschoben, sondern durch den Extraktor in der Trokarhülse im linken Unterbauch. Die ROEDER-Schlinge werde dafür durch die rechte Trokarhülse (hier allerdings nicht eindeutig beschrieben, ob durch die im rechten Unter- oder Oberbauch) appliziert. Der Nadelhalter zur Mobilisierung und Straffung der Appendix über den Haltefaden werde aber auch hier im Anschluss durch den Extraktor eingeführt (vgl. ebd., S. 202f.).

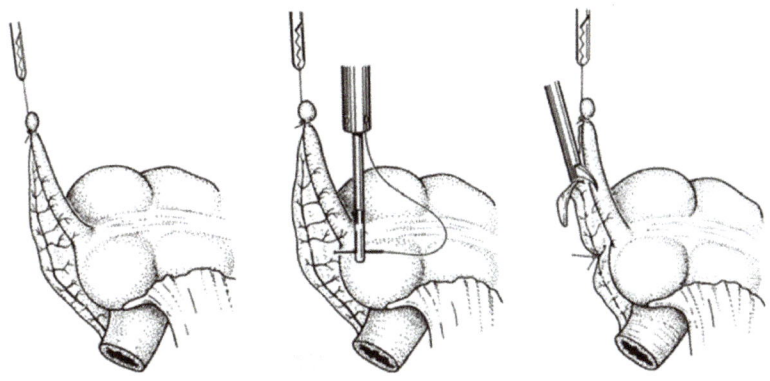

Abb. 69: Schematische Darstellung der Technik zur Appendektomie. Anschlingen der Appendix und Darstellung der Strukturen (Zchng. 1, links); Ligatur des Mesenteriolums mittels Endonaht (Zchng. 2, mittig); Skelettierung der Appendix (Zchng. 3, rechts). (Quelle: Semm, 1984, S. 203)

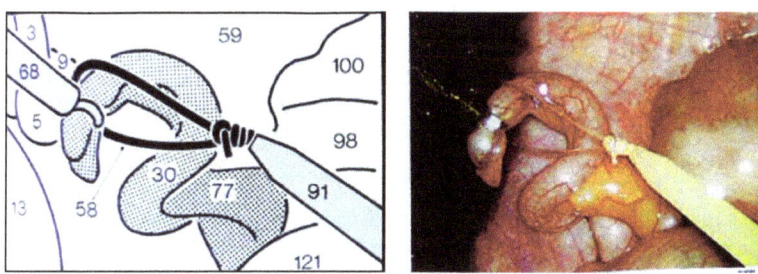

Abb. 70: Anbringen des Haltefadens mittels Roeder-Schlinge Originalfarbfoto mit identischer topographischer, organnummerierter Skizze (Zahlenschlüssel im Originalwerk). (Quelle: Semm, 1984, S. 419)

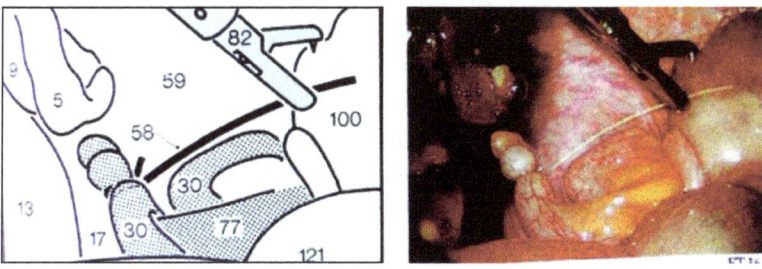

Abb. 71: Greifen des Haltefadens durch Nadelhalter oder Biopsiezange. Originalfarbfoto mit identischer topographischer, organnummerierter Skizze (Zahlenschlüssel im Originalwerk). (Quelle: Semm, 1984, S. 419)

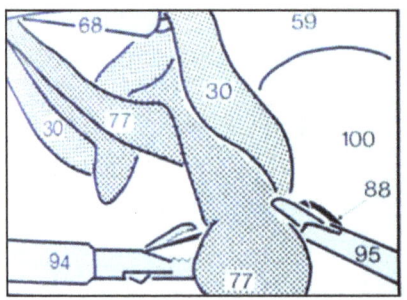 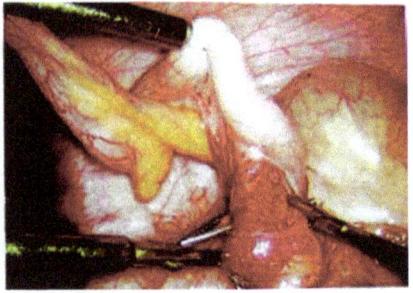

Abb. 72: Durchstechung der Radix mesenterii mittels Endonaht. Originalfarbfoto mit identischer topographischer, organnummerierter Skizze (Zahlenschlüssel im Originalwerk). (Quelle: Semm, 1984, S. 421)

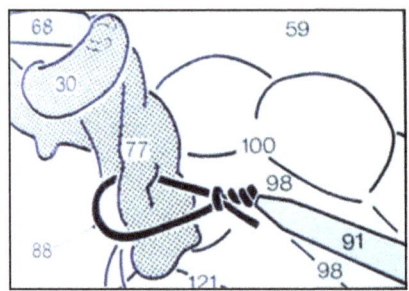 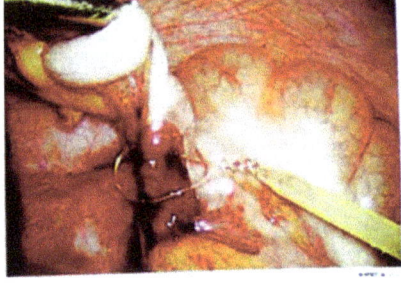

Abb. 73: Ligatur des Mesenteriolum/der A. appendicularis. Originalfarbfoto mit identischer topographischer, organnummerierter Skizze (Zahlenschlüssel im Originalwerk). (Quelle: Semm, 1984, S. 421)

Im Anschluss kann dann die Appendix bis zur Taenia libera am Caecum mit der Hakenschere vorsichtig skelettiert werden – eine sorgfältige Straffung der Appendix über den Zug am Haltefaden und eine Entfaltung des Mesenteriolum mit einer atraumatischen Greifzange kann diesen Arbeitsschritt deutlich erleichtern (Abb. 69 *(Zeichnung 3, rechts)* und Abb. 74).

Nach erfolgreicher Präparation des Wurmfortsatzes wird kurzzeitig der Haltefaden von dem Nadelhalter losgelassen, um eine weitere ROEDER-Schlinge um die Appendix legen zu können, wodurch diese dann möglichst basisnah ligiert wird (Abb. 75 *(Zeichnung 1, links)* und Abb. 76).

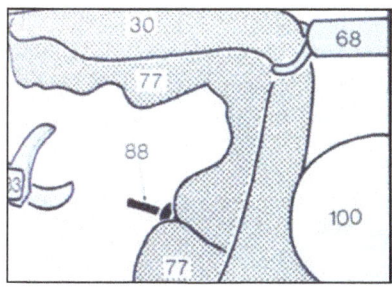 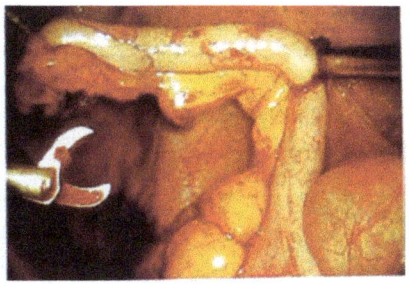

Abb. 74: Skelettierung der Appendix vermiformis. Originalfarbfoto mit identischer topographischer, organnummerierter Skizze (Zahlenschlüssel im Originalwerk). (Quelle: Semm, 1984, S. 421)

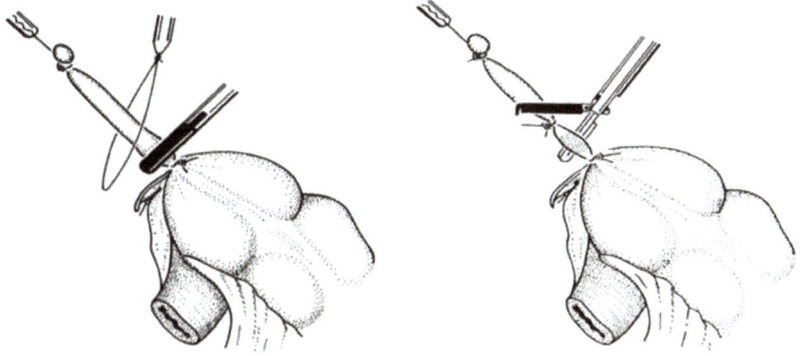

Abb. 75: Schematische Darstellung der Technik zur Appendektomie. Basisnahe Ligierung (Zchng. 1, links); Quetschung & Erhitzung mittels Krokodilklemme (Zchng. 2, rechts); distale Ligatur (Zchng. 1, links). (Quelle: Semm, 1984, S. 204)

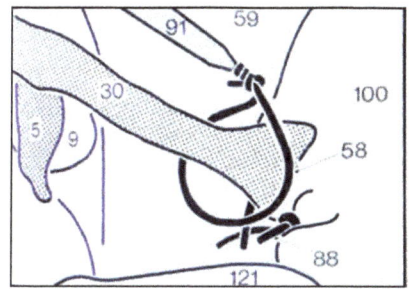 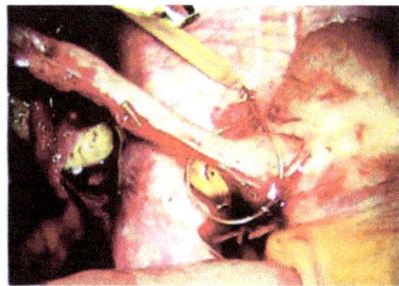

Abb. 76: Basisnahe Ligierung der Appendix mittels ROEDER-Schlinge. (Originalfarbfoto mit identischer topographischer, organnummerierter Skizze (Zahlenschlüssel im Originalwerk)). (Quelle: Semm, 1984, S. 421)

Nach Abschneiden des Fadens der zugezogenen ROEDER-Schlinge folgt ein Quetschen und ein ca. 20-sekündiges Erhitzen der Appendix auf 90°C kurz oberhalb dieser Ligatur durch eine Krokodilklemme, womit eine weitgehende Kot- und Keimfreiheit an dieser Stelle erreicht wird (Abb. 75 *(Zeichnung 2, rechts)* und Abb. 77).

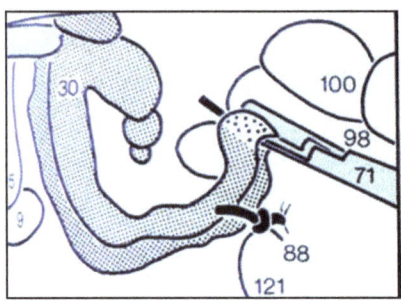 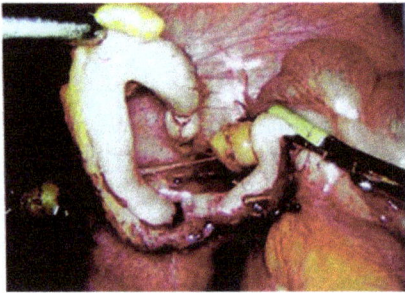

Abb. 77: *Quetschung und Erhitzung distal der ersten Ligatur mittels Krokodilklemme. Originalfarbfoto mit identischer topographischer, organnummerierter Skizze (Zahlenschlüssel im Originalwerk). (Quelle: Semm, 1984, S. 423)*

Durch erneutes Loslassen des Haltefadens ist dann die Platzierung einer zweiten Ligatur (mit einem Abstand von ca. 1,5 cm von der ersten) mittels ROEDER-Schlinge kurz oberhalb der Krokodilklemme möglich (Abb. 75 *(Zeichnung 1, links)* und Abb. 78).[71]

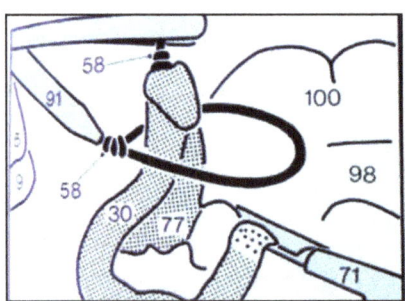 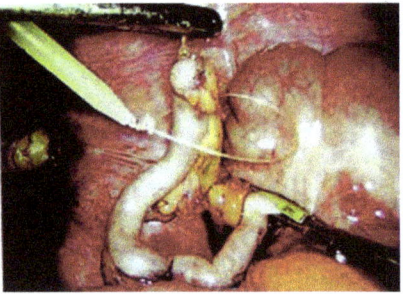

Abb. 78: *Zweite distale Ligatur der Appendix. Originalfarbfoto mit identischer topographischer, organnummerierter Skizze (Zahlenschlüssel im Originalwerk). (Quelle: Semm, 1984, S. 423)*

---

71 Vgl. Semm, Die endoskopiche Appendektomie, 1983, S. 132 oder Semm, Endoscopic Appendectomy, 1983, S. 61f.

Nach dem Lösen der Klemme und dem Wiederanzug des Haltefadens erfolgt im nächsten Arbeitsschritt nun die scharfe Durchtrennung der straff gezogenen Appendix mit der Hakenschere zwischen den beiden Ligaturen sowie die Entfernung der abgesetzten Appendix über den Extraktor in der 11 mm-Ø-Trokarhülse (möglichst ohne Berührung des umliegenden Gewebes) durch Zug am Haltefaden (Abb. 79 *(Zeichnung 1, links)* und Abb. 80).

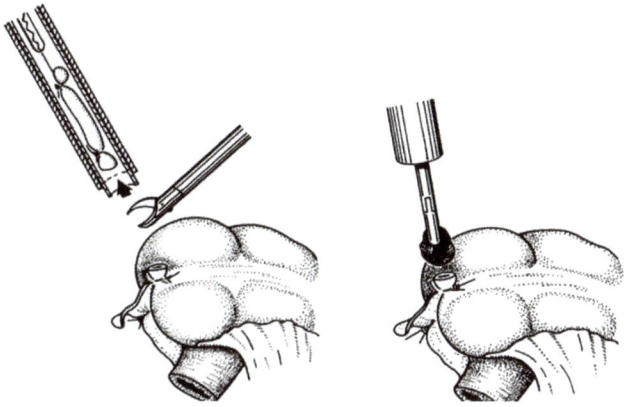

Abb. 79: *Schematische Darstellung der Technik zur Appendektomie. Scharfe Durchtrennung der Appendix und Entfernung durch den Extraktor (Zchng. 1, links); Desinfektion des Stumpfes mittels Jodtupfer (Zchng. 2, rechts). (Quelle: Semm, 1984, S. 204)*

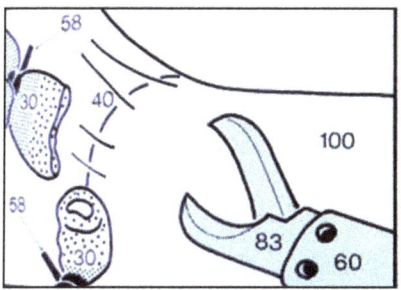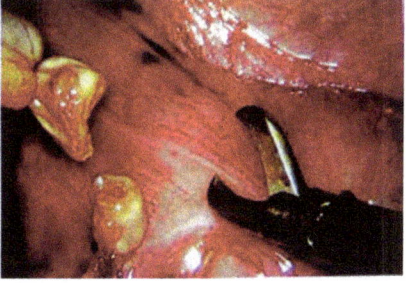

Abb. 80: *Scharfe Durchtrennung der Appendix vermiformis. Originalfarbfoto mit identischer topographischer, organnummerierter Skizze (Zahlenschlüssel im Originalwerk). (Quelle: Semm, 1984, S. 423)*

Die für diesen Schritt verwendeten Instrumente (Extraktor und Hakenschere) sollten für weitere Operationsschritte aus Sterilitätsgründen nun nicht mehr zur

Verfügung stehen, ein neuer Extraktor ist in der Trokarhülse zu platzieren, durch den folgend dann ein Jodtupfer nach intraabdominell vorgeschoben wird, um damit die Resektionsstelle bzw. den Appendixstumpf zu desinfizieren (Abb. 79 *(Zeichnung 2, rechts)* und Abb. 81).

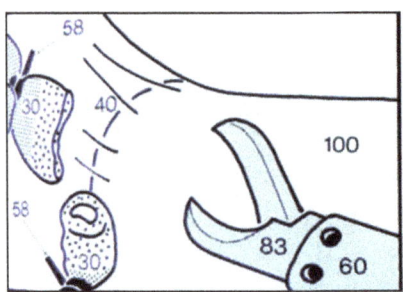 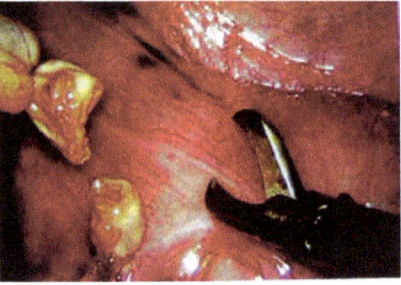

Abb. 81: *Desinfektion des Appendixstumpfes mittels Jodtupfer. Originalfarbfoto mit identischer topographischer, organnummerierter Skizze (Zahlenschlüssel im Originalwerk). (Quelle: Semm, 1984, S. 423)*

Anschließend wird mit monofilem Ethicon-PDS-Nahtmaterial (4 x 0) und mithilfe zweier Nadelhalter, die über die beiden 5 mm-Ø-Trokarhülsen im rechten Ober- und Unterbauch eingeführt werden, eine Tabaksbeutelnaht um den Appendixstumpf angelegt (Abb. 82 und 83).

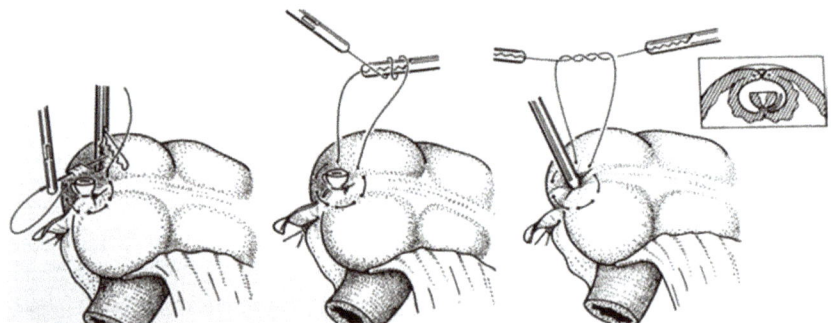

Abb. 82: *Schematische Darstellung der Technik zur Appendektomie. Stichtechnik (Zchng. 1, links) und intrakorporale Knotung der Tabaksbeutelnaht (Zchng. 2, mittig und 3, rechts). (Quelle: Semm, 1984, S. 205)*

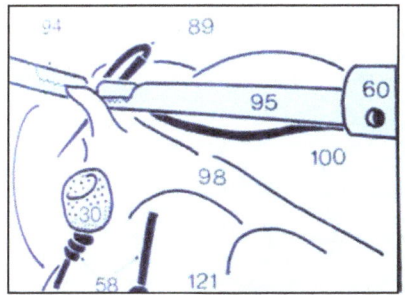 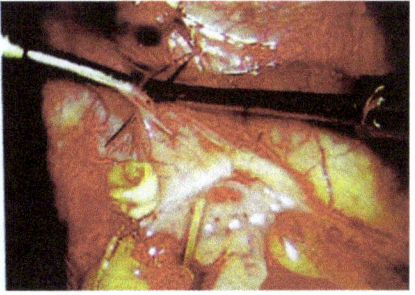

Abb. 83: Anlage der Tabaksbeutelnaht mit Ethicon-PDS-Faden 4-fach 0. Originalfarbfoto mit identischer topographischer, organnummerierter Skizze (Zahlenschlüssel im Originalwerk). (Quelle: Semm, 1984, S. 425)

Mit dem vom ETHI-Binder übrig gebliebenen Plastikschieber, der nun über den Extraktor vorgeschoben wird, versenkt man den ligierten Appendixstumpf dann in das Caecum, während gleichzeitig der bereits intrakorporal vorgelegte Endoknoten und damit auch die Tabaksbeutelnaht vorsichtig zugezogen wird (Abb. 82 *(Zeichnung 3, rechts)* und Abb. 84).

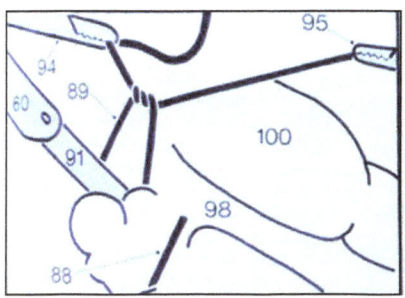 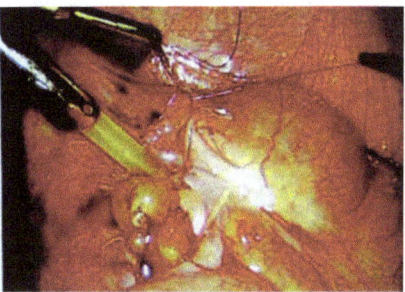

Abb. 84: Versenkung des Appendixstumpfes unter Zuzug der Tabaksbeutelnaht. Originalfarbfoto mit identischer topographischer, organnummerierter Skizze (Zahlenschlüssel im Originalwerk). (Quelle: Semm, 1984, S. 425)

Zwei zusätzliche intrakorporal durchgeführte chirurgische Knoten sichern anschließend den ersten Halt der Tabaksbeutelnaht, zusätzlich erfolgt dennoch in der Regel das Stechen einer Z-Naht über der Versenkungsstelle mit gleichem Nahtmaterial, ebenfalls mit zweifacher Endo-Verknotung zur Knotenfixierung (Abb. 85 *(Zeichnung 1, links)* und Abb. 86).

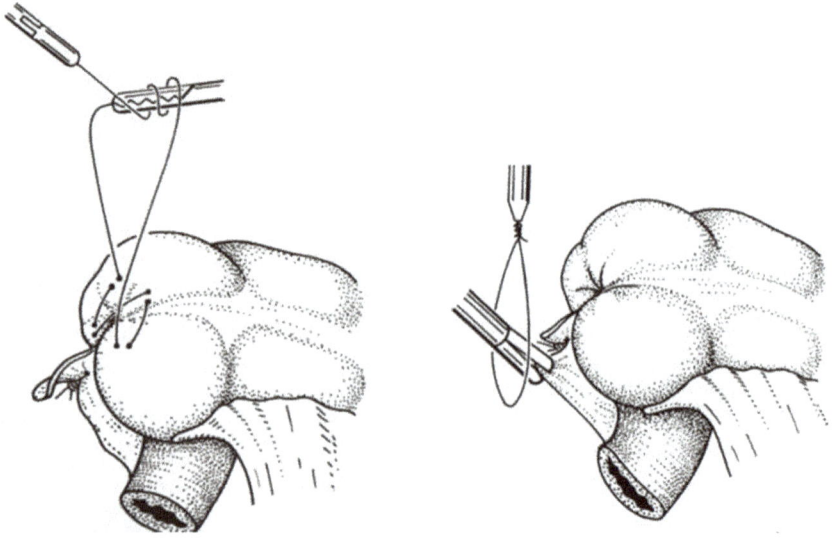

Abb. 85: Schematische Darstellung der Technik zur Appendektomie. Anlage der Z-Naht (Zchng. 1, links); Behebung von Serosadefekten durch Endonaht oder Ligaturen (Zchng. 2, rechts). (Quelle: Semm, 1984, S. 205)

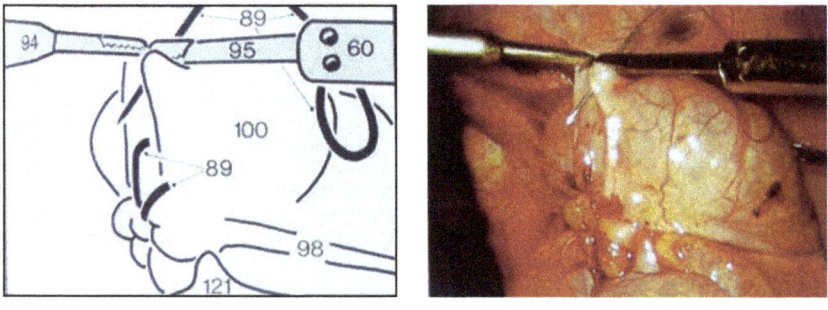

Abb. 86: Anlage der Z-Naht. Originalfarbfoto mit identischer topographischer, organnummerierter Skizze (Zahlenschlüssel im Originalwerk). (Quelle: Semm, 1984, S. 425)

Die Appendektomie ist ab diesem Zeitpunkt erfolgreich durchgeführt, eventuell noch bestehende Serosadefekte (z. B. am Caecum) können durch weitere Endo-Nähte und ROEDER-Schlingen behoben werden (Abb. 85, **Zeichnung 2, rechts**), bevor ein abschließender Rundblick zur Kontrolle auf Blutfreiheit sowie zur Inspektion von Leber, Gallenblase und kleinem Becken durchgeführt werden sollte.[72] Die drei Arbeitstrokarhülsen werden unter Sicht herausgenommen, das insufflierte Gas wird abgelassen und als Letztes die Trokarhülse der Optik entfernt. Die vier Einstichwunden müssen aufgrund der Z-Technik lediglich abschließend durch Hautklammern verschlossen werden.[73]

Nach Aussage der Zeitzeugin METTLER (oben bereits mit ihrem Lebenslauf in Kürze vorgestellt) hat es sich bei den in der Universitätsfrauenklinik Kiel von SEMM durchgeführten Appendektomien in der Regel um subakute Appendizitiden gehandelt, die als Nebenbefund im Rahmen einer gynäkologischen Operation (z. B. Endometrioseherd-Koagulation, Hysterektomie, Sterilisationsoperation, Ovarialzystenpunktion) diagnostiziert wurden, die (per)akuten Fälle seien hingegen direkt in die Chirurgie gegangen. Ihr zufolge, die selbst bei der ersten laparoskopischen Appendektomie 1980 anwesend war und in den folgenden Jahren bei zahlreichen laparoskopischen Appendektomien SEMMs assistierte, sei dies auch aus den damaligen Operationsprotokollen bzw. –berichten ersichtlich, die stets akribisch geführt und später auch archiviert worden seien. Im Rahmen des im Sommer 2015 begonnenen großen Um- und Neubauprojektes des Universitätsklinikums Schleswig-Holstein (UKSH), zu dem sowohl der jetzige Campus Kiel als auch der Campus Lübeck gehört, sind jedoch zahlreiche Nachlässe aus der Zeit SEMMs – darunter vor allem auch die archivierten Operationsberichte – bei dem Umzug der Fakultät in neue Gebäude verloren gegangen[74], sodass das Auffinden und die Einsicht in die ersten Protokolle laparoskopischer Appendektomien im Rahmen der Forschungsarbeit dieses Dissertationsprojektes nicht mehr möglich waren. Anhand eines Gedächtnisprotokolles von METTLER, das mir am 01.08.2014 freundlicherweise zur Verfügung gestellt wurde, lässt sich der Wortlaut der Operationsberichte SEMMs bei subakuten Appendektomien folgendermaßen rekonstruieren:

---

72 Vgl. Semm, Die endoskopische Appendektomie, 1983, S. 134 oder Semm, Endoscopic Appendectomy, S. 62f. SEMM empfahl in seinem Lehrbuch für endoskopische Abdominal-Chirurgie eine Spülung des OP-Gebietes mit 37°C warmer physiologischer Kochsalzlösung, die über den von ihm für endoskopische Eingriffe entwickelten Aquapurator (Spül-Saug-Instrument) in die Bauchhöhle eingebracht werde (vgl. Semm, Operationslehre, 1984, S. 206).
73 Vgl. Semm, Die endoskopische Appendektomie, 1983, S. 135 oder Semm, Endoscopic Appendectomy, 1983, S. 63. Die genaue Beschreibung aller Operationsschritte sind neben der hier angegebenen Quelle der Erstveröffentlichung auch in seinem Lehrbuch zu finden: vgl. Semm, Operationslehre, 1984, S. 202–206.
74 So die Auskunft des Landesarchivs Schleswig-Holstein (Sitz in Schleswig) und der Medizin- und Pharmaziehistorischen Sammlung der Christian-Albrechts-Universität zu Kiel (Sitz in Kiel).

„*Trokarpositionen: Optiktrokar im Umbilicus; Zwei 5 cm Trokare: rechts supraphysär, rechte Flanke 5 cm oberhalb des Nabels; 10 cm Trokar links supraphysär mit Appendixextractor; Verdacht auf subakute Appendicitis; Verwachsungen im Appendixbereich; Sorgfältige Skelettierung der Appendix; Umstechung der Arteria appendicularis; Freilegung der Basis der Appendix; Catgut Roederschlinge um die Basis der Appendix; Klemmen der Appendix mit der Krokodilklemme ohne Stromapplikation; Setzen einer weiteren Roederschlinge 1cm höher und nach Zug an einem Haltefaden von der Appendixspitze wird die Appendix scharf mit der Hakenschere durchtrennt und direkt in den Appendixextraktor eingezogen und entfernt; Schere und Extraktor werden vom Instrumententisch entnommen; Desinfizierung des verbliebenen kleinen Appendixstumpfes mit Jod und Versenken desselben mit einer Tabaksbeutel- und Z-Naht (Vorgehen wie bei klassisch abdomineller Appendektomie).*"[75]

In einer 7-minütigen Videosequenz aus dem Jahr 1993, die eine pelviskopische Appendektomie bei einer Patientin mit subakuter Appendizitis bei Endometriose der Appendix und des umliegenden pericaecalen Gewebes zeigt, ist hingegen ein etwas abweichendes Operationsverfahren im Vergleich zu oben beschriebener Technik dargestellt. Diese Videosequenz, ebenfalls von METTLER zusammen mit fünf weiteren kurzen Videosequenzen anderer gynäkologischer Operationen[76] in Form einer durch sie selbst archivierten VHS-Kassette zur Verfügung gestellt, zeigt, dass sich SEMMS laparoskopische Operationstechnik zur Appendektomie auch nach seiner Veröffentlichung weiter im Wandel befand. Acht Jahre nach der Herausgabe seines Lehrbuches für endoskopische Abdominal-Chirurgie demonstrierte SEMM mit dieser Videosequenz eine neue Technik zur Appendektomie, die operativ einfacher sei und sich lediglich auf das Legen von Ligaturen (ohne Stumpfversenkung und Tabaks-Beutel- und Z-Naht) beschränke.

Im Folgenden wird dieses operative Vorgehen, wie es in der Videosequenz – von SEMM selbst vertont – erläutert wurde, dargestellt und anhand von Standbildausschnitten[77] visuell ergänzt:

Wie auch in dem zuvor erwähnten Verfahren beschrieben, beginnt die Operation nach Anlage des Kapnoperitoneums und nach Einbringen der Trokarhülsen im Bereich der Standardpositionen mit dem Greifen und der Mobilisierung der Appendix vermiformis mittels atraumatischer Greifzange sowie mit der

---

75 Prof. Dr. med. Mettler, Liselotte: Niedergeschriebenes Gedächtnisprotokoll vom 01.08.2014.
76 CISH (Classical Intrafascial SEMM Hysterectomy), IVH ((Subtotal) Incomplete Vaginal Hysterectomy), Morcellation with Motor-Drive, Pelviscopic Colposuspension, TUMA (Total Uterine Mucosal Ablation).
77 Prof. Dr. med. Dr. med. vet. h.c. Kurt Semm: Endoscopic Appendectomie, Universitätsfrauenklinik Kiel, 1993; VHS-Dokument; Bildmaterial mit freundlicher Genehmigung von Frau Prof. Dr. med. Liselotte Mettler.

Darstellung deren Basis am Caecumpol (Abb. 87). Das Anbringen eines Haltefadens durch eine ROEDER-Schlinge wird ausgelassen. Es schließt sich hier nun direkt die Quetschung und 15-sekündige Erhitzung (hier von SEMM mit 110°C angegeben) der Appendix durch die Krokodilklemme ca. 1,5 cm distal ihrer Basis an (Abb. 88 und 89).

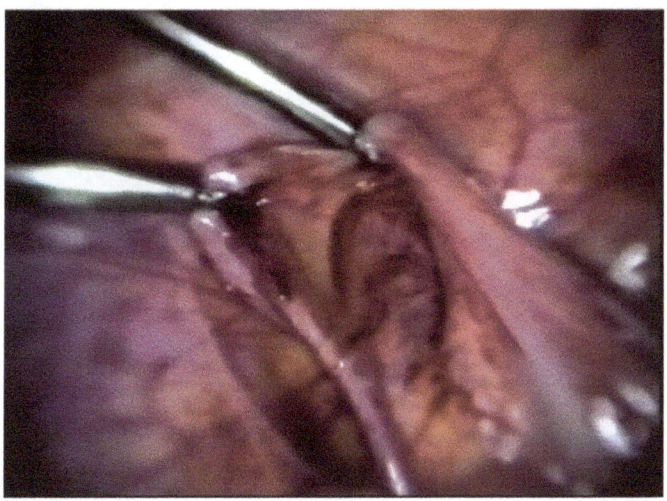

Abb. 87: Darstellung der Appendix mit atraumatischer Greifzange. (Quelle: Semm, 1993)

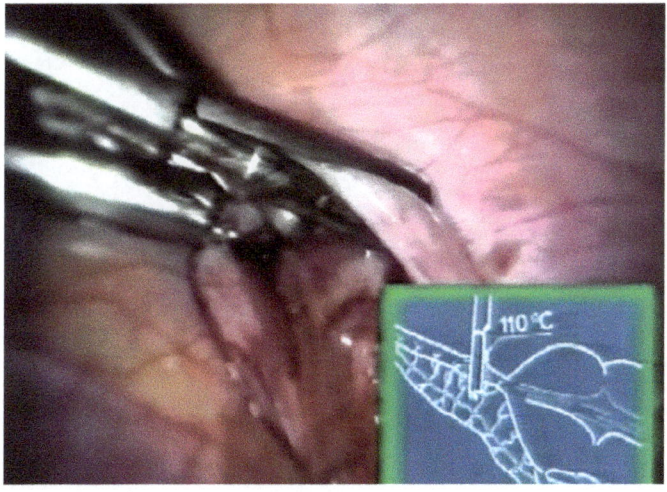

Abb. 88: Quetschung und Erhitzung der Appendix. (Quelle: Semm, 1993)

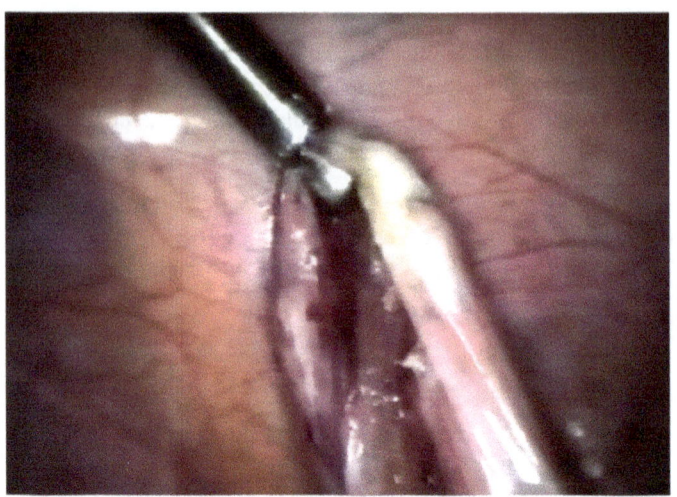

Abb. 89: Darstellung des Koagulationsbereiches. (Quelle: Semm, 1993)

Anschließend wird auf klassische Weise die Appendix mit der Hakenschere im Koagulationsbereich durchtrennt, ohne zuvor – wie oben noch beschrieben – die beiden Ligaturen zu setzen (Abb. 90 und 91). Durchtrennt wird zunächst allein die Appendix vermiformis, das Mesenteriolum und die darin befindliche A. appendicularis ist zu diesem Zeitpunkt noch intakt.

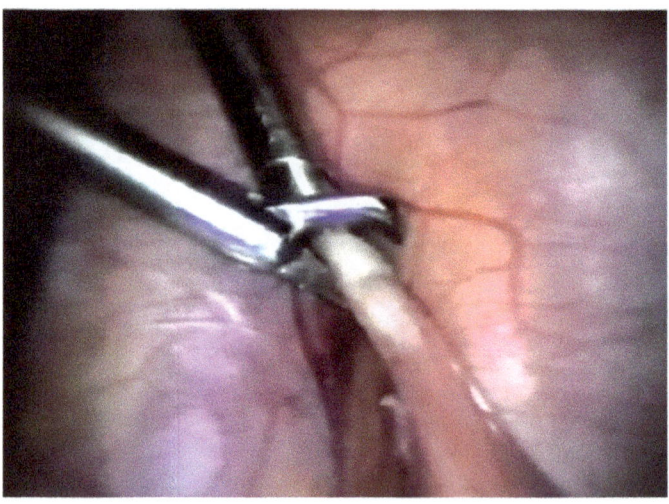

Abb. 90: Durchtrennnung der Appendix mit Haken-Schere. (Quelle: Semm, 1993)

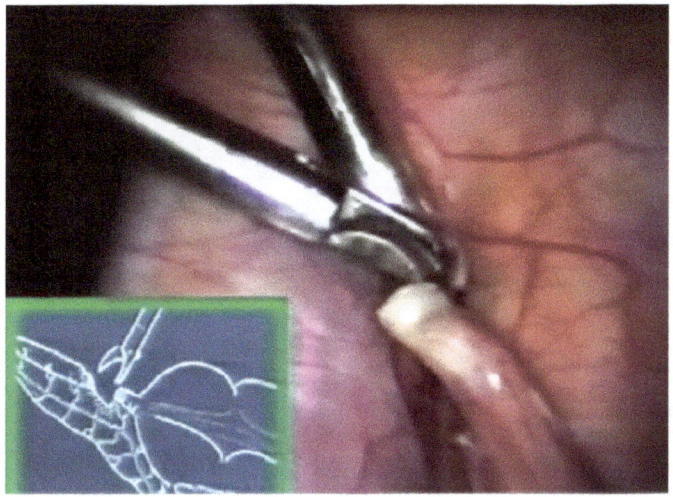

Abb. 91: Durchtrennte Appendix im Koagulationsbereich. (Quelle: Semm, 1993)

Erst jetzt folgt die Ligatur des entstandenen basisnahen (Abb. 92 und 93) sowie des peripheren (Abb. 94) Appendixstumpfes jeweils mit einer Chrom-Katgut-Schlinge als Sicherung dafür, dass sowohl aus dem in situ bleibenden Stumpf als auch aus dem Stumpf am Resektat bei Extraktion keine Faeces austreten kann.

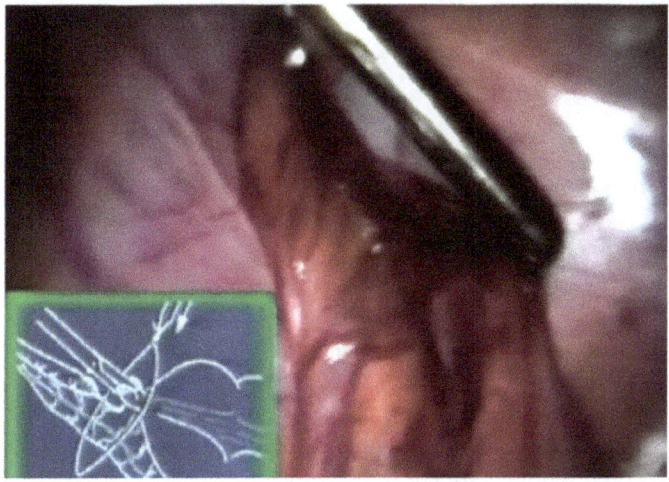

Abb. 92: Darstellung des basisnahen Appendixstumpfes. (Quelle: Semm, 1993)

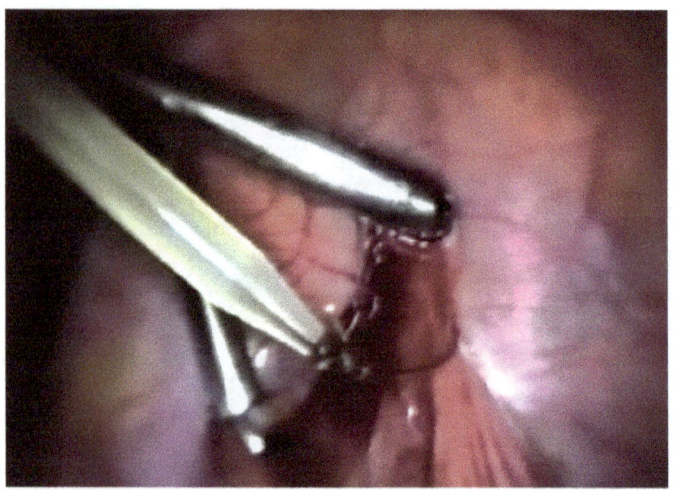

Abb. 93: Ligatur des basisnahen Appendixstumpfes. (Quelle: Semm, 1993)

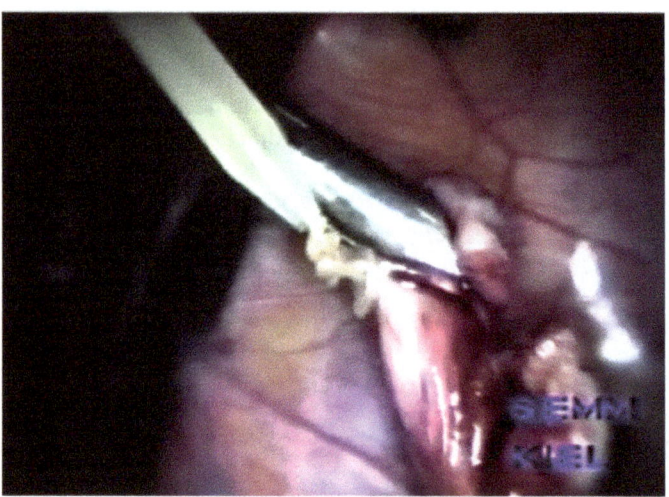

Abb. 94: Ligatur des peripheren Appendixstumpfes. (Quelle: Semm, 1993)

Danach wird nach Greifen und Zug an der Appendixspitze eine ROEDER-Schlinge um das Mesenteriolum (mit A. appendicularis) gelegt, um dieses im Bereich der schon durchtrennten Appendix vermiformis ebenfalls zu ligieren (Abb. 95 und 96).

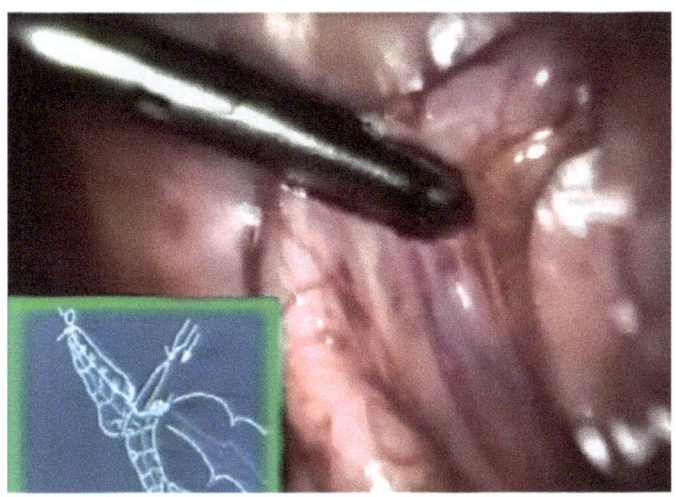

Abb. 95: Vorbereitung zur Ligatur der Mesoappendix. (Quelle: Semm, 1993)

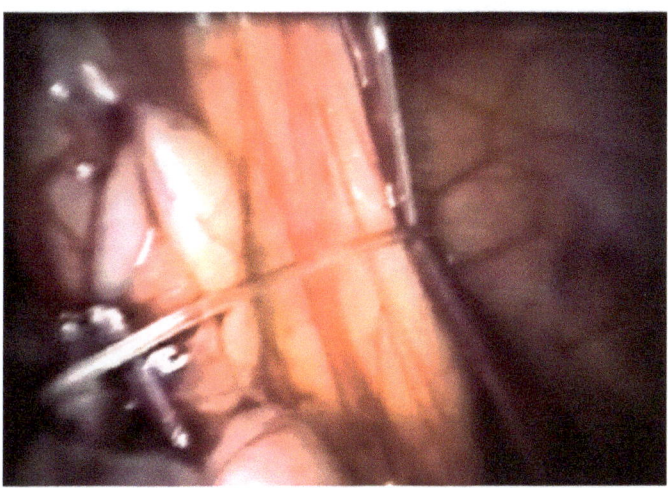

Abb. 96: Ligatur des Mesenteriolum. (Quelle: Semm, 1993)

Distal dieser Ligatur wird schließlich auch das Mesenteriolum und die A. appendicularis mit der Hakenschere scharf durchtrennt (Abb. 97), sodass nun die Bergung der resezierten Appendix durch den Extraktor möglich ist (Abb. 98).

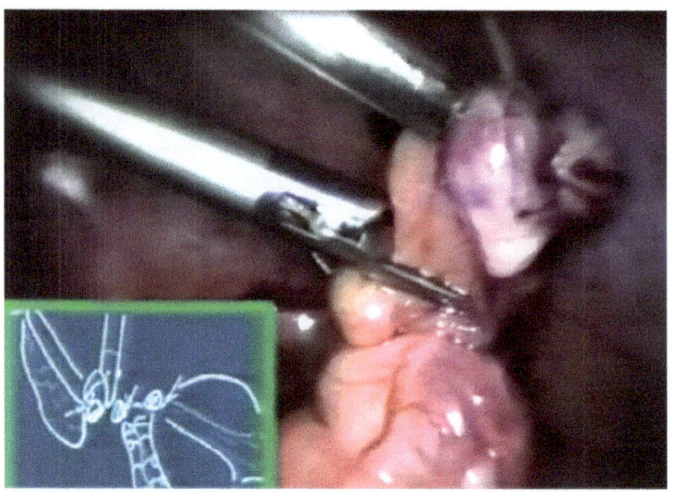

Abb. 97: Durchtrennung des Mesenteriolum. (Quelle: Semm, 1993)

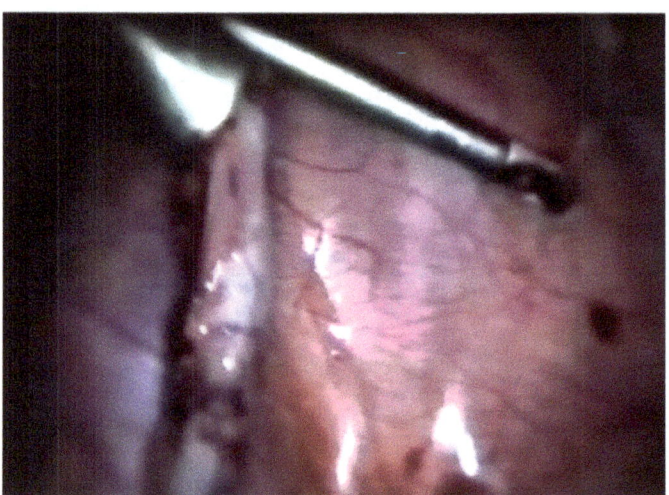

Abb. 98: Bergung der Appendix. (Quelle: Semm, 1993)

Der Appendixstumpf am Caecumpol ist nun mithilfe eines Jodtupfers wie üblich zu desinfizieren (Abb. 99) und mit einer zweiten Chrom-Katgut-Schlinge zu sichern (Abb. 100).

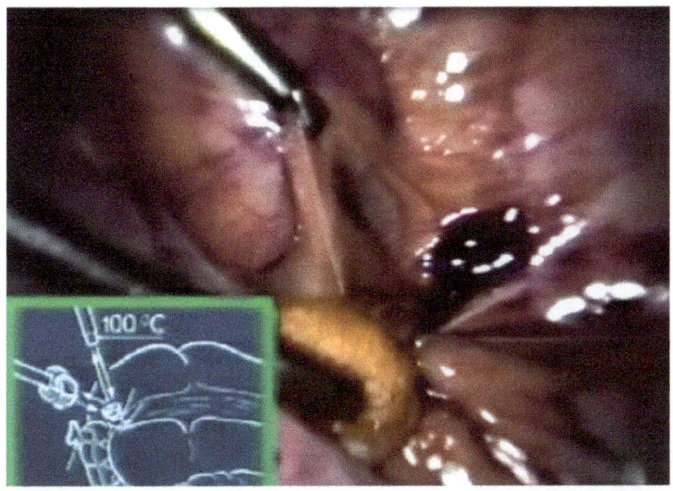

Abb. 99: Desinfektion des Stumpfes. (Quelle: Semm, 1993)

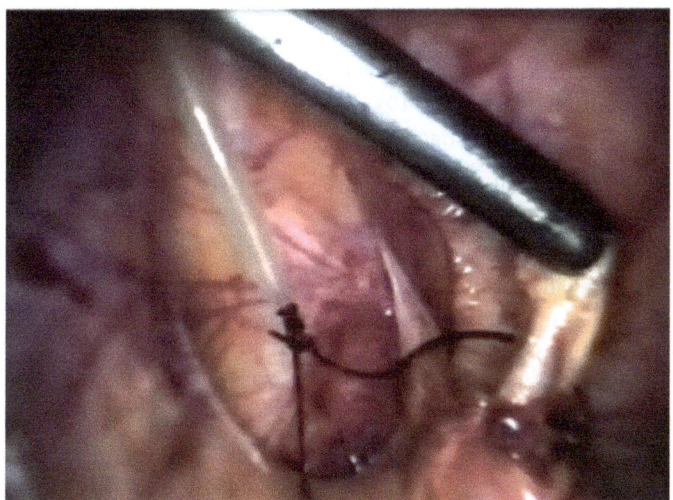

Abb. 100: Sicherung des Stumpfes durch eine zweite Schlinge. (Quelle: Semm, 1993)

Nun folgen ein gründliches Spülen des Operationsgebietes und eine nochmalige Sterilisation des Stumpfes mit einem auf 100°C erhitzten Punktkoagulator, um einer Stumpfinfektion vorzubeugen (Abb. 101).

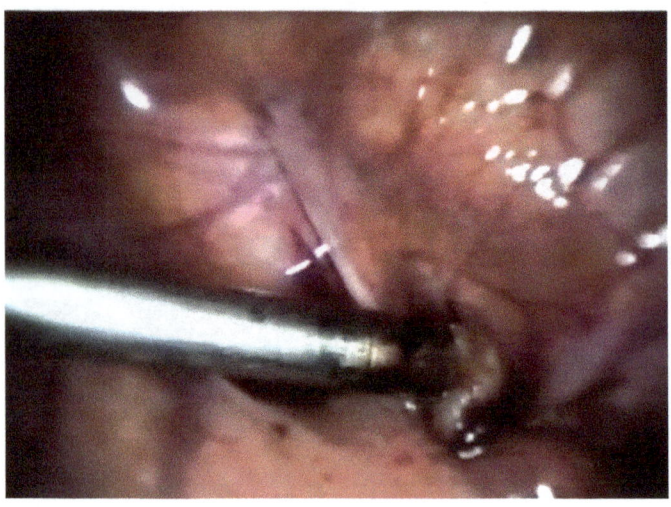

Abb. 101: Punktkoagulation des Stumpfes. (Quelle: Semm, 1993)

Die wesentlichen Unterschiede zwischen dem Vorgehen SEMMs, wie dieses von ihm in seiner Veröffentlichung 1983 beschrieben wurde, und dem in seiner Lehrvideosequenz aus dem Jahr 1993 werden deutlich. Kurz zusammengefasst zeigten sich folgende Neuerungen:

- Auf das Anbringen eines Haltefadens an der Apex appendix mittels ROEDER-Schlinge wird verzichtet
- Die basisnahe Quetschung und Erhitzung mittels Krokodilklemme und die Durchtrennung der Appendix mittels Hakenschere erfolgt vor der Ligatur (des basisnahen und peripheren Appendixstumpfes)
- Die Durchtrennung des Mesenteriolums erfolgt erst nach der Durchtrennung der Appendix (nachdem zuvor auch das Mesenteriolum mittels ROEDER-Schlinge ligiert wurde)
- Der in situ verbleibende Appendixstumpf am Caecum wird nach Joddesinfektion mit einer zweiten Ligatur gesichert und mit einem Punktkoagulator nochmals sterilisiert
- Auf eine Sicherung durch eine versenkende Tabaksbeutelnaht sowie eine Z-Naht wird verzichtet

Wie bereits angedeutet, sah SEMM in der Variation seines Vorgehens eine Vereinfachung in der operativen Technik, möglicherweise wird auch der damit einhergehende Faktor der Zeitersparnis im Operationsablauf eine Intention gewesen sein. Bei Auslassung der Stumpfversorgung durch eine versenkende Tabaksbeutel- und eine übernähende Z-Naht führte er alternativ eine zweite Appedixstumpfligatur und eine Punktkoagulation zusätzlich zur Joddesinfektion durch, wodurch deutlich wird, dass trotz allem die Verhütung einer Stumpfinsuffizienz oberste Priorität hatte.

8.3 Die Etablierung der Laparoskopie in der Chirurgie

Während SEMM also selbst seit seiner ersten erfolgreichen laparoskopischen Appendektomie durch unermüdliche Öffentlichkeitsarbeit die neue Technik zu verbreiten versuchte, gründeten sich parallel dazu allmählich erste Arbeitsgemeinschaften, die sich für die Etablierung der Laparoskopie einsetzten. Dennoch ist zu bemerken, dass trotz dieser Entwicklungen noch einige Zeit eine zurückhaltende und ablehnende Haltung der chirurgischen Fachschaft bestehen blieb. Erst etwa ab 1988 gewann die Laparoskopie zunehmend an Bedeutung, sodass sie sich immer mehr als ein konkurrenzfähiges Verfahren für das konventionelle Operieren herausstellte.

1972 war es zunächst die „Chirurgische Arbeitsgemeinschaft für Endoskopie und Sonographie" (CAES) als erste Arbeitsgemeinschaft der „Deutschen Gesellschaft für Allgemeine- und Viszeralchirurgie" (DGAV), die in Hamburg gegründet wurde und die sich für die Weiterentwicklung chirurgisch-endoskopischer und -sonographischer Methoden sowie für die Weiterbildung in diesem Bereich einsetzte. In den USA entstand als Pendant fünf Jahre später, 1977, die „Society of American Gastrointestinal Endoscopic Sergeons" (SAGES). Beide, sowohl die CAES als auch die SAGES, legten dabei die Grundsteine für die jeweils nationale, aber auch internationale Einführung und Etablierung der Laparoskopie im praktischen Alltag.[78]

1983 war es dann der britische Urologe John E. A. WICKHAM (geb. 1927), der erstmals den Begriff „minimalinvasive Chirurgie" verwendete, der schnell zum Standard wurde und den der „operativen Pelviskopie" von SEMM in Abgrenzung zur rein diagnostischen Laparoskopie ablöste.

Wie oben schon erwähnt, waren es weniger die laparoskopische Appendektomie von SEMM 1980, sondern vielmehr die ersten laparokopischen Cholezystektomien von MÜHE 1985 in Deutschland und Phillipe MOURET (geb. 1937) 1987 in Frankreich, die zu einer raschen internationalen Verbreitung der endoskopischen Operationsmethode und zu einem geschärften Blick für die Arbeit

---

78 Vgl. Kirschniak/Granderath, Laparoskopie, 2017, S. 3.

SEMMS unter den Chirurgen führte. 1987 folgte dann bereits die Publikation der ersten Ausgabe der Fachzeitschrift „Surgical Endoscopy", 1988 fand schließlich der erste Weltkongress für chirurgische Endoskopie in Berlin statt, der vielfach als der Zeitpunkt für den internationalen Durchbruch der Laparoskopie angesehen wird.

Mit dem zunehmenden Interesse an der Methode stieg auch die Nachfrage nach Operationskursen und Fort- bzw. Weiterbildungen, die immer zahlreicher angeboten wurden, um tausenden Chirurgen das Umlernen und Umstellen etablierter konservativer Operationsmethoden zu ermöglichen.[79]

Im Jahr 1999 ging dann schließlich aus der CEAS die „Chirurgische Arbeitsgemeinschaft Minimal-Invasive Chirurgie" (CAMIC) hervor, die sich in erster Linie für die Qualitätssicherung und Standardisierung der Minimal-Invasiven Chirurgie in der Praxis einsetzte.[80]

Je weiter sich die neue Operationsmethode verbreitete und je mehr Operationserfahrungen über die Jahre gesammelt werden konnten, desto mehr erweiterten sich die Indikationen (vor allem in den operativen Fachbereichen Chirurgie, Urologie und Gynäkologie), sodass sich der laparoskopische Operationskatalog kontinuierlich erweiterte und immer mehr Eingriffe nun auch auf laparoskopischem Weg möglich wurden. Damit stieg die Nachfrage nach endoskopischen Instrumenten in der Industrie, was mitunter zeitweise sogar zu Lieferungsengpässen und zu Verknappung der Instrumente führte.[81]

---

79 Vgl. Mettler, Endoskopische, 2002, S. 14.
80 Vgl. Kirschniak/Granderath, Laparoskopie, 2017, S. 3.
81 Vgl. Mettler, Endoskopische, 2002, S. 15.

9 Aktuelle Operationsstandards und ein kurzer Ausblick in die Zukunft

Die laparoskopische Appendektomie hat sich Dank des Wirkens von SEMM trotz anfänglicher Kritik in der Viszeralchirurgie etabliert. Seither hat sie eine kontinuierliche Weiterentwicklung erfahren, zum einen, was die einzelnen Operationsschritte angeht, zum anderen auch in Bezug auf die Inzisionspositionen bzw. Zugangspunkte nach intraabdominell und die spezifische Verwendung der laparoskopischen Instrumente.

Der Vollständigkeit halber soll hier in Kürze das aktuell gängige Vorgehen sowohl bei einer laparoskopischen als auch bei einer offenen Appendektomie dargestellt werden, um einen Vergleich mit SEMMs Methode sowie der offenen Methode MCBURNEYS/SPRENGELS zu ermöglichen[1]:

Für das laparoskopische Vorgehen zur Appendektomie werden eine Anästhesie in Intubationsnarkose und eine Rückenlagerung vorbereitet. Die gängigsten Zugangswege für die Optik- und die Arbeitstrokare sind über eine infraumbilikale Nabelinzision sowie zwei kleine Inzisionen jeweils im linken (für eine 5 mm-Ø-Trokarhülse) und rechten (für eine 12 mm-Ø-Trokarhülse) Schamhaargrenzbereich suprainguinal. Anders als bei SEMM ist der Zugang nach intraabdominell mittlerweile auf nur noch drei Inzisionen beschränkt. Die Arbeitsschritte zur Anlage des Kapnoperitoneums und zur darauffolgenden Einführung des Optiktrokars über die infraumbilikale Inzision sowie für die weitere Einführung der beiden Arbeitstrokare unter Sicht entsprechen denen SEMMs.

Nach erster Exploration der Bauchhöhle erfolgt die Darstellung der Appendix bis zu ihrer Basis, indem diese mit der Fasszange über den rechten Trokar gefasst und angehoben wird. Anschließend erfolgt die Skelettierung der Appendix bis zur Basis, beginnend etwa in der Mitte, die A. appendicularis wird frei präpariert und nach mehrfacher Koagulation mit der Schere durchtrennt.

Bei Blutungen kann ein zusätzlicher Clip gesetzt werden, auch das primäre Clippen und die Durchtrennung zwischen zwei gesetzten Clips sind möglich.

---

1 Die hier dargestellten Operationsschritte, Instrumente und Materialien sind keinesfalls allgemeingültig, sie können je nach Operateur und Krankenhausstandard auch leicht abweichen.

Das hierfür notwendige Instrumentarium wird über den linken Trokar eingebracht. Es folgt das Einführen eines Endo-GastroIntestinal Anastomosis-Linearstaplers (Endo-GIA; 30 mm Magazinlänge) über rechts, wobei die skelettierte Appendix nun mithilfe einer Fasszange über links gehalten werden muss. Der Stapler wird basisnah um die Appendix platziert und die Klammernaht ausgelöst, um die Appendix zu durchtrennen. Der Stapler wird geschlossen über den Trokar wieder entfernt, die Klammernahtreihe am Caecalpol inspektorisch auf ihre Suffizienz geprüft und die abgesetzte Appendix über und zusammen mit der rechten 12 mm-Ø-Trokarhülse herausgezogen (im fortgeschrittenen Entzündungsstadium in der Regel in einem Bergebeutel. Ggf. ist eine Inzisionserweiterung notwendig). Anschließend wird die Appendix grundsätzlich zur histologischen Begutachtung geschickt. Klammern ohne Gewebekontakt bzw. freie Klammern in der Bauchhöhle werden geborgen (z. B. mit einem Sauger). Die Einlage einer Drainage ist fakultativ und wird zumeist bei stärkerer Vereiterung im retrocaecalen Bereich oder im Douglas-Raum bzw. Excavatio rectovesicalis platziert. Bei fortgeschrittener gangränöser Appendizitis mit Begleitentzündung des Mesenteriolum kann der Verzicht auf die Skelettierung der fragilen Appendix sinnvoll sein, die Durchtrennung der Appendix und des Mesenteriolum durch eine gemeinsame oder zwei einzelne Klammernahtreihen des Linearstaplers ist angebracht. Bei übergreifender Entzündung auf den Caecalpol ist eine Teilresektion des Caecum mit mehreren oder längeren Klammernahtmagazinen notwendig.

Alternativ zum Linearstapler kann auch – wie schon von SEMM verwendet – eine ROEDER-Schlinge über den linken Trokar eingeführt werden, die dann über die Appendix bis zur Basis gestreift und mit dem Ziel ihrer Ligatur zugezogen wird. Die Fäden der Schlinge werden mit einer Schere durchtrennt. Um Kontaminationen zu vermeiden, kann die Appendix fakultativ mindestens 1 cm oberhalb der Ligatur mit der bipolaren Diathermiesonde koaguliert werden, bevor sie dann mit einer Schere durchtrennt und (auch hier ggf. mithilfe eines Bergebeutels) über und mit dem rechten Trokar entfernt wird.

Abschließend wird der Appendixstumpf mit einem Desinfektionstupfer betupft, fakultativ mit einer laparoskopischen Z-Naht übernäht und nach retroperitoneal geschoben. Auch die klassische Ligatur mit anschließender Versenkung durch eine Z-Naht wird noch immer angegeben, jedoch deuten Untersuchungen darauf hin, dass die Verwendung des linearen Klammernahtgerätes die einfachste und sicherste Methode darstellt[2], wobei sie gleichzeitig jedoch auch die teuerste ist.[3]

Die Durchführung der konventionellen Appendektomie wird wie folgt empfohlen:

Der Zugang des sich in Intubationsnarkose und Rückenlage befindenden Patienten geschieht meist mit dem klassischen Wechselschnitt. Der Hautschnitt wird dabei waagerecht entsprechend dem Hautfaltenverlauf bis leicht schräg verlaufend knapp oberhalb der Schamhaargrenze angesetzt, im Falle der Notwendigkeit einer verbesserten Exposition im Verlauf kann dieser bogenförmig nach laterokranial und/oder mediokaudal verlängert werden. Möglich, aber seltener verwendet sind nach wie vor der para- und transrektale Zugang, genauso auch die mediane (Unterbauch)Laparotomie, Letztere vor allem der besseren Operationsübersicht halber im fortgeschrittenen Entzündungsstadium mit Begleitperitonitis.

Nach Durchtrennung der Cutis, Subcutis und der subkutanen Scarpa-Faszie wird die Externusaponeurose entlang ihres Faserverlaufes von laterokranial nach mediokaudal durchtrennt. Im Anschluss wird die Muskulatur des M. obliquus internus und transversus abdominis stumpf mit Schere und Pinzette auseinandergebracht und mit zwei Roux-Haken gehalten.

Schräg zur Längsachse werden dann die Fascia transversalis und das Peritoneum mit der Schere scharf durchtrennt und damit der Zugang in die Bauchhöhle geschaffen. Das Caecum wird nun lokalisiert, mobilisiert und die Appendix identifiziert. Mithilfe einer feuchten Kompresse wird das Caecum anschließend gefasst und vor die Bauchdecke luxiert.

Die Mesoappendix wird nun mit einer Péan-Klemme gefasst, die Skelettierug der Appendix dann basisnah begonnen, schrittweise wird mit Overholt-Klemmen

---

2 Der Vorteil liegt hierbei darin, dass es, anders als bei den anderen beiden Methoden, bei Erzeugung der Klammernahtreihe zu keiner Zeit zu freiliegenden Schleimhauträndern kommt. Freiliegende Schleimhautränder beherbergen immer auch das Risiko, dass darin befindliche Keime mit der freien Bauchhöhle in Kontakt kommen und eine Infektion auslösen können.

3 Vgl. Carus, Operationsatlas, 2014, S. 216–224. Als Kamera wird meist eine digitale Ein- oder Dreichipkamera verwendet, als Kaltlichtquelle Xenonlampen, an denen das Lichtkabel angeschlossen wird. Das CO_2 für das Kapnoperitoneum wird mit einem voreingestellten, maximalen intraabdominellen Druck und Gasfluss über einen Gasschlauch, der an ein Trokarventil meist zunächst des Optiktrokars angeschlossen wird, insuffliert. Der Druck wird dabei oft patientenaltersabhängig gewählt und liegt etwa zwischen 10–14 mmHg. Verwendet wird zudem nur bipolare Koagulation, Ultraschallwellen oder Argon-Beamer (vgl. ebd. S. 11–17).

ligiert. Die A. appendicularis sollte dabei sicher identifiziert und unterbunden werden. Nach Vollendung der Skelettierung wird die Appendix basisnah gequetscht und in der Quetschfurche anschließend ligiert. Ca. 0,5 cm distal der Ligatur wird sie nachfolgend auf einem liegenden Tupfer abgetragen, Tupfer, Skalpell und Appendixpräparat sollte direkt im Anschluss der Asepsis wegen aus dem Operationsgebiet entfernt werden.

Nun wird der Appendixstumpf am Caecumpol mittels einer Tabaksbeutelnaht versenkt, nachdem er mit einer desinfizierenden Lösung wie Octenisept oder Betaisodonna betupft wurde.

Die Einlage einer Redon-Drainage ist auch hier fakultativ und abhängig vom intraoperativen Befund. Nach der Rückverlagerung des Caecum ins Abdomen wird das Peritoneum mit einer fortlaufenden Naht (resorbierbares Material, Stärke 2x0 oder 3x0) verschlossen. Anschließend erfolgt die Readaptation des M. transversus und obliquus internus abdominis mit resorbierbaren Einzelknopfnähten (Stärke 2x0 oder 3x0), Gleiches gilt für die Externusaponeurose (auch fortlaufend möglich). Zuletzt folgt der Hautverschluss (mittels resorbierbarer Intrakutannaht).[4]

Mit der zunehmenden Bereitschaft Ende des 20. Jahrhunderts, das laparoskopische Verfahren, speziell auch zur Appendektomie, anzuwenden, begannen diesbezüglich in den darauf folgenden Jahren intensive wissenschaftliche Auseinandersetzungen. Mittlerweile gilt das laparoskopische Verfahren nicht mehr nur als konkurrenzfähig gegenüber dem konventionell-offenen Verfahren zur Appendektomie, vielmehr zeigt die Fülle an Diskussionen und retrospektiven, prospektiven, einfach und doppelt verblindeten Studien und Metaanalysen der letzten 20–30 Jahre hinsichtlich der Vor- und Nachteile beider Verfahren, dass die laparoskopische Appendektomie der offenen in keiner Weise mehr nachsteht – nicht umsonst ist gerade die mögliche Überlegenheit der laparoskopischen Methode gegenüber der konventionell-offene Gegenstand aller diesbezüglichen Analysen.[5] Mit der 2009 an der Medizinischen Fakultät Charité in Berlin veröffentlichten Dissertation von Frau Marie-Luise BÜLOW über den Vergleich beider

---

4   Zu allen bis hierher dargestellten Operationsschritten der lap. Appendektomie vgl. Schumpelick, Volker/Kasperk, Reinhard/Stumpf, Michael: Operationsatlas Chirurgie. Stuttgart/New York [4]2013, S. 298–305.

5   Vgl. Bülow, Maria-Luise: Laparoskopische vs. offene Appendektomie. Ist das minimalinvasive Verfahren dem offenen bei der akuten Appendizitis vorzuziehen? Diss., Medizinische Fakultät Charité Berlin 2009, S. 6.

Verfahren ist eine umfassende Analyse aller (Groß-)Studien[6] erstellt worden, die diesbezüglich bis Ende 2008 in der Fachliteratur erschienen sind. Es gelang ihr eine Zusammenstellung des Verfahrensvergleiches innerhalb unterschiedlicher Patientenkategorien und der Ausarbeitung von Resultaten und Schlussfolgerungen in Bezug auf das zu bevorzugende Verfahren bei Kindern, Senioren, Schwangeren, Übergewichtigen und Patienten mit perforierter Appendix.[7] Aufgrund dieser vorliegenden, sehr umfassenden Analyse können die Ergebnisse BÜLOWs als Grundlage für die nun folgende zusammenfassende Darstellung des Verfahrensvergleiches verwendet werden.[8]

Der allgemeine Vergleich der laparoskopischen Appendektomie (LA) mit der offenen Appendektomie (OA), zunächst unabhängig von der Betrachtung von Patienten mit spezieller bzw. komplexer Situation (z. B. Kinder, Schwangere, Übergewichtige), basiert auf der Analyse von 21 Groß-Studien[9] sowie weiteren 66 Publikationen[10] (primäre Falluntersuchungen, kleinere randomisierte und retrospektive/prospektive klinische Vergleiche). Er ergab, dass die LA bei nicht perforierter Appendix eindeutig als das Mittel der Wahl angesehen wird. Vor allem in Bezug auf das Auftreten von Komplikationen, die Krankenhausverweildauer und die Operationsdauer ist die LA aber darüber hinaus bei perforierter oder

---

6   Groß-Studien definierte BÜLOW in ihrer Arbeit als Metaanalysen, die mit quantitativen, statistischen Mitteln arbeiten und Bezug auf (randomisierte oder nicht-randomisierte) Primärstudien mit mindestens 1000 Einzelfällen nehmen (vgl. ebd. S. 22).

7   BÜLOW merkt in ihrer Arbeit an, dass die derzeit vorliegende Fachliteratur zur Appendizitis ihrer Fülle wegen kaum noch überschaubar sei, ihre Analyse demnach also auch nicht mit Sicherheit als vollständig angesehen werden könne. Seit Einführung der Laparoskopie durch SEMM bis Ende des Jahres 2008 seien etwa 1000 Berichte zur laparoskopischen Appendektomie erschienen, ein Drittel davon sei in die Auswertung im Rahmen ihrer Dissertation mit einbezogen worden (vgl. ebd., S. 9).

8   BÜLOW wies zu Beginn ihrer Resultats-Darstellung auf Folgendes hin: Wenn die Leistungsfähigkeit der laparoskopischen Appendektomie mit der der offenen verglichen werde, zeige sich die Schwierigkeit der Quantifizierung: Dadurch, dass in die laparoskopischen Serien Lernkurven mit eingeschlossen werden, bestehe das Problem darin, dass ein zumindest fraglicher Vergleich stattfinde, der ein neu aufkommendes Verfahren, praktiziert von noch lernenden und erfahreneren Chirurgen, einem etablierten gegenübergestellt, das hingegen nur von erfahrenen Operateuren durchgeführt wird. Hieraus resultiere in den meisten Vergleichen ein zeitabhängiges Potential der laparoskopischen Appendektomie, das zum jetzigen Zeitpunkt nicht zu quantifizieren ist (vgl. ebd., S. 22).

9   Vgl. hierzu die aufgelisteten Studien in BÜLOWs Literaturverzeichnis (ebd., S. 79–93) unter Nr. 88–108.

10 Die tabellarische Auflistung der Primär-Untersuchungen vgl. ebd., S. 35–41.

gangränöser Appendix sowie bei unklaren Fällen als ein zuverlässiges und effizientes Verfahren anzusehen. Gerade auch bei atypischer Lage der Appendix ist die LA der OA zu präferieren. Sie bietet nicht nur den Vorteil, dass sie sowohl diagnostisch als auch therapeutisch zur Anwendung kommen, sondern dass sie allem voran gerade in Fällen mit nicht eindeutiger Klinik der Diagnosefindung dienen kann (z. B. bei Schwangeren, Senioren). Dadurch, dass die LA auch weitere Befunde, die sich periinterventionell zeigen und während einer OA möglicherweise sogar eher übersehen werden, in gleicher Sitzung mittherapiert werden können, bietet die LA zudem einen diagnostischen Zugewinn. Im Vergleich zur OA zeigen sich nach einer LA deutlich geringere postoperative Schmerzen, ein geringes Risiko für das Auftreten von Wundinfektionen, Narbenbrüchen, Adhäsionen, Obstipationen und kardio-pulmonalen Komplikationen sowie ein wesentlich besseres kosmetisches Ergebnis nach abgeschlossener Narbenbildung. Zudem werden durch die LA wesentlich kürzere Hospitalisierungszeiten von ein bis drei Tagen erreicht, woraus auch eine schnellere Wiederherstellung der Arbeitsfähigkeit resultiert. Auch in Bezug auf die Letalitätsrate zeigt die LA niedrigere Ergebnisse. Was allerdings das Risiko für das Auftreten von postoperativen Abszessen tieferer Lage angeht, steht die LA der OA nach, besonders bei bereits perforierter Appendix mit Peritonitis treten sie nach einer LA häufiger auf. Generell wächst die Zahl der LA kontinuierlich[11], die Zahl der Konversionen von einer LA zur OA liegt im Mittel zwischen 5–10%[12], wobei die Rekonvaleszenz in diesen Fällen langsamer als nach einer LA oder primären OA erreicht wird.[13]

Diese Schlussfolgerungen in Bezug auf Erwachsene seien – nach BÜLOW – auch übertragbar auf Patienten im Kindesalter, wenn auch hierzu im Vergleich deutlich weniger spezielle Metaanalysen vorhanden seien.[14] Auch bei der speziellen Betrachtung von pädiatrischen Patienten gilt die LA als Methode der Wahl, sodass sie – unabhängig von Geschlecht und Alter der Kinder – als Standardverfahren angewendet werden sollte. Gerade weil sich die Appendizitisdiagnostik bei Kindern oftmals als komplizierter zeigt und deshalb auch zahlreichere Perforationsraten zu verzeichnen sind, ist die LA vorteilhaft für die (Differenzial-)Diagnosefindung.

---

11 Begründet durch den Erfahrungszuwachs der Chirurgen und der besseren Ausstattung der Krankenhäuser (vgl. ebd., S. 42).
12 Nur in wenigen Fällen wird von einem Konversionsanteil von über 10% berichtet. Generell zeigt sich eine Abnahme der Konversionszahl (vgl. ebd. S. 74).
13 Vgl. ebd., S. 22–43 und S. 74f.
14 Als Basis für die Analyse des speziellen Vergleiches beider Verfahren bei Kindern bezieht sich BÜLOW auf 39 Studien, die sie auf S. 44–48 ihrer Arbeit ebenfalls tabellarisch aufstellt.

Die intraabdominelle Abszessrate schreibt auch hier für die LA höhere Zahlen als für die OA, die mittlere Operationsdauer der LA ist hingegen eine kürzere – wenn auch statistisch insignifikant.[15]

Eine ähnliche Sonderstellung wie die pädiatrischen Patienten nehmen die Patienten höheren Alters ein: Auch hier zeigen sich oft Probleme in der Diagnosefindung, was mit der häufig atypisch verlaufenden Appendizitis[16] zu begründen ist. Hieraus folgt nicht nur eine verzögerte Krankenhauseinweisung, sondern auch eine höhere Perforationsrate sowie damit einhergehend höhere Letalitäts- und Morbiditätszahlen. Die Kombination aus einer weiträumiger gestellten Indikation für präoperative Ultraschall- und CT-Diagnostik mit dem Entscheid für eine LA als Therapieverfahren zeigt deutlich niedrigere postoperative Komplikations-, Konversions- und Morbiditätsraten. Die LA ist demnach auch für Senioren als Standardverfahren empfohlen.[17]

Gestützt auf der Analyse von 54 Studien bezüglich des Vergleiches der Anwendung von LA und OA bei schwangeren Patientinnen zeigt BÜLOW, dass auch hier die LA – unabhängig vom Trimenon[18] – ein sicheres und zu empfehlendes Verfahren darstellt, wobei jedoch eine interdisziplinäre Zusammenarbeit zwischen der radiologischen, chirurgischen, geburtshilflichen und anästhesiologischen Fachabteilung von großer Wichtigkeit ist. Die LA weist bei Schwangeren deutlich geringere intraoperative Komplikationsraten auf, das Risiko für einen Fetusverlust ist jedoch scheinbar – wenn auch mit sinkender Tendenz – bei der LA höher als bei der OA. Gegensätzlich verhält es sich mit dem Risiko für Frühgeburtlichkeit, dieses ist im Rahmen einer LA geringer.[19]

Was die operative Therapie von übergewichtigen Patienten (Body-Mass-Index, BMI ≥ 25 kg/m^2) betrifft, konnte aus der Analyse – wenn auch von relativ wenigen Studien[20] – die Schlussfolgerung erhoben werden, dass die LA bei adipösen Patienten mit einem BMI ≤ 40 kg/m^2 das Verfahren der Wahl ist. In den vergleichenden Studien liegen zwar konträre Aussagen bezüglich der Vorzüge der LA in Hinsicht auf eine kürzere OP-Dauer und eine geringere postoperative

---

15 Vgl. ebd., S. 43–49 und S. 75.
16 Vgl. hierzu Kap. 2.4.
17 Vgl. ebd., S. 50ff. und S. 75. BÜLOW gibt an, dass sich bisher nur sehr wenige Groß-Studien mit dem Vergleich von LA und OA im Seniorenalter auseinandergesetzt haben. Ihrer diesbezüglichen Analyse legt sie folgende zugrunde: vgl. ihre Literaturverzeichnis-Nr. 95, 213, 214, 215, 216, 217, 218.
18 Das 2. Trimenon gilt dabei als das sicherste für einen laparoskopischen Eingriff.
19 Vgl. ebd., S. 53–58 und S. 76.
20 Vgl. BÜLOWs Literaturverzeichnis-Nr. 273–282 und 62,63.

intraabdominelle Abszessrate vor, was – nach BÜLOW – an der nicht ausreichenden Studienlage in der Adipositaschirugie liegen kann. Dennoch kann davon ausgegangen werden, dass die LA gerade auch durch einen geringeren Verbrauch an Anästhetika, durch die Minimierung von Anzahl und Größe der Wunden, durch die Senkung der Krankenhausaufenthaltsdauer (LOS = Length of (hospital) stay) und die der Krankenhauskosten besonders zur Therapie von übergewichtigen Patienten vorteilhaft zu sein vermag. Zur Festigung dieser Annahme seien nach BÜLOW jedoch noch weitere prospektive, randomisierte, doppel-verblindete Studien und Metaanalysen notwendig. Bei Patienten mit einer Adipositas 3. Grades (BMI ≥40 kg/m^2) zeigt die Studienlage hingegen, dass die Indikation eher hin zu der OA gehen sollte.[21]

Zuletzt analysierte BÜLOW die Studienlage bezüglich des speziellen Befundes einer bereits perforierten Appendix. Es stellte sich heraus, dass die LA auch in diesem Fall (vor allem bei pädiatrischen Patienten) zu favorisieren ist, allerdings mit Einschränkungen, abhängig von dem genauen Befund: Patienten mit perforierter Appendix ohne peritonitischen Begleitbefund, mit einer frischen lokalen Begleitperitonitis oder mit einem perithyphlitischen Abszess profitieren von der Durchführung einer LA als Methode der Wahl, bei Vorliegen einer generalisierten Peritonitis ist dies nicht der Fall. Hier sollte eher die Indikation zur OA gestellt und möglicherweise sogar bevorzugt werden.[22]

Zusammenfassend betont BÜLOW, dass die Schlussfolgerungen ihrer Arbeit deutlich den Vorzug der LA für die Mehrzahl der klinischen Indikationen aufzeigen. Dennoch weist sie auf den Vorbehalt hin, mit dem diese Aussage betrachtet werden sollte: *„Ein wesentliches Problem besteht in der Auswahl der Zielfunktion, anhand welcher die Verfahren LA und OA miteinander verglichen werden sollen. Betrachten wir als solche das Auftreten von Komplikationen […], das Wohlbefinden der Patienten […], die Schmerzintensität, der LOS-Wert, die Rehabilitationszeit aber auch das kosmetische Resultat der Operation. […] es existiert eine Vielzahl von Kriterien, nach denen eingeschätzt werden könnte, welches der beiden Verfahren […] prävaliere. Die von uns zitierten Studien […] betrachten jedoch in der Regel all diese Kriterien in einem einzigen Erscheinungsbild, was am Ende zu Schlussfolgerungen, die in hohem Maße auf Nichtvergleichbarkeit beruhen, führen kann.“*[23]

---

21 Vgl. ebd., S. 58–61 und S. 76. Die hierfür zugrunde liegenden Studien sind: Nr. 63, 281 des Literaturverzeichnisses BÜLOWs.
22 Vgl. ebd., S. 61–66 und S. 76f. Diesbezüglich aufgeführte Studien sind Nr. 99, 209, 285–298 des Literaturverzeichnisses BÜLOWs.
23 Ebd., S. 66ff.

Abschließend betrachtete BÜLOW in ihrer Arbeit den Kostenvergleich zwischen den beiden Verfahren, der – in Hinsicht auf eine der am häufigsten durchgeführten operativen Eingriffe in der Viszeralchirurgie – nicht unerheblich für den Entscheid für oder gegen ein Therapieverfahren sei. Das Problem hierbei bestünde allerdings darin, dass lediglich qualitative Aussagen gemacht werden können, da diesbezüglich Arbeiten miteinander verglichen werden, die auf differierende Kostenstrukturen der jeweiligen Länder basieren. Überwiegend betrachtet werden dabei die sog. direkten Kosten (z. B. medizinisches Personal, OP-Saal, Krankenzimmer, chirurgische Hilfsmittel, Anästhesie, Medikamente, weitere Untersuchungsmethoden), die zusammen mit den weniger einfach zu quantifizierenden indirekten Kosten[24] der Krankenhäuser die Gesamtkosten bilden, welche die eigentliche Kenngröße für einen Vergleich darstellen sollte.

Im Vergleich der reinen direkten Kosten ergab sich, dass sich diese sowohl für die LA als auch für die OA über die Zeit gesehen verringern, wobei die Kosten beider Verfahren nach wie vor für kompliziertere Eingriffe (bei z. B. perforierter Appendix, Abszessbildung) höher sind als für unkomplizierte. Insgesamt sind aber für die LA sowohl für komplizierte als auch für unkomplizierte Eingriffe (außer für die Patientengruppen der Übergewichtigen und Senioren) höhere Ausgaben verzeichnet, die Kostenschere zwischen LA und OA verringert sich jedoch über die Zeit immer mehr.[25]

Mit der stetigen Weiterentwicklung der laparoskopischen Operationstechnik, zum einen in Hinsicht auf das Instrumentarium und die einzelnen Operationsschritte, zum anderen aber auch in Hinsicht auf die kontinuierlich wachsende Operationserfahrung unter den Chirurgen, zeigt sich mittlerweile eine bemerkenswerte Erweiterung des laparoskopischen Operationskataloges besonders in der Viszeralchirurgie: Waren es in den 80er Jahren gerade einmal die laparoskopische Appendektomie und Cholezystektomie, so gelten derzeit vor allem auch die Fundoplicatio und die Adipositaschirurgie als Standardindikationen des laparoskopischen Verfahrens. Immer mehr zum Einsatz kommt es zudem auch in der Leber-, Pankreas-, Milz-, Kolorektal-, Magen- und Hernienchirurgie, für viele Indikationen gilt ein laparoskopischer Eingriff als anerkannte

---

24 Wichtige Einflussgrößen auf die indirekten Kosten: das sozial-ökonomische Umfeld, von der Gesellschaft zu tragende Kosten für z. B. Arbeitszeitverlust und Rehabilitation, Kostenstrukturen der Krankenhäuser u. a. Gesundheitseinrichtungen, Kosten für methodische Entwicklung, medizinische Forschung und Qualifikation (vgl. ebd., S. 68).
25 Vgl. ebd., S. 68–73 und S. 77f. Die (Möglichkeit zur) Verringerung der Kosten für eine LA besteht in erster Linie in der Reduktion der Operationsdauer (abhängig von der Erfahrung des Operators!) und der OP-Saal-Kosten (vgl. ebd., S. 78).

Alternative zur offenen Chirurgie. Aber auch im Rahmen der Adrenalektomie und der radikalen Prostatektomie zählt die Laparoskopie interdisziplinär in einigen Spezialzentren zum Standard.[26]

In der kontinuierlichen Zunahme der Operationsindikationen, die laparoskopisch therapiert werden können und in der nach wie vor geforderten Verbesserung hinsichtlich verschiedenster Verfahrensparameter (wie z. B. Operationsdauer, intra- und postoperative Komplikationen, Operationskosten, LOS, Rekonvaleszenzzeit, kosmetisches Ergebnis) stößt das laparoskopische Operationsverfahren jedoch auch immer noch an seine Grenzen. Gerade in Bezug auf die Einschränkungen in den Freiheitsgraden im operativen Handling mit den Instrumenten und der vergrößerten, nur zweidimensionalen Sicht sowie durch das verminderte taktile Empfinden zeigen sich bisher nicht ausreichend behebbare Verfahrenseigenschaften. Das Ziel einer Verbesserung der kosmetischen Ergebnisse und der Verringerung der Operationskosten/-traumata führt in erster Linie dazu, dass die Laparoskopietechnik, speziell auch die der laparoskopischen Appendektomie, immer wieder neue Innovationen (bzw. Innovationsversuche) erfährt. Beispielhaft sei hier zu erwähnen, dass neuere Varianten der LA das Ziel haben, anstatt der bisher üblichen drei abdominellen Trokarzugänge, die Trokaranzahl und/oder den Trokardurchmesser zu verringern.

Die Variante, eine Appendektomie mit lediglich zwei Trokarzugängen zu operieren (z. B. 12 mm-Ø-Arbeitstrokar infraumbilikal und 5 mm-Ø-Kameratrokar im linken Unterbauch), zeigt der bisherigen Studienlage zufolge nur eine Kontraindikation in der Adipositaschirurgie, da hier bei der Zwei-Trokar-Variante häufiger Konversionen zur OA zu verzeichnen sind als bei der Drei-Trokar-Variante.[27] Das Verfahren zur Appendektomie mit nur einem einzigen Zugang, auch „transumbilikale laparoskopisch assistierte once-trocar Appendektomie" (TULAA) genannt, fußt auf der Kombination der Laparoskopie mit der konventionell-offenen Appendektomie. Der Zugang erfolgt mittels Positionierung eines 10mm-Ø-Hasson-Trokares entweder durch den Bauchnabel oder aber auch unterhalb des Apex der 12. Rippe (retro-peritoneoskopisch), durch den der zu operierende Darmabschnitt (Caecum mit Appendix) nach außen gebracht und extraperitoneal behandelt wird. Erste Ergebnisse von Verfahrensanalysen ergeben, dass durch die TULAA insbesondere die Operationskosten signifikant gesenkt, das Operationstrauma minimiert und das kosmetische Resultat nochmals

---

26 Vgl. ebd., S. 8f.
27 Vgl. ebd., S. 19. Diesbezüglich seien hier BÜLOWs Verweise auf die Studien mit der Nr. 60–62 ihres Literaturverzeichnis vermerkt.

verbessert werden können.[28] Zahlreiche weitere Studien, die sich insbesondere dem Vergleich der Anwendung der TULAA und der konventionellen LA bei pädiatrischen Patienten gewidmet haben, bestätigten diese ersten Ergebnisse, sodass dieses Verfahren als Methode der Wahl zur Behandlung von Kindern empfohlen wird.[29]

Der Versuch, die verwendeten Zugänge zu verkleinern, spiegelt sich in der Entwicklung von Mini-Instrumenten wider, die entsprechend in der sog. Mini- oder „Nadel-" Laparoskopie (Needlescopy) eingesetzt werden. Bei einer Appendektomie (mini-laparoskopische Appendektomie, mLA) werden hierfür beispielsweise neben der ombilikal platzierten 10-mm-Ø-Standardoptik (30°) zwei Mini-Arbeitsinstrumente im rechten und linken suprapubischen Bereich nach intraabdominell eingebracht. Nach BÜLOW zeigt die Analyse einer Reihe von Studien, dass die Indikation für diese Technikvariante insbesondere bei schlanken Patienten mit einer Appendizitis im Anfangsstadium liege. (Laparoskopisch) versierte Operateure können hiermit ein gutes kosmetisches Ergebnis ohne Erhöhung des Operationsrisikos erzielen. Bei dem Vergleich von mehreren hundert konventionell-laparoskopischen und mini-laparoskopischen Eingriffen konnte keine signifikante allgemeine Überlegenheit eines Verfahrens ermittelt werden, jedoch zeigen Untersuchungen spezieller Endpunkte – bei gleichbleibender Operationsdauer – einen herabgesetzten postoperativen Schmerzmittelverbrauch sowie eine verkürzte Rekonvaleszenzzeit bei mLA. Wiederum andere Studien kritisieren das Verfahren der mLA jedoch, indem sie zu der Schlussfolgerung kommen, dass höhere Konversionsraten bei der mLA zu verzeichnen sind und auch die Operationsdauer eine längere ist, wobei aber auch die mögliche Ursache der fehlenden operative Erfahrung der Operateure bezüglich der mLA und/oder der Verbesserungsfähigkeit der Mini-Instrumente diskutiert werden sollte.[30]

---

28 Vgl. ebd., S. 19. Diesbezüglich seien hier BÜLOWs Verweise auf die Studien mit der Nr. 63–68 in ihrem Literaturverzeichnis vermerkt.

29 Vgl. Karam P.A./Mohan A./Buta M.R. et al.: Comparison of Transumbilical Laparoscopically Assisted Appendectomy to Conventional Laparoscopic Appendectomy in Children. In: Surgical Laparoscopy Endoscopy & Percutaneous Techiques 2016; 26 (6): 508–512; vgl. auch Perin G./Scarpa M.G.:. TULAA: A Minimally Invasive Appendicectomy Technique for the Paediatric Patient. In: Minimally Invasive Surgery 2016; 2016: 6132741; vgl. auch Hernandez-Martin S./Ayuso L./Molina A.Y. et al.: Transumbilical laparoscopic-assisted appendectomy in children: is it worth it? In: Surgical Endoscopy 2017; 31 (12): 5372–5380.

30 Vgl. Bülow, Laparoskopische vs offene Appendektomie, S. 19f. und ihre Verweise auf die Literaturverzeichnis-Nr. 69–77. Vgl. auch Sajid M.S./Khan M.A./Cheek E. et al.:

Eine ganz neue Methode ist die Natural Orifice Translumenal Endoscopic Surgery (NOTES), ein operativ-endoskopisches Verfahren, das als Weiterentwicklung der gastroenterologischen Endoskopie und der konventionellen Laparoskopie angesehen werden kann. Dem Namen nach werden hierbei die zur Operation notwendigen Instrumente über natürliche Körperöffnungen, also transoral, transnasal, transrektal, transvaginal oder transurethral mittels flexibler Endoskope computer-assistiert eingebracht und über kleinste Schnitte (dementsprechend z. B. in der inneren Wandung von Magen, Rektum, Blase oder Scheidengewölbe) transluminal nach intraabdominell geführt. In weiten Teilen ist dieses Verfahren noch experimentell, dennoch kommen aktuell bereits immer zahlreicher sog. Hybridverfahren zur klinischen Anwendung: Hierbei wird ein – in erster Linie – transvaginaler Zugang mit einem weiteren transumbilikalen (für die Optik) kombiniert. Ihren Ursprung hat das NOTES-Verfahren insbesondere in Südamerika, Europa, Indien und Asien, die erste transvaginale Cholezystektomie (im Hybridverfahren) erfolgte dabei am 27. Mai 2008 am Knappschaftskrankenhaus Recklinghausen.[31] In dem seit 2008 eingerichteten NOTES-Register, dem Studien-, Dokumentations- und Qualitätszentrum der Deutschen Gesellschaft für Allgemein- und Viszeralchirurgie e.V. (DGAV-StuDoQ), werden aktuell 4470 mit dem NOTES-Verfahren operierte Patienten erfasst.[32] Diese weltweit größte Datensammlung zum Zweck der Qualitätssicherung und Optimierung dieses Verfahrens wird von sämtlichen registrierten Kliniken im deutschsprachigen Raum (Deutschland, Österreich, Schweiz), die NOTES-Chirurgie zur Anwendung bringen, gespeist.[33]

Needlescopic versus laparoscopic appendectomy: a systematic review. In: Canadian Journal of Surgery 2009; 52 (2): 129–134.

31 Vgl. Bülow, Laparoskopische, S. 21.

32 Vgl. NOTES-Register, Deutsche Gesellschaft für Allgemein- und Viszeralchirurgie e.V.: StuDoQ|NOTES – Nationales NOTES-Register der DGAV (Stand: 15.01.2018).

33 Einer Veröffentlichung des DGAV-Jahreskongresses zufolge waren es bis April 2013 lediglich 2784 registrierte NOTES-Operationen, von denen 2696 in transvaginaler Hybridtechnik, 35 transgastral und 21 mit anderwertiger Zugangsvariante durchgeführt wurden (vgl. Lehmann, K.: NOTES-Register der DGAV: Update 2013, DGAV-Jahreskongress, München 1. Mai 2013). Anzumerken sei an dieser Stelle, dass der Direktor der Chirurgischen Klinik des Israelitischen Krankenhauses in Hamburg, Prof. Dr. med. Carsten ZORNIG (geb. 1953), zu einem der führenden deutschen Chirurgen in der NOTES-Chirurgie gezählt wird. Viele seiner Publikationen beschäftigen sich insbesondere mit der NOTES-Cholezystektomie (vgl. Zornig, C./Emmermann, A./von Waldenfels, H. A. et al.: Laparoscopic cholecystectomy without visible scar: combined transvaginal and transumbilical approach. In: Endoscopy 2007; 39 (10): 913–915,

Eine tabellarische Aufstellung aller registrierten NOTES-Eingriffe (Tab. 3–5) zeigt detailliert, wie sich die 4470 Fälle auf die unterschiedlichen Operationsvarianten (transvaginal, transgastral, transvesical etc.) und die unterschiedlichen zu operierenden Organe (Gallenblase, Appendix vermiformis, Colon, andere Organe) verteilt:

		Target organ group	
		Gesamt	
		Anzahl	Anzahl als Spalten (%)
Access	Transvaginal	4382	98,0%
	Transgastric	40	0,9%
	Transrectal	43	1,0%
	Transvesical	0	0,0%
	Transesophageal	0	0,0%
	Transvaginal & transgastric	4	0,1%
	Transvaginal & transrecta	1	0,0%
	Transgastric & transrectal	0	0,0%
	Other access	0	0,0%

Tab. 3: Verteilung der gesamten NOTES-Eingriffe auf unterschiedliche Verfahren. (Quelle: DGAV, Stand 15.01.2018)

Eine Analyse der hier aufgelisteten 217 im Hybridverfahren transvaginal und transgastral durchgeführten Appendektomien (TVAE/TGAE) des DGAV-StuDoQ/NOTES-Registers ergab, dass beide Varianten eine vergleichbare Rate an intra- und postoperativen Komplikationen (TVAE: 0%/5,5%, TGAE 0%/11,1%, P < 1,000/0, 258) und eine vergleichbare mediane postoperative Krankenhausaufenthaltsdauer (TVAE: 3 Tage, TGAE: 3 Tage, P < 0,152) aufzeigen. Die mittlere Operationszeit zeigt sich im transvaginalen Verfahren als die signifikant kürzere (TVAE: 35 Minuten, TGAE: 96 Minuten, P < 0,001), genauso ist die

---

unter anderem war er einer der weltweit ersten Chirurgen, der eine Patientin mit diesem Verfahren operierte.

		Target organ group			
		Gallbladder		Appendix	
		Anzahl	Anzahl als Spalten (%)	Anzahl	Anzahl als Spalten (%)
Access	Transvaginal	3961	100.0%	191	84.1%
	Transgastric	0	0.0%	36	15.9%
	Transrectal	0	0.0%	0	0.0%
	Transvesical	0	0.0%	0	0.0%
	Transesophageal	0	0.0%	0	0.0%
	Transvaginal & transgastric	0	0.0%	0	0.0%
	Transvaginal & transrecta	0	0.0%	0	0.0%
	Transgastric & transrectal	0	0.0%	0	0.0%
	Other access	0	0.0%	0	0.0%

Tab. 4: Verteilung der NOTES-Eingriffe für Cholezystektomien und Appendektomien auf die unterschiedlichen Verfahren. (Quelle: DGAV, Stand 15.01.2018)

		Target organ group			
		Colon		Other target organ	
		Anzahl	Anzahl als Spalten (%)	Anzahl	Anzahl als Spalten (%)
Access	Transvaginal	194	82.0%	36	78.3%
	Transgastric	1	0.4%	3	6.5%
	Transrectal	40	16.9%	3	6.5%
	Transvesical	0	0.0%	0	0.0%
	Transesophageal	0	0.0%	0	0.0%
	Transvaginal & transgastric	0	0.0%	4	8.7%
	Transvaginal & transrecta	1	0.0%	0	0.0%
	Transgastric & transrectal	0	0.0%	0	0.0%
	Other access	0	0.0%	0	0.0%

Tab. 5: Verteilung der NOTES-Eingriffe für Operationen des Colon und anderer Organe auf die unterschiedlichen Verfahren. (Quelle: DGAV, Stand 15.01.2018)

Konversionsrate hin zur offenen Appendektomie im Rahmen eines transvaginalen Hybridverfahrens signifikant niedriger als bei dem transgastralen (TVAE: 0%, TGAE: 5,6%, P < 0,023).[34] Erste prospektive Studien zeigen, dass die NOTES-Chirurgie eine alternative und auch sichere Methode für die Behandlung einer Appendizitis in den Händen von Experten sein kann, detailliertere Vergleiche zwischen ihr und den anderen bis hierher dargestellten Verfahrensmethoden bedürfen jedoch noch weiterer prospektiver, randomisierter Studien.[35] Mögliche Vorteile der NOTES-Chirurgie bestehen dabei in dem selteneren Auftreten von postoperativen Schmerzen und Komplikationen (z. B. Wundinfektionen, Narbenhernien) mit einer daraus resultierenden kürzeren Krankenhausverweildauer sowie in dem besseren kosmetischen Ergebnis. Kritisch diskutiert werden aber auch die Schwierigkeiten des Einhaltens der Sterilität bei dem Durchtritt durch kontaminierte Lumina (Rektum, Vaginalkanal etc.) sowie die Schwierigkeit bezüglich eines suffizienten Verschlusses dieser Zugangswege.

Das jedoch immer noch herrschende Streben nach Verbesserung insbesondere in Bezug auf die Einschränkungen in den Freiheitsgraden, der (zweidimensionalen) Sicht und dem taktilen Empfinden während des laparoskopischen Operierens führt darüber hinaus dazu, dass seit einigen Jahren ein möglicher Durchbruch in der robotergestützten Chirurgie gesehen wird.

Das in den USA von der Firma „Intuitive Surgical Inc." entwickelte und seit 2000 eingesetzte Operationssystem daVinci® stellt dabei den ersten Schritt hinsichtlich der Kombination aus Robotik und Navigation dar, wobei es mittlerweile international und auch in Deutschland immer flächendeckender an großen (Universitäts-)Kliniken eingesetzt wird. Das daVinci®-Operationssystem, dem eine Operationstechnik der präzisen Übertragung von Finger- und Handbewegungen des Operateurs auf die Operationsinstrumente in Echtzeit[36] („Master-Slave-Prinzip") im Sinne eines Teleoperators zugrunde liegt (es handelt sich also um keine System-Autonomie), ermöglicht nicht nur eine Bewegungsfreiheit von 360° (Instrumentenbewegungen in sieben Freiheitsgraden),

---

34 Vgl. Bulian D.R./Kaehler G./Magdeburg R. et al.: Analysis of the First 217 Appendectomies of the German NOTES Registry. In: Annals of Surgery 2017; 265 (3): 534–538.
35 Vgl. Sohn M./Agha A./Bremer S. et al.: Surgical management of acute appendicitis in adults: A review of current techniques. In: International Journal of Surgery 2017; 48: 232–239.
36 Die Übertragungszeit der Bewegungen des Chirurgen auf den Roboter wird dabei jedoch von der räumlichen Entfernung des Operateurs zum Roboter und der damit einhergehenden Datenübertragungsrate beeinflusst. Wie nah die Bewegungsübertragung an die Echtzeit herankommt, hängt also (noch) bedeutend von beidem ab.

sondern auch eine verbesserte Sicht durch eine 3-D-Optik mit stufenloser Vergrößerungsmöglichkeit.[37]

In den Anfängen dieses Operationssystems beschränkte sich die Verwendung auf wenige kardiologische und urologische Indikationen, derzeit findet sie ihr Hauptanwendungsgebiet weiterhin in der urologischen (z. B. radikale Prostatektomie, Nieren(teil)entfernung, Nierenbeckenplastik) und gynäkologischen (z. B. totale (radikale) Hysterektomie, Endometriosesanierung, Myomenukleation, Sakrokolpopexie, Tubenreanastomosierung) Chirurgie. Aber auch einige viszeralchirurgische Eingriffe können und werden bereits mithilfe des daVinci®-Operationssystems durchgeführt, so in erster Linie u. a. in der Kolorektalchirurgie (Kolon-/Rektumresektionen), der Pankreaschirurgie (Pankreatektomien, Whipple-OP), der Leberchirurgie (Leberteilresektionen) und der Magenchirurgie (Magen(teil)resektionen). Theoretisch ist der Katalog der möglichen Operationsindikationen noch deutlich erweiterbar, sodass auch Appendektomien roboterassistiert durchgeführt werden können.[38] Der Grund für die nach wie vor vorliegende Zurückhaltung insbesondere in Bezug auf konventionell-offen oder laparoskopisch gut beherrschte „Routine-Eingriffe" liegt in erster Linie in dem Kosten-Nutzen-Verhältnis: Mit der Verwendung des daVinci®-Operationssystems entstehen derzeit etwa 33% mehr Kosten als bei der konventionellen Laparoskopie[39], während der Nachweis von signifikanten Vorteilen mittels randomisierter Studien für viele Operationsindikationen bisher noch unzureichend ist oder gar ausbleibt.[40]

---

37 Vgl. Bülow, Laparoskopische, S. 18.
38 Bereits 2001 wurde im Rahmen von 146 durchgeführten daVinci-Operationen von einer Appendektomie berichtet (vgl. hierzu Cadière G.B./Himpens J./Germay O. et al.: Feasibility of robotic laparoscopic surgery: 146 cases. In: World Journal of Surgery 2001; 25: 1467–77).
39 Diese entstehen in erster Linie durch die hohen Anschaffungs-, Betriebs- und Materialkosten (der Anschaffungspreis liegt hier in etwa bei bis zu 2.000.000€, die laufenden Betriebskosten bei nochmal jährlich 150.000€).
40 Beispielhaft zeigen sich speziell in der Bauchchirurgie folgende Studienergebnisse: Bezüglich der Kolorektalchirurgie zeigten sich erste Hinweise auf Vorteile gegenüber dem laparoskopischen Operationsverfahren, für eine Signifikanz sind hier jedoch noch weiterführende, randomisierte Studien notwendig. Die ROLARR-Studie (RObotic versus LAparoscopic Resection for Rectal cancer) ist die einzige große internationale, randomisierte Multizenterstudie zum Vergleich der Roboterchirurgie mit der Laparoskopie bei Rektalkarzinomen, die mit den Endpunkten „Konversionsraten", „Kosten" und „intraoperative Komplikationen" (u. a.) erste Hinweise ermitteln konnte, dass es in Bezug auf eben die Endpunkte „Konversionen und Komplikation" keinen signifikanten

Gleichzeitig erfolgt derzeit – nach Bekanntwerdung vereinzelter Zwischenfälle in der Systemanwendung[41] – eine Sicherheitsprüfung durch die US-Zulassungsbehörde für Lebens- und Arzneimittel sowie Medizinprodukte (Food and Drug Administration, FDA).

Die roboterunterstützte Chirurgie stellt somit zwar eine wesentliche Innovation dar, die jedoch noch in ihren Anfängen steckt, sodass man eher von einer Operationstechnik spricht, die viel Potential für die Zukunft birgt als von einem schon fest und routinemäßig zu etablierenden Verfahren. Auch wenn das große Problem des fehlenden haptischen Feedbacks auch mit einem Teleoperator wie des daVinci® noch immer nicht zu beheben ist, so zeigen erste Studien Hinweise darauf, dass dieses weiterentwickelte Operationsverfahren für verschiedene Operationsindikationen in unterschiedlichen Endpunkten Vorteile gegenüber der konventionellen Laparoskopie bringen kann. Für den Nachweis einer definitiven Signifikanz sind zukünftig noch weitere größere randomisierte Studien notwendig. Um letztlich darüber hinaus eine flächendeckendere Verbreitung der Roboterchirurgie und eine Erweiterung des Operationskataloges zu ermöglichen, wird eine Kostensenkung notwendig sein, um das Kosten-Nutzen-Verhältnis zu verbessern. Diesbezüglich ist bereits eine Bewegung auf dem Markt der laparoskopischen Operationsroboter zu sehen, sodass sich andere Firmen („TransEnterix Inc." mit dem The Senhance®) in die Produktion dieser Technik

---

Unterschied zur Laparoskopie gibt (vgl. Jayne, D. et al.: Effect of Robotic-Assisted vs Conventional Laparoscopic Surgery on Risk of Conversion to Open Laparotomy Among Patients Undergoing Resection for Rectal Cancer: The ROLARR Randomized Clinical Trial. In: Journal of the American Medical Association 2017; 318 (16); 1569–1580). In Bezug auf die Magenchirurgie zeigen erste Studien zum Vergleich beider Verfahren bei Magenkarzinomen in frühen Stadien erste Hinweise auf eine geringere Komplikationsrate bei der Roboterchirurgie, jedoch ist auch hier noch der Nachweis einer signifikanten Überlegenheit durch größere randomisierte, prospektive Studien ausstehend (vgl. Stefano, C. et al.: Robot-assisted laparoscopic gastrectomy for gastric cancer. In: World Journal of gastrointestinal Endoscopy 2017; 9 (1): 1–11). In der Pankreaschirurgie zeigt eine Real-Life-Studie aus China, dass die Roboterchirurgie eine mögliche Alternative ist und möglicherweise Vorteile für die Erhaltung der Milzgefäße geben kann, die postoperative Komplikationsrate und die Kosten jedoch sehr hoch und die Operations- und Krankenhausaufenthaltsdauer länger zu sein scheinen (auch hier sind weiterführende Studien notwendig. Vgl. Yang, L. et al.: Robotic spleen-preserving laparoscopic distal pancreatectomy: a single-centered Chinese experience. In: World Journal of Surgical Oncology 2015; 13: 275).

41 Unter anderem hervorgerufene Komplikationen und Verletzungen durch fehlgeleitete Ströme.

einreihen. Der Gesichtspunkt einer Kostensenkung kann in der Zukunft auch eine Erweiterung des Indikationskataloges ermöglichen, die auch die roboterassistierte Appendektomie mit einschließen könnte.

Die derzeitige Roboterchirurgie hat dabei mit Sicherheit noch lange nicht ihre Grenzen erreicht: Vorstellbar sind schon seit einiger Zeit System- bzw. Verfahrensverbesserungen hinsichtlich einer computergestützten Erweiterung der Realitätswahrnehmung (engl.: augmented reality, AR), einer intraoperativen Bildgebung und Navigation, einer (automatischen) Erkennungshilfe für Risikostrukturen, einer intraoperativen Leistungsbewertung und Erfolgsbeurteilung sowie einem Einsatz von künstlicher Intelligenz.

10 Zusammenfassung

Die Appendektomie zählt zu den am häufigsten vorgenommenen Eingriffen in der Viszeralchirurgie und somit zu den Routineoperationen. Bei der näheren Beschäftigung mit der Diagnostik und Behandlung der akuten Appendizitis wurde deutlich, dass der Weg bis zur heutigen fest etablierten, operativen Therapie ein auffallend langer war. Dabei stellte sich gerade bei der Appendektomie das Problem des richtigen Operationszeitpunktes und der besten Operationstechnik heraus.

Es erschien lohnend, diesen Fragen nachzugehen, zumal damit eine Forschungslücke gefüllt werden konnte. Auf der Basis vor allem SPRENGELS, DEAVERS und SACHS' versucht diese Studie möglichst komprimiert den Weg der operativen Behandlung der akuten Appendizitis von den Anfängen operativer Eingriffe in der Bauchhöhle bis hin zu den modernen Behandlungsmethoden bei akuter Appendizitis medizinhistorisch nachzuzeichnen. Gerade die Frage, warum es so viel Zeit zum einem bis zur Entdeckung der Appendix vermiformis, zum anderen aber auch bis zur Etablierung einer kurativen Therapie benötigte, wird von den hier genannten Autoren in ihren Übersichtarbeiten nicht in den Vordergrund gestellt.

Es bot sich im Rahmen dieser Dissertationsarbeit an, auch einen Blick auf die historischen Anfänge in der ägyptischen, griechischen und römischen Kultur zu werfen, da diese nicht nur im medizinhistorischen Sinn grundlegend waren, sondern auch allgemein die Basis für die beginnende naturwissenschaftliche Forschung in der Renaissance bildeten. Von besonderem Interesse schien es zu klären, welche Umstände dazu geführt haben, dass es bis zum Ende des 15. Jahrhunderts dauerte, bis die Appendix vermiformis als anatomische Struktur von Leonardo daVinci überhaupt erstmals entdeckt und gezeichnet wurde, was aber unveröffentlicht blieb, sodass sie zu Beginn des 16. Jahrhunderts von dem Vorvesal'schen Anatomen Giacomo Berengario a Carpi erneut beschrieben wurde. Im Rahmen dessen galt es, dem Phänomen der „Scheu und Hilflosigkeit" vor der Behandlung von Bauchraumerkrankungen nachzugehen, ebenso, welche Überlegungen und Begebenheiten einer Eröffnung des Bauchraumes entgegenstanden. Dabei konnte die Studie weitere, damit in Verbindung stehende Fragestellungen (wie die Geschichte klinischer Autopsien, Sektionen an Tieren, Narkose etc.) nicht ausführlich verfolgen, da diese von der eigentlichen Fragestellung dieser Arbeit zu weit weggeführt hätten. Entsprechende Hinweise auf weiterführende Literatur finden sich jedoch in den Fußnoten der entsprechenden Kapitel.

Für die Zeit des 16. und 17. Jahrhunderts richtete sich das Hauptaugenmerk auf die Frage nach dem Vorhandensein erster klinischer Beschreibungen abdomineller Krankheitsbilder, die einer akuten Appendizitis entsprechen könnten. Auf dem Hintergrund, dass die Appendix vermiformis als anatomische Struktur bekannt wurde, erschien es interessant, ersten Fallbeschreibungen nachzugehen. Da diese jedoch zu der Zeit nur sehr vereinzelt zu finden sind, boten sich weiterführend als eine besondere Quellenart Leichenpredigten an: Durch die Analyse und Auswertung der (auto)biographischen Personalia hinsichtlich Krankheitsbeschreibungen, Beschreibungen von Krankheitsverläufen und Therapieansätzen war es möglich, genauere Forschungen über den Wissensstand bezüglich Bauchraumerkrankungen anstellen zu können. Wenn auch das Ergebnis keine explizite zweifelsfreie Beschreibungen bzw. Erwähnung des appendizitischen Krankheitsbildes erbrachte, so können einige Symptombeschreibungen jedoch durchaus darauf hindeuten.

Auch für die Zeit des 18. Jahrhunderts wurde nach Hinweisen auf erste Beschreibungen des Krankheitsbildes einer akuten Appendizitis gesucht, es zeigte sich jedoch, dass die endgültige „Entdeckung" dieser Erkrankung erst im 19. Jahrhundert stattfand. Dennoch ließen sich wesentliche Punkte herausarbeiten, die grundlegend für die Weiterentwicklung des Kenntnisstandes waren: die Vereinheitlichung der Terminologie der anatomischen Struktur (Einigung auf den Begriff „Appendix vermiformis"), die Erweiterung anatomischer und vor allem funktioneller Erkenntnisse sowie die Entdeckung der Entzündlichkeit der Appendix vermiformis im Rahmen von Obduktionen mitsamt ersten, vorsichtigen Therapievorschlägen. Mit Claudius AMYAND fiel zudem auch die erste Appendektomie in das 18. Jahrhundert, auch wenn diese noch nicht auf der Grundlage der zuvor gestellten klinischen Diagnose einer akuten Appendizitis, sondern vielmehr im Rahmen einer anderen Operationsindikation (Skrotalhernienresektion) geschah.

Bedingt durch den wissenschaftlichen Fortschritt in den Naturwissenschaften brachte das 19. Jahrhundert insofern einen Durchbruch auch in der Medizin bzw. der Chirurgie, als man jetzt konkret von der „akuten Appendizitis" als bewusst wahrgenommenes Krankheitsbild sprach. Hier stellte sich die Aufgabe, in zusammenfassender Form die Probleme und die Diskussion zwischen den Internisten und Chirurgen medizinhistorisch aufzuarbeiten. Es galt, die Auseinandersetzung zwischen den Internisten und den Chirurgen über die Therapierichtung (konservativ vs. chirurgisch) der akuten Appendizitis und der fachbezogenen Zugehörigkeit dieses Krankheitsbildes zu untersuchen. Notwendig erschien es, beide Positionen einander gegenüberzustellen, um dann schließlich den Weg zur operativen Behandlung offen zu legen. Im Rahmen der Darlegung erster konservativer Behandlungsversuche – ausgehend von den Internisten – wurde bewusst auch die humoraltherapeutische Lehre mit einbezogen, die allem voran als Grundlage der frühen konservativen Therapien angesehen werden muss.

Als besonders strittig stellte sich der genaue Operationszeitpunkt heraus. Diesem Diskussionspunkt nachzugehen, ist eine weitere Intention dieser Studie, da die Argumentationen beider Lager gute Einblicke in das chirurgische Denken dieser Zeit ermöglichen. Ein Spiegelbild der weit gefächerten Diskussion um die richtige Behandlung der akuten Appendizitis zeigte sich auch in der Entwicklung der Operationstechnik. In wieweit sich der Wechselschnitt nach McBurney/Sprengel in der Auseinandersetzung mit anderen Theorien durchsetzte, sollte weiterführend Gegenstand der Untersuchungen dieser Studie sein. Aufzuzeigen war auch, dass der Einfluss der amerikanischen Chirurgie stets zunahm, was wohl damit begründet werden kann, dass Amerika bezüglich der medizinischen Forschung nicht ganz so stark in alten Traditionen verhaftet war.

Zudem erschien eine knappe Betrachtung der terminologischen Diskussion um den Begriff „Appendizitis" (R. H. Fitz 1886) angebracht, der sich, bedingt durch zum Teil rein philologische Einwände, erst am Ende des 19. Jahrhunderts gänzlich in Deutschland und auch international etablieren sollte.

Hatte sich im 20. Jahrhundert weitgehend die konventionell-offene Appendektomie als Therapie bei akuter Appendizitis durchgesetzt, so galt es nun nachzuforschen, inwieweit sich Belege finden ließen, die diese Technik illustrierten. Hierzu wurden Krankenakten der Chirurgischen Klinik Marburg sowie Sektionsprotokolle des Marburger Pathologischen Instituts aus den Jahren 1913–1918 statistisch ausgewertet, mit denen ein Vergleich des sich etablierenden operativen Standards und dem tatsächlichen klinischen Alltag angestellt wurde.

Eine vergleichbare Wende in der Behandlung der akuten Appendizitis wie die der konservativen hin zu einer operativen Therapie im 19. Jahrhundert vollzog sich auch im 20. Jahrhundert. Den Weg von der konventionell-offenen bis hin zur laparoskopischen Appendektomie, begründet durch den Gynäkologen Kurt Semm, war ebenfalls Aufgabe dieser Arbeit. Bemerkenswert sind auch hier die zum Teil heftigen Auseinandersetzungen zwischen den Befürwortern und Gegnern dieser innovativen Operationstechnik. Spezielles Quellenmaterial konnte hierzu genutzt und in die Darstellung mit einbezogen werden: Zusätzlich zu den vorliegenden schriftlichen Quellen konnte auch auf die sog. „Oral History" zurückgegriffen werden, die eine weitere lohnende Methode der Geschichtswissenschaft darstellt. Es gelang mittels mündlicher Quellen zweier Zeitzeugen sowie durch die methodische Instrumentalisierung der erstellten Interviews eine Erweiterung und Bereicherung dieser Arbeit mit Quellen lebensgeschichtlichen Charakters. Darüber hinaus konnte weiteres Quellenmaterial wie ein reproduziertes Gedächtnisprotokoll damaliger Operationsberichte durchgeführter laparoskopischer Appendektomien und ein Filmdokument (originale Videosequenzen einer laparoskopischen Appendektomie Semms) mit eingearbeitet werden.

Mit dem Übergang in das 21. Jahrhundert rückte auch das laparoskopische Verfahren als Methode der Wahl immer mehr in den Vordergrund, sodass ein Vergleich der Vor- und Nachteile der konventionell-offenen und laparoskopischen Appendektomie hinsichtlich verschiedenster Aspekte grundlegend zur Darstellung des aktuellen Goldstandards war.

Die vorgelegte Studie schließt mit einem kurzen Ausblick in die Zukunft der roboterassistierten Chirurgie, die durchaus auch als ein weiteres Verfahren zur Appendektomie vorstellbar werden kann. Dennoch fanden sich auch hier gewisse Grenzen in der Darstellung, da sich die weiterentwickelnde minimalinvasive Chirurgie und gerade auch die Robotertechnik im Stadium der Erprobung befinden und abschließende Studien noch ausstehen.

Summary

The appendectomy is among the most frequent operations in visceral surgery. In the course of my research on acute appendicitis it became apparent that the path leading to present-day operative therapy was a long one and constituted a gap in research. It thus appeared worthwhile to research the matter in greater depth. On the basis of SPRENGEL, DEAVER and SACHS this study attempts to trace the route taken in medicine in the treatment of acute appendicitis from the beginnings of surgical intervention in the abdominal region right up to modern treatment methods. Precisely why it took such a long time before the appendix vermiformis was discovered and also why it took so long before curative treatment was established are questions that are not featured prominently in the overviews provided by the afore mentioned authors. Within the bounds of this study project it seemed reasonable to examine the germinating occupation with the matter in the Egyptian, Greek and Roman culture first of all, as its historical foundations in medical interest were laid here. The first question needing clarification was why the appendix vermiformis was not discovered as an anatomical structure until the end of the 15th century when it was identified and depicted by Leonardo da Vinci. There was the necessity to pursue the reason for the uneasiness existing at that time about opening up the abdomen and treating abdominal complaints. It was necessary to search for clinical descriptions of abdominal illnesses in early case histories of the 16th and 17th centuries that possibly corresponded to an acute appendicitis. As written case histories were rare in that time period it was necessary to resort to funeral sermons as a particular source of information. The evaluation of this (auto)biographic data afforded more detailed insight into the knowledge existing at that time on abdominal complaints. In the 18th century the terminology for anatomical structures was standardized and in the process the term appendix vermiformis agreed upon, an increase took place in anatomical and above all functional knowledge and post-mortems revealed the susceptibility of the appendix vermiformis to inflammation and first therapeutical attempts were undertaken. These developments were fundamental to advances in understanding the disorder. The very first appendectomy was embarked upon in the 18th century by Claudius AMYAND even if this did not result from the clinical diagnosis of an acute appendicitis, but instead from another surgical indication. The 19th century brought a medical breakthrough in as far as now the acute appendicitis was consciously recognized as an illness in itself. My task here was to achieve a succinct analysis of the history of the discussion between the physicians in the field of internal medicine and the surgeons. An examination of the dispute between the two factions on the direction the therapy should take (conservative versus surgical) and on which specialist field the illness belonged to was required. A comparison of the two positions appeared necessary in order to reveal the grounds which led to surgical treatment becoming the first choice. The humoral therapy approach has been included deliberately in the elucidation of the first attempts at conservative treatment as it has to be considered as the foundation of the former conservative therapy. The wide range of the discussion as to the right treatment is also reflected in the development of the precise time of operation/operational technique. In addition, the reasons why the McBurney/Sprengel incision method asserted itself in the debate will be touched upon. In the 20th century the conventional open appendectomy established itself as the choice therapy and it was necessary to track down documentation that depicted this technique. To this end patient files from the surgical clinic and post-mortem protocols from the Pathological Institute in Marburg from the years 1913–1918 were statistically evaluated rendering a comparison between the operating standards that were establishing themselves and everyday clinical practice. A further intention was to illustrate the transition from the conventional open to the laparoscopic appendectomy. It was possible to incorporate special source material in the illustration: It was possible to draw on "Oral History"- a further historical scientific method – in addition to the written sources. It was possible to supplement and enrich this research project with sources of an autobiographical nature through the integration of word-of-mouth sources from two contemporary witnesses and the methodical exploitation of the compiled interviews. It was also possible to incorporate more source material, for example in the form of memory minutes from an operation protocol pertaining to a laparoscopic appendectomy and also a film document created by the gynaecologist, Kurt Semms. In the 21st century the laparoscopic procedure increasingly became the first choice. Contrasting the advantages and disadvantages of the various aspects of the laparoscopic procedure with the conventional open appendectomy appeared essential in order to portray the current golden standard. This study closes with a short excursion into the future prospects in robot-assisted surgery which is indeed a further conceivable procedure in the field of appendectomy, whereby however the outlining of future developments in minimally invasive procedures has its limits, of course, as robotics is still at the pilot stage and conclusive studies remain outstanding.

Abbildungsverzeichnis

Abb. 1: Welsch, Ulrich: Lehrbuch Histologie. München ³2010 (Elsevier, Urban & Fischer Verlag), S. 330, Abb. 10.70 22

Abb. 2: Paulsen, Friedrich/Waschke, Jens: Sobotta Atlas der Anatomie des Menschen (363 farbige Tafelbilder mit 441 Einzelabbildungen), Bd. 2. München ²³2010 (Elesvier, Urban & Fischer Verlag), S. 6, Abb. 6.39..............24

Abb. 3: ebd., Abb. 6.41 25

Abb. 4: Schünke, Michael/Schulte, Erik/Schumacher, Udo et al.: Prometheus LernAtlas der Anatomie - Innere Organe. Stuttgart ²2009 (Georg Thieme Verlag), S. 229, Abb. E 26

Abb. 5: Paulsen, Friedrich/Waschke, Jens: Sobotta Atlas der Anatomie des Menschen (363 farbige Tafelbilder mit 441 Einzelabbildungen), Bd. 2. München ²³2010 (Elesvier, Urban & Fischer Verlag), S. 6, Abb. 6.40a bis d 27

Abb. 6: Welsch, Ulrich: Lehrbuch Histologie. München ³2010 (Elsevier, Urban & Fischer Verlag), S. 252, Abb. 6.43 32

Abb. 7: Smith, H. F/Fisher, R. E./Everett, M. L. et al.: Comparative anatomy and phylogenetic distribution of the mammalian cecal appendix. In: Journal of Evolutionary Biology, 2009; 22 (10): 1984–1999; S. 1989, Fig. 1 35

Abb. 8: Randal Bollinger, R./Barbas, A. S./Bush, E. L. et al.: Biofilms in the large bowel suggest an apparent function of the human vermiform appendix. In: Journal of Theoretical Biology 2007; 249 (4): 826–831; S. 828, Fig. 1 38

Abb. 9: Langner, Cord/Gabbert, Helmut E.: Appendix. In: Böcker, Werner/Denk, Helmut/Heintz, Philipp U. et al.: Pathologie. München ⁵2012 (Elsevier, Urban & Fischer Verlag), S. 739, Abb. 30.1 46

Abb. 10: Gerharz, C. D./Gabbert, Helmut E.: Pathomorphologische Aspekte der akuten Appendizitis. In: Der Chirurg. Berlin/Heidelberg 1997 (Springer Verlag); 68: 6–11; S. 7, Abb. 1a-f 47

Abb. 11–12:	Stephan, Joachim: Anatomische, physiologische und pathophysio- logische Grundlagen der ägyptischen Krankheitslehre. In: Hannig, Rainer/Vomberg, Petra/Witthuhn, Orell (Hg.): Marburger Treffen zur altägyptischen Medizin. Vorträge und Ergebnisse 2002–2007 (erschienen in: Göttinger Miszellen, Beiheft Nr. 2, Seminar für Ägyptologie und Koptologie der Universität Göttingen). Göttingen 2007, S. 96f.: Abb. 11 siehe S. 96 (Abb. 1); Abb. 12 siehe S. 97 (Abb. 2) 68–69
Abb. 13:	Wilkinson, Richard H.: Die Welt der Götter im alten Ägypten. Glaube, Macht, Mythologie. Stuttgart 2003 (Theiss Verlag), S. 222. Abb. ohne Nr. (Ursprungsquelle: 19. Dyn. Grab Ramses' I., Tal der Könige, Theben-West) 71
Abb. 14:	von Brunn, Walther: Kurze Geschichte der Chirurgie. Berlin 1928 (Springer Verlag), S. 52, Abb. 56 und 57 74
Abb. 15:	Kupper, D.: Leonardo da Vinci, Hamburg 2007 (Rowohlt Taschenbuch-verlag), Umschlagsvorderseite 78
Abb. 16:	Zöllner/Nathan, Leonardo da Vinci - Sämtliche Gemälde und Zeichnungen, 2011, S. 454, Abb. 327. Link zur Lizenz: https://commons.wikimedia.org/wiki/File:L%C3%A9o.intestin.jpg?uselang=de-formal. Es wurden keine Änderungen vorgenommen 81
Abb. 17–18:	Vesalius, Andreas: De humani corporis fabrica libri septem. Bruxelles 1964 (Culture et Civilisation). Nachdruck der Ausgabe Basileae 1543, S. 361: Abb. 17 siehe S. 361 (Septima quinti libri figura); Abb. 18 siehe S. 361 (Octava quinti libri figura) 85
Abb. 19:	Deaver, John B.: Appendicitis; its history, anatomy, clinical aetiology, pathology, symptomatology, diagnosis, prognosis, treatment, technique of operation, complications and sequels. Philadelphia ³1905 (P. Blakiston's son & Co.), S. 5, PLATE II 88
Abb. 20:	Bauhin, Caspar: Theatrum anatomicum. Novis figuris æneis illustratum et in lucem emissum opera & sumptibus Theodori de Brÿ p. m. relictae viduae & filiorum Joannis Theodori & Joannis Israelis de Brÿ.

	Francofurti at Moenum 1605, S. 117, Tabula XV.; Fig. I./ II./III./IV.	91
Abb. 21:	Tulp, Nicolaus: Observationum medicarum libri tres. Amstelodami: Apud Ludovicum Elzevirium 1641, S. 215, Tab. X.	93
Abb. 22:	Vesling, Johannes: Syntagma Anatomicum. Commentario atque Appendice Ex Veterum, Recentiorum, Propriisque, Observationibus, Illustratum & auctum A Gerardo Leon. Blasio. Amstelodami: Apud Joannem Janssonum a Waesberge & Elizeum weyerstraet ^{2}1666, S. 51, Tabulae III.	94
Abb. 23:	Sachs, Michael: Geschichte der operativen Chirurgie (Bd. 1: Historische Entwicklung chirurgischer Operationen). Heidelberg 2002 (Kaden Verlag), S. 161, Abb. 10–2	104
Abb. 24–25:	Gotter, Johann Christian: Der Glaubigen Kinder Gottes sanffte und selige Ruhe. Gotha 1675 [Leichenpredigt auf Christina Barbara von Stein (1639–1675)], ohne Seitenangabe.	115–116
Abb. 26:	Schüller, Max: Allgemeine acute Peritonitis in Folge von Perforation des Wurmfortsatzes, Laparotomie und Excision des Wurmfortsatzes. In: Bergmann, E. v./ Billroth, T./Gurlt, E. (Hsg): Archiv für klinische Chirurgie (Bd. 39), Berlin 1889 (Verlag von August Hirschwald), S. 848, Fig. 1	208
Abb. 27:	Sprengel, Otto: Appendicitis. Stuttgart 1906 (Verlag von Ferdinand Enke), S. 608, Textfiguren 69–72.	221
Abb. 28–29:	Deaver, John B.: Appendicitis; its history, anatomy, clinical aetiology, pathology, symptomatology, diagnosis, prognosis, treatment, technique of operation, complications and sequels. Philadelphia ^{3}1905 (P. Blakiston's son & Co.): Abb. 28 siehe PLATE XLI; Abb. 29 siehe PLATE XLIII	227
Abb. 30:	Sprengel, Otto: Appendicitis. Stuttgart 1906 (Verlag von Ferdinand Enke), S. 616, Fig. 73a.	231
Abb. 31–35:	Deaver, John B.: Appendicitis; its history, anatomy, clinical aetiology, pathology, symptomatology,	

	diagnosis, prognosis, treatment, technique of operation, complications and sequels. Philadelphia ³1905 (P. Blakiston's son & Co.): Abb. 31 siehe PLATE LI; Abb. 32 siehe PLATE LII; Abb. 33 siehe PLATE LV; Abb. 34 siehe PLATE LVI; Abb. 35 siehe PLATE LVIII 234–236
Abb. 36–43:	Eigene Darstellung (2017). 247–263
Abb. 44–45:	ebd., Jg. 1914, Nr. 2008, Seite 1 (Abb. 46), Seite 2 (Abb. 47) 268–269
Abb. 46–47:	Archiv des Pathologischen Instituts der Universität Marburg, Sektions-protokoll Jg. 1914, Nr. 50, Seite 1 (Abb. 48), Seite 2 (Abb. 49) 270–271
Abb. 48–50:	Emil-von-Behring-Bibliothek. Arbeitsstelle für Geschichte und Ethik der Medizin der Philipps-Universität Marburg. Krankenakten der Marburger Chirurgischen Universitätsklinik, Jg. 1914, Nr. 1062 Seite 1(Abb. 50), Seite 2 (Abb. 51), Seite 3 (Abb. 52) 273–275
Abb. 51–53:	Eigene Darstellung (2017) 276–278
Abb. 54:	Semm, Kurt: Operationslehre für endoskopische Abdominal-Chirurgie. Operative Pelviskopie, operative Laparoskopie. 1984 Stuttgart (Schattauer Verlag), S. 41, Abb. 30 292
Abb. 55–59:	ebd., S. 89–104: Abb. 55 siehe S. 89 (Abb. 125); Abb. 56 siehe S. 90 (Abb. 128 li. Zchng, Abb. 129 re. Zchng); Abb. 57 siehe S. 90 (Abb. 130 li. Zchng, Abb. 131 re. Zchng); Abb. 58 siehe S. 91 (Abb. 132 li. Zchng, Abb. 133 re. Zchng); Abb. 59 siehe S. 104 (Abb. 178) 295–297
Abb. 60:	Archiv der Klinik für Gynäkologie und Geburtshilfe der Christian-Albrechts-Universität zu Kiel, http://www.medizin350.uni-kiel.de/entwurf/semm_komplett/semm_entdeckungen.html (Stand 22.12.2017) 299
Abb. 61:	Semm, Kurt: Operationslehre für endoskopische Abdominal-Chirurgie. Operative Pelviskopie, operative Laparoskopie. 1984 Stuttgart (Schattauer Verlag), S. 23, Abb. 22 300

Abb. 62:	ebd., S. 56, Abb. 60	307
Abb. 63:	ebd., S. 86, Abb. 119	308
Abb. 64–65:	ebd., S. 203–207: Abb. 64 siehe S. 207 (Abb. 359); Abb. 65 siehe S. 203 (Abb. 346)	308–310
Abb. 66–68:	ebd., S. 131–139: Abb. 66 siehe S. 131 (Abb. 239 li. Zchng, Abb. 240 re. Zchng); Abb. 67 siehe S. 134 (Abb. 246); Abb. 68 siehe S. 139 (Abb. 257)	310–312
Abb. 69:	ebd., S. 203, Abb. 347 (li. Zchng.), Abb. 348 (mittige Zchng.) und Abb. 349 (re. Zchng.)	313
Abb. 70–74:	ebd., S. 419–421: Abb. 70 siehe S. 419 (FT 362); Abb. 71 siehe S. 419 (FT 363); Abb. 72 siehe S. 421 (FT 364); Abb. 73 siehe S. 421 (FT 366); Abb. 74 siehe S. 421 (FT 367)	313–315
Abb. 75:	ebd., S. 204, Abb. 350 (li. Zchng.) und Abb. 351 (re. Zchng.)	315
Abb. 76–78:	ebd., S. 421–423: Abb. 76 siehe S. 421 (FT 368); Abb. 77 siehe S. 423 (FT 369); Abb. 78 siehe S. 423 (FT 370)	315–316
Abb. 79:	ebd., S. 204, Abb. 352 (li. Zchng.) und Abb. 353 (re. Zchng.)	317
Abb. 80–81:	ebd., S. 423: Abb 80 siehe S. 423 (FT 371); Abb. 81 siehe S. 423 (FT 372)	317–318
Abb. 82:	ebd., S. 205, Abb. 354 (li. Zchng.), Abb. 355 (mittige Zchng.) und Abb. 356 (re. Zchng.)	318
Abb. 83–84:	ebd., S. 425: Abb. 83 siehe S. 425 (FT 373); Abb. 84 siehe S. 425 (FT 374)	319
Abb. 85:	ebd., S. 205, Abb. 357 (li. Zchng.) und Abb. 358 (re. Zchng.)	320
Abb. 86:	ebd., S. 425, FT 375	320
Abb. 87–101:	Prof. Dr. med. Dr. med. vet. h.c. Kurt Semm: Endoscopic Appendectomie, Universitätsfrauenklinik Kiel, 1993; VHS-Dokument; Bildmaterial mit freundlicher Genehmigung von Frau Prof. Dr. med. Liselotte Mettler	323–330

.

Tabellenverzeichnis

Tab. 1–2: Eigene Darstellung (2017). .... 52. und 249

Tab. 3–5: NOTES-Register, Deutsche Gesellschaft für Allgemein- und
Viszeralchirurgie e. V. (DGAV), Stand 15.01.2018 345–346

Abkürzungsverzeichnis

3D	Dreidimensional
A.	Arteria/Appendizitis
ac.	acuta
ACCP	American College of Chest Physicians
ant.	anterior
AR	augmented reality
ATS	American Thoracic Society
BMI	Body-Mass-Index
BSE	Bovine spongiforme Enzephalopathie
CAES	Chirurgische Arbeitsgemeinschaft für Endoskopie und Sonographie
CAMIC	Chirurgische Arbeitsgemeinschaft Minimal-Invasive Chirurgie
CISH	Classical Infrafacial SEMM Hysterectomy
CRP	C-reaktives Protein
CT	Computer-tomographie
DEGUM	Deutsche Gesellschaft für Ultraschall in der Medizin
DGAV	Deutsche Gesellschaft für Allgemein- und Viszeralchirurgie
DWb	Deutsches Wörterbuch der Brüder Grimm
Eb188C	Papyrus Ebers 188C
ESICM	The European Society of Intensive Care Medicine
ETHI	Ethicon
FDA	Food and Drug Administration
FH	Fachhochschule
GALT	Gut Associated Lymphoid Tissue
gangrän.	gangränös/gangraenosa
G-DRG	German Diagnosis Related Groups
gGmbH&Co.KG	gemeinnützige Gesellschaft mit beschränkter Haftung & Compagnie Kommanditgesell-schaft
GIA	GastroIntestinal Amastomosis
Gyn.	Gynäkologie
HE	Hämatoxilin-Eosin
ICD	Interdigitate Dendritic Cells
IgA	Immunglobulin A
Inc.	Incorporated
InEK	Institut für Entgeldsystem im Krankenhaus

IVH	Incomplete Vaginal Hysterectomy
KBV	Kassenärztliche Bundesvereinigung
KUMJ	Kathmandu University Medical Journal
LA	laparoskopische Appenektomie
lap.	laparoskopisch
Lig.	Ligamentum
LOS	Length Of (hospital) Stay
Ltd.	Limited
M.	Musculus
MALT	Mucosa Associated Lymphoid Tissue
M. K.	Mali Kallenberger
mLA	mini-laparoskopische Appendektomie
µl	Mikroliter
mm	Milimeter
mmHg	Milimeter Quecksilbersäule
mmol	milimol
MRT	Magnetresonanz-tomographie
N.	Nervus
NET	Neuroendokriner Tumor
NHDS	National Hospital Discharge Survey
Nll.	Noduli
NOTES	Natural Orifice Transluminal Endoscopic Surgery
NSAR	Nicht-steroidale Antirheumatika
OA	offene Appendektomie
ÖGUM	Österreichische Gesellschaft für Ultraschall in der Medizin
P	Signifikanzwert
pCO_2	Kohlendioxid-partialdruck
PDS	Polydioxanon
Pyr572c	Papyrus 572c
qSOFA	quick Sepsis-related OrganFailure Assessment
RL	Royal Library
ROLARR	RObotic versus LAparoscopic Resection für Rectal cancer
RUQ	rechter unterer Quadrant
SAGES	Society of American Gastrointestinal Endoscopic Surgery
SCCM	Society of Critical Care Medicine
SGUM	Schweizerische Gesellschaft für Ultraschall in der Medizin
SIRS	Systemic Inflammatory Response Syndrome
SIS	Surgical Infection Society

SMF	Schweizerisches Medizin-Forum
s. n.	sine nomine
SOFA	Sepsis-related Organ Failure Assessment
sog.	sogenannt
StuDoQ	Studien-, Dokumentations- und Qualitätszentrum der Deutschen Gesellschaft für Allgemein- und Viszeralchirurge
sup.	superior
TGAE	TransGastrale AppendEktomie
TULAA	TransUmbilicale Laparoscopic once-trocar Appendectomy
TUMA	Total Uterine Mucosal Ablation
TVAE	TransVaginale AppendEktomie
V.	Vena
V. a.	Verdacht auf
VHS	Video Home System
vs	versus
WJES	World Journal os Emergency Surgery
Zchng.	Zeichnung(en)

Literaturverzeichnis

Ackerknecht, Erwin Heinz: Kurze Geschichte der Medizin. Stuttgart [7]1992 (Verlag von Ferdinand Enke).

Adamek, Henning E./Lauenstein, Thomas C. (Hg.): MRT in der Gastroenterologie. MRT und bildgebende Differenzialdiagnose (29 Tabellen). Stuttgart 2010 (Georg Thieme Verlag).

Ajanki, Tord: Medicinal reading. Of genius, pure chance and dedicated hard work. Stockholm 1995 (Swedish Pharmaceutical Press).

Alder, Adam C./Fomby, Thomas B./Woodward, Wayne A. et al.: Association of viral infection and appendicitis. In: Archivesof Surgury 2010; 145 (1): 63–71.

Amyand, Claudius: Of an Inguinal Rupture, with a Pin in the Appendix coeci, Incrusted with Stone; And Some Observations on Wounds in the Guts. In: Philosophical Transactions 1735–1736. London 1735; 39 (436–444): 329–342.

Archiv des Pathologischen Instituts der Universität Marburg: Sektionsprotokolle, Jg. 1913 (Fallnr.: 123, 180), 1914 (Fallnr.: 24, 50, 51, 55, 62, 70, 104, 115, 116, 151, 165, 222), 1915 (Fallnr.: 114, 154), 1916 (Fallnr.: 70, 85, 119, 185), 1917 (Fallnr.: 28, 68, 98, 151, 165, 201, 263), 1918 (Fallnr.: 59, 71, 82).

Arnold: Beitrag zur Lehre von Krankheiten des processus vermiformis. In: Monatsschrift für Medizin, Augenheilkunde und Chirurgie, Bd. 2. Hg. v. Ammon, Dr. F. A. V. Leipzig 1838 (Weidmann'sche Buchhandlung).

Aschner, Bernhard: Lehrbuch der Konstitutionstherapie. Die Krise der Medizin. Stuttgart/Leipzig [5]1933 (Hippokrates-Verlag).

Bauer, Axel W.: Therapeutik/Therapiemethoden (Neuzeit). In: Enzyklopädie Medizingeschichte, Hg. v. Gerabek, Werner E./Haage, Bernhard D./Keil, Gundolf et al. Berlin/New York 2005 (de Gruyter Verlag).

Bauhin, Caspar: Theatrum anatomicum. Novis figuris æneis illustratum et in lucem emissum opera & sumptibus Theodori de Brÿ p. m. relictae viduae & filiorum Joannis Theodori & Joannis Israelis de Brÿ. Francofurti at Moenum 1605 (Typis Matthaei Beckeri).

Berchtold, Rudolf/Bruch, Hans-Peter/Trentz, Ottmar (Hg.): Chirurgie (335 Tabellen und 343 Praxisfragen). Unter Mitarbeit von R. Keller und G. A. Wanner. München [6]2008 (Elsevier, Urban & Fischer Verlag).

Berengario da Carpi, Jacopo: Commentaria cū amplissimis additionibus super Anatomia Mūdini. Vna cum textu eiusdē in pristinū [non-roman] ve[non-roman] nitorē redacto. Bononiae 1521 (Impressum per H. de Benedictis).

Berry, Richard J. A.: The true caecal apex, or the vermiform appendix: its minute and comparative anatomy. In: Journal of Anatomy and Physiology 1900; 35 (Pt 1): 83–100.

Bierbach, Elvira/Bernig, Werner/Bilen, Erika et al. (Hg.): Naturheilpraxis heute. Lehrbuch und Atlas. München ³2006 (Elsevier Urban & Fischer Verlag).

Bollinger, R. R./Barbas, A. S./Bush, E. L. et al.: Biofilms in the large bowel suggest an apparent function of the human vermiform appendix. In: Journal of Theoretical Biology 2007; 249 (4): 826–831.

Bollinger R. R./Everett, M. L./Palestrant, D et al.: Human secretory immunoglobulin A may contribute to biofilm formation in the gut. In: Immunology 2003; 109 (4); 580–587.

Bommas-Ebert, Ulrike/Teubner, Philipp/Voß, Rainer: Kurzlehrbuch Anatomie und Embryologie. Stuttgart ³2011 (Georg Thieme Verlag).

Bone, R. C./Balk, R. A./Cerra, F. B. et al.: Definitions for sepsis and organ failure and guidelines for the use of innovative therapies in sepsis. The ACCP/SCCM Consensus Conference Committee. American College of Chest Physicians/ Society of Critical Care Medicine. In: Chest 1992; 101 (6): 1644–55.

Brockhaus Enzyklopädie. In vierundzwanzig Bänden, Bd. 13: LAH-MAF. Mannheim ¹⁹1990 (F. A. Brockhaus).

Brodmeier, Beate: Die Frau im Handwerk in historischer und moderner Sicht. In: Forschungsberichte aus dem Handwerk, Bd. 9, Hg. v. Handwerks wissenschaftliches Institut Münster Westfalen. Münster Westfalen 1963.

Brunn, Walther von: Kurze Geschichte der Chirurgie. Berlin 1928 (Julius Springer Verlag).

Bülow, Maria-Luise: Laparoskopische vs. offene Appendektomie. Ist das minimal-invasive Verfahren dem offenen bei der akuten Appendizitis vorzuziehen? Diss. med., Medizinische Fakultät Charité Berlin 2009.

Bulian D.R./Kaehler G./Magdeburg R. et al.: Analysis of the First 217 Appendectomies of the German NOTES Registry. In: Annals of Surgery 2017; 265 (3): 534–538.

Burne, John: Memoir on tuphlo-enteritis: or inflammation and perforative ulceration of the caecum, and of the appendix vermiformis caeci. In: The Medico-Chirurgical Review, Hg. v. Johnson, J./Johnson, H. J. London 1840; 32: 43–47.

Busch, D. W. H./Gräfe, Carl Ferdinand von/Hufeland, Christoph Wilhelm von et al: Encyclopädisches Wörterbuch der medicinischen Wissenschaften, Bd. 11: Encathisma – Fallkraut. Berlin 1834 (Veit Verlag).

Cadière G.B./Himpens J./Germay O. et al.: Feasibility of robotic laparoscopic surgery: 146 cases. In: World Journal of Surgery 2001; 25: 1467–77.

Carus, Thomas: Operationsatlas Laparoskopische Chirurgie. Berlin/Heidelberg ³2014 (Springer Verlag).

Celsus, Aulus Cornelius: De medicine. Unter Mitarbeit von Walter George Spencer. Cambridge/Massachusetts/London 1938 (Harvard University Press (Loeb classical library, 336) und Heinemann Ltd.).

Ciftci, Fatih/Abdulrahman, Ibrahim: Incarcerated amyand hernia. In: World journal of gastrointestinal surgery 2015; 7 (3): 47–51.

Darwin, Charles: Die Abstammung des Menschen. Stuttgart ⁵2002 (Kröner Verlag).

De La Motte, Joubert: OBSERVATIONS Faites à l'ouverture du cadavre d'une personne morte d'une tympanite. In: Journal de médicine, de chirurgie, et de pharmacie 1766; 24: 65–68.

Deaver, John B.: Appendicitis; its history, anatomy, clinical aetiology, pathology, symptomatology, diagnosis, prognosis, treatment, technique of operation, complications and sequels. Philadelphia ³1905 (P. Blakiston's son & Co).

Deutsche Gesellschaft für Allgemein- und Viszeralchirurgie e.V.: StuDoQ| NOTES – Nationales NOTES-Register der DGAV (Stand: 15.01.2018).

Dietrich, Christoph F.: Ultraschall-Kurs. Organbezogene Darstellung von Grund-, Aufbau- und Abschlusskurs; nach den Richtlinien von KBV, DEGUM, ÖGUM und SGUM. Köln ⁵2006 (Dt. Ärzte-Verlag).

Dieterich, Eugen/Dieterich, Karl: Neues pharmazeutisches Manual. Berlin ¹¹1913 (Springer Verlag).

Drewermann, Eugen: Atem des Lebens. Die moderne Neurologie und die Frage nach Gott (Bd. 1: Das Gehirn. Grundlagen und Erkenntnisse der Hirnforschung). Düsseldorf 2006 (Patmos Verlag).

Dryander, Johannes: Ein new Artzney und Practicyrbüchlin zu allen Leibs Gebrechen und Kranckheyten. Frankfurt am Main 1557 (s. n.).

Dupuytren, B. G.: Leçon orales de clinique chirurgicale faites a l'hotel-dieu de paris. Paris ²1839 (Baillière).

Eckart, Wolfgang U.: Geschichte der Medizin. Berlin/Heidelberg ⁴2001 (Springer Verlag).

Eckart, Wolfgang U.: Illustrierte Geschichte der Medizin. Von der französischen Revolution bis zur Gegenwart. Berlin/Heidelberg ²2011 (Springer Verlag).

Eckhardt, Sabine: Die Gefäßchirurgie im Ersten Weltkrieg. Diss. med., Universität Mainz 2013. In: Beiträge zur Wissenschafts- und Medizingeschichte (Marburger Schriftenreihe, Bd. 1), Hg. v. Sahmland, Irmtraut. Frankfurt am Main 2014 (Lang Verlag).

Eckstein, Franz: Abriss der griechischen Philosophie. Frankfurt am Main ⁴1965 (Hirschgraben-Verlag).

Emil-von-Behring-Bibliothek. Arbeitsstelle für Geschichte und Ethik der Medizin der Philipps-Universität Marburg: Krankenakten der Marburger Chirurgischen Universitätsklinik Jg. 1913–1918.

Everett M. L./Palestrant, D./Miller S. E. et al.: Immune exclusion and immune inclusion: a new model of host-bacterial interactions in the gut. In: Clinical and Applied. Immunology Reviews 2004; 4 (5): 321–332.

Fabricius ab Aquapendente, Hieronymus: Opera Chirurgica. In duas Partes divisa. Venetiis 1619 (Megliettus).

Fabricius Hildanus, Wilhelm: Observationum et curationum chirurgicarum centuriae. Basileae 1606 (sumptibus Ludovici Regis).

Falloppio, Gabriele: Opera omnia, In unum congesta, & in medicinae studiosorum gratiam excusa. Francofurti 1600 (Apud haeredes Andreae Wecheli, Claud. Marnium & Io. Aubrium).

Fischer-Elfert, Hans-Werner: Papyrus Ebers und die antike Heilkunde. In: PHILIPPIKA, Marburger altertumskundliche Abhandlungen 7. Wiesbaden 2005 (Harrossowitz Verlag).

Fitz, Reginald Heber: Perforating inflammation of the vermiform appendix. With special reference to its early diagnosis and treatment. In: The American Journal of the Medical Sciences, Bd. 92, Hg. v. Ploth, D. W. New York 1886 (Williams & Wilkens Verlag).

Frank, Johann Peter: Behandlung der Krankheiten des Menschen. Aus dem Lat. übers. von Dr. J. F. Sobernheim. Berlin 1830 (Fincke Verlag).

Gerharz, C. D./Gabbert, H. E.: Pathomorphologische Aspekte der akuten Appendizitis. In: Der Chirurg 1997; (68): 6–11.

Gerlach, Joseph: Beobachtungen einer tödlichen Peritonitis, als Folge einer Perforation des Wurmfortsatzes. Mit 4 lithographierten Tafeln. In: Zeitschrift für rationelle Medizin, Bd. 6, Hg. v. Henle, J/Pfeufer, C. Leipzig/Heidelberg 1847 (Winter Verlag).

Geschichtlicher Atlas von Hessen: Verwaltungseinteilung 1866/69 und 1918, Karte 25b (1: 900.000) mit Sonderkarte „Verwaltungs- Einteilung 1869–1885", Lieferung 10, 1966 (http://www.lagis-hessen.de/de/subjects/idrec/sn/ga/id/47, zuletzt überprüft am 20.01.218).

Gesetz, betreffend Änderungen der Wehrpflicht vom 11. Februar 1888, Reichsgesetzblatt 1888, Nr. 4, Seite 11–21.

Gesetz über den Landsturm vom 12. Februar 1875, Reichsgesetzblatt 1875, Nr. 7, Seite 63–64.

Geys, Johann Jakob: Ein Model eines Christl. Pilgrims/bey Ansehnlicher und volckreicher Leich=Begängnis/Des Hoch=Wohl=Ehrwürdigen/Hoch= Achtbar=und Hoch=Wohlgelehrten Herrn/M. Georg Leonhart Models. Windsheim 1714 [Leichenpredigt auf Georg Leonhart Model (1650–1713)].

Gisel, Alfred: Überwindung der Widerstände gegen die Sektion. In: Körper ohne Leben. Begegnung und Umgang mit Toten, Hg. v. Stefenelli, Norbert. Wien/Köln/Weimar 1998 (Böhlau Verlag).

Goldbeck, Johann Gottfried: Über eigenthümliche entzündliche Geschwülste in der rechten Hüftbeingegend. Diss. med., Universität Giessen. Worms 1830 (Gedruckt bei Johann Andreas).

Gordon, Noah: Der Medicus. München 1987 (Droemer Knaur Verlag).

Gotter, Johann Christian: Der Glaubigen Kinder Gottes sanffte und selige Ruhe. Gotha 1675 [Leichenpredigt auf Christina Barbara von Stein (1639–1675)].

Grapow, Hermann: Über die anatomischen Kenntnisse der altägyptischen Ärzte. In: Morgenland. Darstellungen aus Geschichte. Und Kultur des Ostens, Heft 26. Leipzig 1935 (J. C. Hinrichs'sche Buchhandlung).

Graumann, Walther/Sasse, Dieter (Hg.): CompactLehrbuch Anatomie, Bd. 3: Innere Organsysteme. Stuttgart 2004 (Schattauer Verlag).

Grele, Ronald J.: Ziellose Bewegung – Methodologische und theoretische Probleme der Oral History. In: Lebenserfahrung und kollektives Gedächtnis. Die Praxis der "Oral history", Hg. v. Niethammer, Lutz. Frankfurt am Main 1985 (Suhrkamp Verlag).

Grimm, Jacob und Wilhelm: Deutsches Wörterbuch (DWb), Bd. 16. Leipzig 1854–1960 (Leipniz Hirzel Verlag).

Grisolle, Augustin: Histoire des tumeurs phlegmoneuse des fosses iliaques. In: Archives générales de médicine, Hg. v. Société de médicins. Paris 1839; 4: 34–61.

Groß, Dominik/Schweikhardt, Christoph/Schäfer, Gereon: Die Zergliederung toter Körper: Kontinuitäten, Brüche und Disparitäten in der Entwicklung der anatomischen, forensischen und klinischen Sektion. In: Der Umgang mit der Leiche. Sektion und toter Körper in internationaler und interdisziplinärer Perspektive, Hg. v. Groß, Dominik/Tag, Brigitte. Frankfurt am Main/New York 2010 (Campus Verlag).

Groß, Uwe: Kurzlehrbuch medizinische Mikrobiologie und Infektiologie. Stuttgart ^{3}2013 (Georg Thieme Verlag).

Gruber, Joachim: Chirurgische Operationen am Magen im 16. bis 18. Jahrhundert. – Eine Analyse der zeitgenössischen Quellen. Diss. med., Johann Wolfgang Goethe-Universität. Frankfurt am Main 2005.

Grundmann, Kornelia: Die Entwicklung des Krankenhauses in der ersten Hälfte des 20. Jahrhunderts am Beispiel der Marburger Chirurgischen Universitätsklinik. In: Der Dienst am Kranken. Krankenversorgung zwischen Caritas, Medizin und Ökonomie vom Mittelalter bis zur Neuzeit: Geschichte und Entwicklung der Krankenversorgung im sozio-ökonomischen Wandel. Veröffentlichungen der Historischen Kommission für Hessen, Bd. 68, Hg. v. Aumüller, Gerhard/Grundmann, Kornelia/Vanja, Christina. Marburg 2007 (N.G. Elwert Verlag).

Gurlt, Ernst Julius: Geschichte der Chirurgie und ihrer Ausübung. Volkschirurgie, Altertum, Mittelalter, Renaissance, Bd. 1. Berlin 1898 (August Hirschwald Verlag), Reprint: Hildesheim 1964 (Georg Olms Verlag).

Gurlt, Ernst Julius: Geschichte der Chirurgie und ihrer Ausübung. Volkschirurgie, Altertum, Mittelalter, Renaissance, Bd. 2. Berlin 1898 (August Hirschwald Verlag), Reprint: Hildesheim 1964 (Georg Olms Verlag).

Gurlt, Ernst Julius: Geschichte der Chirurgie und ihrer Ausübung. Volkschirurgie, Altertum, Mittelalter, Renaissance, Bd. 3. Berlin 1898 (August Hirschwald Verlag), Reprint: Hildesheim 1964 (Georg Olms Verlag).

Haeser, Heinrich: Uebersicht der Geschichte der Chirurgie und des chirurgischen Standes. In: Deutsche Chirurgie, Lfg. 1, Hg. v. Billroth/Luecke. Stuttgart 1879 (Verlag von Ferdinand Enke Verlag).

Haller, Albrecht von: Über den Reiz der Anatomie: Rektoratsrede an der Universität Göttingen (1742). In: Göttinger Universitätsreden aus zwei Jahrhunderten (1737–1934), Hg. v. Ebel, Wilhelm. Göttingen 1978 (Vandenhoeck und Ruprecht).

Hancock, Henry: Disease of the appendix caeci cured by operation. In: The Lancet: A journal of british and foreign medicine, surgery, obestrics, physiology, chemistry, pharmacology, public health and news; Hg. v. Wakley, T. London 1848; 2: 380–382.

Harris, Charles W.: History of canadian surgery. Abraham Groves of Fergus: The first elective Appendectomy? In: The canadian journal of surgery, Bd. 4, Hg. v. Janes, R. M. Canada 1961 (Canadian Medical Association).

Heister, Lorenz: Medicinische, chirurgische und anatomische Wahrnehmungen: nebst Kupfern und gedoppelten Registern. Rostock 1753 (Koppe Verlag).

Helmstädter, Axel/Hermann, Jutta/Wolf, Evemarie: Leitfaden der Pharmaziegeschichte. Eschborn 2001 (Govi-Verlag).

Helsmoortel, Jérôme/Hirth, Thomas/Wührl, Peter: Lehrbuch der viszeralen Osteopathie (Peritoneale Organe). Stuttgart 2002 (Georg Thieme Verlag).

Herget, Horst F./Letzel, Christoph (Hg.): Lehrbuch der Konstitutionsmedizin. Grundlagen, Theorie und Praxis. Gießen 1996 (Pascoe Pharmazeutische Präparate GmbH).

Hermelink, Heinrich/Kaehler, Siegried August: Die Philipps-Universität zu Marburg, 1527–1927. Fünf Kapitel aus ihrer Geschichte (1527–1866); die Universität Marburg seit 1866 in Einzeldarstellungen. Marburg ^{2}1977 (Elwert Verlag).

Hernandez-Martin S./Ayuso L./Molina A.Y. et al.: Transumbilical laparoscopic-assisted appendectomy in children: is it worth it? In: Surgical Endoscopy 2017; 31 (12): 5372–5380.

Hodgkin, Thomas: Die Krankheiten der serösen und mukösen Häute. Ins Deutsche übertragen unter Bevorwortung des Dr. F. J. Behrend von Dr. Levin. Leipzig 1843 (Kollmann Verlag).

Hoefler, Max: Deutsches Krankheitsnamen-Buch. München 1899 (Pilozy & Loehle).

Höpfner, Ludwig Julius Friedrich (Hg.): Deutsche Encyclopädie oder Allgemeines Real-Wörterbuch aller Künste und Wissenschaften, Bd. 3: Bas – Blaß. Frankfurt am Main 1780 (Varrentrapp und Wenner Verlag).

Hufeland, Christoph Wilhelm: Enchiridion medicum oder Anleitung zur medizinischen Praxis. Vermächtnis einer fünfzehnjährigen Erfahrung. Berlin ^{10}1857 (Jonas Verlagsbuchhandlung).

Husemann, Theodor: Handbuch der gesammten Arzneimittellehre (Mit besonderer Rücksichtnahme auf die Pharmacopoe des Deutschen Reiches, für Aerzte und Studirende, Bd. 2). Berlin 1875 (Springer Verlag).

Hyrtl, Joseph: Das Arabische und Hebräische in der Anatomie. Wien 1879 (Braumüller Verlag).

InEK gGmbH (Hg.): G-DRG Fallpauschalenkatalog 2008. Fallpauschalenvereinbarung 2008 mit Abrechnungsbestimmungen, Fallpauschalen-Katalog, Zusatzentgelte-Katalog., sowie: Deutsche Kodierrichtlinien 2008. Düsseldorf 2007 (Deutsche Krankenhaus Verl.-Ges.).

Isenmann, Rainer/Gebhardt, Hinnerk/Dürig, Michael: Appendix. In: Chirurgie (292 Tabellen), Hg. v. Henne-Bruns, Doris/Barth, Eberhard. Stuttgart ^{4}2012 (Georg Thieme Verlag).

Jayne, D. et al.: Effect of Robotic-Assisted vs Convntional Laparoscopic Surgery on Risk of Conversion to Open Laparotomy Among Patients Undergoing Resection for Rectal Cancer: The ROLARR Randomized Clinical Trial. In: Journal of the American Medical Association 2017; 318 (16); 1569–1580.

Kaiser, Walter: Technisierung des Lebens seit 1945. In: Propyläen – Technikgeschichte, Hg. v. König, Wolfgang. Berlin/Frankfurt am Main 1992 (Propyläen-Verlag).

Karam P.A./Mohan A./Buta M.R. et al.: Comparison of Transumbilical Laparoscopically Assisted Appendectomy to Conventional Laparoscopic Appendectomy in Children. In: Surgical Laparoscopy Endoscopy & Percutaneous Techiques 2016; 26 (6): 508–512.

Keele, Kenneth D./Pedretti, Carlo: Leonardo da Vinci. Atlas der anatomischen Studien in der Sammlung ihrer Majestät Queen Elizabeth II. in Windsor Castle, Bd. 1. Gütersloh 1980.

Kelly, Howard A.: The vermiform appendix and its diseases. Philadelphia/Lodon 1905 (W. B. Saunders & Company).

Keys, Thomas E. (1968): Die Geschichte der chirurgischen Anaesthesie. In: Anaesthesiology and Resuscitation, Bd. 23, Hg. v. Frey, R./Kern, F./Mayrhofer, O. Berlin 1968 (Springer Verlag).

Kirschniak, Andreas/Granderath, Frank Alexander: Laparoskopie in der chirurgischen Weiterbildung. Grundtechniken und Standardeingriffe. Berlin 2017 (Springer Verlag).

Kneipp, Sebastian: Meine Wasser-Kur. Nachdr. der Orig.-Ausg. von 1922. Hamburg ^{7}2004 (Nachdruck der 7. Aufl. 2002; Georg Thieme Verlag).

Köppen, Hartmut: Gastroenterologie für die Praxis (51 Tabellen). Stuttgart 2010 (Georg Thieme Verlag).

Korte, Peter Hermann-Josef: Die Tätigkeit des Marburger Pathologischen Instituts unter Leonhard Jores und Walther Berblinger 1913–1918. Diss. med., Philipps-Universität Marburg 2014.

Krams, Matthias/Frahm, Sven Olaf/Kellner, Udo et al.: Kurzlehrbuch Pathologie. Stuttgart ^{2}2013 (Georg Thieme Verlag).

Kraussold, Hermann: Ueber die Krankheiten des Processus vermiformis und des Coecum und ihre Behandlung, nebst Bemerkungen zur circulären Resection des Darms. In: Sammlung klinischer Vorträge Innere Medizin, Bd. 64, Hg. v. von Bergmann, E./Erb, W./v. Winckel, F. Leipzig 1881 (Breitkopf und Härtel Verlag).

Kreienberg, Rolf/Ludwig, Hans: 125 Jahre Deutsche Gesellschaft für Gynäkologie und Geburtshilfe. Werte, Wissen, Wandel. Berlin/Heidelberg 2011 (Springer-Verlag).

Krönlein, Rudolf Ulrich: Ueber die operative Behandlung der acuten diffusen jauchig- eitrigen Peritonitis. In: Archiv für klinische Chirurgie, Bd. 33, Hg. v. von Bergmann, E./Billroth, T./Gurlt, E. Berlin 1886 (Verlag von August Hirschwald).

Kümmell, Hermann: Weitere Erfahrungen über die operative Heilung der recidivirenden Perityphlitis. In: Archiv für klinische Chirurgie, Bd. 43, Hg. v. von Bergmann, E./Billroth, T./Gurlt, E. Berlin 1892 (Verlag von August Hirschwald).

Kupper, Daniel: Leonardo da Vinci. Orig.-Ausg. Hamburg 2007 (Rowohlt-Taschenbuch-Verlag).

Langner, Cord/Gabbert, Helmut E.: Appendix. In: Pathologie, Hg. v. Böcker, Werner/Denk, Helmut/Heitz, Philipp U. et al. München ^{5}2012 (Elsevier, Urban & Fischer Verlag).

Lauer, Hans H.: Der Lehrkörper der Fakultät (1918 bis 1933). In: Die Marburger Medizinische Fakultät im „Dritten Reich", Bd. 8, Hg. v. Aumüller, Gerhard/ Grundmann, Kornelia/Krähwinkel, Esther et al. München 2011 (Saur Verlag).

Lehmann, K.: NOTES-Register der DGAV: Update 2013, DGAV-Jahreskongress, München 1. Mai 2013.

Lennander, Karl Gustav: Über den Bauchschnitt durch eine Rectusscheide mit Verschiebung des medialen oder lateralen Randes des Musculus rectus. In: Centralblatt für Chirurgie, Hg. v. von Bergmann, E./König, F./Richter, E. Leipzig 1898; 25 (4): 90–94.

Lenz, Rudolf (Hg.): Leichenpredigten. Quellen zur Erforschung der Frühen Neuzeit. Marburg/Lahn 1989 (Forschungsstelle für Personalschriften an der Philipps-Universität Marburg).

Leveling, Heinrich Palmaz: Anatomische Erklärung der Original-Figuren von Andreas Vesal, samt einer Anwendung der Winslowischen Zergliederungslehren in sieben Büchern. Ingolstadt 1783 (Attenkhauer Verlag).

Levy, M. M./Fink, M. P./Marshall, J. C. et al.: 2001 SCCM/ESICM/ACCP/ATS/SIS International Sepsis Definitions Conference. In: Critical Care Medicine 2003; 31 (4): 1250–6.

Lieberkühn, Johann Nathanael: Diss. med. inaug. de valvula coli et usu processus vermicularis [hab. Lugduni Batavorum 1739]. Gottinga 1746.

Lister, Joseph: On the Antiseptic Principle in the Practice of Surgery. In: The Lancet 1867; 2: S. 353–356.

Litynski, Grzegorz S.: Hans Frangenheim – Culdoscopy vs. Laparoscopy. The first book on gynecological endoscopy, and "cold light" In: Journal of the Society of Laparoendoscopic Surgeons 1997; 1: 357–361.

Litynski, Grzegorz S.: Kurt Semm and the Fight against Skepticism: Endoscopic Hemostasis, Laparoscopic Appendectomy, and Semm's Impact on the "Laparoskopic Revolution". In: Journal of the Society of Laparoendoscopic Surgeons 1998; 2 (3): 309–313.

Llullaku, Sadik S./Hyseni, Nexhmi Sh./Kelmendi, Baton Z. et al.: A pin in appendix within Amyand's hernia in a six-years-old boy: case report and review of literature. In: World journal of emergency surgery (WJES) 2010; 5: 14.

Lorin-Epstein, M. J.: Evolution und Bedeutung des Wurmfortsatzes und der Valvula ileocoecalis im Zusammenhang mit der Aufrichtung des Rumpfes. In: Zeitschrift für Anatomie und Entwicklungsgeschichte, Bd. 97, Hg. v. Kallius, Erich. Berlin 1932 (Julius Springer Verlag).

Louyer-Villermay, J.-B.: Lettre sur l'inflammation gangréneuse de l'appendice iléo-coecale. In: Gazette médicale de Paris 1835; 2 (3): 108.

Malla, B. K.: A study of "Vermiform Appendix"- a caecal appendage in common laboratory mammals. In: Kathmandu University. Medical. Journal (KUMJ) 2003; 1 (4): 272–275.

McBurney, Charles: Experience with early operative interference in cases of disease of the vermiform appendix. In: New York medical journal, Bd. 50, Hg. v. Sajous, C. E. New York 1889 (A. R. Elliott Verlag).

Mélier, M. F.: Mémoire et observations sur quelques maladies de l'appendice coecale. In: Journal général de médecine, de chirurgie et de pharmacie. Paris 1827; C (39): 317–345.

Melle, U/Rosien, P/Layer, P. et al.: Appendizitis. In: Praktische Gastroenterologie, Hg. v. Layer, Peter/Rosien, Ulrich. München [4]2011 (Elsevier, Urban & Fischer Verlag).

Menge, Hermann: Langenscheidts Taschenwörterbuch der griechischen und deutschen Sprache, 1. Teil: Griechisch–Deutsch. Berlin [29]1962 (Langenscheidt Verlag).

Merling, Friedrich: Diss. inaug. med. sistens processus vermiformis anatomiam pathologicam. Heidelberg 1836 (J. C. B. Mohr).

Mestivier, M.: Observation sur une tumeur située proche la region ombilicale, du côté droit, occasionnée par une grosse épingle trouvée dans l'appendice vermiculaire du caecum. In: Journal de médicine, de chirurgie, et de pharmacie 1759; 10: 441–442.

Mettler, Liselotte (Hg.): Endoskopische Abdominalchirurgie in der Gynäkologie. Stuttgart/New York 2002 (Schattauer Verlag).

Mikulicz, Johann von: Ueber Laparotomie bei Magen- und Darmperforation. In: Sammlung klinischer Vorträge. Chirurgie, Bd. 83, Nr. 262, Hg. v. von Bergmann, E./Erb, W./Winckel, F. v. Leipzig 1885 (Breitkopf & Härtel Verlag).

Mohr: Zur Geschichte der Durchbohrung des Wurmfortsatzes. In: Wochenschrift für die gesamte Heilkund, Nr. 42, Hg. v. Casper, Johann L. Berlin 1842 (Hirschwald Verlag).

Moll, Eva-Maria: Todesursachen in Ulmer Leichenpredigten des 16. und des 18. Jahrhunderts. Diss. Universität Ulm, 2007.

Montali, Ida/Flüe, Markus von: Die akute Appendizitis heute. Neue Aspekte einer altbekannten Krankheit. In: Schweizerisches Medizin-Forum (EMH Schweizerischer Ärzteverlag AG Basel) 2008; 8 (24): 451–455.

Morenz, Siegfried: Ägyptische Religion. In: Schröder, Ch. M.: Die Religionen der Menschheit, Bd. 8. Stuttgart ²1977 (Kohlhammer Verlag).

Morgagni, Johannes Baptistae: Adversaria anatomica omnia: quorum tria posterior nunc primum prodeunt, novis pluribus aereis tabulis, & unversal accuratissimo indice ornata. Lugduni Batavorum 1723 (Langerak Verlag).

Neuburger, Max: Geschichte der Medizin. Bd. 1. Stuttgart 1906 (Enke Verlag).

Novelline, Robert A.: Squire's Radiologie – Grundlagen der klinischen Diagnostik. Stuttgart ²2001 (Schattauer Verlag).

Nussbaum, Johann Nepomuk von: Leitfaden zur antiseptischen Wundbehandlung inbesondere zur Lister'schen Methode. Stuttgart ²1879 (Ferdinand Enke Verlag).

Ohmann, C./Franke, C./Kraemer, M. et al.: Status report on epidemiology of acute appendicitis. In: Der Chirurg 2002; 73 (8): 769–776.

Olearius, Johannes: Der geistliche Tamias und Exemplarische Cammer-Meister. Halle/Saale 1675 [Leichenpredigt auf Johannes Mathesius (1617–1675)].

Palmer, Douglas/Barrett, Peter/Holtmann, Michael: Evolution. Die Entwicklung des Lebens. Hildesheim 2009 (Gerstenberg Verlag).

Pandel, Hans-Jürgen/Schneider, Gerhard/Becher, Ursula A. J. (Hg.): Handbuch Medien im Geschichtsunterricht. Schwalbach/Taunus ⁵2010 (Wochenschau-Verlag).

Paré, Ambroise: Opera Ambrosii Parei regis primarii et Parisiensis chirurgi. Unter Mitarbeit von Jacques Guillemeau. Paris 1582 (Apud Iacobum Du-Puys, sub signo Samaritanæ).

Parker, Willard: An operation for abscess of the appendix vermiformis caeci. In: Medical record, Hg. v. Casper, Johann L. New York 1887; 2: 25–27.

Parkinson, James: Case of diseased appendix vermiformis. In: The medical and chirurgical society of London: Medico-chirurgical Transactions 1812; 3: 57–58.

Paulsen, Friedrich/Waschke, Jens (Hg.): Sobotta Atlas der Anatomie des Menschen, Bd. 2, 363 farbige Tafelbilder mit 441 Einzelabbildungen. München ²³2010 (Elsevier, Urban & Fischer).

Perin G./Scarpa M.G.: TULAA: A Minimally Invasive Appendicectomy Technique for the Paediatric Patient. In: Minimally Invasive Surgery 2016; 2016: 6132741.

Pétrequin, Joseph-Pierre: Ueber den Gebrauch des Opium in hoher Gabe bei den spontanen Perforationen des wurmförmigen Fortsatzes des Blinddarmes. In: Jahrbücher der in- und ausländischen gesammten Medicin, Bd. 19, Hg. v. Schmidt, Carl Christian. Leipzig 1838 (Otto Wiegand Verlag).

Pickhardt, Perry J./Arluk, Glen M.: Atlas der gastrointestinalen Bildgebung. Gegenüberstellung: Radiologie – Endoskopie. Unter Mitarbeit von P. Rogalla. München 2009 (Elsevier, Urban & Fischer Verlag).

Pschyrembel, Willibald (Hg.): Pschyrembel. Klinisches Wörterbuch 2012. Berlin/Boston ^{263}2011 (De Gruyter Verlag).

Puchelt, Friedrich August Benjamin: Perityphlitis. In: Heidelberger Klinische Annalen, Bd. 8, Hg. v. Harless, Christian Friedrich. Heidelberg 1832 (J. C. B. Mohr).

Purves, William Kirkwood/Sadava, David/Orians, Gordon H. et al.: Biologie. (Deutsche Übersetzung herausgegeben von Jürgen Markl). München ^{7}2006 (Elsevier, Spektrum Akademischer Verlag).

Reutter, Karl-Heinz: Chirurgie-Essentials. Intensivkurs zur Weiterbildung. Stuttgart ^{5}2004 (Georg Thieme Verlag).

Richter, August Gottlieb: Anfangsgründe der Wundarzneykunst Bd. 5. Göttingen 1798 (Dieterich Verlag).

Rokitansky, Carl von (Hg.): Handbuch der pathologischen Anatomie, Bd. 3. Wien 1842 (Braumüller & Seidel Verlag).

Rothschuh, Karl E.: Konzepte der Medizin in Vergangenheit und Gegenwart. Stuttgart 1978 (Hippokrates Verlag).

Rudolphi, Herbert: Leich-Sermon Uber die Wort der Kinder Korah im LXXXIV. Psalm von dem Verlangen nach dem Himmel/und dem Verdruß in der Welt. Braunschweig 1672 [Leichenpredigt auf M. Henning Steding (1598–1671)].

Sachs, Michael: Erfahrungen und Handeln in der Geschichte der Chirurgie, dargestellt am Beispiel der sog. Blinddarmoperation (Appendektomie), S. 239–250. In: Labisch, Alfons/Paul, Norbert: Historizität. Erfahrungen und Handeln – Geschichte und Medizin (Sudhoffs Archiv. Zeitschrift für Wissenschaftsgeschichte, Heft 54). Stuttgart 2004 (Franz Steiner Verlag).

Sachs, Michael: Geschichte der operativen Chirurgie, Bd. 1: Historische Entwicklung chirurgischer Operationen. Heidelberg 2002 (Kaden Verlag).

Sachs, Michael: Geschichte der operativen Chirurgie, Bd. 2: Historische Entwicklung des chirurgischen Instrumentariums. Heidelberg 2002 (Kaden Verlag).

Sajid M.S./Khan M.A./Cheek E. et al.: Needlescopic versus laparoscopic appendectomy: a systematic review: In: Canadian Journal of Surgery 2009; 52 (2): 129–34.

Santorini, Giovanni Domenico: Observationes anatomicae. Venetiis 1724 (Apud Jo. Baptistam Recurti).

Sauermost, Rolf/Freudig, Doris (Hg.): Lexikon der Biologie. In fünfzehn Bänden, Bd. 2. Heidelberg 1999 (Spektrum Akademischer Verlag).

Sauermost, Rolf/Freudig, Doris (Hg.): Lexikon der Biologie. In fünfzehn Bänden, Bd. 11. Heidelberg 2003 (Spektrum Akademischer Verlag).

Schakfeh, Anas: Islamische religiöse Bedenken gegen die Sektion. In: Körper ohne Leben. Begegnung und Umgang mit Toten, Hg. v. Stefenelli, Norbert. Wien/Köln/Weimar 1998 (Böhlau Verlag).

Schipperges, Heinrich: Die Anatomie im arabischen Kulturkreis. In: Frühe Anatomie, eine Anthologie, Hg. v. Herrlinger, Robert/Kudlien, Fridolf. Stuttgart 1967 (Wissenschaftliche Verlagsgesellschaft).

Schirrrmeister, Albert/Pozsgai, Mathias: Perspektiven der Zergliederung. In: Zergliederungen – Anatomie und Wahrnehmung in der frühen Neuzeit. Frankfurt am Main 2005 (Vittorio Klostermann Verlag), hg. v. Schirrmeister, Albert/Pozsgai, Mathias. Erschienen in: Zeitsprünge. Forschungen zur Frühen Neuzeit. Herausgegeben im Auftrag des Zentrums zur Erforschung der Frühen Neuzeit von Klaus Reichert, Bd. 9, Heft 1/2.

Schmidt, Günter/Görg, Christian (Hg.): Kursbuch Ultraschall. Nach den Richtlinien der DEGUM und der KBV. Stuttgart ^{5}2008 (Georg Thieme Verlag).

Schmidt, Günter/Greiner, Lucas/Nürnberg, Dieter (Hg.): Sonografische Differenzialdiagnose. Lehratlas zur systematischen Bildanalyse mit über 2800 Befundbeispielen. Stuttgart ^{3}2014 (Georg Thieme Verlag).

Schmitt, Stefan: Geheime Abstimmungen. Ein sprachgewandter Bremer gründete in London das älteste Wissenschaftsjournal der Welt – die kuriose Geschichte der "Philosophical Transactions". Hg. v. DIE ZEIT (2015, Ausgabe Nr. 10). Online verfügbar unter http://www.zeit.de/2015/10/wissenschaftmagazin-philosophical-transactions-london, zuletzt geprüft am 09.01.2018.

Schmitz, Rudolf: Geschichte der Pharmazie. Hg. v. Christoph Friedeich und Wolf-Dieter Müller-Jahncke. Eschborn 2005 (Govi-Verlag).

Schüller, Max: Allgemeine acute Peritonitis infolge von Perforation des Wurmfortsatzes, Laparotomie und Excision des Wurmfortsatzes. In: Archiv für klinische Chirurgie, Bd. 39, Hg. v. von Bergmann, E./Billroth, T./Gurlt, E. Berlin 1889 (Verlag von August Hirschwald).

Schünke, Michael/Schulte, Erik/Schumacher, Udo et al.: Prometheus LernAtlas der Anatomie – Innere Organe. Stuttgart ^{2}2009 (Georg Thieme Verlag).

Schütz, Franz-Josef: Geschichte Dauer und Wandel. Von der Antike bis zum Zeitalter des Absolutismus. Frankfurt am Main ^{5}1989 (Hirschgraben-Verlag).

Schumpelick, Volker/Bleese, Niels/Mommsen, Ulrich: Kurzlehrbuch Chirurgie (187 Tabellen). Stuttgart ^{8}2010 (Georg Thieme Verlag).

Schumpelick, Volker/Kasperk, Reinhard/Stumpf, Michael: Operationsatlas Chirurgie. Stuttgart/New York ^{4}2013 (Georg Thieme Verlag).

Schwabe, Hans: Der lange Weg der Chirurgie. Vom Wundarzt u. Bader zur Chirurgie. Zürich 1986 (Strom-Verlag).

Seitz, Karlheinz/Schuler, Andreas/Rettenmaier, Gerhard: Klinische Sonographie und sonographische Differenzialdiagnose, Bd. 1. Stuttgart ^{2}2008 (Georg Thieme Verlag).

Semm, Kurt: Die endoskopische Appendektomie. In: gynäkologische praxis. Zeitschrift für Frauenheilkunde und Geburtshilfe. München 1983; 7 (1): 131–140.

Semm, Kurt: Der Wandel von der Laparotomie zur minimal invasiven Chirurgie: hier Pelviskopie. In: Archives of Gynecology and Obstetrics. 1989; 245 (1–4): 19–21.

Semm, Kurt: Endoscopic Appendectomy. In: Endoscopy 1983; 15: 59–64.

Semm, Kurt: Operationslehre für endoskopische Abdominal-Chirurgie. Operative Pelviskopie, operative Laparoskopie. Stuttgart 1984 (Schattauer Verlag).

Semm, Kurt: Universitäts-Frauenklinik Kiel – ihre Bedeutung für die Frauenheilkunde 1805 bis 1985 – Eine medizinhistorische Studie zum 180 jährigen Bestehen. Geretsried ^{3}1985 (Alpendruck Verlag).

Shah, Shenil S./Gaffney, Ryan R./Dykes, Thomas M. et al.: Chronic appendicitis: an often forgotten cause of recurrent abdominal pain. In: The American Journal of Medicine 2013; 126 (1): 7–8.

Singer M./Deutschman, C. S./Seymour, C. W. et al.: The Third International Consensus definitions for sepsis and septic shock (Sepsis-3). In: Journal of the American Medical Association 2016; 315: 801–810.

Smith, H. F/Fisher, R. E./Everett, M. L. et al.: Comparative anatomy and phylogenetic distribution of the mammalian cecal appendix. In: Journal of Evolutionary Biology 2009; 22 (10): 1984–1999.

Sohn M./Agha A./Bremer S. et al.: Surgical management of acute appendicitis in adults: A review of current techniques. In: International Journal of Surgery 2017; 48: 232–239.

Sonnenburg J. L./Angenent, L.T./Gordon, J. I.: Getting a grip on things: how do communities of bacterial symbionts become established in our intestine? In: Nature Immunology 2004; 5: 569–573.

Sprengel, Otto: Appendicitis. Stuttgart 1906 (Verlag von Ferdinand Enke).

Stäbler, Axel/Ertl-Wagner, Birgit: Radiologie-Trainer (Bewegungsapparat). Stuttgart ²2013 (Georg Thieme Verlag).

Stefano, C. et al.: Robot-assisted laparoscopic gastrectomy for gastric cancer. In: World Journal of gastrointestinal Endoscopy 2017; 9 (1): 1–11.

Stefenelli, Norbert: Die Ablehnung von Lehrsektionen (Einwände gegen die Sektion in der Vergangenheit). In: Körper ohne Leben. Begegnung und Umgang mit Toten, Hg. v. Stefenelli, Norbert. Wien/Köln/Weimar 1998 (Böhlau Verlag).

Stephan, Joachim: Anatomische, physiologische und pathophysiologische Grundlagen der ägyptischen Krankheitslehre. In: Marburger Treffen zur altägyptischen Medizin. Vorträge und Ergebnisse 2002–2007 (erschienen in: Göttinger Miszellen, Beiheft Nr. 2, Seminar für Ägyptologie und Koptologie der Universität Göttingen), Hg. v. Hannig, Rainer/Vomberg, Petra/Witthuhn, Orell. Göttingen 2007.

Stephanus, Carolus: De dissectione partium corporis humani libri tres. Una cum figuris et incisionum declarationibus a Stephano Riverio compositis. Paris 1545 (Simon Colinaeus Verlag).

Sterinegger, Ernst; Hansel, Rudolf: Lehrbuch der allgemeinen pharmakognosie. Berlin/Heidelberg 1963 (Springer-Verlag).

Stotz, Peter/Niederer, Monica: Der St. Galler „Botanicus". Ein frühmittelalterliches Herbar: kritische Ed., Übers. und Kommentar. In: Lateinische Sprache und Literatur des Mittelalters, Bd. 38. Bern 2005 (Lang Verlag).

Stukenbrock, Karin: „Der zerstückte Cörper" (Zur Sozialgeschichte der anatomischen Sektionen in der frühen Neuzeit (1650–1800)). Diss., Stuttgart 2000 (Steiner Verlag). Erschienen in: Medizin, Gesellschaft und Geschichte (Jahrbuch des Instituts für Geschichte der Medizin der Robert Bosch Stiftung, Beiheft 16), Hg. v. Jütte, Robert. Stuttgart 2001.

Strum, Patrick: Leiden – Lernen – Heilen. Leichenpredigten als medizinhistorische Quelle. In: Tote Objekte – Lebendige Geschichten. Exponate aus den Sammlungen der Philipps-Universität Marburg, Hg. v. Sahmland, Irmtraut/Grundmann, Kornelia. Petersberg 2014 (Michael Imhof Verlag).

Sülberg, Dominique: Die Altersappendizitis – Der CRP-Wert als Entscheidungshilfe. Eine prospektive Aufarbeitung aller Fälle mit akuter Appendizitis. Diss., Ruhr-Universität Bochum 2008.

Sülberg, D./Chromik, A. M./Kersting, S. et al.: Altersappendizitis. In: Der Chirurg 2009; 80 (7): 608–614.

Suh, H. Anna: Leonardo da Vinci. Skizzenbücher. Bath 2005 (Paragon Books Ltd).

Tait, Robert-Lawson: The surgical treatment of typhlitis. In: Birmingham medical review, Hg. v. Soundby, R. Birmingham 1890; 27: 26–88.

Thomas, Carlos (Hg.): Atlas der Infektionskrankheiten. Pathologie, Mikrobiologie, Klinik, Therapie. Stuttgart 2010 (Schattauer Verlag).

Thomas, Carlos (Hg.): Spezielle Pathologie. Stuttgart 1996 (Schattauer Verlag).

Toellner, Richard: Illustrierte Geschichte der Medizin. Salzburg 1986 (Andreas & Andreas Verlagsbuchhandel).

Tulp, Nicolaus: Observationum medicarum libri tres. Amstelodami 1641 (Apud Ludovicum Elzevirium).

Urdang, Georg/Dieckmann, Hans: Einführung in die Geschichte der deutschen Pharmazie. Frankfurt a. M. 1954 (Govi-Verlag).

Verheyn, Philip: Anatomie oder Zerlegung des menschlichen Leibes, worin alles, was so wohl die alten als neuen Anatomici entdecket und erfunden haben, leicht und deutlich beschrieben, und in Kupfer fürgebildet wird. Aus dem lateinischen übersetzet (Thomas Fritschen). Leipzig 1708 (s. n.).

Verheyen, Philippe: Corporis humani anatomia, in qua omnia tam veterum, quam recentiorum anatomicorum inventa. Lovanii 1693 (Denique).

Vesalius, Andreas: Scholae medicorum Patauinae professoris, de Humani corporis fabrica, Libri septem. Nachdruck der Ausgabe Basileae 1543 (Johannes Oporinus Verlag). Brüssel 1964 (Culture et Civilisation).

Vesalius, Andreas: Icones Anatomicae. Ediderunt Academia Medicinae Nova-Eboracensis et Bibliotheca Universitatis Monacensis. München 1935 (J. F. Lehmanns Verlag).

Vesalius, Andreas: De humani corporis fabrica libri septem. Basel ^{2}1555 (Johann Oporinus Verlag).

Vesalius, Andreas: On the fabric of the human body. Book I – The The Bones and Cartilages. A translation of De Humani Corporis Fabrica Libri Septem. By William Frank Richardson. USA 2007 (Norman publishing).

Vesalius, Andreas: On the fabric of the human body Book V – The Organs of Nutrition and Generation. a translation of De Humani Corporis Fabrica Libri Septem. By William Frank Richardson. USA 2007 (Norman publishing).

Vesling, Johannes: Syntagma Anatomicum. Commentario atque Appendice Ex Veterum, Recentiorum, Propriisque, Observationibus, Illustratum & auctum A Gerardo Leon. Blasio. Amstelodami ^{2}1666 (Apud Joannem Janssonum a Waesberge & Elizeum).

Voigt, Frieder/Lederer, Markus/Bodach, Ronny: Forensische Entomologie – Leichenliegezeitbestimmung an Hand der Auswertung von Leicheninsekten am Beispiel einer Referenzverwesung im mitteleuropäischen Raum. Diplomarbeit zur Erlangung des akademischen Grades „Diplom-Verwaltungsfachwirt". Hochschule der Sächsischen Polizei (FH) Rothenburg 2009.

Volz, Adolph: Ueber die Verschwärung und Perforation des Processus vermiformis, bedingt durch fremde Körper. In: Archiv für die gesamte Medicin, Bd. 4, Hg. v. Haeser, H. Jena 1843 (Friedrich Mauke Verlag).

Vosse, Joachim: Dissertatio inauguralis medica anatomico physiologica de intestine caeco eiusque adpendice vermiformi. Goettingae 1749 (Ex Officina Hageriana).

Weber, Friedrich August (Hg.): Onomatologia medico-practica. Encyklopädisches Handbuch für ausübende Aerzte in alphabetischer Ordnung. Nürnberg 1785 (Raspe Verlag).

Wehner, Rüdiger/Gehring, Walter J.: Zoologie. Stuttgart ^{25}2013 (Georg Thieme Verlag).

Welsch, Ulrich: Lehrbuch Histologie. München ^{3}2010 (Elsevier, Urban & Fischer Verlag).

Westheide, Wilfried: Spezielle Zoologie, Teil 2: Wirbel- und Schädeltiere. Heidelberg ^{2}2010 (Elsevier, Spektrum Akademischer Verlag).

Wilkinson, Richard H.: Die Welt der Götter im alten Ägypten. Glaube, Macht, Mythologie. Stuttgart 2003 (Theiss Verlag).

Williams, G. Rainey: Presidential address: a history of appendicitis. With anecdotes illustrating its importance. In: Annals of Surgery 1983; 197 (5): 495–506.

Willital, Günter H./Holzgreve, Alfred: Definitive chirurgische Erstversorgung. Berlin ^{6}2006 (De Gruyter Verlag).

Wolder, Johann: Flos Vitae Blum des Lebens Fleischliche und Geistliche. Wittenberg 1611 [Leichenpredigt auf Engel von Puttkammer (1545–1610)].

Wolf, Walther: Kulturgeschichte des Alten Ägypten. Stuttgart 1962 (Kröner Verlag).

Yabanoğlu, Hakan/Aytaç, Hüseyin Özgür/Türk, Emin et al.: Parasitic infections of the appendix as a cause of appendectomy in adult patients. In: Turkiye Parazitoloji Dergisi 2014; 38 (1): 12–16.

Yang, L. et al.: Robotic spleen-preserving laparoscopic distal pancreatectomy: a single-centered Chinese experience. In: World Journal of Surgical Oncology 2015; 13: 275.

Zedler, Johann Heinrich/Ludewig, Johann Peter von: Grosses vollständiges Universal-Lexicon Aller Wissenschafften und Künste, Welche bißhero durch menschlichen Verstand und Witz erfunden und verbessert worden, Bd. 42. Leipzig 1744 (Zedler Verlag).

Zimmer, Michael: Chirurgie Orthodädie Urologie. Prüfungsvorbereitung für Pflegeberufe, Bd. 5. München ⁶2006 (Urban & Fischer Verlag).

Zinganell, Klaus (Hg.): Anaesthesie – historisch gesehen. In: Anaesthesiologie und Intensivmedizin – Anaesthesiology and intensive care medicine, Bd. 197, Hg. v. Frey, R./Kern, F./Mayrhofer, O. Berlin 1987 (Springer Verlag).

Zöllner, Frank; Nathan, Johannes: Leonardo da Vinci – Sämtliche Gemälde und Zeichnungen, Bd. 2: Das zeichnerische Werk. Köln 2011 (Taschen Verlag).

Zornig, C./Emmermann, A./von Waldenfels, H. A. et al.: Laparoscopic cholecystectomy Without visible scar: combined transvaginal and transumbilical approach. In: Endoscopy 2007; 39 (10): 913–915.

Danksagung

An dieser Stelle möchte ich meinen besonderen Dank nachstehenden Personen entgegen bringen, ohne deren Mithilfe die Anfertigung dieser Promotionsschrift kaum möglich gewesen wäre:

Allen voran meiner Doktormutter Frau Prof. Dr. phil. Irmtraut Sahmland für die wunderbare Betreuung dieser Arbeit über so lange Zeit, für die zahlreichen Ideen und Anregungen, die vielen konstruktiven Gespräche und das Gespür, im richtigen Moment zu ermutigen. Ich habe unsere Dialoge und unsere Zusammenarbeit stets als voranbringend und sehr bereichernd empfunden.

Des Weiteren danke ich:

- Prof. Dr. med. Roland Moll, Leiter des Instituts für Pathologie der Philipps-Universität Marburg, für die Bereitstellung der pathologischen Akten
- Frau Prof. Dr. med. Liselotte Mettler, für die Bereitstellung des Videomaterials und den Kontakt als wichtige Zeitzeugin
- Herrn Dr. med. Wolfgang Drüner, für das freundliche und lange Gespräch, das mir einen umfassenden Einblick in die Zeit der aufkommenden laparoskopischen Technik ermöglichte
- Frau Dr. phil. Eva-Maria Dickhaut und Herr Dr. Jörg Witzel der Forschungsstelle für Personalschriften an der Philipps-Universität Marburg, für das Ermöglichen der Arbeit an den Leichenpredigten
- Frau Dr. phil. Sigrid Peters, für die lateinische Übersetzungshilfe
- Frau Susanne Wolf, für die Hilfe bei Arbeit mit den Sütterlinschriften
- Frau Rosemarie Lehmann, Frau Carina Stick und Frau Janina Kölpin, für die französische Übersetzungshilfe
- Frau Christine Schmidt, für die englische Übersetzungshilfe
- Herrn Günther Radtke und Herrn Uwe Junker, für den Druck meiner Dissertation

Danken möchte ich auch von ganzem Herzen der Person, die ich vor 2 ½ Jahren 2000 km entfernt von Marburg kennenlernen durfte und die mein Leben von einem Tag auf den anderen bereicherte – meiner besten Freundin Tania.

Ebenso den Menschen, die ich während meiner Studienzeit kennenlernte und die Freunde für mich wurden. Die immer für mich da waren, mit mir lachten, weinten, zitterten, bangten, lernten und lebten. Diejenigen, die meine Studienzeit erst zu der gemacht haben, die sie war – unvergesslich: Lisa, Jaqueline, Isa und Robert.

Mein tiefster Dank gilt meinen Eltern, denen ich diese Arbeit widme, die mir meinen bisherigen Lebensweg mit bedingungsloser Liebe ermöglichten, mich unterstützten, immer an mich glaubten und hinter mir standen.

Und zuletzt:

„Wie soll ich meine Seele halten, daß sie nicht an deine rührt?
Wie soll ich sie hinheben über dich zu andern Dingen?" **Danke.**

**Beiträge zur Wissenschafts- und Medizingeschichte
Marburger Schriftenreihe**

Herausgegeben von Irmtraut Sahmland

Band 1 Sabine Eckhardt: Die Gefäßchirurgie im Ersten Weltkrieg. 2014.

Band 2 Natascha Noll: Pflege im Hospital. Die Aufwärter und Aufwärterinnen von Merxhausen (16. - Anfang 19. Jh.). 2015.

Band 3 Nina Ulrich: Das Museum Anatomicum am Fachbereich Medizin der Philipps-Universität Marburg. Provenienzforschung zu einer Lehrsammlung des 19. Jahrhunderts. 2017.

Band 4 Gerhard Aumüller / Irmtraut Sahmland (Hrsg.): Karrierestrategien jüdischer Ärzte im 18. und frühen 19. Jahrhundert. Symposium mit Rundtisch-Gespräch zum 200. Todestag von Adalbert Friedrich Marcus (1753-1816). 2018.

Band 5 Annika Platte: Das Ereignis der Geburt. Medizinisches Wissen und Deutung des Geburtsaktes vom ausgehenden 18. bis zur Mitte des 19. Jahrhunderts. 2018.

Band 6 Stephan Heinrich Nolte (Hrsg.): Hahnemanns „Handbuch für Mütter", 1796. 2018.

Band 7 Mali Kallenberger: Geschichte der Appendizitis. Von der Entdeckung des Organs bis hin zur minimalinvasiven Appendektomie. 2019.

www.peterlang.com

www.ingramcontent.com/pod-product-compliance
Ingram Content Group UK Ltd.
Pitfield, Milton Keynes, MK11 3LW, UK
UKHW021829210426
5322IPUK00004B/86